21世纪
高等院校工科类各专业
数学基础辅导教材 / 主编 刘书田

高等数学
专题分析与解题指导
（下册）

编著者 刘书田 胡京兴
冯翠莲 阎双伦

图书在版编目(CIP)数据

高等数学专题分析与解题指导·下册/刘书田,胡京兴,冯翠莲等编著.—北京:北京大学出版社,2008.2

(21世纪高等院校工科类各专业数学基础辅导教材)

ISBN 978-7-301-12398-0

Ⅰ.高… Ⅱ.①刘… ②胡… ③冯… Ⅲ.高等数学-高等学校-解题 Ⅳ.O13-44

中国版本图书馆CIP数据核字(2007)第083334号

书　　名:高等数学专题分析与解题指导(下册)
著作责任者:刘书田　胡京兴　冯翠莲　阎双伦　编著
责 任 编 辑:刘　勇
封 面 设 计:林胜利
标 准 书 号:ISBN 978-7-301-12398-0/O·0723
出 版 发 行:北京大学出版社
地　　址:北京市海淀区成府路205号　100871
网　　址:http://www.pup.cn
电　　话:邮购部 62752015　发行部 62750672　理科编辑部 62752021　出版部 62754962
电 子 邮 箱:zpup@pup.pku.edu.cn
印　刷　者:北京大学印刷厂
经　销　者:新华书店
787mm×960mm　16开本　16印张　350千字
2008年2月第1版　2013年10月第2次印刷
印　　数:5001—8000册
定　　价:25.00元

内容简介

本书是高等院校工科类各专业学生学习高等数学课程的辅导书，与国内通用的各类优秀的《高等数学》教材相匹配，可同步使用. 全书共分五章，内容包括多元函数微分法及其应用，重积分，曲线积分与曲面积分，无穷级数，微分方程及其应用等.

本书以高等数学课程教材的内容为准，按题型归类，划分专题进行分析. 以讲思路举例题与举题型讲方法相结合的思维方式叙述. 讲述解题思路的源头，归纳总结具有共性题目的解题方法. 解题简捷、新颖，具有技巧性而又道理显然，可使读者思路畅达，所学知识融会贯通，灵活运用，达到事半功倍之效.

本书是工科类各专业在校学生学习高等数学必备的辅导教材，是有志考研学生的精品之选，是授课教师极为有益的教学参考书，是无师自通的自学指导书.

《21世纪高等院校工科类各专业数学基础辅导教材》编审委员会

21世纪高等院校工科类各专业数学基础辅导教材书目

高等数学专题分析与解题指导(上册)	刘书田等编著	定价28.00元
高等数学专题分析与解题指导(下册)	刘书田等编著	定价25.00元
线性代数专题分析与解题指导	赵慧斌等编著	定价20.00元
概率统计专题分析与解题指导	肖筱南　编著	定价25.00元

目　录

第八章 多元函数微分法及其应用

一、二元函数的极限与连续性

二元函数的极限通常称为二重极限.请注意,二重极限与二次极限是两个不同的概念.

1. 二元函数的极限与连续

(1) 确定二元函数极限的**解题思路**:

1° 利用二元函数极限的定义,见例 1;在证明极限不存在时,常推证极限依赖于所选路径,见例 2(1).

2° 应用一元函数极限方法中的适用部分,例如,极限的四则运算法则,无穷小与有界变量的乘积,等价无穷小代换,两个重要极限,夹逼准则等,见例 3.

3° 通过变量代换将二元函数的极限转化为一元函数的极限,见例 4.

4° 利用函数的连续性求极限,见例 5.

(2) 用二元函数连续性的定义确定其连续性(见例 6).

由二元函数连续性定义可知,若 $f(x,y)$ 在点 $M_0(x_0,y_0)$ 连续,则一元函数 $f(x,y_0)$, $f(x_0,y)$ 分别在点 x_0 和 y_0 处连续.

2. 二次极限及其与二重极限的关系

(1) 一个二元函数的两个二次极限可能出现的情况.

1° 两个都存在且相等; 2° 两个都存在,但不相等(例 7(1));

3° 一个存在,一个不存在(例 7(2)); 4° 两个都不存在.

(2) 二次极限与二重极限在存在性上没有必然的联系.

1° 两个二次极限均存在且相等,而二重极限未必存在(例 8(1));

2° 二重极限存在,而二次极限未必存在(例 8(2)).

(3) 当二重极限和二次极限都存在时,它们必相等.

定理 若二重极限 $\lim\limits_{\substack{x\to x_0\\ y\to y_0}}f(x,y)$ 存在,二次极限(之一) $\lim\limits_{x\to x_0}\lim\limits_{y\to y_0}f(x,y)$ 存在,则它们必相等.

推论 当 $(x,y)\to(x_0,y_0)$ 时,

(1) 若函数 $f(x,y)$ 的二重极限和其两个二次极限均存在,则它们必相等;

(2) 若 $f(x,y)$ 的两个二次极限都存在,但不等,则其二重极限必不存在.

例 1 证明 $\lim\limits_{(x,y)\to(0,0)}\dfrac{x^2y}{x^2+y^2}=0$.

证 因为$\left|\dfrac{x^2y}{x^2+y^2}\right|\leqslant|y|$,故对任给$\varepsilon>0$,取$\delta=\varepsilon$;当$|x|<\delta$,$|y|<\delta$且$(x,y)\neq(0,0)$时,恒有

$$\left|\frac{x^2y}{x^2+y^2}-0\right|\leqslant|y|<\delta=\varepsilon,$$

所以由极限定义 $\lim\limits_{(x,y)\to(0,0)}\dfrac{x^2y}{x^2+y^2}=0$.

例 2 证明下列极限不存在:

(1) $\lim\limits_{(x,y)\to(0,0)}\dfrac{xy}{x+y}$; (2) $\lim\limits_{(x,y)\to(0,0)}\dfrac{\sqrt{xy+1}-1}{x+y}$.

证 (1) 考查极限是否依赖于所选路径:

$$\lim_{\substack{(x,y)\to(0,0)\\ y=kx}}\frac{xy}{x+y}=\lim_{x\to0}\frac{kx^2}{(1+k)x}=0,$$

$$\lim_{\substack{(x,y)\to(0,0)\\ y=x^2-x}}\frac{xy}{x+y}=\lim_{x\to0}\frac{x(x^2-x)}{x^2}=-1,$$

即函数沿任何经过原点的直线路径的极限存在且为0,而沿经过原点的曲线$y=x^2-x$路径的极限虽然存在,却是-1,所以极限不存在.

(2) 先把所求极限式改写为

$$\lim_{(x,y)\to(0,0)}\frac{\sqrt{xy+1}-1}{x+y}=\lim_{(x,y)\to(0,0)}\frac{xy}{x+y}\cdot\lim_{(x,y)\to(0,0)}\frac{1}{\sqrt{xy+1}+1}.$$

注意到右端是两个极限的乘积,第一个极限不存在,而第二个极限是$\dfrac{1}{2}$,所以,所论极限不存在.

例 3 求下列极限:

(1) $\lim\limits_{(x,y)\to(0^+,0^+)}\dfrac{\sqrt{xy+1}-1}{x+y}$; (2) $\lim\limits_{(x,y)\to(0,0)}\dfrac{\sin(x^2y+y^4)}{x^2+y^2}$;

(3) $\lim\limits_{(x,y)\to\left(\frac{1}{2},\frac{1}{2}\right)}\dfrac{\tan(x^2+2xy+y^2-1)}{x+y-1}$; (4) $\lim\limits_{(x,y)\to(\infty,a)}\left(1+\dfrac{1}{x}\right)^{\frac{x^2}{x+y}}$;

(5) $\lim\limits_{(x,y)\to(+\infty,+\infty)}\left(\dfrac{xy}{x^2+y^2}\right)^{x^2}$; (6) $\lim\limits_{(x,y)\to(+\infty,+\infty)}(x^2+y^2)\mathrm{e}^{-(x+y)}$.

解 (1) 注意到当$(x,y)\to(0^+,0^+)$时,$\sqrt{xy+1}-1\sim\dfrac{1}{2}xy$,则

$$I=\lim_{(x,y)\to(0^+,0^+)}\frac{1}{2}\frac{xy}{x+y}=\frac{1}{2}\lim_{(x,y)\to(0^+,0^+)}\frac{\sqrt{xy}}{x+y}\cdot\sqrt{xy}=0,$$

这是因为,当$x>0,y>0$时,$0<\dfrac{\sqrt{xy}}{x+y}<1$,又$\lim\limits_{(x,y)\to(0^+,0^+)}\sqrt{xy}=0$,由无穷小与有界变量的乘积所得.

(2) 当$(x,y)\to(0,0)$时,$\sin(x^2y+y^4)\to 0$,有$|\sin(x^2y+y^4)|\leqslant(x^2y+y^4)$,故

$$0\leqslant\left|\frac{\sin(x^2y+y^4)}{x^2+y^2}\right|\leqslant\left|\frac{x^2y+y^4}{x^2+y^2}\right|;$$

又$\left|\dfrac{x^2}{x^2+y^2}\right|\leqslant 1$,$\left|\dfrac{y^2}{x^2+y^2}\right|\leqslant 1$,故$\left|\dfrac{x^2y+y^4}{x^2+y^2}\right|\leqslant|y|+|y^2|$,而$\lim\limits_{(x,y)\to(0,0)}(|y|+|y^2|)=0$,由夹逼准则,$I=0$.

(3) 注意到,当$(x,y)\to\left(\dfrac{1}{2},\dfrac{1}{2}\right)$时,$(x^2+2xy+y^2-1)\to 0$,故利用$\tan u\sim u(u\to 0)$,有

$$I=\lim_{(x,y)\to\left(\frac{1}{2},\frac{1}{2}\right)}\frac{x^2+2xy+y^2-1}{x+y-1}=\lim_{(x,y)\to\left(\frac{1}{2},\frac{1}{2}\right)}\frac{(x+y-1)(x+y+1)}{x+y-1}=2.$$

(4) 因$\lim\limits_{x\to\infty}\left(1+\dfrac{1}{x}\right)^x=\mathrm{e}$,$\lim\limits_{(x,y)\to(\infty,a)}\dfrac{x}{x+y}=1$,故

$$I=\lim_{(x,y)\to(\infty,a)}\left[\left(1+\frac{1}{x}\right)^x\right]^{\frac{x}{x+y}}=\mathrm{e}.$$

(5) 由于当$x>0,y>0$时,$xy\leqslant\dfrac{1}{2}(x^2+y^2)$,有

$$0\leqslant\left(\frac{xy}{x^2+y^2}\right)^{x^2}\leqslant\left(\frac{1}{2}\right)^{x^2},\quad 且\quad \lim_{(x,y)\to(+\infty,+\infty)}\left(\frac{1}{2}\right)^{x^2}=0,$$

所以$I=0$.

(6) 由极限四则运算法则

$$\begin{aligned}I&=\lim_{(x,y)\to(+\infty,+\infty)}(x^2\mathrm{e}^{-x}\mathrm{e}^{-y}+y^2\mathrm{e}^{-x}\mathrm{e}^{-y})\\&=\lim_{(x,y)\to(+\infty,+\infty)}x^2\mathrm{e}^{-x}\cdot\lim_{(x,y)\to(+\infty,+\infty)}\mathrm{e}^{-y}+\lim_{(x,y)\to(+\infty,+\infty)}y^2\mathrm{e}^{-y}\cdot\lim_{(x,y)\to(+\infty,+\infty)}\mathrm{e}^{-x}\\&=0\cdot 0+0\cdot 0=0.\end{aligned}$$

例 4　求$\lim\limits_{(x,y)\to(0,0)}\dfrac{\sqrt{x^2+y^2}-\sin\sqrt{x^2+y^2}}{(x^2+y^2)^{\frac{3}{2}}}$.

解　令$t=\sqrt{x^2+y^2}$,当$(x,y)\to(0,0)$时,有$t\to 0$.于是

$$I=\lim_{t\to 0}\frac{t-\sin t}{t^3}=\frac{1}{6}.$$

例 5　求$\lim\limits_{(x,y)\to(1,2)}\dfrac{\ln y+x^2\sin xy}{\mathrm{e}^x\sin(x^2+y^2)}$.

解　所给函数是初等函数,且在点(1,2)处有定义,它在该点连续,故

$$I=\frac{\ln 2+1^2\cdot\sin(1\cdot 2)}{\mathrm{e}^1\cdot\sin(1^2+2^2)}=\frac{\ln 2+\sin 2}{\mathrm{e}\sin 5}.$$

例 6　讨论下列函数在点(0,0)处的连续性:

(1) $f(x,y)=\begin{cases}xy\ln(x^2+y^2), & x^2+y^2\neq 0,\\ 0, & x^2+y^2=0;\end{cases}$

(2) $f(x,y)=\begin{cases}\dfrac{\sin xy}{x(y^2+1)}, & x\neq 0,\\ 0, & x=0.\end{cases}$

解　(1) 令 $x=r\cos\theta, y=r\sin\theta$，则当 $(x,y)\to(0,0)$ 时，$r=\sqrt{x^2+y^2}\to 0$，于是

$$\lim_{(x,y)\to(0,0)} f(x,y)=\lim_{(x,y)\to(0,0)} xy\ln(x^2+y^2)$$
$$=\lim_{r\to 0} r^2\cos\theta\cdot\sin\theta\cdot\ln r^2=0=f(0,0),$$

这是因为当 $r\to 0$ 时，$r^2\ln r^2\to 0$，而 $\cos\theta\cdot\sin\theta$ 是有界变量. 所以 $f(x,y)$ 在点 $(0,0)$ 处连续.

(2) $\lim\limits_{\substack{(x,y)\to(0,0)\\ xy=0}} f(x,y)=0=f(0,0)$；又

$$\lim_{\substack{(x,y)\to(0,0)\\ xy\neq 0}} f(x,y)=\lim_{\substack{(x,y)\to(0,0)\\ xy\neq 0}} \frac{\sin xy}{xy}\cdot\frac{y}{y^2+1}=1\cdot 0=0=f(0,0),$$

所以 $\lim\limits_{(x,y)\to(0,0)} f(x,y)=f(0,0)$，即 $f(x,y)$ 在点 $(0,0)$ 处连续.

例 7　讨论下列函数在点 $(0,0)$ 的两个二次极限：

(1) $f(x,y)=\dfrac{x-y}{x+y}$；　　(2) $f(x,y)=x\sin\dfrac{1}{xy}$.

解　(1) $\lim\limits_{y\to 0}\lim\limits_{x\to 0} f(x,y)=\lim\limits_{y\to 0}(-1)=-1$；$\lim\limits_{x\to 0}\lim\limits_{y\to 0} f(x,y)=\lim\limits_{x\to 0}1=1$. 即两个二次极限均存在，但不等.

(2) $\lim\limits_{y\to 0}\lim\limits_{x\to 0} f(x,y)=0$；$\lim\limits_{x\to 0}\lim\limits_{y\to 0} f(x,y)=\lim\limits_{x\to 0} x\left(\lim\limits_{y\to 0}\sin\dfrac{1}{xy}\right)$ 不存在. 即一个二次极限存在，一个二次极限不存在.

例 8　讨论下列函数的二次极限和二重极限：

(1) $f(x,y)=\dfrac{x^2y^2}{x^2y^2+(x+y)^2}$；　　(2) $f(x,y)=x\sin\dfrac{1}{y}+y\sin\dfrac{1}{x}$.

解　(1) $\lim\limits_{y\to 0}\lim\limits_{x\to 0} f(x,y)=0$；$\lim\limits_{x\to 0}\lim\limits_{y\to 0} f(x,y)=0$.

$$\lim_{\substack{x\to 0\\ y\to 0}} f(x,y)=\lim_{\substack{y=kx\\ x\to 0}}\frac{x^2y^2}{x^2y^2+(x+y)^2}\xlongequal{y=kx}\lim_{x\to 0}\frac{k^2x^4}{k^2x^4+(1+k)^2x^2}$$
$$=\begin{cases}0, & 若\ k=0,\\ 1, & 若\ k=-1.\end{cases}$$

显然，上述极限不存在. 即两个二次极限均存在且相等，而二重极限不存在.

(2) 当 $y\neq 0, x\to 0$ 时，$y\sin\dfrac{1}{x}$ 的极限不存在；当 $x\neq 0, y\to 0$ 时，$x\sin\dfrac{1}{y}$ 的极限不存在，所以两个二次极限 $\lim\limits_{y\to 0}\lim\limits_{x\to 0} f(x,y)$，$\lim\limits_{x\to 0}\lim\limits_{y\to 0} f(x,y)$ 均不存在.

由于 $\left|x\sin\dfrac{1}{y}+y\sin\dfrac{1}{x}\right|\leqslant|x|+|y|$，故 $\lim\limits_{\substack{x\to 0\\ y\to 0}}\left(x\sin\dfrac{1}{y}+y\sin\dfrac{1}{x}\right)=0$. 即两个二次极限均不存在，而二重极限存在.

二、二元函数连续、偏导数存在与全微分之间的关系

在一元函数中，连续是可导的必要条件，可导是连续的充分条件；可导与可微是等价的.在二元函数中，它们之间的关系却与一元函数不同.

1. 连续与偏导数之间没有必然联系

函数连续，偏导数可能存在，也可能不存在，见例3，例4(1)，(2)；偏导数存在，函数可能连续，也可能不连续，见例4(3)，例5.

2. 偏导数与全微分之间的关系

全微分存在，则偏导数一定存在；偏导数存在且连续，则全微分存在，但这是**可微分的充分条件**，而**不是必要条件**（见例6）. 若偏导数存在但**不连续**时，这时要用全微分定义来检验是否可微. 即按**全微分定义**（见例6）：

二元函数 $f(x,y)$ 在点 (x_0,y_0) 可微 $\Longleftrightarrow$ 当 $\rho=\sqrt{(\Delta x)^2+(\Delta y)^2}\to 0$ 时，

$\Delta z-[f_x(x_0,y_0)\Delta x+f_y(x_0,y_0)\Delta y]$ 是关于 ρ 的高阶无穷小.

3. 连续与全微分之间的关系

全微分存在，函数一定连续；但反之则不真. 如例5.

例1 考虑二元函数 $f(x,y)$ 在点 (x_0,y_0) 处的下面4条性质：

① 连续；② 两个偏导数连续；③ 可微；④ 两个偏导数存在. 若用“$P\Rightarrow Q$”表示可由性质 P 推出性质 Q，则有（ ）.

(A) ②⇒③⇒① (B) ③⇒②⇒① (C) ③⇒④⇒① (D) ③⇒①⇒④

解 由连续、偏导数存在、偏导数连续及可微之间的关系知，选(A).

例2 若函数 $f(x,y)$ 在点 $P_0(x_0,y_0)$ 处具有二阶偏导数，则结论正确的是（ ）.

(A) 必有 $f_{xy}(x_0,y_0)=f_{yx}(x_0,y_0)$ (B) $f(x,y)$ 在点 P_0 处必可微

(C) $f(x,y)$ 在点 P_0 处必连续 (D) 以上三个结论均不对

解 选(D). 因 $f_{xy}(x_0,y_0)$ 和 $f_{yx}(x_0,y_0)$ 在点 P_0 处未必连续，否定(A)；由二阶偏导数存在知一阶偏导数一定存在，但一阶偏导数在点 P_0 处未必连续，否定(B)；一阶偏导数存在，而函数 $f(x,y)$ 在点 P_0 处未必连续，否定(C).

例3 证明函数 $f(x,y)=\begin{cases}\dfrac{\sqrt{|xy|}}{x^2+y^2}\sin(x^2+y^2), & x^2+y^2\neq 0,\\ 0, & x^2+y^2=0\end{cases}$ 在点 $(0,0)$ 处连续且存在偏导数.

证 由于 $f(0,0)=0$，且

$$\lim_{(x,y)\to(0,0)} f(x,y)=\lim_{(x,y)\to(0,0)}\sqrt{|xy|}\cdot\frac{\sin(x^2+y^2)}{x^2+y^2}=0\times 1=f(0,0),$$

所以，$f(x,y)$ 在 $(0,0)$ 处连续.

注意到 $f(x,0)=0, f(0,y)=0$,所以

$$f_x(0,0)=\lim_{x\to 0}\frac{f(x,0)-f(0,0)}{x}=0,\quad f_y(0,0)=\lim_{y\to 0}\frac{f(0,y)-f(0,0)}{y}=0.$$

即两个偏导数均存在.

例 4　容易验证:(1) 函数 $f(x,y)=\sqrt{x^2+y^2}$ 在点(0,0)连续,而两个偏导数不存在;

(2) 函数 $f(x,y)=\begin{cases} y\sin\dfrac{1}{x^2+y^2}, & x^2+y^2\neq 0,\\ 0, & x^2+y^2=0\end{cases}$ 在点(0,0)处连续,$f_x(0,0)=0$,而 $f_y(0,0)$ 不存在.

(3) 函数 $f(x,y)=\begin{cases} \dfrac{x^2y}{x^4+y^2}, & x^2+y^2\neq 0,\\ 0, & x^2+y^2=0\end{cases}$ 在点(0,0)不连续,但 $f_x(0,0)=0, f_y(0,0)=0$.

例 5　证明函数 $f(x,y)=\begin{cases} \dfrac{xy}{\sqrt{x^2+y^2}}, & x^2+y^2\neq 0,\\ 0, & x^2+y^2=0\end{cases}$ 在点(0,0)连续,偏导数存在,但不可微.

证　当 $x^2+y^2\neq 0$ 时,有

$$0\leqslant\left|\frac{xy}{\sqrt{x^2+y^2}}\right|\leqslant\left|\frac{xy}{\sqrt{2xy}}\right|\leqslant|\sqrt{xy}|,$$

故 $\lim\limits_{(x,y)\to(0,0)} f(x,y)=0=f(0,0)$,即 $f(x,y)$ 在点(0,0)处连续.

注意到 $f(x,0)=0, f(0,y)=0$,由偏导数定义易知 $f_x(0,0)=0, f_y(0,0)=0$.

下面用定义证明 $f(x,y)$ 在点(0,0)不可微. 记 $\rho=\sqrt{(\Delta x)^2+(\Delta y)^2}$,则

$$\lim_{\rho\to 0}\frac{\Delta z-[f_x(0,0)\Delta x+f_y(0,0)\Delta y]}{\rho}=\lim_{(\Delta x,\Delta y)\to(0,0)}\frac{\Delta x\Delta y}{(\Delta x)^2+(\Delta y)^2}.$$

若分别令 $\Delta x=\Delta y, \Delta x=2\Delta y$ 时,显然上述极限不相等,故上述极限不存在,从而 $f(x,y)$ 在点(0,0)处不可微.

例 6　设函数 $f(x,y)=\begin{cases} (x^2+y^2)\sin\dfrac{1}{x^2+y^2}, & x^2+y^2\neq 0,\\ 0, & x^2+y^2=0,\end{cases}$ 试证其偏导数在点(0,0)的邻域内存在,但偏导数在点(0,0)处不连续,而 $f(x,y)$ 却在点(0,0)处可微.

证　当 $(x,y)\neq(0,0)$ 时,$f_x(x,y)=2x\sin\dfrac{1}{x^2+y^2}-\dfrac{2x}{x^2+y^2}\cos\dfrac{1}{x^2+y^2}$;

当 $(x,y)=(0,0)$ 时,$f_x(0,0)=\lim\limits_{x\to 0}\dfrac{f(x,0)-f(0,0)}{x}=\lim\limits_{x\to 0}x\sin\dfrac{1}{x^2}=0$.

同理可求得 $f_y(0,0)=0$.

对 $\lim\limits_{(x,y)\to(0,0)} f_x(x,y)=\lim\limits_{(x,y)\to(0,0)}\left(2x\sin\frac{1}{x^2+y^2}-\frac{2x}{x^2+y^2}\cos\frac{1}{x^2+y^2}\right)$，考虑点 (x,y) 沿 x 轴趋于 $(0,0)$. 由于

$$\lim_{x\to 0}2x\sin\frac{1}{x^2}=0,\quad 而\quad \lim_{x\to 0}\frac{2}{x}\cos\frac{1}{x^2}\ 不存在,$$

所以 $\lim\limits_{(x,y)\to(0,0)} f_x(x,y)$ 不存在，即 $f_x(x,y)$ 在点 $(0,0)$ 不连续. 而

$$\lim_{\rho\to 0}\frac{\Delta z-[f_x(0,0)\Delta x+f_y(0,0)\Delta y]}{\rho}=\lim_{\rho\to 0}\frac{\rho^2\sin\frac{1}{\rho^2}}{\rho}=0,$$

所以函数 $f(x,y)$ 在点 $(0,0)$ 处可微.

例 7 二元函数 $f(x,y)$ 在点 $(0,0)$ 处可微的一个充分条件是(　　).

(A) $\lim\limits_{(x,y)\to(0,0)}[f(x,y)-f(0,0)]=0$

(B) $\lim\limits_{(x,y)\to(0,0)}\dfrac{f(x,y)-f(0,0)}{\sqrt{x^2+y^2}}=0$

(C) $\lim\limits_{x\to 0}\dfrac{f(x,0)-f(0,0)}{x}=0$，且 $\lim\limits_{y\to 0}\dfrac{f(0,y)-f(0,0)}{y}=0$

(D) $\lim\limits_{x\to 0}[f_x(x,0)-f_x(0,0)]=0$，且 $\lim\limits_{y\to 0}[f_y(0,y)-f_y(0,0)]=0$

解 选(B). 若(B)成立，则

$$f_x(0,0)=\lim_{x\to 0}\frac{f(x,0)-f(0,0)}{x}=\lim_{x\to 0}\frac{f(x,0)-f(0,0)}{\sqrt{x^2+0^2}}\cdot\frac{\sqrt{x^2}}{x}=0.$$

同理，$f_y(0,0)=0$. 若记 $\rho=\sqrt{x^2+y^2}$，则

$$\lim_{\rho\to 0}\frac{\Delta z-[f_x(0,0)x+f_y(0,0)y]}{\rho}=\lim_{(x,y)\to(0,0)}\frac{f(x,y)-f(0,0)-0}{\sqrt{x^2+y^2}}=0.$$

按全微分定义，$f(x,y)$ 在点 $(0,0)$ 处可微.

三、偏导数与全微分

1. 求偏导数的思路

由偏导数的定义知，求函数 $f(x,y)$ 的偏导数仍是求一元函数的导数问题，即

$$f_x(x,y)=\frac{\mathrm{d}}{\mathrm{d}x}f(x,y)\Big|_{y不变},\quad f_y(x,y)=\frac{\mathrm{d}}{\mathrm{d}y}f(x,y)\Big|_{x不变}.$$

(1) 求偏导(函)数时，一般用一元函数的导数公式与运算法则(例 4).

(2) 求在某定点 (x_0,y_0) 处的偏导数时，可采取两种方法(例 1)：

1° 先求偏导(函)数 $f_x(x,y)$，$f_y(x,y)$，然后将 (x_0,y_0) 代入得 $f_x(x_0,y_0)$，$f_y(x_0,y_0)$.

2° 用下述公式

$$f_x(x_0,y_0)=\left.\frac{\mathrm{d}f(x,y_0)}{\mathrm{d}x}\right|_{x=x_0},\quad f_y(x_0,y_0)=\left.\frac{\mathrm{d}f(x_0,y)}{\mathrm{d}y}\right|_{y=y_0},$$

即求 $f_x(x_0,y_0)$时，可先由 $f(x,y)$得到 $f(x,y_0)$，再求 $f_x(x,y_0)$，最后将 $x=x_0$ 代入得到 $f_x(x_0,y_0)$. 求 $f_y(x_0,y_0)$时也如此.

(3) 求分段函数在分段点处的偏导数时，一般用偏导数的定义，见例 2.

2. 高阶偏导数

二阶偏导数是偏导数的偏导数，求二阶偏导数，只要对偏导数再求一次偏导数即可. 二阶和二阶以上的偏导数统称为高阶偏导数. 见例 12，例 13.

当 $f_{xy}(x,y)$和 $f_{yx}(x,y)$在点 $P_0(x_0,y_0)$处连续时，就有 $f_{xy}(x_0,y_0)=f_{yx}(x_0,y_0)$（见例 11）. 这是二阶混合偏导数与求导次序无关的充分条件，见例 3.

3. 已知偏导数求原函数的思路

若$\frac{\partial f}{\partial x}=h(x,y)$，这里 $h(x,y)$是已知的连续函数，则

$$f(x,y)=\int h(x,y)\mathrm{d}x+\varphi(y),$$

其中$\int h(x,y)\mathrm{d}x$ 是 $h(x,y)$的一个原函数，$\varphi(y)$是 y 的任意函数，有的题目给出确定 $\varphi(y)$的条件，见例 7，例 8.

4. 求函数 $z=f(x,y)$全微分的思路

按全微分存在的充分条件，若所求 $f_x(x,y)$，$f_y(x,y)$连续，则（例 5，例 6）

$$\mathrm{d}z=f_x(x,y)\mathrm{d}x+f_y(x,y)\mathrm{d}y.$$

5. 已知 $\mathrm{d}z=P(x,y)\mathrm{d}x+Q(x,y)\mathrm{d}y$，求函数 $z=f(x,y)$的方法

(1) 积分法.

先由 $f_x(x,y)=P(x,y)$得

$$f(x,y)=\int P(x,y)\mathrm{d}x+\varphi(y);$$

上式再对 y 求偏导数，由 $f_y(x,y)=Q(x,y)$可解得 $\varphi'(y)$，进而得 $\varphi(y)$，即得 $f(x,y)$，见例 9.

(2) 逆推法. 观察已知式 $P(x,y)\mathrm{d}x+Q(x,y)\mathrm{d}y$ 的特点，逆用全微分运算法则，将其写成 $\mathrm{d}g(x,y)$. 于是 $f(x,y)=g(x,y)+C$，其中 C 是任意常数，见例 10.

例 1　设 $f(x,y)=\arctan\frac{x+y}{1+xy}$，求 $f_x(0,0)$，$f_y(1,1)$.

解　先求 $f_x(x,y)$，$f_y(x,y)$，再求 $f_x(0,0)$，$f_y(1,1)$：

$$f_x(x,y)=\frac{1}{1+\left(\frac{x+y}{1+xy}\right)^2}\cdot\frac{1+xy-y(x+y)}{(1+xy)^2},\quad f_x(0,0)=1,$$

$$f_y(x,y)=\frac{1}{1+\left(\frac{x+y}{1+xy}\right)^2}\cdot\frac{1+xy-x(x+y)}{(1+xy)^2},\quad f_y(1,1)=0.$$

先求 $f(x,0)$，$f(1,y)$，再求 $f_x(0,0)$，$f_y(1,1)$.

$$f(x,0)=\arctan x,\quad f_x(x,0)=\frac{1}{1+x^2},\quad f_x(0,0)=1,$$

$$f(1,y)=\arctan\frac{1+y}{1+y}=\arctan 1,\quad f_y(1,y)=0,\quad f_y(1,1)=0.$$

例 2 设函数 $f(x,y)=\begin{cases}xy\dfrac{x^2-y^2}{x^2+y^2}, & x^2+y^2\neq 0,\\ 0, & x^2+y^2=0,\end{cases}$ 求 $f_x(0,0)$，$f_y(0,0)$；$f_{xy}(0,0)$，$f_{yx}(0,0)$.

解 用偏导数定义. 注意到 $f(x,0)=0$，$f(0,y)=0$，则

$$f_x(0,0)=\lim_{x\to 0}\frac{f(x,0)-f(0,0)}{x}=0.$$

又

$$f_x(0,y)=\lim_{x\to 0}\frac{f(x,y)-f(0,y)}{x}=\lim_{x\to 0}y\frac{x^2-y^2}{x^2+y^2}=-y\quad(y\neq 0),$$

所以

$$f_{xy}(0,0)=\lim_{y\to 0}\frac{f_x(0,y)-f_x(0,0)}{y}=\lim_{y\to 0}\frac{-y-0}{y}=-1.$$

同样方法，可求得 $f_y(0,0)=0$，$f_y(x,0)=x(x\neq 0)$，$f_{yx}(0,0)=1$.

综上所述，$f_{xy}(0,0)$ 和 $f_{yx}(0,0)$ 都存在，但不相等.

例 3 设函数 $f(x,y)=\sqrt[3]{x^4+y^4}$. 用例 2 的同样方法可求得 $f_{xy}(0,0)=0$，$f_{yx}(0,0)=0$. 即 $f_{xy}(0,0)=f_{yx}(0,0)$，但 $f_{xy}(x,y)$ 和 $f_{yx}(x,y)$ 在点 $(0,0)$ 处却不连续. 事实上

$$f_x(x,y)=\frac{4x^3}{3}(x^4+y^4)^{-\frac{2}{3}},\quad f_{xy}(x,y)=-\frac{32x^3y^3}{9}(x^4+y^4)^{-\frac{5}{3}},$$

$$\lim_{\substack{(x,y)\to(0,0)\\ y=x}}f_{xy}(x,y)=\lim_{x\to 0}\left(-\frac{32x^6}{9\cdot 2^{\frac{5}{3}}x^{\frac{20}{3}}}\right)=\infty.$$

上式说明 $f_{xy}(x,y)$ 在点 $(0,0)$ 处的极限不存在，自然就不连续. 同理 $f_{yx}(0,0)$ 在点 $(0,0)$ 处也不连续.

例 4 设 $z=x^{\ln y}\tan\dfrac{y}{x}$，求 $\dfrac{\partial z}{\partial x}$，$\dfrac{\partial z}{\partial y}$.

解 对 x 求偏导数，视 y 为常量，$x^{\ln y}$ 是幂函数.

$$\begin{aligned}\frac{\partial z}{\partial x}&=\frac{\partial}{\partial x}(x^{\ln y})\cdot\tan\frac{y}{x}+x^{\ln y}\cdot\frac{\partial}{\partial x}\left(\tan\frac{y}{x}\right)\\&=\ln y\cdot x^{\ln y-1}\cdot\tan\frac{y}{x}+x^{\ln y}\cdot\sec^2\frac{y}{x}\left(-\frac{y}{x^2}\right)\\&=\frac{\ln y}{x}\cdot x^{\ln y}\cdot\tan\frac{y}{x}-\frac{y}{x^2}\cdot x^{\ln y}\cdot\sec^2\frac{y}{x}.\end{aligned}$$

对 y 求偏导数，视 x 为常量，$x^{\ln y}$是指数函数.

$$\begin{aligned}\frac{\partial z}{\partial y}&=\frac{\partial}{\partial y}(x^{\ln y})\cdot\tan\frac{y}{x}+x^{\ln y}\cdot\frac{\partial}{\partial y}\left(\tan\frac{y}{x}\right)\\&=x^{\ln y}\cdot\ln x\cdot\frac{1}{y}\cdot\tan\frac{y}{x}+x^{\ln y}\cdot\sec^2\frac{y}{x}\cdot\frac{1}{x}\\&=\frac{\ln x}{y}x^{\ln y}\cdot\tan\frac{y}{x}+\frac{1}{x}x^{\ln y}\cdot\sec^2\frac{y}{x}.\end{aligned}$$

例 5　设函数 $f(u)$可微，且 $f'(0)=\frac{1}{2}$，则 $z=f(4x^2-y^2)$在点(1,2)处的全微分 $\mathrm{d}z|_{(1,2)}$ $=$________.

解 1　先求偏导数，再求全微分.

$$z_x=f'(4x^2-y^2)\cdot 8x,\quad z_x|_{(1,2)}=f'(0)\cdot 8=4,$$

$$z_y=f'(4x^2-y^2)(-2y),\quad z_y|_{(1,2)}=f'(0)\cdot(-4)=-2,$$

于是

$$\mathrm{d}z|_{(1,2)}=(z_x\mathrm{d}x+z_y\mathrm{d}y)|_{(1,2)}=4\mathrm{d}x-2\mathrm{d}y.$$

解 2　用复合函数的微分法则.

$$\mathrm{d}z=f'(u)\mathrm{d}u=f'(4x^2-y^2)\mathrm{d}(4x^2-y^2)=f'(4x^2-y^2)(8x\mathrm{d}x-2y\mathrm{d}y),$$

$$\mathrm{d}z|_{(1,2)}=f'(0)(8\mathrm{d}x-4\mathrm{d}y)=4\mathrm{d}x-2\mathrm{d}y.$$

例 6　设 $u=f(x,y,z)=\left(\frac{x}{y}\right)^z$，求 $\mathrm{d}u$.

解　先求偏导数

$$\frac{\partial u}{\partial x}=z\left(\frac{x}{y}\right)^{z-1}\cdot\frac{1}{y},\quad\frac{\partial u}{\partial y}=z\left(\frac{x}{y}\right)^{z-1}\cdot\left(-\frac{x}{y^2}\right),\quad\frac{\partial u}{\partial z}=\left(\frac{x}{y}\right)^z\ln\frac{x}{y}.$$

因偏导数均连续，所以 $\mathrm{d}u$ 存在：

$$\mathrm{d}u=\frac{\partial u}{\partial x}\mathrm{d}u+\frac{\partial u}{\partial y}\mathrm{d}y+\frac{\partial u}{\partial z}\mathrm{d}z=\left(\frac{x}{y}\right)^z\left(\frac{z}{x}\mathrm{d}x-\frac{z}{y}\mathrm{d}y+\ln\frac{x}{y}\mathrm{d}z\right).$$

例 7　求函数 $f(x,y)$，已知$\frac{\partial f}{\partial x}=-\sin y+\frac{1}{1-xy}$，且 $f(0,y)=2\sin y+y^2$.

解　由题设

$$f(x,y)=\int\left(-\sin y+\frac{1}{1-xy}\right)\mathrm{d}x+\varphi(y)=-x\sin y-\frac{1}{y}\ln|1-xy|+\varphi(y),$$

其中 $\varphi(y)$是待定函数. 由已知条件 $f(0,y)=2\sin y+y^2$ 与上式，得 $2\sin y+y^2=\varphi(y)$. 于是

$$f(x,y)=(2-x)\sin y-\frac{1}{y}\ln|1-xy|+y^2.$$

例 8　对函数 $z=f(x,y)$有 $f_{yy}(x,y)=2x$，且 $f(x,1)=0$，$f_y(x,0)=\sin x$，求 $f(x,y)$.

解　由题设 $f_{yy}(x,y)=2x$，积分得 $f_y(x,y)=2xy+\varphi(x)$，其中 $\varphi(x)$是待定函数. 由 $f_y(x,0)=\sin x$，即$[2xy+\varphi(x)]|_{y=0}=\sin x$，得 $\varphi(x)=\sin x$. 从而

$$f_y(x,y)=2xy+\sin x,\quad\text{积分得}\quad f(x,y)=xy^2+y\sin x+\psi(x),$$

其中 $\psi(x)$是待定函数. 再由 $f(x,1)=0$，有

$$f(x,1)=[xy^2+y\sin x+\psi(x)]|_{y=1}=x+\sin x+\psi(x)=0,$$

即 $\psi(x)=-x-\sin x$. 于是 $f(x,y)=xy^2+y\sin x-x-\sin x$.

例 9 已知 $\mathrm{d}f(x,y)=[2x+y^2+y\cos(xy)]\mathrm{d}x+[2xy+x\cos(xy)]\mathrm{d}y$,求函数 $f(x,y)$.

解 由题设,$f_x(x,y)=2x+y^2+y\cos(xy)$,$f_y(x,y)=2xy+x\cos(xy)$. 第一式先对 x 求积分,再对 y 求导数,有

$$f(x,y)=x^2+xy^2+\sin(xy)+\varphi(y),\quad f_y(x,y)=2xy+x\cos(xy)+\varphi'(y).$$

由题设,应有

$$2xy+x\cos(xy)=2xy+x\cos(xy)+\varphi'(y),$$

即 $\varphi'(y)=0$,$\varphi(y)=C$,于是

$$f(x,y)=x^2+xy^2+\sin(xy)+C\quad(C\text{ 是任意常数}).$$

注 也可由已知的 $f_x(x,y)$,$f_y(x,y)$,分别对 x,对 y 求积分,得

$$f(x,y)=x^2+xy^2+\sin(xy)+\varphi(y),\quad f(x,y)=xy^2+\sin(xy)+\psi(x),$$

由上二式相等,得 $\varphi(y)=C$,$\psi(x)=x^2+C$,于是

$$f(x,y)=x^2+xy^2+\sin(xy)+C.$$

例 10 已知 $\mathrm{d}z=\left(2x+\mathrm{e}^y-\dfrac{y}{x^2+y^2}\right)\mathrm{d}x+\left(x\mathrm{e}^y+\dfrac{x}{x^2+y^2}\right)\mathrm{d}y$,求 $z=f(x,y)$.

解

$$\begin{aligned}\mathrm{d}z&=(2x+\mathrm{e}^y)\mathrm{d}x+x\mathrm{e}^y\mathrm{d}y+\frac{-y\mathrm{d}x+x\mathrm{d}y}{x^2+y^2}\\&=\mathrm{d}(x^2+x\mathrm{e}^y)+\frac{1}{1+\left(\dfrac{y}{x}\right)^2}\cdot\frac{x\mathrm{d}y-y\mathrm{d}x}{x^2}\\&=\mathrm{d}(x^2+x\mathrm{e}^y)+\mathrm{d}\left(\arctan\frac{y}{x}\right)=\mathrm{d}\left(x^2+x\mathrm{e}^y+\arctan\frac{y}{x}\right),\end{aligned}$$

于是

$$z=f(x,y)=x^2+x\mathrm{e}^y+\arctan\frac{y}{x}.$$

例 11 已知函数 $F(x,y)$可微,且 $F(x,y)(y\mathrm{d}x+x\mathrm{d}y)$为函数 $f(x,y)$的全微分,则 $F(x,y)$满足条件(　　).

(A) $F_x(x,y)=F_y(x,y)$　　(B) $xF_x(x,y)=yF_y(x,y)$

(C) $xF_y(x,y)=yF_x(x,y)$　　(D) $-xF_x(x,y)=yF_y(x,y)$

分析 由题设知 $f_x(x,y)=yF(x,y)$,$f_y(x,y)=xF(x,y)$. 由 $F(x,y)$可微知,$F_x(x,y)$,$F_y(x,y)$存在且连续,从而有 $f_{xy}(x,y)=f_{yx}(x,y)$.

解 选(B). 由题设,对 $f_x(x,y)$,$f_y(x,y)$求混合偏导数:

$$f_{xy}(x,y)=F(x,y)+yF_y(x,y),\quad f_{yx}(x,y)=F(x,y)+xF_x(x,y).$$

由 $f_{xy}(x,y)=f_{yx}(x,y)$可得 $xF_x(x,y)=yF_y(x,y)$.

例 12 设 $z=\dfrac{1}{x}f(x^2y)+y\varphi(x+y^2)$,其中 f,φ 具有二阶连续导数,求一阶和二阶偏导数.

解　利用二元函数求偏导数公式：

$$\frac{\partial z}{\partial x}=-\frac{1}{x^2}f(x^2y)+\frac{1}{x}f'(x^2y)\cdot 2xy+y\varphi'(x+y^2)\cdot 1$$

$$=-\frac{1}{x^2}f(x^2y)+2yf'(x^2y)+y\varphi'(x+y^2),$$

$$\frac{\partial z}{\partial y}=\frac{1}{x}f'(x^2y)\cdot x^2+\varphi(x+y^2)+y\varphi'(x+y^2)\cdot 2y$$

$$=xf'(x^2y)+\varphi(x+y^2)+2y^2\varphi'(x+y^2),$$

$$\frac{\partial^2 z}{\partial x^2}=-\frac{2}{x^3}f(x^2y)-\frac{1}{x^2}f'(x^2y)\cdot 2xy+2yf''(x^2y)\cdot 2xy+y\varphi''(x+y^2)\cdot 1$$

$$=-\frac{2}{x^3}f(x^2y)-\frac{2y}{x}f'(x^2y)+4xy^2f''(x^2y)+y\varphi''(x+y^2),$$

$$\frac{\partial^2 z}{\partial y^2}=xf'(x^2y)\cdot x^2+\varphi'(x+y^2)\cdot 2y+4y\varphi'(x+y^2)+2y^2\varphi''(x+y^2)\cdot 2y$$

$$=x^3f'(x^2y)+6y\varphi'(x+y^2)+4y^3\varphi''(x+y^2),$$

$$\frac{\partial^2 z}{\partial y\partial x}=f'(x^2y)+xf''(x^2y)\cdot 2xy+\varphi'(x+y^2)\cdot 1+2y^2\varphi''(x+y^2)\cdot 1$$

$$=f'(x^2y)+2x^2yf''(x^2y)+\varphi'(x+y^2)+2y^2\varphi''(x+y^2),$$

因 f,φ 具有二阶连续导数，故$\frac{\partial^2 z}{\partial y\partial x}$连续，从而$\frac{\partial^2 z}{\partial x\partial y}=\frac{\partial^2 z}{\partial y\partial x}$.

例 13　设 $z=\int_0^{xy}\frac{\sin t}{t}\mathrm{d}t$，求 $\frac{\partial^2 z}{\partial x^2}, \frac{\partial^2 z}{\partial x\partial y}, \frac{\partial^2 z}{\partial y^2}$.

解　按变上限积分的导数，$\frac{\partial z}{\partial x}=\frac{\sin(xy)}{xy}\cdot y=\frac{\sin(xy)}{x}$，

$$\frac{\partial^2 z}{\partial x^2}=\frac{xy\cdot\cos(xy)-\sin(xy)}{x^2},\quad \frac{\partial^2 z}{\partial x\partial y}=\frac{1}{x}\cos(xy)\cdot x=\cos(xy).$$

由变量 x 与 y 的对称性知 $\frac{\partial^2 z}{\partial y^2}=\frac{xy\cdot\cos(xy)-\sin(xy)}{y^2}$.

例 14　设 $u=f(x,y,z)=x^{y^z}\ (x,y,z>0)$，求二阶偏导数.

解　$u_x=y^zx^{y^z-1}=\frac{u}{x}y^z$，$u_y=(\mathrm{e}^{y^z\ln x})'_y=\mathrm{e}^{y^z\ln x}\cdot zy^{z-1}\ln x=uzy^{z-1}\ln x$，

$$u_z=(\mathrm{e}^{\ln x\cdot \mathrm{e}^{z\ln y}})'_z=\mathrm{e}^{\ln x\cdot \mathrm{e}^{z\ln y}}\cdot\ln x\cdot \mathrm{e}^{z\ln y}\cdot\ln y=uy^z\ln x\cdot\ln y;$$

$$u_{xx}=y^z\left(\frac{u}{x}\right)'_x=y^z\frac{u_x\cdot x-u}{x^2}=u\frac{y^z(y^z-1)}{x^2},$$

$$u_{yy}=z\ln x\cdot(uy^{z-1})'_y=z\ln x[u_yy^{z-1}+u(z-1)y^{z-2}]=uzy^{z-2}\ln x\cdot(zy^z\ln x+z-1),$$

$$u_{zz}=\ln x\cdot\ln y\cdot(uy^z)'_z=\ln x\cdot\ln y\cdot(u_zy^z+uy^z\ln y)=uy^z\ln x\cdot\ln^2y(y^z\ln x+1),$$

$$u_{yx}=u_{xy}=\frac{1}{x}(uy^z)'_y=\frac{1}{x}(u_yy^z+uzy^{z-1})=\frac{uzy^{z-1}}{x}(y^z\ln x+1),$$

$$
\begin{aligned}
u_{zy}=u_{yz}&=\ln x\cdot(uzy^{z-1})'_z=\ln x\cdot(u_z zy^{z-1}+uy^{z-1}+uzy^{z-1}\ln y)\\
&=uy^{z-1}\ln x[1+z\ln y\cdot(1+y^z\ln x)],
\end{aligned}
$$

$$
u_{xz}=u_{zx}=y^z\ln y\cdot(u\ln x)'_x=y^z\ln y\cdot\left(u_x\ln x+\frac{u}{x}\right)=\frac{1}{x}[uy^z\ln y\cdot(y^z\ln x+1)].
$$

四、复合函数的微分法

多元复合函数微分法从一定意义上说，可以认为是一元复合函数微分法的推广.

由 $y=f(u)$，$u=\varphi(x)$构成的复合函数 $y=f(\varphi(x))$，其导数公式是

$$\frac{\mathrm{d}y}{\mathrm{d}x}=\frac{\mathrm{d}y}{\mathrm{d}u}\cdot\frac{\mathrm{d}u}{\mathrm{d}x}.$$

对多元复合函数，因变量对每一个自变量求导数也如此，不过，因变量对自变量的导数，要通过各个中间变量达到自变量.

1. 关键是分清复合函数的构造

求复合函数的偏导数，其关键是分析清楚复合函数的构成层次，即分清哪些变量是自变量，哪些变量是中间变量，以及中间变量又是哪些自变量的函数，必要时，函数的复合关系可用图表示.

2. 偏导数公式的构成

复合函数有**几个自变量**，就有**几个偏导数**(导数)**公式**；

复合函数有**几个中间变量**，偏导数(导数)公式中就有**几项**相加；

对每一个自变量到达因变量有**几层复合**，该对应项就有**几个因子乘积**，即因变量对中间变量的导数与中间变量对自变量导数的乘积. 例如

(1) 一个自变量两个中间变量的**全导数公式**：

由 $z=f(u,v)$，$u=\varphi(x)$，$v=\psi(x)$构成的复合函数，则

$$\frac{\mathrm{d}z}{\mathrm{d}x}=\frac{\partial z}{\partial u}\cdot\frac{\mathrm{d}u}{\mathrm{d}x}+\frac{\partial z}{\partial v}\cdot\frac{\mathrm{d}v}{\mathrm{d}x}.$$

特别地，当 $z=f(x,\varphi(x))$，其中 $y=\varphi(x)$，则

$$\frac{\mathrm{d}z}{\mathrm{d}x}=\frac{\partial z}{\partial x}+\frac{\partial z}{\partial y}\cdot\frac{\mathrm{d}y}{\mathrm{d}x}.$$

上式左端的$\frac{\mathrm{d}z}{\mathrm{d}x}$是 z 关于 x 的“全”导数，它是在 y 以确定的方式 $y=\varphi(x)$随 x 而变化的假设下计算出来的；右端的$\frac{\partial z}{\partial x}$是 z 关于 x 的偏导数，它是在 y 不变的假设下计算出来的.

(2) 两个自变量两个中间变量的偏导数公式：

由 $z=f(u,v)$，$u=\varphi(x,y)$，$v=\psi(x,y)$构成的复合函数，则

$$\frac{\partial z}{\partial x}=\frac{\partial z}{\partial u}\cdot\frac{\partial u}{\partial x}+\frac{\partial z}{\partial v}\cdot\frac{\partial v}{\partial x},\quad \frac{\partial z}{\partial y}=\frac{\partial z}{\partial u}\cdot\frac{\partial u}{\partial y}+\frac{\partial z}{\partial v}\cdot\frac{\partial v}{\partial y}.$$

(3) 两个自变量一个中间变量的偏导数公式：

由 $z=f(u),u=\varphi(x,y)$ 构成的复合函数，则

$$\frac{\partial z}{\partial x}=\frac{\mathrm{d}z}{\mathrm{d}u}\cdot\frac{\partial u}{\partial x},\quad \frac{\partial z}{\partial y}=\frac{\mathrm{d}z}{\mathrm{d}u}\cdot\frac{\partial u}{\partial y}.$$

由于多元函数的复合关系可能出现各种情形，必须根据具体复合关系，按复合函数的思路求导，不能死套某一公式.

3. 抽象函数求偏导数

以抽象函数 $z=f\left(xy,\frac{y}{x}\right)$ 为例来说明，这里，外层函数 f 是抽象函数.

(1) 必须设出中间变量. 设 $u=xy,v=\frac{y}{x}$，则 $z=f\left(xy,\frac{y}{x}\right)$ 看成是由 $z=f(u,v),u=xy$，$v=\frac{y}{x}$ 复合而成的函数.

(2) 简化偏导数的记号. $f_u(u,v),f_v(u,v),f_{uv}(u,v)$ 分别简记做 f_1,f_2,f_{12}，以此类推.

(3) 求 z 对 x(或对 y)的二阶偏导数时，必须把一阶偏导数 $f_u(u,v),f_v(u,v)$ 或 f_1,f_2，仍看做是以 u,v 为中间变量，x,y 为自变量的函数. 求再高阶的偏导数时，以此类推.

例 1　设 $z=\frac{v}{u},u=\ln x,v=u^2+\mathrm{e}^x$，求 $\frac{\mathrm{d}z}{\mathrm{d}x}$.

分析　函数的复合关系为 $z\begin{cases}u\to x\\ v\begin{cases}x\\ u\to x\end{cases}\end{cases}$，只有一个自变量 x，是全导数；u,v 是中间变量，v 不仅直接依赖于 x，而且还要通过 u 依赖于 x，因此，所求全导数有三项，且其中一项是三个因子乘积.

解　$$\begin{aligned}\frac{\mathrm{d}z}{\mathrm{d}x}&=\frac{\partial z}{\partial u}\cdot\frac{\mathrm{d}u}{\mathrm{d}x}+\frac{\partial z}{\partial v}\cdot\frac{\partial v}{\partial x}+\frac{\partial z}{\partial v}\cdot\frac{\partial v}{\partial u}\cdot\frac{\mathrm{d}u}{\mathrm{d}x}\\&=-\frac{v}{u^2}\cdot\frac{1}{x}+\frac{1}{u}\mathrm{e}^x+\frac{1}{u}\cdot 2u\cdot\frac{1}{x}\\&=\frac{1}{x}-\frac{\mathrm{e}^x}{x\ln^2 x}+\frac{\mathrm{e}^x}{\ln x}.\end{aligned}$$

例 2　设 $z=f(x,y),x=y+\varphi(y)$ 所确定的函数二次可微，求 $\frac{\mathrm{d}z}{\mathrm{d}x},\frac{\mathrm{d}^2z}{\mathrm{d}x^2}$.

分析　函数的复合关系是 $z=f(x,y),y=g(x)$，而后者是由方程 $x=y+\varphi(y)$ 确定.

解　按一元函数隐函数求导法，将 $x=y+\varphi(y)$ 两端对 x 求导，得

$$1=\frac{\mathrm{d}y}{\mathrm{d}x}+\varphi'(y)\frac{\mathrm{d}y}{\mathrm{d}x},\quad 即\quad \frac{\mathrm{d}y}{\mathrm{d}x}=\frac{1}{1+\varphi'(y)},$$

于是 $$\frac{\mathrm{d}z}{\mathrm{d}x}=f_1+f_2\frac{\mathrm{d}y}{\mathrm{d}x}=f_1+\frac{f_2}{1+\varphi'(y)}.$$

求二阶全导数时，f_1,f_2 需看做是通过中间变量 x,y 依赖于自变量 x 的复合函数，$\varphi'(y)$ 也是 x 的复合函数.

$$\frac{\mathrm{d}^2z}{\mathrm{d}x^2}=\frac{\mathrm{d}}{\mathrm{d}x}\left(f_1+\frac{f_2}{1+\varphi'(y)}\right)=f_{11}+f_{12}\cdot\frac{\mathrm{d}y}{\mathrm{d}x}+\frac{\partial}{\partial x}\left(\frac{f_2}{1+\varphi'(y)}\right)+\frac{\partial}{\partial y}\left(\frac{f_2}{1+\varphi'(y)}\right)\frac{\mathrm{d}y}{\mathrm{d}x}$$

$$= f_{11} + f_{12} \cdot \frac{1}{1+\varphi'(y)} + \frac{f_{21}}{1+\varphi'(y)} + \frac{f_{22}(1+\varphi'(y)) - \varphi''(y)f_2}{[1+\varphi'(y)]^2} \cdot \frac{1}{1+\varphi'(y)}$$

$$= f_{11} + \frac{f_{12}+f_{21}}{1+\varphi'(y)} + \frac{f_{22}}{[1+\varphi'(y)]^2} - \frac{f_2\varphi''(y)}{[1+\varphi'(y)]^3}.$$

例 3 已知函数 $f(u)$ 具有二阶导数，且 $f'(0)=1$；函数 $y=y(x)$ 由方程 $y-xe^{y-1}=1$ 所确定，设 $z=f(\ln y-\sin x)$，求 $\left.\frac{dz}{dx}\right|_{x=0}$，$\left.\frac{d^2z}{dx^2}\right|_{x=0}$.

解 将 $x=0$ 代入方程 $y-xe^{y-1}=1$ 中得 $y=1$.

$$\frac{dz}{dx} = f'(\ln y - \sin x)\left(\frac{y'}{y} - \cos x\right),$$

$$\frac{d^2z}{dx^2} = f''(\ln y - \sin x)\left(\frac{y'}{y} - \cos x\right)^2 + f'(\ln y - \sin x)\left(\frac{y''y - y'^2}{y^2} + \sin x\right).$$

将 $y-xe^{y-1}=1$ 两边对 x 求导得 $y'-e^{y-1}-xe^{y-1}y'=0$，再对 x 求导得

$$y'' - e^{y-1}y' - e^{y-1}y' - xe^{y-1}y'^2 - xe^{y-1}y'' = 0.$$

将 $x=0$，$y=1$ 代入上述二式，得 $y'(0)=1$，$y''(0)=2$. 于是

$$\left.\frac{dz}{dx}\right|_{x=0} = f'(0)(0-0) = 0,\quad \left.\frac{d^2z}{dx^2}\right|_{x=0} = f'(0)(2-1) = 1.$$

例 4 设 $z=\frac{x^2+y^2}{xy}e^{\frac{x^2+y^2}{xy}}$，求 $\frac{\partial z}{\partial x}$，$\frac{\partial z}{\partial y}$.

解 1 直接求偏导数，视 y 为常量，对 x 求偏导数.

$$\frac{\partial z}{\partial x} = \frac{\partial}{\partial x}\left(\frac{x^2+y^2}{xy}\right)e^{\frac{x^2+y^2}{xy}} + \frac{\partial}{\partial x}\left(e^{\frac{x^2+y^2}{xy}}\right) \cdot \frac{x^2+y^2}{xy}$$

$$= \frac{2x\cdot xy - y(x^2+y^2)}{x^2y^2}e^{\frac{x^2+y^2}{xy}} + e^{\frac{x^2+y^2}{xy}} \cdot \frac{2x\cdot xy - y(x^2+y^2)}{x^2y^2} \cdot \frac{x^2+y^2}{xy}$$

$$= \left(1 + \frac{x^2+y^2}{xy}\right)\frac{x^2-y^2}{x^2y}e^{\frac{x^2+y^2}{xy}}.$$

由函数式中 x 与 y 的对称性，可得

$$\frac{\partial z}{\partial y} = \left(1 + \frac{x^2+y^2}{xy}\right)\frac{y^2-x^2}{xy^2}e^{\frac{x^2+y^2}{xy}}.$$

解 2 引入中间变量，用复合函数的微分法. 设 $u=x^2+y^2$，$v=xy$，则 $z=\frac{u}{v}e^{\frac{u}{v}}$，于是

$$\frac{\partial z}{\partial x} = \frac{\partial z}{\partial u}\frac{\partial u}{\partial x} + \frac{\partial z}{\partial v}\frac{\partial v}{\partial x}$$

$$= \left(\frac{1}{v}e^{\frac{u}{v}} + \frac{u}{v}e^{\frac{u}{v}} \cdot \frac{1}{v}\right) \cdot 2x + \left[-\frac{u}{v^2}e^{\frac{u}{v}} + \frac{u}{v}e^{\frac{u}{v}}\left(-\frac{u}{v^2}\right)\right]y$$

$$= \left(1 + \frac{u}{v}\right)e^{\frac{u}{v}}\left(\frac{2x}{v} - \frac{yu}{v^2}\right) = \left(1 + \frac{x^2+y^2}{xy}\right) \cdot \frac{x^2-y^2}{x^2y}e^{\frac{x^2+y^2}{xy}},$$

$$\frac{\partial z}{\partial y}=\left(1+\frac{x^2+y^2}{xy}\right)\frac{y^2-x^2}{xy^2}\mathrm{e}^{\frac{x^2+y^2}{xy}}.$$

解 3 求出全微分后便得到两个偏导数. 因

$$\begin{aligned}\mathrm{d}z&=\mathrm{e}^{\frac{x^2+y^2}{xy}}\mathrm{d}\left(\frac{x^2+y^2}{xy}\right)+\frac{x^2+y^2}{xy}\mathrm{d}\left(\mathrm{e}^{\frac{x^2+y^2}{xy}}\right)\\&=\mathrm{e}^{\frac{x^2+y^2}{xy}}\frac{xy(2x\mathrm{d}x+2y\mathrm{d}y)-(x^2+y^2)(y\mathrm{d}x+x\mathrm{d}y)}{x^2y^2}\\&\quad+\frac{x^2+y^2}{xy}\mathrm{e}^{\frac{x^2+y^2}{xy}}\frac{xy(2x\mathrm{d}x+2y\mathrm{d}y)-(x^2+y^2)(y\mathrm{d}x+x\mathrm{d}y)}{x^2y^2}\\&=\left(1+\frac{x^2+y^2}{xy}\right)\mathrm{e}^{\frac{x^2+y^2}{xy}}\left(\frac{x^2-y^2}{x^2y}\mathrm{d}x+\frac{y^2-x^2}{xy^2}\mathrm{d}y\right),\end{aligned}$$

故

$$\frac{\partial z}{\partial x}=\left(1+\frac{x^2+y^2}{xy}\right)\mathrm{e}^{\frac{x^2+y^2}{xy}}\cdot\frac{x^2-y^2}{x^2y},$$

$$\frac{\partial z}{\partial y}=\left(1+\frac{x^2+y^2}{xy}\right)\mathrm{e}^{\frac{x^2+y^2}{xy}}\cdot\frac{y^2-x^2}{xy^2}.$$

例 5 设 $f(u,v)$ 具有二阶连续偏导数,且满足

$$f_{uu}(u,v)+f_{vv}(u,v)=1,\quad g(x,y)=f\left(xy,\frac{1}{2}(x^2-y^2)\right),$$

求 $g_{xx}(x,y)+g_{yy}(x,y)$.

解 x,y 是自变量,u,v 是中间变量,且 $u=xy,v=\frac{1}{2}(x^2-y^2)$. 因

$$g_x(x,y)=f_u\cdot y+f_v\cdot x,\quad g_y(x,y)=f_u\cdot x+f_v\cdot(-y),$$

$$\begin{aligned}g_{xx}&=\frac{\partial f_u}{\partial x}\cdot y+f_v+\frac{\partial f_v}{\partial x}\cdot x\\&=(f_{uu}\cdot y+f_{uv}\cdot x)\cdot y+f_v+(f_{vu}\cdot y+f_{vv}\cdot x)\cdot x,\\g_{yy}&=\frac{\partial f_u}{\partial y}\cdot x+(-f_v)+\frac{\partial f_v}{\partial y}\cdot(-y)\\&=[f_{uu}\cdot x+f_{uv}\cdot(-y)]\cdot x-f_v+[f_{vu}\cdot x+f_{vv}\cdot(-y)](-y),\end{aligned}$$

所以

$$g_{xx}(x,y)+g_{yy}(x,y)=(x^2+y^2)(f_{uu}+f_{vv})=x^2+y^2.$$

例 6 设 $u=f(xy,yz,zx)$,其中 f 具有二阶偏导数,求 $\frac{\partial^2u}{\partial x\partial z},\frac{\partial^2u}{\partial x\partial y}$.

解

$$\frac{\partial u}{\partial x}=f_1\cdot y+f_3\cdot z,$$

$$\begin{aligned}\frac{\partial^2u}{\partial x\partial z}&=y\frac{\partial f_1}{\partial z}+\frac{\partial f_3}{\partial z}\cdot z+f_3\cdot 1\\&=y(f_{12}\cdot y+f_{13}\cdot x)+z(f_{32}\cdot y+f_{33}\cdot x)+f_3\end{aligned}$$

$$= y^2 f_{12} + xyf_{13} + yzf_{32} + xzf_{33} + f_3,$$

$$\frac{\partial^2 u}{\partial x \partial y} = f_1 + y\frac{\partial f_1}{\partial y} + z\frac{\partial f_3}{\partial y}$$

$$= f_1 + y(f_{11}\cdot x + f_{12}\cdot z) + z(f_{31}\cdot x + f_{32}\cdot z)$$

$$= f_1 + xyf_{11} + yzf_{12} + xzf_{31} + z^2 f_{32}.$$

例 7　已知 $z=f(\varphi(x)-y, xh(y))$，其中 f 具有二阶连续偏导数，φ, h 均为二阶可微函数，求 $\frac{\partial^2 z}{\partial x\partial y}, \frac{\partial^2 z}{\partial y^2}$.

分析　按题设条件，有 $\frac{\partial^2 z}{\partial x\partial y}=\frac{\partial^2 z}{\partial y\partial x}$. 为求 $\frac{\partial^2 z}{\partial x\partial y}$，若先求 $\frac{\partial z}{\partial x}$，在求 $\frac{\partial^2 z}{\partial y^2}$ 时，还须求 $\frac{\partial z}{\partial y}$. 所以，先求 $\frac{\partial z}{\partial y}$，将简化计算.

解　$\frac{\partial z}{\partial y}=f_1\cdot(-1)+f_2\cdot xh'(y)$,

$$\frac{\partial^2 z}{\partial x\partial y}=\frac{\partial^2 z}{\partial y\partial x}$$

$$=-\left[f_{11}\cdot\varphi'(x)+f_{12}\cdot h(y)\right]+xh'(y)\left[f_{21}\cdot\varphi'(x)+f_{22}\cdot h(y)\right]$$

$$+f_2\cdot h'(y)$$

$$=-f_{11}\cdot\varphi'(x)+f_{12}\left[x\varphi'(x)h'(y)-h(y)\right]+f_{22}\cdot xh(y)h'(y)+f_2\cdot h'(y),$$

$$\frac{\partial^2 z}{\partial y^2}=-\left[f_{11}\cdot(-1)+f_{12}\cdot xh'(y)\right]+xh'(y)\left[f_{21}\cdot(-1)+f_{22}\cdot xh'(y)\right]$$

$$+f_2\cdot xh''(y)$$

$$=f_{11}-f_{12}\cdot 2xh'(y)+f_{22}\cdot\left[xh'(y)\right]^2+f_2\cdot xh''(y).$$

例 8　设 $z=f(t), t=\varphi(xy, x^2+y^2)$，其中 f, φ 具有二阶连续的偏导数，求 $\frac{\partial^2 z}{\partial y^2}$.

分析　令 $u=xy, v=x^2+y^2$，则函数的复合关系为 $z \to t$ （$t\to u, v$；$u\to x, y$；$v\to x, y$）. 这是三层复合函数，x, y 是自变量，u, v 是内层中间变量，t 是外层中间变量.

解　$\frac{\partial z}{\partial y}=f'(t)\left(\frac{\partial t}{\partial u}\frac{\partial u}{\partial y}+\frac{\partial t}{\partial v}\frac{\partial v}{\partial y}\right)=f'(t)(\varphi_1\cdot x+\varphi_2\cdot 2y)$,

$$\frac{\partial^2 z}{\partial y^2}=\frac{\partial}{\partial y}f'(t)\cdot(x\varphi_1+2y\varphi_2)+f'(t)\frac{\partial}{\partial y}(x\varphi_1+2y\varphi_2)$$

$$=f''(t)(x\varphi_1+2y\varphi_2)^2+f'(t)\left[x(\varphi_{11}\cdot x+\varphi_{12}\cdot 2y)+2\varphi_2\right.$$

$$\left.+2y(\varphi_{21}\cdot x+\varphi_{22}\cdot 2y)\right]$$

$$=f''(t)(x\varphi_1+2y\varphi_2)^2+f'(t)(x^2\varphi_{11}+4xy\varphi_{12}+4y^2\varphi_{22}+2\varphi_2).$$

例 9　设 $z=f(x,y)$ 是由 $x=\mathrm{e}^{u+v}, y=\mathrm{e}^{u-v}, z=uv$ 所确定的函数，求 $\frac{\partial^2 z}{\partial x\partial y}$.

解 1　将 z 表成 x,y 的函数. 由 $x=\mathrm{e}^{u+v}$，$y=\mathrm{e}^{u-v}$ 解出 u 和 v，得 $u=\frac{1}{2}(\ln x+\ln y)$，$v=\frac{1}{2}(\ln x-\ln y)$，将其代入 $z=uv$ 中，有

$$z=\frac{1}{4}(\ln^2 x-\ln^2 y).$$

所以
$$\frac{\partial z}{\partial x}=\frac{\ln x}{2x},\quad \frac{\partial^2 z}{\partial x\partial y}=\frac{\partial}{\partial y}\left(\frac{\ln x}{2x}\right)=0.$$

解 2　将 z 看成是通过中间变量 u,v 依赖于自变量 x,y 的函数. 则

$$\frac{\partial z}{\partial x}=\frac{\partial z}{\partial u}\frac{\partial u}{\partial x}+\frac{\partial z}{\partial v}\frac{\partial v}{\partial x}=v\frac{\partial u}{\partial x}+u\frac{\partial v}{\partial x}. \tag{1}$$

为计算 $\frac{\partial u}{\partial x}$，$\frac{\partial v}{\partial x}$，分别对 $x=\mathrm{e}^{u+v}$，$y=\mathrm{e}^{u-v}$ 两边对 x 求偏导数，得

$$1=\mathrm{e}^{u+v}\left(\frac{\partial u}{\partial x}+\frac{\partial u}{\partial x}\right),\quad 0=\mathrm{e}^{u-v}\left(\frac{\partial u}{\partial x}-\frac{\partial v}{\partial x}\right).$$

由此可得 $\frac{\partial u}{\partial x}=\frac{\partial v}{\partial x}=\frac{1}{2}\mathrm{e}^{-(u+v)}$，将其代入(1)式，得

$$\frac{\partial z}{\partial x}=\frac{1}{2}(u+v)\mathrm{e}^{-(u+v)}=\frac{\ln x}{2x},\quad 从而\quad \frac{\partial^2 z}{\partial x\partial y}=\frac{\partial}{\partial y}\left(\frac{\ln x}{2x}\right)=0.$$

例 10　若函数 $f(x,y,z)$ 对任意实数 t 满足关系式 $f(tx,ty,tz)=t^k f(x,y,z)$，则称 $f(x,y,z)$ 是 k 次齐次函数. 设 $f(x,y,z)$ 是 k 次齐次函数且可微，试证明

$$x\frac{\partial f}{\partial x}+y\frac{\partial f}{\partial y}+z\frac{\partial f}{\partial z}=kf(x,y,z).$$

证　依题意，对任意实数 t，有 $f(tx,ty,tz)=t^k f(x,y,z)$，将该式两端对 t 求导数，得

$$xf_1(tx,ty,tz)+yf_2(tx,ty,tz)+zf_3(tx,ty,tz)=kt^{k-1}f(x,y,z).$$

上式对任意实数 t 都成立，令 $t=1$，有

$$x\frac{\partial f}{\partial x}+y\frac{\partial f}{\partial y}+z\frac{\partial f}{\partial z}=kf(x,y,z).$$

例 11　假设二元函数 $F(x,y)$ 在直角坐标系下可写为 $F(x,y)=f(x)g(y)$，在极坐标系下可写为 $F(x,y)=S(r)$，试求此二元函数.

解　直角坐标与极坐标变换公式为 $x=r\cos\theta$，$y=r\sin\theta$. 视 x,y 为中间变量，r,θ 为自变量，则

$$\begin{aligned}\frac{\partial F}{\partial \theta}&=\frac{\partial F}{\partial x}\frac{\partial x}{\partial \theta}+\frac{\partial F}{\partial y}\frac{\partial y}{\partial \theta}=f'(x)g(y)\cdot(-r\sin\theta)+f(x)g'(y)\cdot r\cos\theta\\&=-yf'(x)g(y)+xf(x)g'(y).\end{aligned}$$

由 $F(x,y)=S(r)$ 知，$F(x,y)$ 不依赖于 θ，因此 $\frac{\partial F}{\partial \theta}=0$，于是上式为

$$-yf'(x)g(y)+xf(x)g'(y)=0,\quad 即\quad \frac{f'(x)}{xf(x)}\equiv\frac{g'(y)}{yg(y)}.$$

上式左端只是 x 的函数，右端只是 y 的函数，而 x,y 是两个独立的自变量，因此，若上式成

立,它必然等于常数,记做 λ,应有

$$\frac{f'(x)}{xf(x)} \equiv \lambda, \quad \frac{g'(y)}{yg(y)} \equiv \lambda.$$

解前一方程,有

$$\frac{f'(x)}{f(x)} - \lambda x \equiv 0, \quad 即 \quad \frac{\mathrm{d}}{\mathrm{d}x}\left[\ln f(x) - \frac{1}{2}\lambda x^2\right] \equiv 0,$$

$$\ln f(x) - \frac{1}{2}\lambda x^2 \equiv \ln C_1,$$

其中 $\ln C_1$ 表示任意常数. 从而有 $f(x)=C_1 \mathrm{e}^{\frac{\lambda}{2}x^2}$.

同理 $g(y)=C_2 \mathrm{e}^{\frac{\lambda}{2}y^2}$($C_2$ 为任意常数).

综上所述得 $F(x,y)=C\mathrm{e}^{\frac{\lambda}{2}(x^2+y^2)}$($C=C_1C_2$ 为任意常数).

例 12　设函数 $z=f(x,y)$ 具有二阶连续偏导数,且 $f_y(x,y)\neq 0$. 证明对任意常数 C, $f(x,y)=C$ 为一直线的充分必要条件是

$$(f_y)^2 f_{xx} - 2f_x f_y f_{xy} + f_{yy}(f_x)^2 = 0.$$

分析　$f(x,y)=C$ 为一直线,即由此确定的 $y=y(x)$ 为线性函数的充分必要条件是 $\frac{\mathrm{d}^2 y}{\mathrm{d}x^2}=0$.

证　因为 $f_y \neq 0$, $f(x,y)=C$ 对 x 求导,得

$$f_x + f_y \frac{\mathrm{d}y}{\mathrm{d}x} = 0 \quad 或 \quad \frac{\mathrm{d}y}{\mathrm{d}x} = -\frac{f_x}{f_y}. \tag{1}$$

(1)中前式两端对 x 求导,并将后式代入,有

$$f_{xx} + f_{xy}\frac{\mathrm{d}y}{\mathrm{d}x} + \left(f_{yx} + f_{yy}\frac{\mathrm{d}y}{\mathrm{d}x}\right)\frac{\mathrm{d}y}{\mathrm{d}x} + f_y \frac{\mathrm{d}^2 y}{\mathrm{d}x^2} = 0,$$

(1)中后式再对 x 求导

$$\frac{\mathrm{d}^2 y}{\mathrm{d}x^2} = -\frac{\left(f_{xx} + f_{xy}\frac{\mathrm{d}y}{\mathrm{d}x}\right)f_y - \left(f_{yx} + f_{yy}\frac{\mathrm{d}y}{\mathrm{d}x}\right)f_x}{(f_y)^2}$$

$$= -\frac{(f_y)^2 f_{xx} - 2f_x f_y f_{xy} + f_{yy}(f_x)^2}{(f_y)^3}.$$

根据 $f(x,y)=C$ 为一直线的充分必要条件是 $\frac{\mathrm{d}^2 y}{\mathrm{d}x^2}=0$,由上式知, $f(x,y)=C$ 为一直线的充分必要条件是

$$(f_y)^2 f_{xx} - 2f_x f_y f_{xy} + f_{yy}(f_x)^2 = 0.$$

例 13　设函数 $f(x,y)$ 具有二阶连续偏导数,引入变换 $\xi=\frac{y}{x}$, $\eta=y$,试证方程 $x^2\frac{\partial^2 f}{\partial x^2} + 2xy\frac{\partial^2 f}{\partial x \partial y} + y^2\frac{\partial^2 f}{\partial y^2}=0$ 可化为 $\frac{\partial^2 f}{\partial \eta^2}=0$.

证　将 ξ,η 视为中间变量，x,y 视为自变量，且 $\xi=\dfrac{y}{x},\eta=y$，则

$$\frac{\partial f}{\partial x}=\frac{\partial f}{\partial \xi}\frac{\partial \xi}{\partial x}+\frac{\partial f}{\partial \eta}\frac{\partial \eta}{\partial x}=-\frac{y}{x^2}\frac{\partial f}{\partial \xi},$$

$$\frac{\partial f}{\partial y}=\frac{\partial f}{\partial \xi}\frac{\partial \xi}{\partial y}+\frac{\partial f}{\partial \eta}\frac{\partial \eta}{\partial y}=\frac{1}{x}\frac{\partial f}{\partial \xi}+\frac{\partial f}{\partial \eta},$$

$$\frac{\partial^2 f}{\partial x^2}=\frac{2y}{x^3}\frac{\partial f}{\partial \xi}-\frac{y}{x^2}\frac{\partial^2 f}{\partial \xi^2}\left(-\frac{y}{x^2}\right)=\frac{2y}{x^3}\frac{\partial f}{\partial \xi}+\frac{y^2}{x^4}\frac{\partial^2 f}{\partial \xi^2},$$

$$\begin{aligned}\frac{\partial^2 f}{\partial x\partial y}&=-\frac{1}{x^2}\frac{\partial f}{\partial \xi}-\frac{y}{x^2}\left(\frac{\partial^2 f}{\partial \xi^2}\cdot\frac{1}{x}+\frac{\partial^2 f}{\partial \xi\partial \eta}\cdot 1\right)\\&=-\frac{1}{x^2}\frac{\partial f}{\partial \xi}-\frac{y}{x^3}\frac{\partial^2 f}{\partial \xi^2}-\frac{y}{x^2}\frac{\partial^2 f}{\partial \xi\partial \eta},\end{aligned}$$

$$\begin{aligned}\frac{\partial^2 f}{\partial y^2}&=\frac{1}{x}\left(\frac{\partial^2 f}{\partial \xi^2}\cdot\frac{1}{x}+\frac{\partial^2 f}{\partial \xi\partial \eta}\cdot 1\right)+\frac{\partial^2 f}{\partial \eta\partial \xi}\cdot\frac{1}{x}+\frac{\partial^2 f}{\partial \eta^2}\cdot 1\\&=\frac{1}{x^2}\frac{\partial^2 f}{\partial \xi^2}+\frac{2}{x}\frac{\partial^2 f}{\partial \xi\partial \eta}+\frac{\partial^2 f}{\partial \eta^2}.\end{aligned}$$

于是

$$\begin{aligned}0&=x^2\frac{\partial^2 f}{\partial x^2}+2xy\frac{\partial^2 f}{\partial x\partial y}+y^2\frac{\partial^2 f}{\partial y^2}\\&=\frac{2y}{x}\frac{\partial f}{\partial \xi}+\frac{y^2}{x^2}\frac{\partial^2 f}{\partial \xi^2}-\frac{2y}{x}\frac{\partial f}{\partial \xi}-\frac{2y^2}{x^2}\frac{\partial^2 f}{\partial \xi^2}-\frac{2y^2}{x}\frac{\partial^2 f}{\partial \xi\partial \eta}\\&\quad+\frac{y^2}{x^2}\frac{\partial^2 f}{\partial \xi^2}+\frac{2y^2}{x}\frac{\partial^2 f}{\partial \xi\partial \eta}+y^2\frac{\partial^2 f}{\partial \eta^2},\end{aligned}$$

即 $y^2\dfrac{\partial^2 f}{\partial \eta^2}=0$. 由 y 的任意性知 $\dfrac{\partial^2 f}{\partial \eta^2}=0$.

例 14　已知方程 $y\dfrac{\partial z}{\partial x}-x\dfrac{\partial z}{\partial y}=(y-x)z$，若引入变量替换 $u=x^2+y^2,v=\dfrac{1}{x}+\dfrac{1}{y},w=\ln z-(x+y)$ 且 $w=w(u,v)$. 试问原方程变成什么形式.

解　在 $w=\ln z-(x+y)$ 中，z 是 x,y 的函数，分别对 x,y 求偏导数，得

$$\frac{\partial w}{\partial x}=\frac{1}{z}\frac{\partial z}{\partial x}-1,\quad \frac{\partial w}{\partial y}=\frac{1}{z}\frac{\partial z}{\partial y}-1,$$

故有

$$\frac{\partial z}{\partial x}=z\left(1+\frac{\partial w}{\partial x}\right),\quad \frac{\partial z}{\partial y}=z\left(1+\frac{\partial w}{\partial y}\right).$$

对 $w=w(u,v)=w\left(x^2+y^2,\dfrac{1}{x}+\dfrac{1}{y}\right)$，分别对 x,y 求偏导数，得

$$\frac{\partial w}{\partial x}=\frac{\partial w}{\partial u}\frac{\partial u}{\partial x}+\frac{\partial w}{\partial v}\frac{\partial v}{\partial x}=2x\frac{\partial w}{\partial u}-\frac{1}{x^2}\frac{\partial w}{\partial v},$$

$$\frac{\partial w}{\partial y}=\frac{\partial w}{\partial u}\frac{\partial u}{\partial y}+\frac{\partial w}{\partial v}\frac{\partial v}{\partial y}=2y\frac{\partial w}{\partial u}-\frac{1}{y^2}\frac{\partial w}{\partial v}.$$

于是 $$\frac{\partial z}{\partial x}=z\left(1+2x\frac{\partial w}{\partial u}-\frac{1}{x^2}\frac{\partial w}{\partial v}\right),\quad \frac{\partial z}{\partial y}=z\left(1+2y\frac{\partial w}{\partial u}-\frac{1}{y^2}\frac{\partial w}{\partial v}\right).$$

将$\frac{\partial z}{\partial x},\frac{\partial z}{\partial y}$的表示式代入已知方程中，并化简，原方程变形为

$$\left(\frac{xz}{y^2}-\frac{yz}{x^2}\right)\frac{\partial w}{\partial v}=0.$$

例 15 已知 $u=u(x,y)$满足方程$\frac{\partial^2 u}{\partial x^2}-\frac{\partial^2 u}{\partial y^2}+A\left(\frac{\partial u}{\partial x}+\frac{\partial u}{\partial y}\right)=0$，其中 A 为已知常数. 试选择参数 α,β，利用变换 $u(x,y)=v(x,y)\mathrm{e}^{\alpha x+\beta y}$将原方程变形，使新方程中不再出现一阶偏导数项.

解 将 $u(x,y)=v(x,y)\mathrm{e}^{\alpha x+\beta y}$分别对 x,y 求偏导数，有

$$\frac{\partial u}{\partial x}=\frac{\partial v}{\partial x}\mathrm{e}^{\alpha x+\beta y}+v(x,y)\mathrm{e}^{\alpha x+\beta y}\cdot\alpha,\quad \frac{\partial u}{\partial y}=\frac{\partial v}{\partial y}\mathrm{e}^{\alpha x+\beta y}+v(x,y)\mathrm{e}^{\alpha x+\beta y}\cdot\beta,$$

$$\frac{\partial^2 u}{\partial x^2}=\frac{\partial^2 v}{\partial x^2}\mathrm{e}^{\alpha x+\beta y}+\frac{\partial v}{\partial x}\mathrm{e}^{\alpha x+\beta y}\cdot\alpha+\alpha\frac{\partial v}{\partial x}\mathrm{e}^{\alpha x+\beta y}+\alpha v(x,y)\mathrm{e}^{\alpha x+\beta y}\cdot\alpha,$$

$$\frac{\partial^2 u}{\partial y^2}=\frac{\partial^2 v}{\partial y^2}\mathrm{e}^{\alpha x+\beta y}+\frac{\partial v}{\partial y}\mathrm{e}^{\alpha x+\beta y}\cdot\beta+\beta\frac{\partial v}{\partial y}\mathrm{e}^{\alpha x+\beta y}+\beta v(x,y)\mathrm{e}^{\alpha x+\beta y}\cdot\beta.$$

将$\frac{\partial u}{\partial x},\frac{\partial u}{\partial y},\frac{\partial^2 u}{\partial x^2},\frac{\partial^2 u}{\partial y^2}$的表示式代入已知方程中，有

$$\mathrm{e}^{\alpha x+\beta y}\left[\frac{\partial^2 v}{\partial x^2}+2\alpha\frac{\partial v}{\partial x}+\alpha^2 v(x,y)-\frac{\partial^2 v}{\partial y^2}-2\beta\frac{\partial v}{\partial y}-\beta^2 v(x,y)\right]$$
$$+A\mathrm{e}^{\alpha x+\beta y}\left[\frac{\partial v}{\partial x}+\alpha v(x,y)+\frac{\partial v}{\partial y}+\beta v(x,y)\right]=0,$$

即 $$\frac{\partial^2 v}{\partial x^2}-\frac{\partial^2 v}{\partial y^2}+(2\alpha+A)\frac{\partial v}{\partial x}+(A-2\beta)\frac{\partial v}{\partial y}+(\alpha^2-\beta^2)v(x,y)$$
$$+A(\alpha+\beta)v(x,y)=0.$$

为使上式不出现一阶偏导数项，应有 $\alpha=-\frac{A}{2},\beta=\frac{A}{2}$，从而有 $\alpha^2-\beta^2=0,\alpha+\beta=0$. 于是原方程化为

$$\frac{\partial^2 v}{\partial x^2}-\frac{\partial^2 v}{\partial y^2}=0.$$

五、隐函数的微分法

1. 由一个方程确定的隐函数的解题方法

(1) 由方程 $F(x,y,z)=0$ 确定隐函数 $z=f(x,y)$，求$\frac{\partial z}{\partial x},\frac{\partial z}{\partial y}$的**方法**(例 1).

其一，按一元隐函数求导. 求$\frac{\partial z}{\partial x}$时，将 $F(x,y,z)=0$ 中的 y 视为常量，x 视为自变量，z

视为 x 的函数；等式两端对 x 求导数，得到关于$\frac{\partial z}{\partial x}$的方程，解出$\frac{\partial z}{\partial x}$即可. 用类似的方法求$\frac{\partial z}{\partial y}$.

其二，公式法. 将 $F(x,y,z)$看做是三个自变量 x,y,z 的函数，则

$$\frac{\partial z}{\partial x}=-\frac{F_x(x,y,z)}{F_z(x,y,z)},\quad \frac{\partial z}{\partial y}=-\frac{F_y(x,y,z)}{F_z(x,y,z)}\quad (F_z(x,y,z)\neq 0).$$

其三，用全微分式. 将 $F(x,y,z)=0$ 两端求全微分，得

$$\mathrm{d}F=F_x\mathrm{d}x+F_y\mathrm{d}y+F_z\mathrm{d}z=0,\quad 即\quad \mathrm{d}z=-\frac{F_x}{F_z}\mathrm{d}x-\frac{F_y}{F_z}\mathrm{d}y\quad (F_z\neq 0).$$

由 $\mathrm{d}z$ 的表示式便得到偏导数$\frac{\partial z}{\partial x},\frac{\partial z}{\partial y}$.

需同时求隐函数的各个偏导数或证明隐函数的各个偏导数都出现的等式时，常用全微分式(例 2).

(2) 由方程 $F(x,y,z)=0$ 确定隐函数 $z=f(x,y)$，而 $y=y(x)$，求$\frac{\mathrm{d}z}{\mathrm{d}x}$的方法(见例 3).

其一，按一元隐函数求导. 将 $F(x,y,z)=0$ 中的 x 视为自变量，y 视为 x 的函数，z 视为 x 的函数；等式两端对 x 求导，得到关于$\frac{\mathrm{d}z}{\mathrm{d}x}$的方程，其中的$\frac{\mathrm{d}y}{\mathrm{d}x}$要用 $y'(x)$表示，解出$\frac{\mathrm{d}z}{\mathrm{d}x}$即可.

其二，公式法. 将 $F(x,y,z)$看做是两个自变量 x,z 的函数，式中的 y 要视为是 x 的函数，则

$$\frac{\mathrm{d}z}{\mathrm{d}x}=-\frac{F_x(x,y,z)}{F_z(x,y,z)}.$$

2. 由方程组确定的隐函数的解题方法

(1) 由方程组$\begin{cases}F(x,y,z)=0,\\G(x,y,z)=0\end{cases}$确定隐函数 $y=y(x),z=z(x)$，求$\frac{\mathrm{d}y}{\mathrm{d}x},\frac{\mathrm{d}z}{\mathrm{d}x}$的解题程序(见例 5)：

1° 各方程两端对 x 求导数，得

$$\begin{cases}F_x+F_y\dfrac{\mathrm{d}y}{\mathrm{d}x}+F_z\dfrac{\mathrm{d}z}{\mathrm{d}x}=0,\\G_x+G_y\dfrac{\mathrm{d}y}{\mathrm{d}x}+G_z\dfrac{\mathrm{d}z}{\mathrm{d}x}=0,\end{cases}\quad 即\quad \begin{cases}F_y\dfrac{\mathrm{d}y}{\mathrm{d}x}+F_z\dfrac{\mathrm{d}z}{\mathrm{d}x}=-F_x,\\G_y\dfrac{\mathrm{d}y}{\mathrm{d}x}+G_z\dfrac{\mathrm{d}z}{\mathrm{d}x}=-G_x.\end{cases}$$

2° 将$\frac{\mathrm{d}y}{\mathrm{d}x},\frac{\mathrm{d}z}{\mathrm{d}x}$做为未知量，用克拉默法则解方程组，可得答案.

(2) 由方程组$\begin{cases}F(x,y,u,v)=0,\\G(x,y,u,v)=0\end{cases}$确定隐函数 $u=u(x,y),v=v(x,y)$，求$\frac{\partial u}{\partial x},\frac{\partial u}{\partial y},\frac{\partial v}{\partial x},\frac{\partial v}{\partial y}$的解题程序(见例 7)：

1° 各方程两端对 x,y 求偏导数，得

$$\begin{cases} F_u \dfrac{\partial u}{\partial x} + F_v \dfrac{\partial v}{\partial x} = - F_x, \\ G_u \dfrac{\partial u}{\partial x} + G_v \dfrac{\partial v}{\partial x} = - G_x \end{cases} \quad 和 \quad \begin{cases} F_u \dfrac{\partial u}{\partial y} + F_v \dfrac{\partial v}{\partial y} = - F_y, \\ G_u \dfrac{\partial u}{\partial y} + G_v \dfrac{\partial v}{\partial y} = - G_y. \end{cases}$$

2° 将$\dfrac{\partial u}{\partial x}, \dfrac{\partial v}{\partial x}$和$\dfrac{\partial u}{\partial y}, \dfrac{\partial v}{\partial y}$做为未知量，用克拉默法则解方程组，可得答案.

由于由一个方程或方程组所确定的隐函数有各种情形，以上仅举出常见类型. 在求隐函数的偏(全)导数时，应对具体函数做具体分析(见例 4，例 8).

例 1 设 $x^2+y^2+z^2=y\varphi\left(\dfrac{z}{y}\right)$，其中 φ 可微，证明：

$$(x^2 - y^2 - z^2) \frac{\partial z}{\partial x} + 2xy \frac{\partial z}{\partial y} = 2xz.$$

分析 已知方程可看做是 $F(x,y,z)=0$，由该方程确定 $z=z(x,y)$.

证 1 用隐函数的偏导数公式. 设 $F(x,y,z)=x^2+y^2+z^2-y\varphi\left(\dfrac{z}{y}\right)$. 因

$$F_x = 2x, \quad F_y = 2y - \varphi\left(\frac{z}{y}\right) + \frac{z}{y}\varphi'\left(\frac{z}{y}\right), \quad F_z = 2z - \varphi'\left(\frac{z}{y}\right),$$

所以

$$\frac{\partial z}{\partial x} = -\frac{F_x}{F_z} = \frac{2x}{\varphi'\left(\dfrac{z}{y}\right) - 2z}, \quad \frac{\partial z}{\partial y} = -\frac{F_y}{F_z} = \frac{2y - \varphi\left(\dfrac{z}{y}\right) + \dfrac{z}{y}\varphi'\left(\dfrac{z}{y}\right)}{\varphi'\left(\dfrac{z}{y}\right) - 2z}.$$

于是

$$(x^2 - y^2 - z^2) \frac{\partial z}{\partial x} + 2xy \frac{\partial z}{\partial y} = \frac{2x(x^2 - y^2 - z^2) + 2xy\left[2y - \varphi\left(\dfrac{z}{y}\right) + \dfrac{z}{y}\varphi'\left(\dfrac{z}{y}\right)\right]}{\varphi'\left(\dfrac{z}{y}\right) - 2z}$$

$$= \frac{2x(x^2 + y^2 - z^2) - 2xy\varphi\left(\dfrac{z}{y}\right) + 2xz\varphi'\left(\dfrac{z}{y}\right)}{\varphi'\left(\dfrac{z}{y}\right) - 2z}$$

$$= \frac{2x\left[-2z^2 + y\varphi\left(\dfrac{z}{y}\right)\right] - 2xy\varphi\left(\dfrac{z}{y}\right) + 2xz\varphi'\left(\dfrac{z}{y}\right)}{\varphi'\left(\dfrac{z}{y}\right) - 2z}$$

$$= 2xz.$$

证 2 按一元函数求导数，视 y 为常量，z 为 x 的函数，方程两端对 x 求导数，得

$$2x + 2z\frac{\partial z}{\partial x} = y\varphi'\left(\frac{z}{y}\right) \cdot \frac{1}{y}\frac{\partial z}{\partial x}, \quad 解得 \quad \frac{\partial z}{\partial x} = \frac{2x}{\varphi'\left(\dfrac{z}{y}\right) - 2z}.$$

同样方法可求得$\dfrac{\partial z}{\partial y}$，以下证法同证 1.

证 3　将已知等式两端求全微分,得

$$2x\mathrm{d}x + 2y\mathrm{d}y + 2z\mathrm{d}z = \varphi\left(\frac{z}{y}\right)\mathrm{d}y + y\varphi'\left(\frac{z}{y}\right)\cdot\frac{y\mathrm{d}z - z\mathrm{d}y}{y^2},$$

即

$$\mathrm{d}z = \frac{2x}{\varphi'\left(\frac{z}{y}\right) - 2z}\mathrm{d}x + \frac{2y - \varphi\left(\frac{z}{y}\right) + \frac{z}{y}\varphi'\left(\frac{z}{y}\right)}{\varphi'\left(\frac{z}{y}\right) - 2z}\mathrm{d}y.$$

所以

$$\frac{\partial z}{\partial x} = \frac{2x}{\varphi'\left(\frac{z}{y}\right) - 2z},\quad \frac{\partial z}{\partial y} = \frac{2y - \varphi\left(\frac{z}{y}\right) + \frac{z}{y}\varphi'\left(\frac{z}{y}\right)}{\varphi'\left(\frac{z}{y}\right) - 2z}.$$

以下证法同证 1.

例 2　设由方程 $F(u^2-x^2,u^2-y^2,u^2-z^2)=0$ 确定函数 $u=u(x,y,z)$,试证

$$\frac{1}{x}\frac{\partial u}{\partial x} + \frac{1}{y}\frac{\partial u}{\partial y} + \frac{1}{z}\frac{\partial u}{\partial z} = \frac{1}{u}.$$

解　已知等式两端求全微分,得

$$F_1(2u\mathrm{d}u - 2x\mathrm{d}x) + F_2(2u\mathrm{d}u - 2y\mathrm{d}y) + F_3(2u\mathrm{d}u - 2z\mathrm{d}z) = 0.$$

即

$$u(F_1 + F_2 + F_3)\mathrm{d}u = xF_1\mathrm{d}x + yF_2\mathrm{d}y + zF_3\mathrm{d}z,$$

所以

$$\frac{\partial u}{\partial x} = \frac{xF_1}{u(F_1 + F_2 + F_3)},\quad \frac{\partial u}{\partial y} = \frac{yF_2}{u(F_1 + F_2 + F_3)},$$

$$\frac{\partial u}{\partial z} = \frac{zF_3}{u(F_1 + F_2 + F_3)},$$

于是

$$\frac{1}{x}\frac{\partial u}{\partial x} + \frac{1}{y}\frac{\partial u}{\partial y} + \frac{1}{z}\frac{\partial u}{\partial z} = \frac{F_1 + F_2 + F_3}{u(F_1 + F_2 + F_3)} = \frac{1}{u}.$$

例 3　设 $u=f(x,y,z)$,$\varphi(x^2,\mathrm{e}^y,z)=0$,$y=\sin x$,其中 f,φ 都具有一阶连续偏导数,且 $\frac{\partial \varphi}{\partial z}\neq 0$,求 $\frac{\mathrm{d}u}{\mathrm{d}x}$.

分析　由方程 $\varphi(x^2,\mathrm{e}^y,z)=0$ 确定 $z=z(x,y)$,而 $y=\sin x$. 由 $u=f(x,y,z)$ 确定的复合关系为

$$\begin{array}{ccccc} & \nearrow & x & \searrow & \\ u & \to & y & \to & x \\ & \searrow & z & \nearrow & \end{array}.$$

解 1　$\frac{\mathrm{d}u}{\mathrm{d}x}=\frac{\partial f}{\partial x}+\frac{\partial f}{\partial y}\cdot\frac{\mathrm{d}y}{\mathrm{d}x}+\frac{\partial f}{\partial z}\cdot\frac{\mathrm{d}z}{\mathrm{d}x}$,且 $\frac{\mathrm{d}y}{\mathrm{d}x}=\cos x$. 为求 $\frac{\mathrm{d}z}{\mathrm{d}x}$,方程 $\varphi(x^2,\mathrm{e}^y,z)=0$ 两端对 x 求导,得

$$\varphi_1\cdot 2x + \varphi_2\cdot\mathrm{e}^y\frac{\mathrm{d}y}{\mathrm{d}x} + \varphi_3\cdot\frac{\mathrm{d}z}{\mathrm{d}x} = 0,\quad \frac{\mathrm{d}z}{\mathrm{d}x} = -\frac{1}{\varphi_3}(2x\varphi_1 + \mathrm{e}^{\sin x}\cdot\cos x\cdot\varphi_2).$$

于是

$$\frac{\mathrm{d}u}{\mathrm{d}x} = \frac{\partial f}{\partial x} + \frac{\partial f}{\partial y}\cos x - \frac{\partial f}{\partial z}\cdot\frac{2x\varphi_1 + \mathrm{e}^{\sin x}\cos x\cdot\varphi_2}{\varphi_3}.$$

解 2 将 $\varphi(x^2,e^y,z)$ 对 x 求导，注意式中的 y 是 x 的函数得

$$\varphi_x = \varphi_1 \cdot 2x + \varphi_2 e^y \frac{dy}{dx} = 2x\varphi_1 + e^{\sin x}\cos x \cdot \varphi_2.$$

将 $\varphi(x^2,e^y,z)$ 对 z 求导，得 $\varphi_z=\varphi_3$，于是

$$\frac{dz}{dx} = -\frac{\varphi_x}{\varphi_z} = -\frac{1}{\varphi_3}(2x\varphi_1 + e^{\sin x}\cos x \cdot \varphi_2),$$

从而
$$\frac{du}{dx} = \frac{\partial f}{\partial x} + \frac{\partial f}{\partial y}\cdot\cos x - \frac{\partial f}{\partial z}\frac{2x\varphi_1 + e^{\sin x}\cos x \cdot \varphi_2}{\varphi_3}.$$

例 4 设函数 $u=f(x,y,z)$ 由方程 $u^2+z^2+y^2-x=0$ 确定，其中 $z=xy^2+y\ln y-y$，求 $\frac{\partial u}{\partial x},\frac{\partial u}{\partial y},\frac{\partial^2 u}{\partial x^2},\frac{\partial^2 u}{\partial x\partial y}$.

分析 u 是 x,y,z 的函数，x,y 是自变量，由 $z=xy^2+y\ln y-y$ 确定 $z=z(x,y)$.

解 将等式 $u^2+z^2+y^2-x=0$ 两端分别对 x,y 求偏导数，得

$$2u\frac{\partial u}{\partial x} + 2z\frac{\partial z}{\partial x} - 1 = 0, \quad \frac{\partial u}{\partial x} = \frac{1-2z\frac{\partial z}{\partial x}}{2u}, \tag{1}$$

$$2u\frac{\partial u}{\partial y} + 2z\frac{\partial z}{\partial y} + 2y = 0, \quad \frac{\partial u}{\partial y} = -\frac{y+z\frac{\partial z}{\partial y}}{u}. \tag{2}$$

由 $z=xy^2+y\ln y-y$，得 $\frac{\partial z}{\partial x}=y^2$，$\frac{\partial z}{\partial y}=2xy+\ln y$，将其分别代入(1)式和(2)式，得所求

$$\frac{\partial u}{\partial x} = \frac{1-2y^2z}{2u}, \quad \frac{\partial u}{\partial y} = -\frac{y+2xyz+z\ln y}{u}.$$

于是

$$\frac{\partial^2 u}{\partial x^2} = \frac{-2y^2\frac{\partial z}{\partial x}\cdot 2u - (1-2y^2z)\cdot 2\frac{\partial u}{\partial x}}{4u^2} = -\frac{4y^4u^2+(1-2y^2z)^2}{4u^3},$$

$$\frac{\partial^2 u}{\partial x\partial y} = \frac{-\left(4yz+2y^2\frac{\partial z}{\partial y}\right)\cdot 2u - (1-2y^2z)\cdot 2\frac{\partial u}{\partial y}}{4u^2}$$

$$= \frac{-2yu^2(2z+2xy^2+y\ln y)+(1-2y^2z)(y+2xyz+z\ln y)}{2u^3}.$$

以上所求各式中的 $z=xy^2+y\ln y-y$.

例 5 求由方程组 $\begin{cases} y=e^{ty}+x, \\ y^2+t^2-x^2=1 \end{cases}$ 所确定的隐函数的导数 $\frac{dy}{dx},\frac{dt}{dx}$.

分析 由方程组确定 $y=y(x)$，$t=t(x)$.

解 方程组中的方程两端分别对 x 求导数，得

$$\begin{cases} \dfrac{dy}{dx} = e^{ty}\left(t\dfrac{dy}{dx} + y\dfrac{dt}{dx}\right) + 1, \\ 2y\dfrac{dy}{dx} + 2t\dfrac{dt}{dx} - 2x = 0, \end{cases} \quad \text{即} \quad \begin{cases} (1 - te^{ty})\dfrac{dy}{dx} - ye^{ty}\dfrac{dt}{dx} = 1, \\ y\dfrac{dy}{dx} + t\dfrac{dt}{dx} = x. \end{cases}$$

解方程组得

$$\frac{dy}{dx} = \frac{t + xye^{ty}}{t + (y^2 - t^2)e^{ty}}, \quad \frac{dt}{dx} = \frac{x - y - txe^{ty}}{t + (y^2 - t^2)e^{ty}}.$$

例 6　设函数 $u=u(x)$ 由 $u=f(x,y,z)$，$g(x,y,z)=0$，$h(x,y,z)=0$ 所确定，求 $\dfrac{du}{dx}$.

分析　x 是自变量，$y=y(x)$，$z=z(x)$ 由方程 $g(x,y,z)=0$，$h(x,y,z)=0$ 所确定，即 $u=f(x,y(x),z(x))$.

解　由 $u=f(x,y,z)$ 对 x 求导数，得

$$\frac{du}{dx} = \frac{\partial f}{\partial x} + \frac{\partial f}{\partial y}\frac{dy}{dx} + \frac{\partial f}{\partial z}\frac{dz}{dx}. \tag{1}$$

方程组 $\begin{cases} g(x,y,z)=0, \\ h(x,y,z)=0 \end{cases}$ 分别对 x 求导数，得

$$\begin{cases} \dfrac{\partial g}{\partial x} + \dfrac{\partial g}{\partial y}\dfrac{dy}{dx} + \dfrac{\partial g}{\partial z}\dfrac{dz}{dx} = 0, \\ \dfrac{\partial h}{\partial x} + \dfrac{\partial h}{\partial y}\dfrac{dy}{dx} + \dfrac{\partial h}{\partial z}\dfrac{dz}{dx} = 0, \end{cases} \quad \text{即} \quad \begin{cases} g_y\dfrac{dy}{dx} + g_z\dfrac{dz}{dx} = -g_x, \\ h_y\dfrac{dy}{dx} + h_z\dfrac{dz}{dx} = -h_x. \end{cases}$$

可解得

$$\frac{dy}{dx} = -\frac{1}{J}\frac{\partial(g,h)}{\partial(x,z)}, \quad \frac{dz}{dx} = -\frac{1}{J}\frac{\partial(g,h)}{\partial(y,x)},$$

其中，$J = \begin{vmatrix} g_y & g_z \\ h_y & h_z \end{vmatrix} \neq 0$.

将 $\dfrac{dy}{dx}$，$\dfrac{dz}{dx}$ 的表示式代入(1)式，即得所求：

$$\frac{du}{dx} = \frac{\partial f}{\partial x} - \frac{\partial f}{\partial y}\cdot\frac{1}{J}\frac{\partial(g,h)}{\partial(x,z)} - \frac{\partial f}{\partial z}\cdot\frac{1}{J}\frac{\partial(g,h)}{\partial(y,x)}.$$

例 7　设 $\begin{cases} xu+yv=0, \\ uv-xy=5. \end{cases}$ 求(1) $\dfrac{\partial u}{\partial x}, \dfrac{\partial v}{\partial x}, \dfrac{\partial u}{\partial y}, \dfrac{\partial v}{\partial y}$；(2) 当 $x=1$，$y=-1$，$u=v=2$ 时，$\dfrac{\partial^2 u}{\partial x^2}$，$\dfrac{\partial^2 v}{\partial x \partial y}$ 的值.

解　由方程组确定 $u=u(x,y)$，$v=v(x,y)$. 将方程组中的各方程分别对 x，对 y 求偏导数，得

$$\begin{cases} u + x\dfrac{\partial u}{\partial x} + y\dfrac{\partial v}{\partial x} = 0, \\ v\dfrac{\partial u}{\partial x} + u\dfrac{\partial v}{\partial x} - y = 0, \end{cases} \quad \begin{cases} x\dfrac{\partial u}{\partial y} + v + y\dfrac{\partial v}{\partial y} = 0, \\ v\dfrac{\partial u}{\partial y} + u\dfrac{\partial v}{\partial y} - x = 0, \end{cases}$$

由第一个方程组和第二个方程组可分别解得

$$\frac{\partial u}{\partial x}=\frac{y^2+u^2}{yv-xu},\quad \frac{\partial v}{\partial x}=\frac{xy+uv}{xu-yv},$$
$$\frac{\partial u}{\partial y}=\frac{xy+uv}{yv-xu},\quad \frac{\partial v}{\partial y}=\frac{x^2+v^2}{xu-yv}.$$

由于$\left.\frac{\partial u}{\partial x}\right|_{y=-1}=-\frac{1+u^2}{v+xu}$,所以

$$\left.\frac{\partial^2 u}{\partial x^2}\right|_{y=-1}=\frac{\partial}{\partial x}\left(\left.\frac{\partial u}{\partial x}\right|_{y=-1}\right)=-\frac{2u\frac{\partial u}{\partial x}(v+xu)-(1+u^2)\left(\frac{\partial v}{\partial x}+u+x\frac{\partial u}{\partial x}\right)}{(v+xu)^2}. \tag{1}$$

由于$\left.\frac{\partial v}{\partial x}\right|_{x=1}=\frac{y+uv}{u-yv}$,所以

$$\left.\frac{\partial^2 v}{\partial x\partial y}\right|_{x=1}=\frac{\partial}{\partial y}\left(\left.\frac{\partial v}{\partial x}\right|_{x=1}\right)$$
$$=\frac{\left(1+v\frac{\partial u}{\partial y}+u\frac{\partial v}{\partial y}\right)(u-yv)-(y+uv)\left(\frac{\partial u}{\partial y}-v-y\frac{\partial v}{\partial y}\right)}{(u-yv)^2}. \tag{2}$$

当 $x=1,y=-1,u=v=2$ 时,$\frac{\partial u}{\partial x}=-\frac{5}{4},\frac{\partial v}{\partial x}=\frac{3}{4},\frac{\partial u}{\partial y}=-\frac{3}{4},\frac{\partial v}{\partial y}=\frac{5}{4}$,将其全部代入(1)式和(2)式,得

$$\frac{\partial^2 u}{\partial x^2}=\frac{55}{32},\quad \frac{\partial^2 u}{\partial x\partial y}=\frac{25}{32}.$$

例 8 设$\begin{cases}u=f(x-ut,y-ut,z-ut),\\ g(x,y,z)=0,\end{cases}$求$\frac{\partial u}{\partial x},\frac{\partial u}{\partial y}$.

分析 依题意,本例由四个变量 u,z,x,y, t 可视为常数,u 是因变量, x,y 是自变量.由第一个方程确定 u 是 x,y,z 的函数,由第二个方程确定 z 是 x,y 的函数.

解 1 将两个方程两端分别对 x 求导数,得

$$\begin{cases}\frac{\partial u}{\partial x}=f_1\left(1-t\frac{\partial u}{\partial x}\right)-f_2t\frac{\partial u}{\partial x}+f_3\left(\frac{\partial z}{\partial x}-t\frac{\partial u}{\partial x}\right),\\ \frac{\partial g}{\partial x}+\frac{\partial g}{\partial z}\frac{\partial z}{\partial x}=0,\end{cases}$$

即

$$\begin{cases}\frac{\partial u}{\partial x}[1+t(f_1+f_2+f_3)]=f_1+f_3\frac{\partial z}{\partial x}, & (1)\\ \frac{\partial z}{\partial x}=-\frac{g_x}{g_z}. & (2)\end{cases}$$

将(2)式代入(1)式得

$$\frac{\partial u}{\partial x}=\frac{f_1g_z-f_3g_x}{g_z[1+t(f_1+f_2+f_3)]}.$$

同样可得

$$\frac{\partial u}{\partial y}=\frac{f_2g_z-f_3g_y}{g_z[1+t(f_1+f_2+f_3)]}.$$

解 2 利用一阶全微分形式不变性,分别对两个方程求全微分,得

$$\begin{aligned}du&= f_1\mathrm{d}(x-ut)+f_2\mathrm{d}(y-ut)+f_3\mathrm{d}(z-ut)\\&=f_1(\mathrm{d}x-u\mathrm{d}t-t\mathrm{d}u)+f_2(\mathrm{d}y-u\mathrm{d}t-t\mathrm{d}u)+f_3(\mathrm{d}z-u\mathrm{d}t-t\mathrm{d}u),\end{aligned}$$

整理得

$$[1+t(f_1+f_2+f_3)]\mathrm{d}u=f_1\mathrm{d}x+f_2\mathrm{d}y+f_3\mathrm{d}z. \tag{3}$$

又有

$$g_x\mathrm{d}x+g_y\mathrm{d}y+g_z\mathrm{d}z=0,\quad \text{即}\quad \mathrm{d}z=-\frac{1}{g_z}(g_x\mathrm{d}x+g_y\mathrm{d}y).$$

将 $\mathrm{d}z$ 的表示式代入(3)式,得

$$[1+t(f_1+f_2+f_3)]\mathrm{d}u=\frac{1}{g_z}[(f_1g_z-f_3g_x)\mathrm{d}x+(f_2g_x-f_3g_y)\mathrm{d}y],$$

由此得

$$\frac{\partial u}{\partial x}=\frac{f_1g_z-f_3g_x}{g_z[1+t(f_1+f_2+f_3)]},\quad \frac{\partial u}{\partial y}=\frac{f_2g_z-f_3g_y}{g_z[1+t(f_1+f_2+f_3)]}.$$

六、多元函数微分学的几何应用

1. 空间曲线的切线与法平面

确定空间曲线的切线与法平面方程归结为确定**曲线在所讨论点处的切向量**.

(1) 曲线 Γ 由参数方程 $x=\varphi(t),y=\psi(t),z=\omega(t)(\alpha\leqslant t\leqslant\beta)$ 给定.若 $\varphi(t),\psi(t),\omega(t)$ 在 $t=t_0$ 处有不同时为零的导数,则 Γ 在 $t=t_0$ 处的切向量为(例 1,例 3)

$$\boldsymbol{T}=\{\varphi'(t_0),\psi'(t_0),\omega'(t_0)\}.$$

(2) 曲线 Γ 由一般方程 $\begin{cases}F(x,y,z)=0,\\G(x,y,z)=0\end{cases}$ 给定,若 $F(x,y,z),G(x,y,z)$ 在点 $M_0(x_0,y_0,z_0)$ 处可微,且有不同时为零的偏导数,则二曲面在 M_0 的法向量分别为 $\boldsymbol{n}_1=\{F_x,F_y,F_z\}\big|_{M_0}$,$\boldsymbol{n}_2=\{G_x,G_y,G_z\}\big|_{M_0}$,于是 Γ 在点 M_0 处的切向量为(例 2 解 1)

$$\boldsymbol{T}=\boldsymbol{n}_1\times\boldsymbol{n}_2.$$

(3) 若视 x 为参数,视曲线 Γ 由参数方程 $x=x,y=y(x),z=z(x)$ 所给定,则曲线 Γ 在点 $M_0(x_0,y_0,z_0)$ 处的切向量(例 2 解 2)

$$\boldsymbol{T}=\{1,y'(x_0),z'(x_0)\}.$$

2. 曲面的切平面与法线

确定曲面的切平面与法线方程归结为确定**曲面在所讨论点处的法向量**.

(1) 曲面 Σ 由方程 $F(x,y,z)=0$ 给定.若 $F(x,y,z)$ 在点 $M_0(x_0,y_0,z_0)$ 处的偏导数连续且不同时为零,则 Σ 在点 M_0 处的法向量(例 4,例 5)

$$\boldsymbol{n}=\{F_x(x_0,y_0,z_0),F_y(x_0,y_0,z_0),F_z(x_0,y_0,z_0)\}.$$

(2) 曲面 Σ 由方程 $z=f(x,y)$ 给定.若 $f(x,y)$ 在点 (x_0,y_0) 处的偏导数连续,则 Σ 在点 $M_0(x_0,y_0,z_0)$ 处的法向量(例 6)

$$\boldsymbol{n}=\{f_x(x_0,y_0),f_y(x_0,y_0),-1\}.$$

例 1　求曲线 $x=a\sin^2 t,y=b\sin t\cos t,z=c\cos^2 t$ 在 $t=\frac{\pi}{3}$ 处的切线方程与法平面方程.

解　当 $t=\frac{\pi}{3}$ 时,对应的 $x=\frac{3}{4}a,y=\frac{\sqrt{3}}{4}b,z=\frac{1}{4}c$. 又当 $t=\frac{\pi}{3}$ 时

$$x_t'=a\sin 2t=\frac{\sqrt{3}}{2}a,\quad y_t'=b\cos 2t=-\frac{1}{2}b,\quad z_t'=-c\sin 2t=-\frac{\sqrt{3}}{2}c,$$

切向量 $\boldsymbol{T}=\{\sqrt{3}a,-b,-\sqrt{3}c\}$. 所求切线方程和法平面方程分别为

$$\frac{x-\frac{3}{4}a}{\sqrt{3}a}=\frac{y-\frac{\sqrt{3}}{4}b}{-b}=\frac{z-\frac{1}{4}c}{-\sqrt{3}c},$$

$$\sqrt{3}a\left(x-\frac{3}{4}a\right)-b\left(y-\frac{\sqrt{3}}{4}b\right)-\sqrt{3}c\left(z-\frac{1}{4}c\right)=0.$$

例 2　求球面 $x^2+y^2+z^2=50$ 与锥面 $x^2+y^2=z^2$ 所截出的曲线 Γ 在点 $M_0(3,4,5)$ 处的切线方程和法平面方程.

解 1　曲线 Γ 的方程为 $\begin{cases}F(x,y,z)=x^2+y^2+z^2-50=0,\\ G(x,y,z)=x^2+y^2-z^2=0.\end{cases}$ 在点 $M_0(3,4,5)$ 处

$$F_x=6,\quad F_y=8,\quad F_z=10;\quad G_x=6,\quad G_y=8,\quad G_z=-10.$$

所以切向量 $\boldsymbol{T}=\{6,8,10\}\times\{6,8,-10\}=\{-160,120,0\}=-40\{4,-3,0\}$,于是所求切线方程和法平面方程分别为

$$\frac{x-3}{4}=\frac{y-4}{-3}=\frac{z-5}{0},\quad 4(x-3)-3(y-4)=0\text{ 或 }4x-3y=0.$$

解 2　若以 x 为参数,则曲线 Γ 的参数方程为 $x=x,y=y(x),z=z(x)$,其中 $y=y(x)$, $z=z(x)$是由已知的两个方程所确定的隐函数. 这时的切向量 $\boldsymbol{T}=\{1,y_x',z_x'\}\big|_{M_0}$.

球面方程和锥面方程对 x 求导数,得

$$\begin{cases}2x+2yy_x'+2zz_x'=0,\\ 2x+2yy_x'=2zz_x'.\end{cases}\quad\text{可解得}\quad y_x'=-\frac{x}{y},\ z_x'=0.$$

所以切向量 $\boldsymbol{T}=\left\{1,-\frac{x}{y},0\right\}\Big|_{M_0}=\left\{1,-\frac{3}{4},0\right\}$,即 $\boldsymbol{T}=\{4,-3,0\}$. 从而可得曲线的切线方程和法平面方程.

例 3　证明螺旋线 $x=a\cos\theta,y=a\sin\theta,z=b\theta$ 的切线与 Oz 轴成定角.

分析　易知螺旋线在任一点处的切向量为 $\boldsymbol{T}=\{-a\sin\theta,a\cos\theta,b\}$,$z$ 轴的方向向量可取 $\boldsymbol{k}=\{0,0,1\}$,就是证 $\boldsymbol{T}$ 与 $\boldsymbol{k}$ 成定角.

证　螺旋线上任一点处的切向量为

$$\boldsymbol{T}=\{x_t',y_t',z_t'\}=\{-a\sin\theta,a\cos\theta,b\},$$

又 z 轴的方向向量可取 $\boldsymbol{k}=\{0,0,1\}$,所以

$$\cos(\widehat{\boldsymbol{T},\boldsymbol{k}}) = \frac{\boldsymbol{T}\cdot\boldsymbol{k}}{|\boldsymbol{T}|\cdot|\boldsymbol{k}|} = \frac{b}{\sqrt{a^2+b^2}}, \quad 即 \quad (\widehat{\boldsymbol{T},\boldsymbol{k}}) = \arccos\frac{b}{\sqrt{a^2+b^2}}.$$

因$\dfrac{b}{\sqrt{a^2+b^2}}$为定数，故该螺旋线上任一点处的切线与 z 轴成定角.

例 4 过直线 L：$\begin{cases}10x+2y-2z=27,\\x+y-z=0\end{cases}$ 作曲面 $3x^2+y^2-z^2=27$ 的切平面，求此切平面方程.

分析 只须求出切点坐标，就可求出法向量，从而就可写出切平面方程.

解 设切点为 $M_0(x_0,y_0,z_0)$，则由曲面方程 $F(x,y,z)=3x^2+y^2-z^2-27=0$ 知，法向量

$$\boldsymbol{n} = \{F_x,F_y,F_z\}\Big|_{M_0} = \{6x_0,2y_0,-2z_0\}.$$

过直线 L 的平面束方程为

$$10x+2y-2z-27+\lambda(x+y-z)=0,$$

即

$$(10+\lambda)x+(2+\lambda)y-(2+\lambda)z-27=0.$$

依题意，切点 M_0 的坐标 x_0,y_0,z_0 应满足

$$\begin{cases}3x_0^2+y_0^2-z_0^2=27,\\(10+\lambda)x_0+(2+\lambda)y_0-(2+\lambda)z_0-27=0,\\\dfrac{10+\lambda}{6x_0}=\dfrac{2+\lambda}{2y_0}=\dfrac{2+\lambda}{2z_0},\end{cases}$$

可解得 $x_0=3,y_0=1,z_0=1,\lambda=-1$，或 $x_0=-3,y_0=-17,z_0=-17,\lambda=-19$. 于是以 $\boldsymbol{n}=\{6x_0,2y_0,-2z_0\}$为法向量，过点 M_0 的切平面方程为

$$9x+y-z-27=0 \quad 或 \quad 9x+17y-17z+27=0.$$

例 5 讨论曲面 $F(nx-lz,ny-mz)=0$ 上任何一点处的切平面与直线$\dfrac{x-1}{l}=\dfrac{y-2}{m}=\dfrac{z-3}{n}$之间的关系，其中 $F(u,v)$为可微函数.

分析 考虑切平面的法向量与所给直线的方向向量之间的关系.

解 由曲面方程知

$$F_x=nF_1,\quad F_y=nF_2,\quad F_z=-lF_1-mF_2,$$

即过曲面上任一点处切平面的法向量 $\boldsymbol{n}=\{nF_1,nF_2,-lF_1-mF_2\}$.

因所给直线的方向向量 $\boldsymbol{s}=\{l,m,n\}$，且 $\boldsymbol{n}\cdot\boldsymbol{s}=0$，所以曲面上任何一点处的切平面与直线平行.

例 6 求曲面 $x=\mathrm{e}^u\cos v,y=\mathrm{e}^u\sin v,z=uv$ 在相应于 $u=1,v=\dfrac{\pi}{2}$处的切平面方程与法线方程.

分析 这里，曲面方程可视为由 $z=f(x,y)$形式给定，其中的 u,v 是中间变量.

解　由 $u=1,v=\frac{\pi}{2}$ 知切点 $M_0\left(0,e,\frac{\pi}{2}\right)$. 由 $z=uv$ 对 x 求偏导数，得

$$\frac{\partial z}{\partial x}=v\frac{\partial u}{\partial x}+u\frac{\partial v}{\partial x}.$$

又将 $x=e^u\cos v,y=e^u\sin v$ 对 x 求偏导数，得

$$\begin{cases}1=e^u\cos v\cdot\dfrac{\partial u}{\partial x}-e^u\sin v\cdot\dfrac{\partial v}{\partial x},\\0=e^u\sin v\cdot\dfrac{\partial u}{\partial x}+e^u\cos v\cdot\dfrac{\partial v}{\partial x},\end{cases}$$

可解得 $\frac{\partial u}{\partial x}=e^{-u}\cos v,\frac{\partial v}{\partial x}=-e^{-u}\sin v$，所以，当 $u=1,v=\frac{\pi}{2}$ 时，$\frac{\partial u}{\partial x}=0,\frac{\partial v}{\partial x}=-\frac{1}{e}$. 从而，相应的 $\frac{\partial z}{\partial x}=-\frac{1}{e}$.

同理，可得当 $u=1,v=\frac{\pi}{2}$ 时，$\frac{\partial z}{\partial y}=\frac{\pi}{2e}$.

于是法向量可取 $\boldsymbol{n}=\left\{-\frac{1}{e},\frac{\pi}{2e},-1\right\}$，所求切平面方程和法线方程分别为

$$-\frac{1}{e}(x-0)+\frac{\pi}{2e}(y-e)-\left(z-\frac{\pi}{2}\right),\quad \frac{x}{-\frac{1}{e}}=\frac{y-e}{\frac{\pi}{2e}}=\frac{z-\frac{\pi}{2}}{-1}.$$

七、方向导数与梯度

1. 方向导数存在的充分条件

若函数 $z=f(x,y)$ 在点 $P_0(x_0,y_0)$ 可微，则 f 在该点沿任一方向 $\boldsymbol{l}$ 的方向导数存在，且

$$\left.\frac{\partial f}{\partial \boldsymbol{l}}\right|_{(x_0,y_0)}=f_x(x_0,y_0)\cos\alpha+f_y(x_0,y_0)\cos\beta,\tag{1}$$

其中 $\cos\alpha,\cos\beta$ 是方向 $\boldsymbol{l}$ 的方向余弦. 函数可微是方向导数存在的充分条件而非必要条件. 例如

$$f(x,y)=\begin{cases}\dfrac{xy}{\sqrt{x^2+y^2}}, & x^2+y^2\neq 0,\\ 0, & x^2+y^2=0\end{cases}$$

在点 $(0,0)$ 处不可微（偏导数存在：$f_x(0,0)=0,f_y(0,0)=0$），但在该点沿任何方向 $\boldsymbol{l}=a\boldsymbol{i}+b\boldsymbol{j}$（$a,b$ 不同时为零）的方向导数存在，即

$$\left.\frac{\partial f}{\partial \boldsymbol{l}}\right|_{(0,0)}=\frac{ab}{a^2+b^2}\quad\left(\lim_{\substack{(x,y)\to(0,0)\\ y=\frac{b}{a}x}}\frac{f(x,y)-f(0,0)}{\sqrt{x^2+y^2}}=\frac{ab}{a^2+b^2}\right).$$

2. 偏导数不是特殊的方向导数

当函数 $z=f(x,y)$ 在点 $P_0(x_0,y_0)$ 可微时，$f(x,y)$ 在点 P_0 处沿 x 轴正方向和沿 y 轴正

方向的方向导数就是在该点处对 x 和对 y 的偏导数. 但当 $f(x,y)$ 在点 P_0 不可微，而方向导数存在时，就未必有这种关系. 例如 $f(x,y)=\sqrt{x^2+y^2}$ 在点 $P_0(0,0)$ 的方向导数存在：$\left.\frac{\partial f}{\partial \boldsymbol{l}}\right|_{P_0}=1$，而在该点的偏导数 $f_x(0,0)$ 和 $f_y(0,0)$ 却不存在.

3. 用辐角 θ 表示的方向导数公式

当 θ 表示从 x 轴的正方向沿逆时针方向到方向 l 的夹角($0\leqslant\theta\leqslant2\pi$)时，则计算方向导数的公式是(例 2)

$$\frac{\partial f}{\partial \boldsymbol{l}}=\frac{\partial z}{\partial x}\cos\theta+\frac{\partial z}{\partial y}\sin\theta.$$

4. 梯度与方向导数的关系

若 $\boldsymbol{l}_0$ 是与方向 $\boldsymbol{l}$ 同方向的单位向量，则对 $f(x,y)$ 在点 $P_0(x_0,y_0)$ 的方向导数(例 4，例 5)

$$\left.\frac{\partial f}{\partial \boldsymbol{l}}\right|_{P_0}=\mathbf{grad}f(x_0,y_0)\cdot\boldsymbol{l}_0.$$

例 1　设 $\boldsymbol{n}$ 是曲面 $2x^2+3y^2+z^2=6$ 在点 $P_0(1,1,1)$ 处指向外侧的法向量，求函数 $u=\frac{1}{z}(6x^2+8y^2)^{\frac{1}{2}}$ 在此处沿方向 $\boldsymbol{n}$ 的方向导数.

分析　须先求出所给曲面在点 P_0 处的法向量 $\boldsymbol{n}$. 再求方向导数.

解　令 $F(x,y,z)=2x^2+3y^2+z^2-6$，则 $F_x|_{P_0}=4, F_y|_{P_0}=6, F_z|_{P_0}=2$，故所给椭球面在点 P_0 处指向外侧的法向量 $\boldsymbol{n}=\{4,6,2\}$. 设 n 与 x 轴、y 轴和 z 轴正向的夹角依次为 α,β 和 γ，则

$$\cos\alpha=\frac{4}{\sqrt{4^2+6^2+2^2}}=\frac{2}{\sqrt{14}},\quad \cos\beta=\frac{3}{\sqrt{14}},\quad \cos\gamma=\frac{1}{\sqrt{14}}.$$

由于

$$\left.\frac{\partial u}{\partial x}\right|_{P_0}=\left.\frac{6x}{z\sqrt{6x^2+8y^2}}\right|_{P_0}=\frac{6}{\sqrt{14}},\quad \left.\frac{\partial u}{\partial y}\right|_{P_0}=\frac{8}{\sqrt{14}},\quad \left.\frac{\partial u}{\partial z}\right|_{P_0}=-\sqrt{14},$$

于是

$$\frac{\partial u}{\partial \boldsymbol{n}}=\left.\frac{\partial u}{\partial x}\right|_{P_0}\cos\alpha+\left.\frac{\partial u}{\partial y}\right|_{P_0}\cos\beta+\left.\frac{\partial u}{\partial z}\right|_{P_0}\cos\gamma=\frac{11}{7}.$$

例 2　求函数 $z=x^2-xy+y^2$ 在点 $P_0(2+\sqrt{3},1+2\sqrt{3})$ 处沿与 x 轴正向夹角为 α 的方向 $\boldsymbol{l}$ 上的方向导数. 当 α 取何时，对应的方向导数达到：(1) 最大值；(2) 最小值；(3) 等于零.

解　由于 $\left.\frac{\partial z}{\partial x}\right|_{P_0}=3, \left.\frac{\partial z}{\partial y}\right|_{P_0}=3\sqrt{3}$. 于是

$$\left.\frac{\partial z}{\partial \boldsymbol{l}}\right|_{M_0}=\left.\frac{\partial z}{\partial x}\right|_{P_0}\cos\alpha+\left.\frac{\partial z}{\partial y}\right|_{P_0}\sin\alpha=3\cos\alpha+3\sqrt{3}\sin\alpha$$

$$=6\left(\frac{1}{2}\cos\alpha+\frac{\sqrt{3}}{2}\sin\alpha\right)=6\cos\left(\frac{\pi}{3}-\alpha\right).$$

可知：(1) 当 $\alpha=\frac{\pi}{3}$ 时，$\left.\frac{\partial z}{\partial \boldsymbol{l}}\right|_{P_0}$ 达到最大值 6；(2) 当 $\alpha=\frac{4\pi}{3}$ 时，$\left.\frac{\partial z}{\partial \boldsymbol{l}}\right|_{P_0}$ 达到最小值 -6；(3) 当 $\alpha=\frac{5\pi}{6}$ 或 $\alpha=\frac{11\pi}{6}$ 时，$\left.\frac{\partial z}{\partial \boldsymbol{l}}\right|_{P_0}$ 等于零.

例 3 设函数 $u(x,y,z)=1+\frac{x^2}{6}+\frac{y^2}{12}+\frac{z^2}{18}$，向量 $\boldsymbol{n}=\{1,1,1\}$，点 $P_0(1,2,3)$，求 $\left.\frac{\partial u}{\partial \boldsymbol{n}}\right|_{P_0}$，以及该函数在点 P_0 处方向导数的最大值.

解 因 $\left.\frac{\partial u}{\partial x}\right|_{P_0}=\frac{1}{3}$，$\left.\frac{\partial u}{\partial y}\right|_{P_0}=\frac{1}{3}$，$\left.\frac{\partial u}{\partial z}\right|_{P_0}=\frac{1}{3}$，且与 $\boldsymbol{n}$ 同方向的单位向量 $\boldsymbol{n}_0=\frac{1}{\sqrt{3}}\{1,1,1\}$，所以

$$\left.\frac{\partial u}{\partial \boldsymbol{n}}\right|_{P_0}=\frac{1}{3}\frac{1}{\sqrt{3}}+\frac{1}{3}\frac{1}{\sqrt{3}}+\frac{1}{3}\frac{1}{\sqrt{3}}=\frac{\sqrt{3}}{3}.$$

该函数在点 P_0 处方向导数的最大值沿梯度方向取得，而

$$\mathbf{grad}u\,|_{P_0}=\left.\left\{\frac{\partial u}{\partial x},\frac{\partial u}{\partial y},\frac{\partial u}{\partial z}\right\}\right|_{P_0}=\frac{1}{3}\{1,1,1\}\ /\!/\ \boldsymbol{n}_0,$$

故所求方向导数的最大值就是 $\left.\frac{\partial u}{\partial \boldsymbol{n}}\right|_{P_0}=\frac{\sqrt{3}}{3}$.

例 4 求常数 a,b,c 的值，使函数 $f(x,y,z)=axy^2+byz+cx^3z^2$ 在点 $P_0(1,2,-1)$ 处沿 z 轴正方向的方向导数有最大值 64.

解 易求得 $\mathbf{grad}f(1,2,-1)=\{4a+3c,4a-b,2b-2c\}$.

记 $\boldsymbol{k}=(0,0,1)$，方向 $\boldsymbol{l}$ 与 $\boldsymbol{k}$ 的方向相同，依题意，有

$$\left.\frac{\partial f}{\partial \boldsymbol{l}}\right|_{P_0}=\mathbf{grad}f(1,2,-1)\cdot\boldsymbol{k}=64 \quad 和 \quad |\mathbf{grad}f(1,2,-1)|=64,$$

即

$$2b-2c=64 \quad 和 \quad \sqrt{(4a+3c)^2+(4a-b)^2+(2b-2c)^2}=64.$$

由此有 $b-c=32$，$4a+3c=0$，$4a-b=0$. 解之得 $a=6$，$b=24$，$c=-8$.

例 5 求函数 $u=\mathrm{e}^{-2y}\ln(x+z^2)$ 在点 $P_0(\mathrm{e}^2,1,\mathrm{e})$ 处沿曲面 $x=\mathrm{e}^{u+v}$，$y=\mathrm{e}^{u-v}$，$z=\mathrm{e}^{uv}$ 法向量的方向导数.

解 先求曲面的法向量. 由题设得 $z=\mathrm{e}^{uv}$，$u=\frac{1}{2}(\ln x+\ln y)$，$v=\frac{1}{2}(\ln x-\ln y)$，故

$$z=\mathrm{e}^{\frac{1}{4}(\ln^2x-\ln^2y)}, \quad 且 \quad \left.\frac{\partial z}{\partial x}\right|_{P_0}=\frac{1}{\mathrm{e}}, \quad \left.\frac{\partial z}{\partial y}\right|_{P_0}=0.$$

曲面在点 P_0 的法向量为 $\left\{\frac{1}{\mathrm{e}},0,-1\right\}$，可取 $\boldsymbol{n}=\{1,0,-\mathrm{e}\}$，单位法向量

$$\boldsymbol{n}_0=\left\{\frac{1}{\sqrt{1+\mathrm{e}^2}},0,-\frac{\mathrm{e}}{\sqrt{1+\mathrm{e}^2}}\right\}.$$

再求方向导数.因

$$\left.\frac{\partial u}{\partial x}\right|_{P_0}=\left.\frac{\mathrm{e}^{-2y}}{x+z^2}\right|_{P_0}=\frac{1}{2\mathrm{e}^4},\quad \left.\frac{\partial u}{\partial y}\right|_{P_0}=\left.-2\mathrm{e}^{-2y}\ln(x+z^2)\right|_{P_0}=-\frac{2}{\mathrm{e}^2}(2+\ln 2),$$

$$\left.\frac{\partial u}{\partial z}\right|_{P_0}=\left.\frac{2z\mathrm{e}^{-2y}}{x+z^2}\right|_{P_0}=\frac{1}{\mathrm{e}^3},$$

所求方向导数

$$\left.\frac{\partial u}{\partial \boldsymbol{n}}\right|_{P_0}=\mathbf{grad}u(P_0)\cdot\boldsymbol{n}_0=\left\{\frac{1}{2\mathrm{e}^4},-\frac{2}{\mathrm{e}^2}(2+\ln 2),\frac{1}{\mathrm{e}^3}\right\}\cdot\left\{\frac{1}{\sqrt{1+\mathrm{e}^2}},0,-\frac{\mathrm{e}}{\sqrt{1+\mathrm{e}^2}}\right\}$$

$$=\frac{1}{\mathrm{e}^2\sqrt{1+\mathrm{e}^2}}\left(\frac{1}{2\mathrm{e}^2}-1\right).$$

八、多元函数极值的求法

1. 无条件极值

求函数 $z=f(x,y)$ 在其定义域 D 上的极值,是无条件极值问题.

求函数 $f(x,y)$ 极值的**解题程序**:

(1) 求驻点:

方程组 $\begin{cases}f_x(x,y)=0,\\ f_y(x,y)=0\end{cases}$ 的一切实数解,即是函数的驻点.

(2) 判定:用极值存在的充分条件判定所求驻点 $P_0(x_0,y_0)$ 是否为极值点.

算出二阶偏导数在点 $P_0(x_0,y_0)$ 的值:

$$A=f_{xx}(x_0,y_0),\quad B=f_{xy}(x_0,y_0),\quad C=f_{yy}(x_0,y_0).$$

1° 若 $AC-B^2>0$,

当 $A<0$(或 $C<0$)时,则 $P_0(x_0,y_0)$ 是函数 $f(x,y)$ 的极大值点;

当 $A>0$(或 $C>0$)时,则 $P_0(x_0,y_0)$ 是函数 $f(x,y)$ 的极小值点.

2° 若 $AC-B^2<0$,则 $P_0(x_0,y_0)$ 不是函数 $f(x,y)$ 的极值点.见例 3.

3° 若 $AC-B^2=0$,则不能判定 $P_0(x_0,y_0)$ 是否为函数的极值点.见例 4.

(3) 求出极值:由极值点求出相应的极值.见例 7～例 9.

2. 条件极值

求函数 $z=f(x,y)$,$(x,y)\in D$ 在约束条件 $g(x,y)=0$ 之下的极值,这是条件极值问题,这是在函数的定义域 D 上满足附加条件 $g(x,y)=0$ 的点中选取极值点.见例 1.

求解条件极值问题一般有两种方法:

(1) 把条件极值问题转化为无条件极值问题:

先从约束条件 $g(x,y)=0$ 中解出 y,即将 y 表示为 x 的函数:$y=\varphi(x)$;再把它代入函

数 $z=f(x,y)$ 中，得到

$$z = f(x,\varphi(x)).$$

该一元函数的无条件极值就是二元函数 $z=f(x,y)$ 在约束条件 $g(x,y)=0$ 下的条件极值.

当从条件 $g(x,y)=0$ 解出 y 较困难时，此法就不适用.

(2) 拉格朗日乘数法：

解题程序：

1° 先作辅助函数(称拉格朗日函数)

$$F(x,y) = f(x,y) + \lambda g(x,y),$$

其中 λ(称拉格朗日乘数)是待定常数.

2° 其次，求可能极值点. 对辅助函数求偏导数，并解方程组

$$\begin{cases} F_x(x,y) = f_x(x,y) + \lambda g_x(x,y) = 0, \\ F_y(x,y) = f_y(x,y) + \lambda g_y(x,y) = 0, \\ F_\lambda = g(x,y) = 0. \end{cases}$$

一般情况是消去 λ，解出 x,y，则点 (x,y) 就是可能极值点.

3° 判定可能极值点是否为极值点：

这里不讲述判别的充分条件. 对应用问题，一般根据问题的实际意义来判定.

用拉格朗日乘数法解条件极值问题具有一般性，这种方法可推广到 n 元函数的情形.

3. 最大值与最小值问题

在有界闭区域 D 上连续的函数 $f(x,y)$ 一定有最大值和最小值. 求 $f(x,y)$ 最值的**解题程序**：

首先，求出 $f(x,y)$ 在 D 内部所有驻点、偏导数不存在点的函数值. 一般而言，这是无条件极值问题.

其次，求出 $f(x,y)$ 在 D 的边界点上的极值，一般而言，这是以 $f(x,y)$ 为目标函数，以 D 的边界曲线方程为约束条件的条件极值问题.

最后，比较，其中函数值最大(最小)者，即为 $f(x,y)$ 在 D 上的最大(最小)值. 见例 10～例 13.

这是一般方法，对于应用问题，若已经知道或能够判定函数在区域 D 的内部确实有最大(或最小)值，此时，若在 D 内函数仅有一个驻点，就可以断定，该驻点的函数值就是函数在区域 D 上的最大(或最小)值. 见例 14，例 15.

例 1 从几何意义上判定下列极值：

(1) 求函数 $z=f(x,y)=\sqrt{1-x^2-y^2}$ 的极大值；

(2) 在约束条件 $x+y-1=0$ 之下，求函数 $z=f(x,y)=\sqrt{1-x^2-y^2}$ 的极大值.

解 (1) 这是无条件极值问题，该函数的定义域 $D=\{(x,y)\,|\,x^2+y^2\leqslant 1\}$，这是在函数的定义域 D 内，即在圆域 $x^2+y^2\leqslant 1$ 内确定函数的极大值点，从而求函数的极大值.

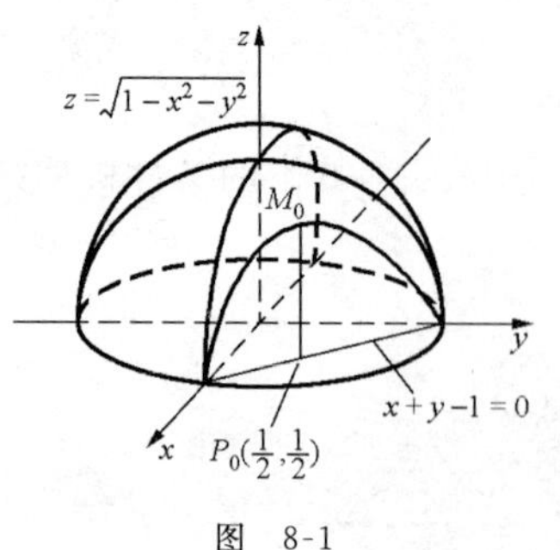

图　8-1

从几何意义上看，$z=\sqrt{1-x^2-y^2}$是球心在坐标原点的上半球面，球面的顶点(0,0,1)是曲面的最高点(图 8-1).

从极值意义看，点(0,0)是该函数的极大值点，$z=f(0,0)=1$是其极大值.

(2) 这是条件极值问题. 由于方程 $x+y-1=0$ 在 Oxy 平面上是一条直线，这样，就是在圆域 $x^2+y^2\leqslant 1$ 内的这条直线上确定函数的极小值点，从而求出函数的极值.

从几何意义上看，方程 $x+y-1=0$ 在空间直角坐标系下表示平行于 z 轴的平面. 这个极值问题就是要确定上半球面 $z=\sqrt{1-x^2-y^2}$被平面 $x+y-1=0$ 所截得的圆弧的顶点. 由图 8-1 易看出，圆弧顶点 M_0 的坐标是$\left(\frac{1}{2},\frac{1}{2},\frac{\sqrt{2}}{2}\right)$.

从极值意义看，点 $P_0\left(\frac{1}{2},\frac{1}{2}\right)$是该函数的极大值点，$z=f\left(\frac{1}{2},\frac{1}{2}\right)=\frac{\sqrt{2}}{2}$是其极大值.

注　由此例知，函数 $f(x,y)$的极值和函数在某条件下的极值是两类不同的问题. 从几何上看，函数的极值是曲面 $z=f(x,y)$在某局部范围内的最高点和最低点. 由于 $g(x,y)=0$ 在空间直角坐标系下表示母线平行 z 轴的柱面，函数 $z=f(x,y)$在约束条件 $g(x,y)=0$ 下的极值，是曲面 $z=f(x,y)$和柱面 $g(x,y)=0$ 的交线在某局部范围内的最高点和最低点.

例 2　已知函数 $f(x,y)$在点(0,0)的某邻域内连续，且 $\lim\limits_{(x,y)\to(0,0)}\frac{f(x,y)-xy}{(x^2+y^2)^2}=1$，则(　　).

(A) 点(0,0)是 $f(x,y)$的极大值点　　(B) 点(0,0)是 $f(x,y)$的极小值点

(C) 点(0,0)不是 $f(x,y)$的极值点

(D) 根据所给条件无法判定点(0,0)是否为 $f(x,y)$的极值点

解　选(C). 由题设知

$$\lim_{(x,y)\to(0,0)}[f(x,y)-xy]=0,\quad 且\quad \lim_{(x,y)\to(0,0)}f(x,y)=f(0,0)=0.$$

因$(x^2+y^2)^2>0$，由极限的保号性，在点(0,0)的某去心邻域内有

$$f(x,y)-xy>0,\quad 即\quad f(x,y)>xy.$$

但在该去心邻域内，当 x 与 y 同号时，$xy>0$；当 x 与 y 异号时，$xy<0$. 因此在该去心邻域内，无法使

$$f(x,y)>f(0,0)=0\quad 或\quad f(x,y)<f(0,0)=0$$

中的任何一个恒成立①.

① 这是因为在点(0,0)的任意小的空心邻域内，可找到 x,y 同号的点(x,y)，使 $f(x,y)>0$；也可找到 x,y 异号的点(x,y)，使 $f(x,y)<0$$\left(因为存在 \delta 邻域，使 \frac{f(x,y)-xy}{(x^2+y^2)^2}<\frac{3}{2}，推出 f(x,y)<\frac{3}{2}(x^2+y^2)^2+xy=\rho^2\left(\frac{3}{2}\rho^2+\frac{1}{2}\sin 2\theta\right)，由此选定某 \theta，使 \sin 2\theta 为负值，再令 \rho\to 0，可使 f(x,y)<0\right)$.

例 3　确定函数 $f(x,y)=e^{x^2-y}(5-2x+y)$ 的极值点.

解　由方程组 $\begin{cases} f_x=e^{x^2-y}(-2+10x-4x^2+2xy)=0, \\ f_y=e^{x^2-y}(-4+2x-y)=0 \end{cases}$ 解得唯一驻点：$x=1,y=-2$.

又易算得，$A=f_{xx}(1,-2)=-2e^3$，$B=f_{xy}(1,-2)=2e^3$，$C=f_{yy}(1,-2)=-e^3$，因 $AC-B^2=2e^6-4e^6<0$，故 $(1,-2)$ 不是极值点，即 $f(x,y)$ 无极值点.

注　本例说明驻点未必是极值点.

例 4　判定函数 $f(x,y)=y^2+x^3$ 和 $g(x,y)=(x^2+y^2)^2$ 在驻点 $(0,0)$ 处是否有极值.

解　易求得

$$f_{xx}(0,0)\cdot f_{yy}(0,0)-f_{xy}(0,0)=0,\quad g_{xx}(0,0)\cdot g_{yy}(0,0)-g_{xy}(0,0)=0.$$

但易看出，在点 $(0,0)$ 处，$f(x,y)=y^2+x^3$ 无极值；而 $f(x,y)=(x^2+y^2)^2$ 有极小值.

例 5　设 $f(x,y)$，$\varphi(x,y)$ 均为可微函数，且 $\varphi_y(x,y)\neq 0$，已知 (x_0,y_0) 是 $f(x,y)$ 在约束条件 $\varphi(x,y)=0$ 下的一个极值点，则下列选项正确的是(　　).

(A) 若 $f_x(x_0,y_0)=0$，则 $f_y(x_0,y_0)=0$　　(B) 若 $f_x(x_0,y_0)=0$，则 $f_y(x_0,y_0)\neq 0$

(C) 若 $f_x(x_0,y_0)\neq 0$，则 $f_y(x_0,y_0)=0$　　(D) 若 $f_x(x_0,y_0)\neq 0$，则 $f_y(x_0,y_0)\neq 0$

解　选(D). 若令拉格朗日函数 $F(x,y)=f(x,y)+\lambda\varphi(x,y)$，依题意，$(x_0,y_0)$ 满足

$$\begin{cases} F_x(x_0,y_0)=f_x(x_0,y_0)+\lambda\varphi_x(x_0,y_0)=0, & (1) \\ F_y(x_0,y_0)=f_y(x_0,y_0)+\lambda\varphi_y(x_0,y_0)=0, & (2) \\ \varphi(x_0,y_0)=0. \end{cases}$$

因为 $\varphi_y(x_0,y_0)\neq 0$，由(2)式得 $\lambda=-\dfrac{f_y(x_0,y_0)}{\varphi_y(x_0,y_0)}$，代入(1)式可得

$$f_x(x_0,y_0)\varphi_y(x_0,y_0)=\varphi_x(x_0,y_0)f_y(x_0,y_0).$$

当 $f_x(x_0,y_0)\neq 0$，$\varphi_y(x_0,y_0)\neq 0$ 时，上式左端不为零，从而右端也不为零，即 $f_y(x_0,y_0)\neq 0$.

例 6　设 $f(x,y)=3x+4y-ax^2-2ay^2-2bxy$，试问参数 a,b 满足什么条件时，$f(x,y)$ 有唯一的极大值？$f(x,y)$ 有唯一的极小值？

解　由极值存在的必要条件，得方程组

$$\begin{cases} f_x(x,y)=3-2ax-2by=0, \\ f_y(x,y)=4-4ay-2bx=0, \end{cases} \quad 即 \quad \begin{cases} 2ax+2by=3, \\ 2bx+4ay=4. \end{cases}$$

当 $8a^2-4b^2\neq 0$ 时，$f(x,y)$ 有唯一驻点 $x_0=\dfrac{3a-2b}{2a^2-b^2}$，$y_0=\dfrac{4a-3b}{2(2a^2-b^2)}$.

记 $A=f_{xx}(x,y)=-2a$，$B=f_{xy}(x,y)=-2b$，$C=f_{yy}(x,y)=-4a$. 由极值存在的充分条件，当

$$AC-B^2=8a^2-4b^2>0,$$

即 $2a^2-b^2>0$ 时，$f(x,y)$ 有极值：当 $A=-2a<0$，即 $a>0$ 时，有极大值；当 $A=-2a>0$，即 $a<0$ 时，有极小值. 综上所述知：当 $2a^2-b^2>0$ 且 $a>0$ 时，有唯一极大值；当 $2a^2-b^2>0$ 且 $a<0$ 时，有唯一极小值.

例 7　求函数 $z=(1+e^y)\cos x-ye^y$ 的极值.

解　由方程组 $\begin{cases}z_x=-(1+e^y)\sin x=0,\\ z_y=e^y(\cos x-1-y)=0\end{cases}$ 可解得无穷多个驻点 $(k\pi,\cos k\pi-1)$，$k=0,\pm1,\pm2,\cdots$. 又

$$z_{xx}=-(1+e^y)\cos x,\quad z_{xy}=-e^y\sin x,\quad z_{yy}=e^y(\cos x-2-y).$$

当 $k=0,\pm2,\pm4,\cdots$ 时，驻点为 $(k\pi,0)$，这时

$$A=z_{xx}=-2,\quad B=z_{xy}=0,\quad C=z_{yy}=-1,$$

$$AC-B^2=2>0,\quad A=-2<0.$$

所以，驻点 $(k\pi,0)$ 都为极大值点，函数有无穷多个极大值. 其值为 $z=(1+e^0)\cos k\pi=2$.

当 $k=\pm1,\pm3,\cdots$ 时，驻点为 $(k\pi,-2)$. 这时

$$A=z_{xx}=(1+e^{-2}),\quad B=z_{yy}=0,\quad C=z_{yy}=-e^{-2},$$

$$AC-B^2=-(1+e^{-2})\cdot e^{-2}<0,$$

所以，驻点 $(k\pi,-2)$ 均非极值点.

例 8　求函数 $z=f(x,y)=(x^2+y^2)e^{-(x^2+y^2)}$ 的极值.

解　由方程组 $\begin{cases}f_x=2x(1-x^2-y^2)e^{-(x^2+y^2)}=0,\\ f_y=2y(1-x^2-y^2)e^{-(x^2+y^2)}=0\end{cases}$ 得驻点 $(0,0)$ 和 $x^2+y^2=1$. 又

$$f_{xx}=(2-10x^2-2y^2+4x^2y^2+4x^4)e^{-(x^2+y^2)},$$

$$f_{xy}=-4xy(2-x^2-y^2)e^{-(x^2+y^2)},$$

$$f_{yy}=(2-2x^2-10y^2+4x^2y^2+4y^4)e^{-(x^2+y^2)}.$$

当 $x=0,y=0$ 时，$f_{xx}=2$，$f_{xy}=0$，$f_{yy}=2$. 因

$$f_{xx}\cdot f_{yy}-(f_{xy})^2=4>0\quad 且\quad f_{xx}=2>0,$$

故函数 $f(x,y)$ 在点 $(0,0)$ 有极小值，其值 $f(0,0)=0$.

对满足 $x^2+y^2=1$ 的所有驻点有

$$f_{xx}=-4x^2e^{-1},\quad f_{xy}=-4xye^{-1},\quad f_{yy}=-4y^2e^{-1}.$$

因 $f_{xx}\cdot f_{yy}-(f_{xy})^2=0$，故不能确定是否为极值.

考虑函数 $f(t)=te^{-t}$ 的极值：

由 $f'(t)=e^{-t}(1-t)=0$ 得驻点 $t=1$；又 $f''(t)=e^{-t}(t-2)$，$f''(1)=-e^{-1}<0$，故 $f(t)$ 在 $t=1$ 时有极大值，其值 $f(1)=e^{-1}$.

由此知函数 $f(x,y)=(x^2+y^2)e^{-(x^2+y^2)}$，当 $x^2+y^2=1$ 时有极大值 $z=e^{-1}$.

例 9　求由方程 $x^2+y^2+z^2-xz-yz+2x+2y+2z-2=0$ 所确定的隐函数 $z=f(x,y)$ 的极值.

解　隐函数求极值与显函数求极值的解题程序基本一致.

先求驻点：已知方程分别对 x、对 y 求偏导数，得

$$2x+2zz_x-z-xz_x-yz_x+2+2z_x=0,\tag{1}$$

$$2y+2zz_y-xz_y-z-yz_y+2+2z_y=0. \tag{2}$$

在(1)式中令 $z_x=0$,(2)式中令 $z_y=0$,所得到的两个方程与原方程联立得方程组

$$\begin{cases}2x-z+2=0,\\2y-z+2=0,\\x^2+y^2+z^2-xz-yz+2x+2y+2z-2=0.\end{cases}$$

可解得驻点 $x=y=-3-\sqrt{6}$ 和 $x=y=-3+\sqrt{6}$,相应的 $z=-4-2\sqrt{6}$,和 $z=-4+2\sqrt{6}$.

判定:分别将(1)式对 x 求导,(1)式对 y 求导,(2)式对 y 求导,得

$$2+2z_x^2+2zz_{xx}-2z_x-xz_{xx}-yz_{xx}+2z_{xx}=0, \tag{3}$$

$$2z_yz_x-2zz_{xy}-z_y-z_x-2xz_{xy}+2z_{xy}=0, \tag{4}$$

$$2+2z_y^2+2zz_{yy}-xz_{yy}-2z_y-yz_{yy}+2z_{yy}=0. \tag{5}$$

将 $x=y=-3-\sqrt{6}$,$z=-4-2\sqrt{6}$ 代入以上各式(这时必有 $z_x=0,z_y=0$),由(3),(4),(5)式可分别得

$$A=z_{xx}=\frac{1}{\sqrt{6}},\quad B=z_{xy}=0,\quad C=z_{yy}=\frac{1}{\sqrt{6}}.$$

因 $AC-B^2>0$,且 $A>0$,故 $z=-4-2\sqrt{6}$ 是极小值.

将 $x=y=-3+\sqrt{6}$,$z=-4+2\sqrt{6}$ 代入以上各式,由(3),(4),(5)式可分别得

$$A=z_{xx}=-\frac{1}{\sqrt{6}},\quad B=z_{xy}=0,\quad C=z_{yy}=-\frac{1}{\sqrt{6}}.$$

因 $AC-B^2>0$,且 $A>0$,故 $z=-4+2\sqrt{6}$ 是极大值.

例 10　求函数 $f(x,y)=x^2+2y^2-x^2y^2$ 在区域 $D=\{(x,y)\mid x^2+y^2\leqslant 4,y\geqslant 0\}$ 上的最大值和最小值.

解　首先,在区域 D 的内部,即在 $x^2+y^2<4,y>0$ 时,求函数驻点的函数值.由

$$f_x=2x-2xy^2=0,\quad f_y=4y-2x^2y=0$$

得驻点(0,0),$(\sqrt{2},1)$和$(-\sqrt{2},-1)$.这时,$f(0,0)=0$,$f(\pm\sqrt{2},\pm 1)=2$.

其次,在区域 D 的边界上考虑函数的极值.这是条件极值问题.

考查边界 $y=0$,此时 $f(x,y)=x^2$,则 $0\leqslant f(x,y)\leqslant 4$.

考查边界 $x^2+y^2=4,y>0$.这是以 $f(x,y)$ 为目标函数,以 $x^2+y^2=4$ 为约束条件的极值问题.设

$$F(x,y)=x^2+2y^2-x^2y^2+\lambda(x^2+y^2-4),$$

解方程组

$$\begin{cases}F_x=2x-2xy^2+2\lambda x=0,\\F_y=4y-2x^2y+2\lambda y=0,\\x^2+y^2=4\end{cases}$$

可得三个点$(0,2)$，$\left(\frac{\sqrt{10}}{2},\frac{\sqrt{6}}{2}\right)$，$\left(-\frac{\sqrt{10}}{2},\frac{\sqrt{6}}{2}\right)$. 相应的函数值

$$f(0,2)=8,\quad f\left(\pm\frac{\sqrt{10}}{2},\frac{\sqrt{6}}{2}\right)=\frac{7}{4}.$$

最后，经比较可知，最大值为 8，最小值为 0.

例 11　求函数 $f(x,y)=x+xy-x^2-y^2$ 在闭区域 $D=\{(x,y)\mid 0\leqslant x\leqslant 1,0\leqslant y\leqslant 2\}$ 上的最大值和最小值.

解　在区域 D 的内部，即在 $0<x<1,0<y<2$ 时，由

$$f_x(x,y)=1+y-2x=0,\quad f_y(x,y)=x-2y=0,$$

得 $x=\frac{2}{3}$，$y=\frac{1}{3}$，$f\left(\frac{2}{3},\frac{1}{3}\right)=\frac{1}{3}$.

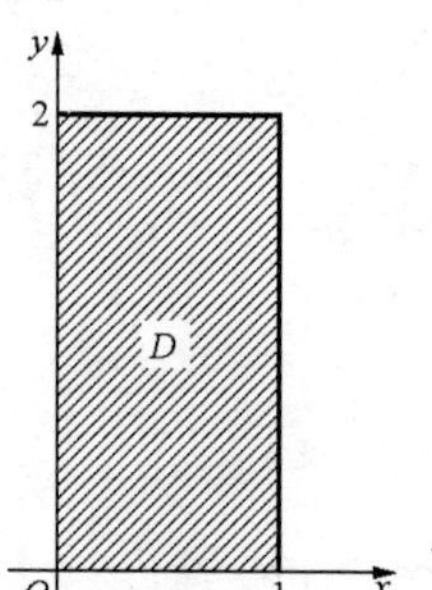

图　8-2

讨论 $f(x,y)$ 在 D 边界上(图 8-2)的极值.

在 D 的下边界线上，其方程为 $y=0,0\leqslant x\leqslant 1$. 这是约束条件.

令 $F(x,y)=x+xy-x^2-y^2+\lambda y$. 由方程组

$$\begin{cases}F_x=1+y-2x=0,\\F_y=x-2y+\lambda=0,\\F_\lambda=y=0\end{cases}$$

可解得 $x=\frac{1}{2}$，$y=0$，这时 $f\left(\frac{1}{2},0\right)=\frac{1}{4}$.

在下面边界线上的端点$(0,0)$和$(1,0)$，有 $f(0,0)=0$，$f(1,0)=0$. 同理可以求出：

在 D 的上边界线上，其方程为 $y=2,0\leqslant x\leqslant 1$，有 $f\left(\frac{3}{2},2\right)=-\frac{7}{4}$，$f(0,2)=-4$，$f(1,2)=-2$（$(0,2)$和$(1,2)$是边界线上的端点）.

在 D 的左边界线上，其方程为 $x=0,0<y<2$. 此时 $f(x,y)=-y^2$，无极值.

在 D 的右边界线上，其方程为 $x=1,0\leqslant y\leqslant 2$，有 $f(1,1)=0$.

比较以上各函数值，$f(x,y)$ 在闭区域 D 上的最大值为$\frac{1}{3}$，最小值为-4.

例 12　过椭圆 $3x^2+2xy+3y^2=1$ 上任意点作椭圆的切线，试求诸切线与两坐标轴所围成的三角形面积的最小值.

分析　假设过椭圆上的点(a,b)作切线，应先求出切线与坐标轴所围成的面积 A. A 可看做是 a,b 的函数，这是目标函数. 由于点(a,b)在椭圆上，它应满足椭圆方程，这是约束条件.

解　为求面积，须先求切线. 椭圆方程两端对 x 求导得

$$6x+2y+2xy'+6yy'=0,\quad 即\quad \frac{\mathrm{d}y}{\mathrm{d}x}=-\frac{3x+y}{x+3y}.$$

若设(a,b)为椭圆上任一点，则在点(a,b)处的切线斜率是$-\frac{3a+b}{a+3b}$，所以切线方程为

$$y-b=-\frac{3a+b}{a+3b}(x-a),$$

它与坐标轴的交点是$\left(\frac{(a+3b)b}{3a+b}+a,0\right)$和$\left(0,\frac{(3a+b)a}{a+3b}+b\right)$. 所以，切线与坐标轴所围的面积为

$$A=\frac{1}{2}\left|\left[\frac{(a+3b)b}{3a+b}+a\right]\cdot\left[\frac{(3a+b)a}{a+3b}+b\right]\right|=\frac{1}{2}\left|\frac{(3a^2+2ab+3b^2)^2}{(3a+b)(a+3b)}\right|.$$

因为点(a,b)在椭圆上，所以 $3a^2+2ab+3b^2=1$，从而

$$A=\frac{1}{2}\left|\frac{1}{(3a+b)(a+3b)}\right|.$$

由此，只需求函数 $f(a,b)=(3a+b)(a+3b)$在条件：$3a^2+2ab+3b^2=1$ 下的极值即可. 为此，设

$$F(a,b)=(3a+b)(a+3b)+\lambda(3a^2+2ab+3b^2-1).$$

由
$$\begin{cases}\dfrac{\partial F}{\partial a}=6a+10b+6a\lambda+2b\lambda=0,\\[2ex]\dfrac{\partial F}{\partial b}=10a+6b+2a\lambda+6b\lambda=0,\\[2ex]3a^2+2ab+3b^2-1=0\end{cases}$$

解得$(3a+5b)(a+3b)-(5a+3b)(3a+b)=0$，即 $a=\pm b$.

将 $a=\pm b$ 代入椭圆方程得 $8b^2=1$ 或 $4b^2=1$. 由此得

$$\begin{cases}b=\pm\sqrt{2}/4,\\ a=\pm\sqrt{2}/4\end{cases}\quad\text{或}\quad\begin{cases}b=\pm 1/2,\\ a=\pm 1/2.\end{cases}$$

由所得 a,b 的值，得 $A=1/4$ 或 $A=1/2$. 根据问题的性质知，诸切线与坐标轴所围成的三角形的面积存在最小值，所以诸切线与坐标轴所围成的三角形面积的最小值是 1/4.

例 13 求曲面 $z=x^2+y^2$ 被平面 $x+y+z=1$ 所截成椭圆的面积.

分析 若能求得椭圆的长、短半轴，便可求得椭圆的面积. 而长、短半轴正是椭圆中心到曲线(椭圆)$\begin{cases}z=x^2+y^2,\\ x+y+z=1\end{cases}$的最大与最小距离.

解 易知，椭圆的中心在点 $M_0\left(-\frac{1}{2},-\frac{1}{2},2\right)$. 若以 d 记椭圆上的点与点 M_0 的距离，该问题就是求以

$$d^2=\left(x+\frac{1}{2}\right)^2+\left(y+\frac{1}{2}\right)^2+(z-2)^2$$

为目标函数，以 $z=x^2+y^2$，$x+y+z=1$ 为约束条件的最大值与最小值. 设

$$F(x,y,z)=\left(x+\frac{1}{2}\right)^2+\left(y+\frac{1}{2}\right)^2+(z-2)^2+\lambda(z-x^2-y^2)$$

$$+\mu(x+y+z-1),$$

由
$$\begin{cases} F_x = 2\left(x+\dfrac{1}{2}\right) - 2\lambda x + \mu = 0, \\ F_y = 2\left(y+\dfrac{1}{2}\right) - 2\lambda y + \mu = 0, \\ F_z = 2(z-2) + \lambda + \mu = 0, \\ z - x^2 - y^2 = 0, \\ x + y + z - 1 = 0 \end{cases}$$

可知，当 $\lambda=-\mu=1$ 时，$z=2$，这时可得椭圆上的点

$$M_1\left(\frac{-1+\sqrt{3}}{2},\frac{-1-\sqrt{3}}{2},2\right),\quad M_2\left(\frac{-1-\sqrt{3}}{2},\frac{-1+\sqrt{3}}{2},2\right).$$

当 $\lambda\neq 1$ 时，$x=y$，这时可得椭圆上的点

$$M_3\left(\frac{-1+\sqrt{3}}{2},\frac{-1+\sqrt{3}}{2},2-\sqrt{3}\right),$$

$$M_4\left(\frac{-1-\sqrt{3}}{2},\frac{-1-\sqrt{3}}{2},2+\sqrt{3}\right).$$

因 $d\Big|_{M_1}=\dfrac{\sqrt{6}}{2}, d\Big|_{M_2}=\dfrac{\sqrt{6}}{2}, d\Big|_{M_3}=\dfrac{3\sqrt{2}}{2}, d\Big|_{M_4}=\dfrac{3\sqrt{2}}{2}$. 由问题的性质知，存在最大与最小距离，所以椭圆的长、短半轴分别为 $a=\dfrac{3\sqrt{2}}{2}, b=\dfrac{\sqrt{6}}{2}$，从而椭圆的面积 $A=\dfrac{3\sqrt{3}}{2}\pi$.

例 14　设 n 个正数 $a_1,a_2,\cdots,a_n$ 的和等于常数 l，求它们乘积的最大值；并证明这 n 个正数的几何平均值小于算术平均值，即

$$\sqrt[n]{a_1\cdot a_2\cdot\cdots\cdot a_n}\leqslant\frac{a_1+a_2+\cdots+a_n}{n}.$$

解　问题化为求函数 $u=f(a_1,a_2,\cdots,a_n)=a_1\cdot a_2\cdot\cdots\cdot a_n$ 在约束条件 $a_1+a_2+\cdots+a_n=l$ 的条件极值. 设

$$F(a_1,a_2,\cdots,a_n)=a_1\cdot a_2\cdot\cdots\cdot a_n+\lambda(a_1+a_2+\cdots+a_n-l),$$

解方程组

$$\begin{cases} F_1 = a_2\cdot a_3\cdot\cdots\cdot a_n + \lambda = 0, \\ F_2 = a_1\cdot a_3\cdot\cdots\cdot a_n + \lambda = 0, \\ \cdots\cdots\cdots\cdots\cdots\cdots\cdots\cdots \\ F_n = a_1\cdot a_2\cdot\cdots\cdot a_{n-1} + \lambda = 0, \\ a_1+a_2+\cdots+a_n-l=0 \end{cases}$$

可得唯一解 $a_1=a_2=\cdots=a_n=\frac{l}{n}$. 因该问题存在最大值,故 n 个正数乘积的最大值为

$$f\left(\frac{l}{n},\frac{l}{n},\cdots,\frac{l}{n}\right)=\left(\frac{l}{n}\right)^n.$$

由上述讨论知,对 n 个正数,若 $a_1+a_2+\cdots+a_n=l$,则

$$a_1\cdot a_2\cdot\cdots\cdot a_n\leqslant\left(\frac{l}{n}\right)^n.$$

上式两端开 n 次方,并将 $l=a_1+a_2+\cdots+a_n$ 代入,得

$$\sqrt[n]{a_1\cdot a_2\cdot\cdots\cdot a_n}\leqslant\frac{a_1+a_2+\cdots+a_n}{n}.$$

例 15(效用最大的时间决策) 效用就是商品或劳务满足人的欲望或需要的能力. 人们可以在条件允许的限度内,做出恰当的选择,以使效用最大.

假设劳动者可将每天的时间 H($H=24$ 小时)分为工作时间 x 与休息时间 t(x,t 均以小时为单位). 若每小时的工资率为 r,则他每天的工作收入 $Y=rx$. 如果表示其选择工作与休息时间的效用函数为

$$U=atY-bY^2-ct^2\quad(a,b,c>0).$$

(1) 为使其每天的效用最大,他每天应工作多少小时?

(2) 若按税率 s($0<s<1$)交纳收入税,他每天的工作时间应是多少小时?

解 依题设,$H=x+t$,$Y=rx$.

(1) 这是以效用函数为目标函数,以 $H=x+t$ 为约束条件的极值问题. 作拉格朗日函数,并把效用函数中的 Y 以 rx 代入,有

$$F(x,t)=atrx-br^2x^2-ct^2+\lambda(x+t-H).$$

由方程组

$$\begin{cases}F_x=art-2br^2x+\lambda=0,\\F_t=arx-2ct+\lambda=0,\\x+t-H=0\end{cases}$$

可解得

$$x_0=\frac{(ar+2c)H}{2(ar+br^2+c)}(\text{小时}).\tag{1}$$

因驻点唯一,而实际问题有最大值,故每天工作时数为 x_0 时,效用最大.

(2) 由于征收税率为 s($0<s<1$)的收入税,消费者所交税额为 sY,其每天的收入为

$$Y-sY=(1-s)Y=(1-s)rx.$$

若令 $r_s=(1-s)r$,用 r_s 代替(1)式中的 r,便可得到纳税后的日工作时数

$$\begin{aligned}x_0&=\frac{(ar_s+2c)H}{2(ar_s+br_s^2+c)}\\&=\frac{[a(1-s)r+2c]H}{2[a(1-s)r+b(1-s)^2r^2+c]}(\text{小时}).\end{aligned}$$

习　题　八

1. 填空题：

(1) $\lim\limits_{(x,y)\to(+\infty,+\infty)}\left(\dfrac{xy}{x^2+y^2}\right)^{x^2y^2}=$__________.

(2) 设 $z=f(u)$ 中的 u 由方程 $u=\varphi(u)+\int_y^x p(t)\mathrm{d}t$ 确定，u 是 x,y 的函数，其中 $f(u),\varphi(u)$ 可微分，$p(t),\varphi'(u)$ 连续，$\varphi'(u)\neq1$，则 $p(y)\dfrac{\partial z}{\partial x}+p(x)\dfrac{\partial z}{\partial y}=$__________.

(3) 曲面 $xyz=a^3(a>0)$ 过点 $M_0(x_0,y_0,z_0)$ 的切平面方程为__________.

(4) 设向量 $u=3i-4j,v=4i+3j$，且二元可微函数 $f(x,y)$ 在点 P 处有 $\left.\dfrac{\partial f}{\partial u}\right|_P=-6,\left.\dfrac{\partial f}{\partial v}\right|_P=17$，则 $\mathrm{d}f\Big|_P=$__________.

(5) 抛物线 $y=x^2$ 与直线 $x+y+2$ 之间的最短距离 $d=$__________.

2. 单项选择题：

(1) 已知 $(axy^3-y^2\cos x)\mathrm{d}x+(1+by\sin x+3x^2y^2)\mathrm{d}y$ 为函数 $f(x,y)$ 的全微分，则 a,b 的值分别为(　　).

(A) -2 和 2　　(B) 2 和 -2　　(C) -3 和 3　　(D) 3 和 -3

(2) 设 $z=F(x+f(2x-y),y)$，则 $\dfrac{\partial^2 z}{\partial y^2}=$__________.

(A) $f'^2F_{11}-f'F_{12}+f''F_1-f'F_{21}+F_{22}$　　(B) $-f'F_{11}+f'F_{12}+f''F_1-f'F_{21}+F_{22}$

(C) $f'^2F_{11}-f'F_{12}-f'F_{21}+F_{22}$　　(D) $f'^2F_{11}-f'F_{12}+f''F_1+F_{22}$

(3) 过曲面 $z=xy$ 上的点 M_0 处的法线垂直于平面 $x+3y+z+9=0$，该法线方程为__________.

(A) $\dfrac{x+3}{1}=\dfrac{y+1}{3}=\dfrac{z+3}{1}$　　(B) $\dfrac{x+3}{1}=\dfrac{y-1}{3}=\dfrac{z+3}{1}$

(C) $\dfrac{x+3}{1}=\dfrac{y+1}{3}=\dfrac{z-3}{1}$　　(D) $\dfrac{x-3}{1}=\dfrac{y+1}{3}=\dfrac{z-3}{1}$

(4) 设函数 $f(x,y)$ 在点 $(0,0)$ 的某邻域内连续，且 $\lim\limits_{(x,y)\to(0,0)}\dfrac{f(x,y)-f(0,0)}{x^2+1-2x\sin x-\cos^2 y}=A>0$，则 $f(x,y)$ 在点 $(0,0)$(　　).

(A) 没有极值　　(B) 有极大值

(C) 有极小值　　(D) 不能判定是否有极值

(5) 设函数 $f(x,y)$ 在点 $(0,0)$ 邻近有定义，且 $f_x(0,0)=3,f_y(0,0)=1$，则(　　).

(A) $\mathrm{d}z|_{(0,0)}=3\mathrm{d}x+\mathrm{d}y$

(B) 曲面 $z=f(x,y)$ 在点 $(0,0,f(0,0))$ 的法向量为 $\{3,1,1\}$

(C) 曲线 $\begin{cases}z=f(x,y),\\y=0\end{cases}$ 在点 $(0,0,f(0,0))$ 的切向量为 $\{1,0,3\}$

(D) 曲线 $\begin{cases}z=f(x,y),\\y=0\end{cases}$ 在点 $(0,0,f(0,0))$ 的切向量为 $\{3,0,1\}$

3. 确定 α 的取值范围，使 $\lim\limits_{(x,y)\to(0,0)}\dfrac{(|x|+|y|)^\alpha}{x^2+y^2}=0$.

4. 设 $z=f(x,y)=\sqrt{|xy|}$.(1) 证明 $f(x,y)$在$(0,0)$连续;(2) 求 $f_x(0,0),f_y(0,0)$;(3) 证明 $f(x,y)$在点$(0,0)$处不可微.

5. 设 $f(x,y)=(x-2)^2y^2+(y-1)\arcsin\sqrt{\dfrac{x}{y}}$,求 $f_x(2,1),f_y(0,1)$.

6. 设 $z=(x^2+y^2)^{\tan(xy)}$,求偏导数.

7. 设 $z=y^x\ln(x+\sqrt{x^2+y^2})\ (y>0)$,求 $\mathrm{d}z$.

8. 设 $u=yf\left(\dfrac{x}{y}\right)+xg\left(\dfrac{y}{x}\right)$,其中 f,g 具有二阶连续偏导数,求二阶偏导数.

9. 设 $u=\mathrm{e}^{2x}(y+z),y=\sin x,z=2\cos x$,求$\dfrac{\mathrm{d}u}{\mathrm{d}x}$.

10. 设 $u=f\left(x+y,xy,\dfrac{x}{y}\right)$,求$\dfrac{\partial^2 u}{\partial x\partial y},\dfrac{\partial^2 u}{\partial y^2}$,其中 f 具有二阶连续偏导数.

11. 证明由方程 $u=y+x\varphi(u)$确定的函数 $u=u(x,y)$满足方程$\dfrac{\partial^2 u}{\partial x^2}=\dfrac{\partial}{\partial y}\left[\varphi^2(u)\dfrac{\partial u}{\partial y}\right]$.

12. 通过 $x=\mathrm{e}^{\xi},y=\mathrm{e}^{\eta}$ 变换方程 $ax^2\dfrac{\partial^2 u}{\partial x^2}+2bxy\dfrac{\partial^2 u}{\partial x\partial y}+cy^2\dfrac{\partial^2 u}{\partial y^2}=0$,其中 a,b,c 是常数.

13. 设 $z=f(u,v)$具有二阶连续偏导数,利用变换 $u=x-2y,v=x+ay$ 可将方程 $6\dfrac{\partial^2 z}{\partial x^2}+\dfrac{\partial^2 z}{\partial x\partial y}-\dfrac{\partial^2 z}{\partial y^2}=0$ 化为$\dfrac{\partial^2 z}{\partial u\partial v}=0$,试确定 a 的值.

14. 设由方程 $z=f(xyz,z-y)$确定 $z=z(x,y)$,求$\dfrac{\partial z}{\partial x},\dfrac{\partial z}{\partial y}$.

15. 已知 $x+y-z=\mathrm{e}^z,x\mathrm{e}^x=\tan t,y=\cos t$,求$\dfrac{\mathrm{d}z}{\mathrm{d}t}$.

16. 由方程组$\begin{cases}x=u+v+w,\\ y=uv+vw+wu,\\ z=uvw\end{cases}$确定 $u=u(x,y,z),v=v(x,y,z),w=w(x,y,z)$,求$\dfrac{\partial u}{\partial x},\dfrac{\partial v}{\partial x},\dfrac{\partial w}{\partial x}$.

17. 证明:曲线 Γ:$\begin{cases}x^2-z=0,\\ 3x+2y+1=0\end{cases}$上点 $M_0(1,-2,1)$处的法平面与直线 L:$\begin{cases}9x-7y-21z=0,\\ x-y-z=0\end{cases}$平行.

18. 试求正数 λ 的值,使得曲面 $xyz=\lambda$ 与曲面$\dfrac{x^2}{a^2}+\dfrac{y^2}{b^2}+\dfrac{z^2}{c^2}=1$ 在某一点相切.

19. 设 $u=xy^2z$,在点 $P_0(1,-1,2)$处:

(1) 求沿点 P_0 指向点 $P_1(2,1,-1)$的方向的方向导数;

(2) 问沿什么方向的方向导数最大?其最值是多少?

20. 设 $u=\dfrac{x^2}{a^2}+\dfrac{y^2}{b^2}+\dfrac{z^2}{c^2}$,在点 $P(x,y,z)$:

(1) 求沿点向径 $\boldsymbol{r}=\overrightarrow{OP}$方向的方向导数;

(2) 何时能有 u 沿此方向的方向导数等于它的梯度的模?

21. 设函数 $f(x,y)=Ax^2+2Bxy+Cy^2+2Dx+2Ey+F$,其中 $A>0,AC>B^2$. 证明:

(1) $f(x,y)$存在极小值点(x_1,y_1);

(2) 极小值点满足方程 $f(x_1,y_1)=Dx_1+Ey_1+F$;

(3) $f(x_1,y_1)=\dfrac{1}{AC-B^2}\begin{vmatrix}A & B & D\\ B & C & E\\ D & E & F\end{vmatrix}$.

22. 求由方程 $2x^2+2y^2+z^2+8xz-z+8=0$ 所确定的隐函数 $z=f(x,y)$ 的极值.

23. 求函数 $z=f(x,y)=x^2y(4-x-y)$ 在直线 $x=0,y=0,x+y=6$ 所围成的三角形区域上的最大值与最小值.

24. 某厂为促销本厂产品需作两种手段的广告宣传，当广告费用分别为 x,y（单位：万元）时，销售收益为

$$R = 240 - \frac{144}{x+4} - \frac{64}{y+1}\text{（万元）}.$$

求在下列两种情况下，如何分配两种手段的广告费投入，可使销售收入最大：

(1) 不限制广告费的投入额；

(2) 限制两种手段的广告投入额为 10 万元.

第九章　重　积　分

一、二重积分的概念与性质

二重积分概念是定积分概念的推广,二重积分与定积分有类似的性质.

若 $f(x,y)\geqslant 0$, $\iint\limits_D f(x,y)\mathrm{d}\sigma$ 在几何上表示以 Oxy 平面上的区域 D 为底,曲面 $z=f(x,y)$为顶的曲顶柱体的体积.

确定二重积分的符号、比较两个二重积分的大小、估计二重积分值所在范围等的**解题思路**,以及证明不等式 $N\leqslant\iint\limits_D f(x,y)\mathrm{d}\sigma\leqslant M$, $\left|\iint\limits_D f(x,y)\mathrm{d}\sigma\right|\leqslant P$ 的**解题思路**与定积分的同类题型类似.望读者再阅第五章"一"与"二"的相应部分内容.

例 1　设 $D=\{(x,y)\,|\,x^2+y^2\leqslant R^2\}$,则 $I=\iint\limits_D\left(H-\dfrac{H}{R}\sqrt{x^2+y^2}\right)\mathrm{d}\sigma=$ __________.

解　如图 9-1,由二重积分的几何意义及性质知,所给二重积分正是圆锥体的体积,故 $I=\dfrac{1}{3}\pi R^2H$.

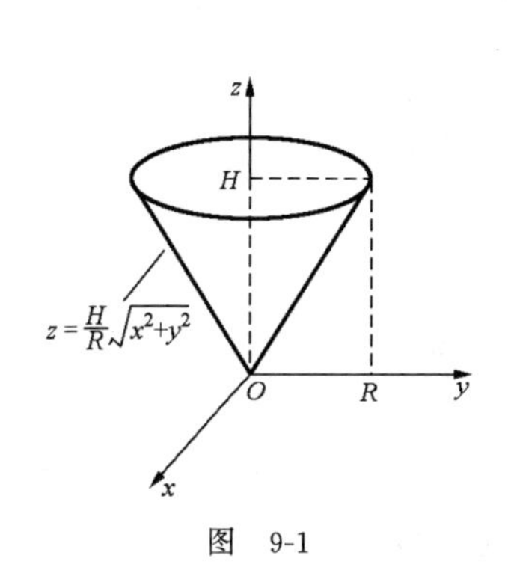

图　9-1

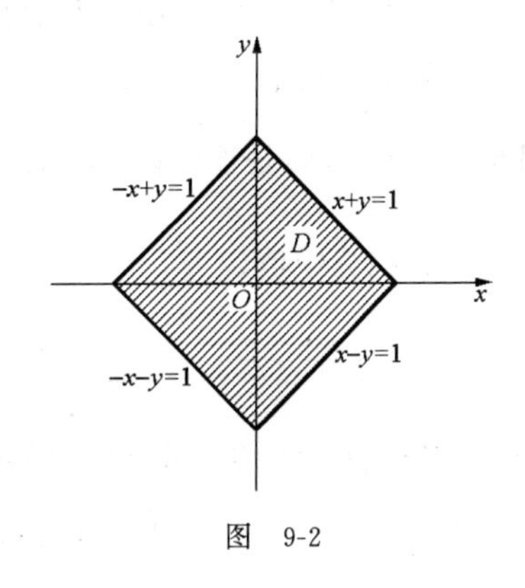

图　9-2

例 2　设 $D=\{(x,y)\,|\,|x|+|y|\leqslant 1\}$,则

$$I=\iint\limits_D\frac{2+3\cos^2x+\cos^2y}{1+\cos^2x+\cos^2y}\mathrm{d}x\mathrm{d}y=\underline{\qquad\qquad}.$$

分析　二重积分的值与用什么字母记积分变量无关.并注意被积函数的分子,有

$$2+3\cos^2x+\cos^2y=2+2\cos^2x+2\cos^2y+\cos^2x-\cos^2y.$$

解 如图 9-2,积分区域 D 的面积 $\sigma=2$,故

$$I=2\iint_D \mathrm{d}x\mathrm{d}y+\iint_D \frac{\cos^2 x}{1+\cos^2 x+\cos^2 y}\mathrm{d}x\mathrm{d}y-\iint_D \frac{\cos^2 y}{1+\cos^2 x+\cos^2 y}\mathrm{d}x\mathrm{d}y$$

$$=2\cdot 2+\iint_D \frac{\cos^2 x}{1+\cos^2 x+\cos^2 y}\mathrm{d}x\mathrm{d}y-\iint_D \frac{\cos^2 x}{1+\cos^2 y+\cos^2 x}\mathrm{d}x\mathrm{d}y=4.$$

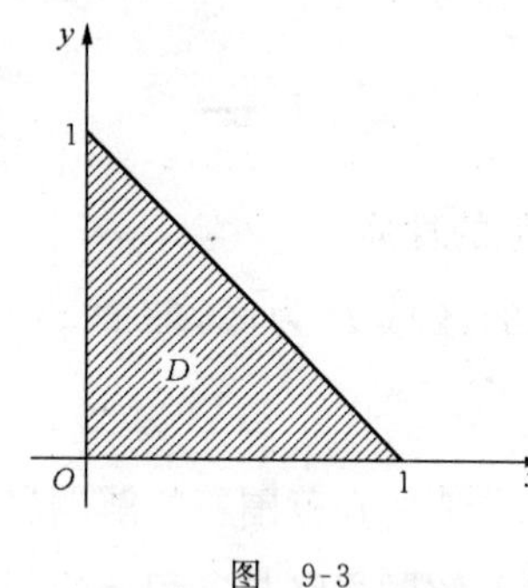

图 9-3

例 3 设 $I_1=\iint_D \ln(x+y)\mathrm{d}\sigma, I_2=\iint_D (x+y)^2\mathrm{d}\sigma$, $I_3=\iint_D (x+y)^3\mathrm{d}\sigma$,其中 D 由直线 $x=0,y=0$ 和 $x+y=1$ 围成,则( ).

(A) $I_1\leqslant I_2\leqslant I_3$ (B) $I_1\leqslant I_3\leqslant I_2$

(C) $I_3\leqslant I_2\leqslant I_1$ (D) $I_3\leqslant I_1\leqslant I_2$

解 选(B).如图 9-3,在积分区域 D: $0\leqslant x+y\leqslant 1$ 内,

$$\ln(1+x)\leqslant (x+y)^3\leqslant (x+y)^2,$$

且三个被积函数在 D 上均连续,由二重积分的性质可知 $I_1\leqslant I_3\leqslant I_2$.

例 4 设 $I_1=\iint_{D_1} \mathrm{e}^{-x^2-y^2}\mathrm{d}\sigma, I_2=\iint_{D_2} \mathrm{e}^{-x^2-y^2}\mathrm{d}\sigma, I_3=\iint_{D_3} \mathrm{e}^{-x^2-y^2}\mathrm{d}\sigma$,其中 D_1 是正方形区域,D_2 是 D_1 的内切圆,D_3 是 D_1 的外接圆,D_1 的中心点在(1,1)处,则( ).

(A) $I_1\leqslant I_2\leqslant I_3$ (B) $I_2\leqslant I_1\leqslant I_3$ (C) $I_3\leqslant I_1\leqslant I_2$ (D) $I_3\leqslant I_2\leqslant I_1$

解 选(B).因三个二重积分的被积函数一样,均为正值函数,且连续;又 $D_2\subset D_1\subset D_3$,故由二重积分的几何意义可知,$I_2\leqslant I_1\leqslant I_3$.

例 5 设 $f(x,y)$是连续函数,求 $\lim\limits_{t\to 0^+}\frac{1}{t^2}\iint\limits_{x^2+y^2\leqslant t^2} f(x,y)\mathrm{d}\sigma$.

解 根据积分中值定理,存在点$(\xi,\eta)\in D$,使

$$\iint\limits_{x^2+y^2\leqslant t^2} f(x,y)\mathrm{d}\sigma=f(\xi,\eta)\cdot \pi t^2.$$

当 $t\to 0^+$ 时,$(\xi,\eta)\to(0,0)$,又 $f(x,y)$连续,于是

$$I=\lim_{t\to 0^+} f(\xi,\eta)\cdot\frac{\pi t^2}{t^2}=\pi f(0,0).$$

例 6 设 $D=\{(x,y)\,|\,0\leqslant x\leqslant 2,0\leqslant y\leqslant 2\}$,估计 $I=\iint_D \sqrt[4]{xy(x+y)}\mathrm{d}\sigma$ 的值.

解 易知 D 的面积 $\sigma=2\times 2=4$.对被积函数有

$$0\leqslant \sqrt[4]{xy(x+y)}\leqslant \sqrt[4]{2\cdot 2(2+2)}=2.$$

于是,由估值定理,有 $0\leqslant I\leqslant 2\sigma=8$.

例 7 证明 $\iint\limits_{|x|+|y|\leqslant 1}(2\sqrt{xy}+x^2+3|xy|+y^2)\mathrm{d}x\mathrm{d}y\leqslant\frac{9}{2}$.

分析 如图 9-2. 积分区域 D 的面积 $\sigma=2$, 只要能推出被积函数的值不超过 9/4 即可. 在推算被积函数值的时候, 要注意利用 D 给出的不等式 $|x|+|y|\leqslant 1$.

证 由于被积函数

$$\begin{aligned}
f(x,y)&=2\sqrt{|xy|}+x^2+3|xy|+y^2\\
&=(|xy|+2\sqrt{|xy|}+1)+(x^2+2|xy|+y^2)-1\\
&=(\sqrt{|xy|}+1)^2+(|x|+|y|)^2-1\\
&\leqslant\left(\frac{|x|+|y|}{2}+1\right)^2+(|x|+|y|)^2-1\\
&\leqslant(1/2+1)^2+1^2-1=9/4,
\end{aligned}$$

这里利用了不等式 $ab\leqslant\frac{a^2+b^2}{2}$, 所以 $\iint\limits_{|x|+|y|\leqslant 1}f(x,y)\mathrm{d}x\mathrm{d}y\leqslant\frac{9}{4}\cdot 2=\frac{9}{2}$.

例 8 设函数 $f(x,y)$, $g(x,y)$ 在有界闭区域 D 上连续, 且 $g(x,y)$ 在 D 上不变号, 则必存在一点 $(\xi,\eta)\in D$, 使

$$\iint\limits_D f(x,y)g(x,y)\mathrm{d}x\mathrm{d}y=f(\xi,\eta)\iint\limits_D g(x,y)\mathrm{d}x\mathrm{d}y.$$

证 由题设知, $f(x,y)$ 在 D 上有最大值 M 和最小值 m; 因 $g(x,y)$ 在 D 上不变号, 不妨设 $g(x,y)\geqslant 0$, 于是对任意 $(x,y)\in D$ 时, 有

$$m\cdot g(x,y)\leqslant f(x,y)g(x,y)\leqslant M\cdot g(x,y).$$

由二重积分的性质, 得

$$m\iint\limits_D g(x,y)\mathrm{d}x\mathrm{d}y\leqslant\iint\limits_D f(x,y)g(x,y)\mathrm{d}x\mathrm{d}y\leqslant M\iint\limits_D g(x,y)\mathrm{d}x\mathrm{d}y. \tag{1}$$

若 $\iint\limits_D g(x,y)\mathrm{d}x\mathrm{d}y=0$, 由上式知, $\iint\limits_D f(x,y)g(x,y)\mathrm{d}x\mathrm{d}y=0$. 这时, 任取 D 中的点均可作为 (ξ,η), 使欲证等式成立.

若 $\iint\limits_D g(x,y)\mathrm{d}x\mathrm{d}y>0$, 由不等式(1), 得

$$m\leqslant u=\frac{\iint\limits_D f(x,y)g(x,y)\mathrm{d}x\mathrm{d}y}{\iint\limits_D g(x,y)\mathrm{d}x\mathrm{d}y}\leqslant M,$$

即 u 是介于 m 与 M 之间的一个常数. 按连续函数的介值定理, 必存在 $(\xi,\eta)\in D$, 使 $f(\xi,\eta)=u$, 从而对这样的 (ξ,η), 有

$$\iint\limits_D f(x,y)g(x,y)\mathrm{d}x\mathrm{d}y=f(\xi,\eta)\iint\limits_D g(x,y)\mathrm{d}x\mathrm{d}y.$$

二、在直角坐标系下计算二重积分

1. 解题程序

(1) 画出积分区域 D 的草图.

(2) 选择积分次序,并确定相应的积分上限和下限,将二重积分化为二次积分:

1° 根据 D 的形状选择积分次序,以将 D 不分块或少分块(必须分块时)为好;

2° 根据被积函数 $f(x,y)$ 选择积分次序,以积分简便或能进行积分为原则. 特别地,当被积函数仅为 x(或 y)的函数时,一般应先对 y(或 x)积分.

(3) 计算二次积分.

2. 将二重积分化为二次积分的公式

(1) 矩形区域 $D=\{(x,y)\mid a\leqslant x\leqslant b, c\leqslant y\leqslant d\}$,

$$\iint_D f(x,y)\mathrm{d}x\mathrm{d}y=\int_a^b \mathrm{d}x\int_c^d f(x,y)\mathrm{d}y=\int_c^d \mathrm{d}y\int_a^b f(x,y)\mathrm{d}x.$$

特别地,当 $f(x,y)=f_1(x)\cdot f_2(y)$ 时(见例 1),

$$\iint_D f(x,y)\mathrm{d}x\mathrm{d}y=\left(\int_a^b f_1(x)\mathrm{d}x\right)\cdot\left(\int_c^d f_2(y)\mathrm{d}y\right). \tag{1}$$

(1)式是将矩形区域上的二重积分写成两个定积分的乘积. 反之,两个定积分的乘积也可看做是矩形区域上的二重积分. 利用这种思路可以证明有关定积分的等式或不等式(见本章五).

(2) X 型区域 $D=\{(x,y)\mid \varphi_1(x)\leqslant y\leqslant \varphi_2(x), a\leqslant x\leqslant b\}$

$$\iint_D f(x,y)\mathrm{d}x\mathrm{d}y=\int_a^b \mathrm{d}x\int_{\varphi_1(x)}^{\varphi_2(x)} f(x,y)\mathrm{d}y.$$

(3) Y 型区域 $D=\{(x,y)\mid \psi_1(y)\leqslant x\leqslant \psi_2(y), c\leqslant y\leqslant d\}$

$$\iint_D f(x,y)\mathrm{d}x\mathrm{d}y=\int_c^d \mathrm{d}y\int_{\psi_1(y)}^{\psi_2(y)} f(x,y)\mathrm{d}x.$$

3. 区域 D 分块计算二重积分

区域 D 需先分块再计算二重积分所**出现的情况与解题思路**(参照上册第五章“八、分段求定积分”).

(1) D 不是 X 型或 Y 型区域:当 D 与平行于坐标轴的直线的交点多于两个,这时,需用平行于坐标轴的直线将 D 分块,使其部分区域或为 X 型区域,或为 Y 型区域.

(2) 被积函数的表示式分区域给出:需将 D 按所给分区域相应地分块. 见例 8,例 9.

(3) 被积函数含最大值或最小值符号时,见例 10.

(4) 被积函数含取整函数时,见例 11.

(5) 被积函数含有绝对值符号:为去掉被积函数中的绝对值符号,需用使绝对值中的函数等于零的曲线将 D 分块. 见例 12.

(6) 被积函数含符号函数(见本章四例 5).

4. 交换二次积分的积分次序

解题程序:

(1) 由给定的二次积分的积分限确定**原二重积分的区域** D,一般情况要画出 D 的图形.

(2) 由 D 按新的积分次序**确定积分限**,并写出二次积分.

交换二次积分次序**需注意**的是,所给二次积分必须符合二重积分化为二次积分的**定限原则**:内层积分和外层积分的积分限必须下限小,上限大. 若所给二次积分(特别注意内层积分)不符合定限原则,必须用定积分的性质,交换上下限. 见例 6(1).

需要交换二次积分次序的常见情形:

(1) 交换二次积分次序,**可简化计算**.

1° 先对 x(或 y)后对 y(或 x)的积分,而被积函数仅为 x(或 y)的函数,其原函数又不易求出,见例 7(1);

2° 按给定的二次积分,内层积分计算较繁,或使外层积分计算较繁. 见例 7(2),(3).

(2) 按给定的二次积分,内层积分**无法计算**. 见例 7(4).

如被积函数 $f(x,y)$ 中关于 x 的函数为 $\mathrm{e}^{-x^2}, \mathrm{e}^{x^2}, \sin x^2, \cos x^2, \dfrac{\sin x}{x}, \dfrac{1}{\ln x}, \dfrac{1}{x^x-1}, \dfrac{\ln x}{\mathrm{e}^x}$ 等因子,由于这些函数的原函数无法用初等函数表示,应先对 y 积分,后对 x 积分.

例 1 设 $D=\{(x,y)\mid 0\leqslant x\leqslant 1, 0\leqslant y\leqslant 1\}$,计算 $\displaystyle\iint_D \frac{\ln(1+x)\ln(1+y)}{1+x^2+y^2+x^2y^2}\mathrm{d}x\mathrm{d}y$.

解 D 是矩形区域,并注意到 $1+x^2+y^2+x^2y^2=(1+x^2)(1+y^2)$,则

$$I=\left(\int_0^1 \frac{\ln(1+x)}{1+x^2}\mathrm{d}x\right)\left(\int_0^1 \frac{\ln(1+y)}{1+y^2}\mathrm{d}y\right)=\left[\int_0^1 \frac{\ln(1+x)}{1+x^2}\mathrm{d}x\right]^2$$

$$=\left(\frac{\pi}{8}\ln 2\right)^2=\frac{\pi^2\ln^2 2}{64} \quad \text{(见第五章九例 7)}.$$

例 2 将 $\displaystyle\iint_D f(x,y)\mathrm{d}x\mathrm{d}y$ 化为二次积分,其中 D 由曲线 $y=\sqrt{x}$, $y=x$ 和 $y=\dfrac{1}{2}$ 围成.

解 区域 D 如图 9-4 所示. 若先对 y 后对 x 积分,由于在直线 $x=\dfrac{1}{4}$ 和 $x=1$ 之间有三条曲线,$y=\dfrac{1}{2}$, $y=\sqrt{x}$ 和 $y=x$,需用直线 $x=\dfrac{1}{2}$ 将 D 分成两个 X 型区域 D_1 和 D_2.

$$D_1=\left\{(x,y)\,\middle|\,\frac{1}{2}\leqslant y\leqslant\sqrt{x}, \frac{1}{4}\leqslant x\leqslant\frac{1}{2}\right\},$$

$$D_2=\left\{(x,y)\,\middle|\,x\leqslant y\leqslant\sqrt{x}, \frac{1}{2}\leqslant x\leqslant 1\right\},$$

于是

$$I=\int_{\frac{1}{4}}^{\frac{1}{2}}\mathrm{d}x\int_{\frac{1}{2}}^{\sqrt{x}} f(x,y)\mathrm{d}y+\int_{\frac{1}{2}}^{1}\mathrm{d}x\int_{x}^{\sqrt{x}} f(x,y)\mathrm{d}y.$$

若先对 x 后对 y 积分，D 是 Y 型区域，$D=\left\{(x,y)\middle| y^2\leqslant x\leqslant y,\frac{1}{2}\leqslant y\leqslant 1\right\}$. 于是

$$I=\int_{\frac{1}{2}}^{1}\mathrm{d}y\int_{y^2}^{y}f(x,y)\mathrm{d}x.$$

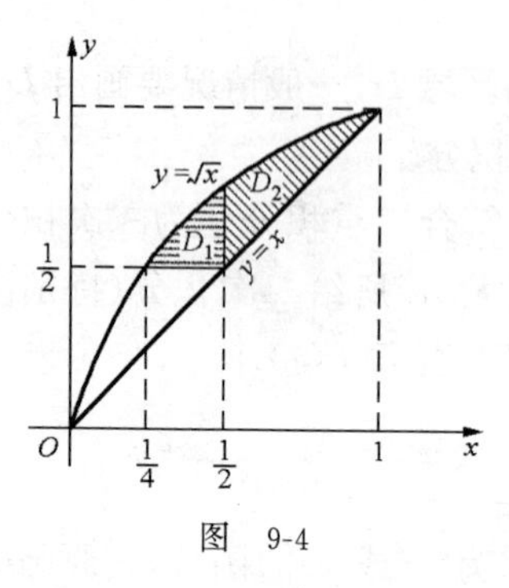

图 9-4

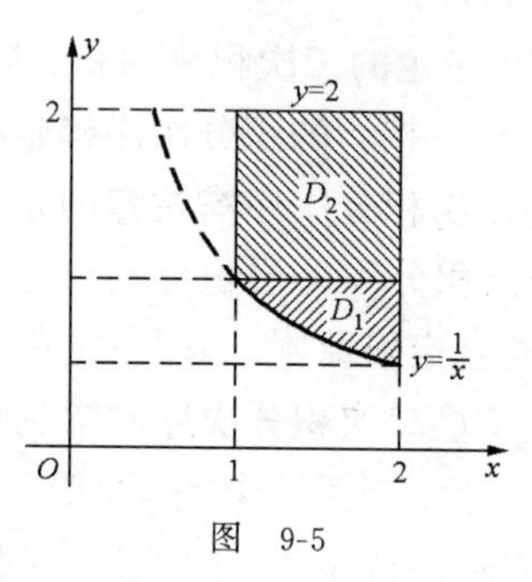

图 9-5

例 3 计算 $\iint\limits_D y\mathrm{e}^{xy}\mathrm{d}x\mathrm{d}y$，其中 $D=\left\{(x,y)\middle|\frac{1}{x}\leqslant y\leqslant 2,1\leqslant x\leqslant 2\right\}$.

解 区域 D 如图 9-5 所示. 若由 D 的形状选择积分次序，应先对 y 后对 x 积分，D 是 X 型区域. 于是

$$I=\int_1^2\mathrm{d}x\int_{\frac{1}{x}}^2 y\mathrm{e}^{xy}\mathrm{d}y.$$

而
$$\int_{\frac{1}{x}}^2 y\mathrm{e}^{xy}\mathrm{d}y\xlongequal{\text{分部积分法}}\frac{y}{x}\mathrm{e}^{xy}\Big|_{\frac{1}{x}}^2-\int_{\frac{1}{x}}^2\frac{1}{x}\mathrm{e}^{xy}\mathrm{d}y=\frac{2}{x}\mathrm{e}^{2x}-\frac{1}{x^2}\mathrm{e}^{2x},$$

故
$$\begin{aligned}I&=\int_1^2\left(\frac{2}{x}\mathrm{e}^{2x}-\frac{1}{x^2}\mathrm{e}^{2x}\right)\mathrm{d}x\\&\xlongequal{\text{分部积分法}}\int_1^2\frac{2}{x}\mathrm{e}^{2x}\mathrm{d}x+\left[\frac{1}{x}\mathrm{e}^{2x}\Big|_1^2-\int_1^2\frac{2}{x}\mathrm{e}^{2x}\mathrm{d}x\right]=\frac{1}{2}\mathrm{e}^4-\mathrm{e}^2.\end{aligned}$$

观察被积函数，由于

$$\int y\mathrm{e}^{xy}\mathrm{d}x=\int\mathrm{e}^{xy}\mathrm{d}(xy)=\mathrm{e}^{xy}+C,$$

应先对 x 积分. 这时可用直线 $y=1$ 将 D 分成 D_1 与 D_2. 于是

$$\begin{aligned}I&=\int_{\frac{1}{2}}^1\mathrm{d}y\int_{\frac{1}{y}}^2 y\mathrm{e}^{xy}\mathrm{d}x+\int_1^2\mathrm{d}y\int_1^2 y\mathrm{e}^{xy}\mathrm{d}x\\&=\int_{\frac{1}{2}}^1(\mathrm{e}^{2y}-\mathrm{e})\mathrm{d}y+\int_1^2(\mathrm{e}^{2y}-\mathrm{e}^y)\mathrm{d}y=\frac{1}{2}\mathrm{e}^4-\mathrm{e}^2.\end{aligned}$$

注 本例后一种解法，尽管域 D 需分块，但积分运算却简便.

例 4 计算 $\iint\limits_D\sin\frac{\pi x}{2y}\mathrm{d}x\mathrm{d}y$，其中 D 由曲线 $y=\sqrt{x}$，直线 $y=x$，$y=2$ 所围成.

分析 从 D(图 9-6)的形状看，应视为 Y 型区域. 从被积函数看，也应先对 x 积分，因若

先对 y 积分,其被积函数的原函数不是初等函数.

解 $D=\{(x,y)\mid y\leqslant x\leqslant y^2,1\leqslant y\leqslant 2\}$,故

$$I=\iint_D \sin\frac{\pi x}{2y}\mathrm{d}x\mathrm{d}y=\int_1^2\mathrm{d}y\int_y^{y^2}\sin\frac{\pi x}{2y}\mathrm{d}x=-\int_1^2\frac{2y}{\pi}\cos\frac{\pi x}{2y}\bigg|_y^{y^2}\mathrm{d}y$$

$$=-\frac{2}{\pi}\int_1^2 y\cos\frac{\pi y}{2}\mathrm{d}y=-\frac{4}{\pi^2}\int_1^2 y\mathrm{d}\sin\frac{\pi y}{2}=\frac{4}{\pi^2}\left(1+\int_1^2\sin\frac{\pi y}{2}\mathrm{d}y\right)=\frac{4}{\pi^2}(2+\pi).$$

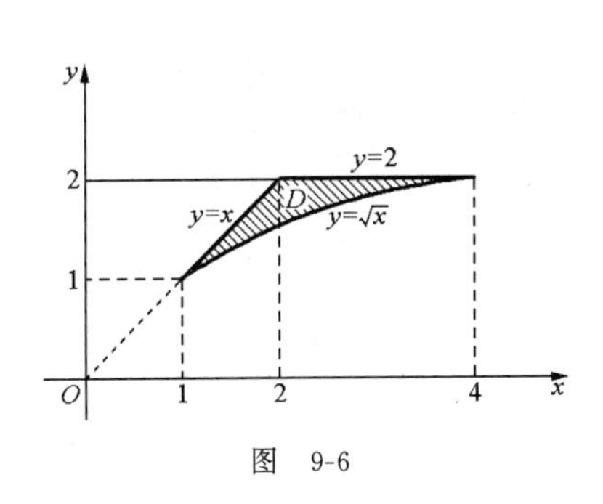

图 9-6

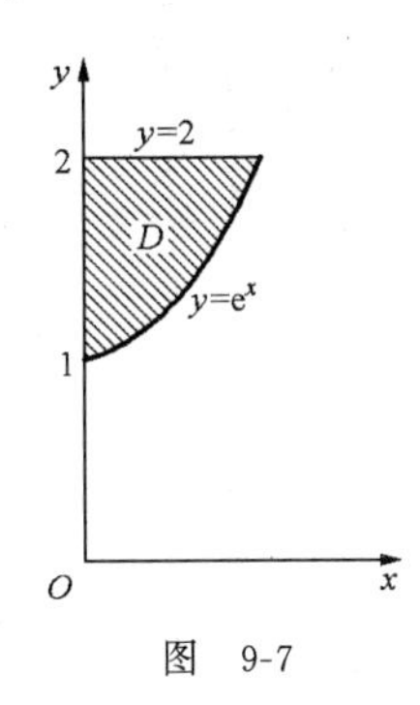

图 9-7

例 5 计算 $\iint_D \frac{\mathrm{e}^{xy}}{y^y-1}\mathrm{d}x\mathrm{d}y$,$D$ 由曲线 $y=\mathrm{e}^x$,$y=2$ 和 $x=0$ 所围成.

分析 从 D(图 9-7)的形状看,可视为 X 型区域,也可视为 Y 型区域.但若先对 y 积分,被积函数的原函数不是初等函数,故只能将 D 视为 Y 型区域.

解 $D=\{(x,y)\mid 0\leqslant x\leqslant \ln y,1\leqslant y\leqslant 2\}$,故

$$I=\int_1^2\frac{1}{y^y-1}\mathrm{d}y\int_0^{\ln y}\mathrm{e}^{xy}\mathrm{d}x=\int_1^2\frac{1}{y^y-1}\frac{1}{y}\mathrm{e}^{xy}\bigg|_0^{\ln y}\mathrm{d}y$$

$$=\int_1^2\frac{1}{y^y-1}\frac{1}{y}(y^y-1)\mathrm{d}y=\ln 2.$$

例 6 改换下列二次积分的次序:

(1) $\int_0^3\mathrm{d}x\int_{\sqrt{3x}}^{x^2-2x}f(x,y)\mathrm{d}y$; (2) $\int_0^1\mathrm{d}x\int_{\frac{x}{2}}^{x}f(x,y)\mathrm{d}y+\int_1^2\mathrm{d}x\int_{\frac{x}{2}}^{\frac{1}{x}}f(x,y)\mathrm{d}y$.

解 (1) 积分区域 D 由直线 $x=0$,$x=3$,曲线 $y=x^2-2x$,$y=\sqrt{3x}$所围成(图 9-8).由于当 $0\leqslant x\leqslant 3$ 时,$x^2-2x\leqslant\sqrt{3x}$,所给二次积分的内层积分的上下限不符合下限小、上限大的原则,内层积分需先交换上、下限:

$$I=-\int_0^3\mathrm{d}x\int_{x^2-3x}^{\sqrt{3x}}f(x,y)\mathrm{d}y,$$

于是
$$I=-\left(\int_{-1}^0\mathrm{d}y\int_{1-\sqrt{1+y}}^{1+\sqrt{1+y}}f(x,y)\mathrm{d}x+\int_0^3\mathrm{d}y\int_{\frac{y^2}{3}}^{1+\sqrt{1+y}}f(x,y)\mathrm{d}x\right).$$

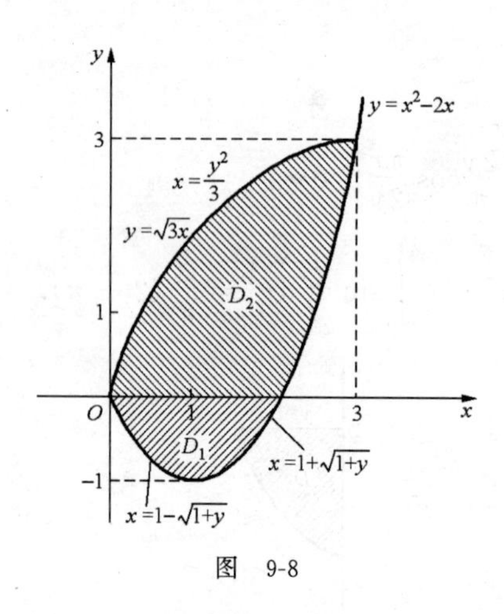

图　9-8

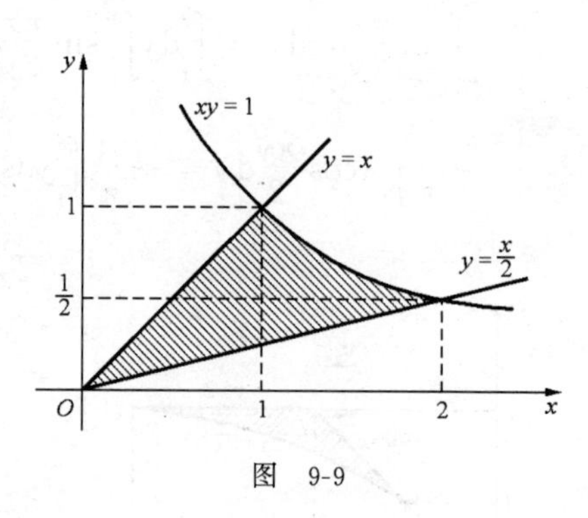

图　9-9

(2) 由两个二次积分可知,积分区域由直线 $y=\frac{x}{2}$, $y=x$ 和曲线 $y=\frac{1}{x}$ 围成(图 9-9). 交换积分次序需用直线 $y=\frac{1}{2}$ 将 D 分块. 于是

$$I=\int_0^{\frac{1}{2}}\mathrm{d}y\int_y^{2y}f(x,y)\mathrm{d}x+\int_{\frac{1}{2}}^1\mathrm{d}y\int_y^{\frac{1}{y}}f(x,y)\mathrm{d}x.$$

例 7　计算下列二次积分:

(1) $\int_1^4\mathrm{d}y\int_{\sqrt{y}}^2\frac{\ln x}{x^2-1}\mathrm{d}x$;　　(2) $\int_{-1}^1\mathrm{d}x\int_{-1}^x x\sqrt{1-x^2+y^2}\mathrm{d}y$;

(3) $\int_0^1\mathrm{d}y\int_{\arcsin y}^{\pi-\arcsin y}x\mathrm{d}x$;　　(4) $\int_{\frac{1}{4}}^{\frac{1}{2}}\mathrm{d}y\int_{\frac{1}{2}}^{\sqrt{y}}\mathrm{e}^{\frac{y}{x}}\mathrm{d}x+\int_{\frac{1}{2}}^1\mathrm{d}y\int_y^{\sqrt{y}}\mathrm{e}^{\frac{y}{x}}\mathrm{d}x$.

解　(1) 被积函数仅为 x 的函数,且其原函数不易求出. 先交换积分次序. D 如图 9-10.

$$I=\int_1^2\frac{\ln x}{x^2-1}\mathrm{d}x\int_1^{x^2}\mathrm{d}y=\int_1^2\ln x\mathrm{d}x=2\ln 2-1.$$

(2) 内层积分较繁,先交换积分次序. D 如图 9-11.

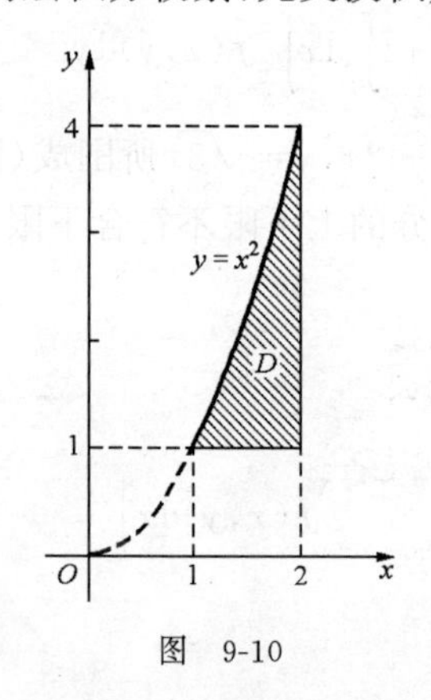

图　9-10

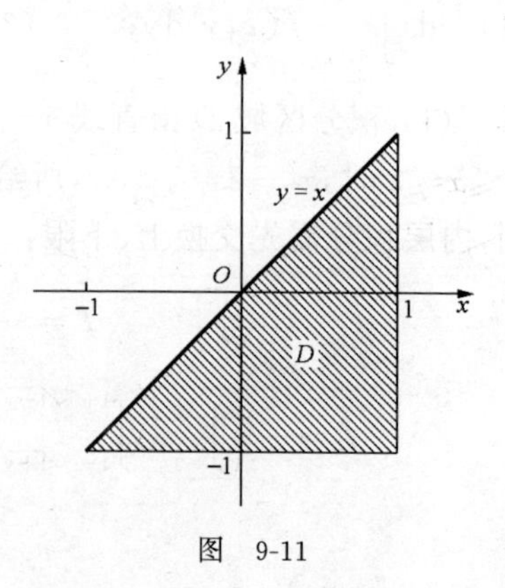

图　9-11

$$I=\int_{-1}^{1}\mathrm{d}y\int_{y}^{1}x\sqrt{1-x^2+y^2}\mathrm{d}x=-\frac{1}{2}\int_{-1}^{1}\mathrm{d}y\int_{y}^{1}\sqrt{1-x^2+y^2}\mathrm{d}(1-x^2+y^2)$$
$$=-\frac{1}{3}\int_{-1}^{1}(1-x^2+y^2)^{\frac{3}{2}}\Big|_{y}^{1}\mathrm{d}y=-\frac{1}{3}\int_{-1}^{1}(|y|^3-1)\mathrm{d}y$$
$$=-\frac{2}{3}\int_{0}^{1}(y^3-1)\mathrm{d}y=\frac{1}{2}.$$

(3) 内层积分易算,但将使外层积分计算繁,先交换积分次序. D 如图 9-12.

$$I=\int_0^{\pi}x\mathrm{d}x\int_0^{\sin x}\mathrm{d}y=\int_0^{\pi}x\sin x\mathrm{d}x=\pi.$$

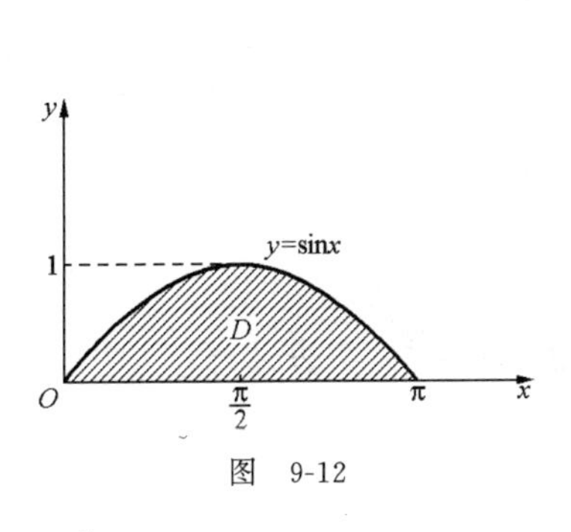

图 9-12

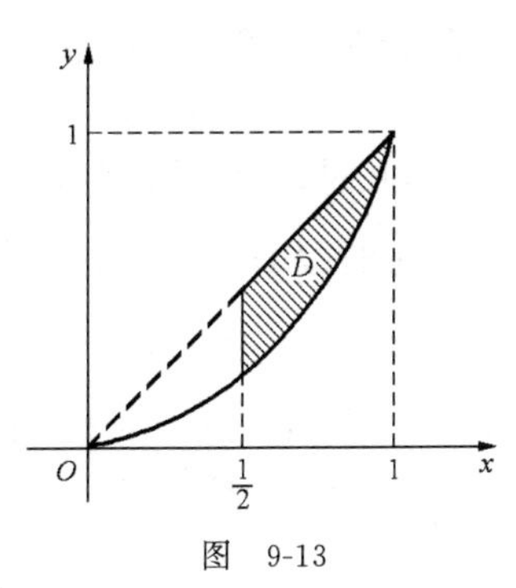

图 9-13

(4) $e^{\frac{y}{x}}$对 x 积分的原函数不是初等函数,先交换积分次序. D 如图 9-13.

$$I=\int_{\frac{1}{2}}^{1}\mathrm{d}x\int_{x^2}^{x}e^{\frac{y}{x}}\mathrm{d}y=\int_{\frac{1}{2}}^{1}x(e-e^x)\mathrm{d}x=\frac{3}{8}e-\frac{1}{2}\sqrt{e}.$$

例 8 计算 $\iint\limits_D f(x,y)\mathrm{d}x\mathrm{d}y$,其中 $f(x,y)=\begin{cases}x^2y, & 0\leqslant y\leqslant x,1\leqslant x\leqslant 2,\\ 0, & 其他,\end{cases}$

$$D=\{(x,y)\,|\,x^2+y^2\geqslant 2x\}.$$

分析 被积函数分区域给出,区域 D_1 是$\{(x,y)\,|\,0\leqslant y\leqslant x,1\leqslant x\leqslant 2\}$与 D 的公共部分. $D_1=\{(x,y)\,|\,\sqrt{2x-x^2}\leqslant y\leqslant x,1\leqslant x\leqslant 2\}$(图 9-14),此时 $f(x,y)=x^2y$,在其他区域内,$f(x,y)=0$.

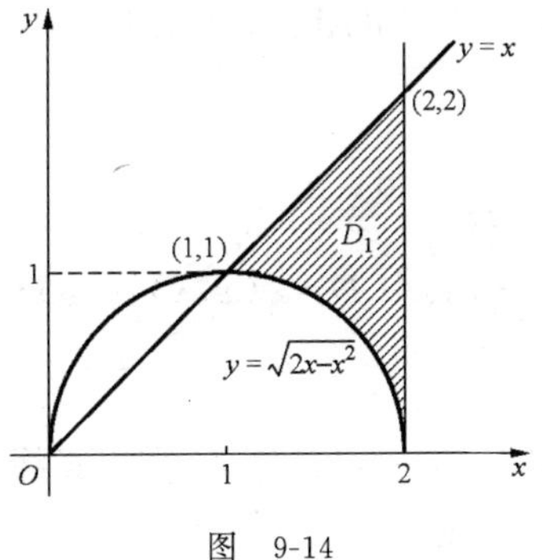

图 9-14

解 $I=\iint\limits_{D_1}x^2y\mathrm{d}x\mathrm{d}y=\int_1^2\mathrm{d}x\int_{\sqrt{2x-x^2}}^{x}x^2y\mathrm{d}y$

$=\int_1^2x^2\left.\frac{y^2}{2}\right|_{\sqrt{2x-x^2}}^{x}\mathrm{d}x=\int_1^2(x^4-x^3)\mathrm{d}x=\frac{49}{20}.$

例 9 设 $f(x,y)=\begin{cases}1, & 0\leqslant y\leqslant 2(1-x),0\leqslant x\leqslant 1,\\ 0, & \text{其他},\end{cases}$ 求

$$F(t)=\iint\limits_{x+y\leqslant t}f(x,y)\mathrm{d}x\mathrm{d}y.$$

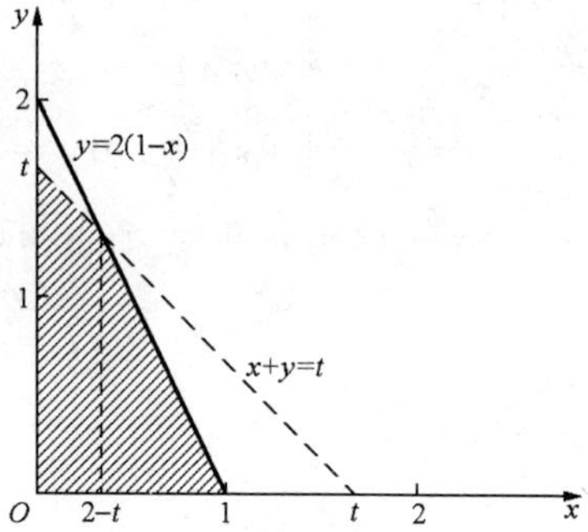

分析 由被积函数的表达式及积分区域(图 9-15)的情况,可知 $F(t)$ 是区域 $x+y\leqslant t$ 与三角形区域: $0\leqslant y\leqslant 2(1-x),0\leqslant x\leqslant 1$ 的公共部分的面积.

图 9-15

解 当 $t\leqslant 0$ 时,无公共部分,$F(t)=0$;

当 $0<t\leqslant 1$ 时,$F(t)=\frac{1}{2}t^2$;

当 $1<t\leqslant 2$ 时,

$$F(t)=\int_0^{2-t}\mathrm{d}x\int_0^{t-x}\mathrm{d}y+\int_{2-t}^{1}\mathrm{d}x\int_0^{2(1-x)}\mathrm{d}y=-\frac{t^2}{2}+2t-1;$$

当 $t>2$ 时,$F(t)=1$.

综上,
$$F(t)=\begin{cases}0, & t\leqslant 0,\\ \frac{1}{2}t^2, & 0<t\leqslant 1,\\ -\frac{t^2}{2}+2t-1, & 1<t\leqslant 2,\\ 1, & t>2.\end{cases}$$

例 10 计算 $\iint\limits_{D}\mathrm{e}^{\max\{x^2,y^2\}}\mathrm{d}x\mathrm{d}y$,其中 $D=\{(x,y)\mid 0\leqslant x\leqslant 1,0\leqslant y\leqslant 1\}$.

解 D 如图 9-16.由被积函数知,需用直线 $y=x$ 将 D 分为 D_1 与 D_2 两部分.在 D_1 上,$\max\{x^2,y^2\}=x^2$,在 D_2 上,$\max\{x^2,y^2\}=y^2$.于是

$$I=\iint\limits_{D_1}\mathrm{e}^{x^2}\mathrm{d}x\mathrm{d}y+\iint\limits_{D_2}\mathrm{e}^{y^2}\mathrm{d}x\mathrm{d}y=\int_0^1\mathrm{d}x\int_0^x\mathrm{e}^{x^2}\mathrm{d}y+\int_0^1\mathrm{d}y\int_0^y\mathrm{e}^{y^2}\mathrm{d}x$$

$$=\int_0^1x\mathrm{e}^{x^2}\mathrm{d}x+\int_0^1y\mathrm{e}^{y^2}\mathrm{d}y=\mathrm{e}-1.$$

例 11 计算 $\iint\limits_{D}[x+y]\mathrm{d}x\mathrm{d}y$,其中 $D=\{(x,y)\mid 0\leqslant x\leqslant 2,0\leqslant y\leqslant 2\}$,$[x+y]$是取整函数.

解 D 如图 9-17.按取整函数$[x+y]$的意义,需用直线 $x+y=1,x+y=2,x+y=3$ 将 D 分成 D_1,D_2,D_3 和 D_4 4 个部分,则

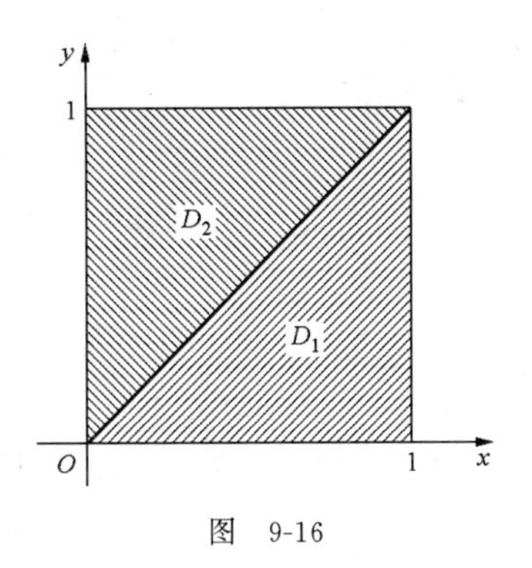

图 9-16

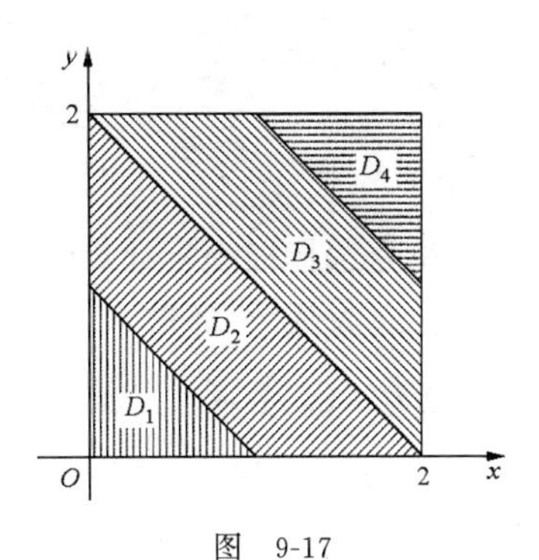

图 9-17

$$[x+y]=\begin{cases}0, & (x,y)\in D_1,\\ 1, & (x,y)\in D_2,\\ 2, & (x,y)\in D_3,\\ 3, & (x,y)\in D_4.\end{cases}$$

于是
$$I=\iint\limits_{D_2}\mathrm{d}x\mathrm{d}y+2\iint\limits_{D_3}\mathrm{d}x\mathrm{d}y+3\iint\limits_{D_4}\mathrm{d}x\mathrm{d}y=3\sigma_2+3\sigma_4=6,$$

其中 σ_2 是 D_2 的面积,σ_4 是 D_4 的面积.

例 12　计算 $\int_0^1\mathrm{d}x\int_0^1\left|xy-\frac{1}{4}\right|\mathrm{d}y$.

解　D 如图 9-18. 必须用曲线 $xy=\frac{1}{4}$ 将 D 分成 D_1 与 D_2,其中 D_1 由直线 $y=0,y=1,x=0,x=1$ 和曲线 $y=\frac{1}{4x}$ 围成;D_2 由直线 $y=1,x=1$ 和曲线 $y=\frac{1}{4x}$ 围成. 于是

$$\begin{aligned}I&=\iint\limits_{D_1}\left(\frac{1}{4}-xy\right)\mathrm{d}x\mathrm{d}y+\iint\limits_{D_2}\left(xy-\frac{1}{4}\right)\mathrm{d}x\mathrm{d}y\\&=\iint\limits_{D_1}\left(\frac{1}{4}-xy\right)\mathrm{d}x\mathrm{d}y+\iint\limits_{D_2}\left(\frac{1}{4}-xy\right)\mathrm{d}x\mathrm{d}y\\&\quad-\iint\limits_{D_2}\left(\frac{1}{4}-xy\right)\mathrm{d}x\mathrm{d}y+\iint\limits_{D_2}\left(xy-\frac{1}{4}\right)\mathrm{d}x\mathrm{d}y\\&=\iint\limits_{D}\left(\frac{1}{4}-xy\right)\mathrm{d}x\mathrm{d}y+2\iint\limits_{D_2}\left(xy-\frac{1}{4}\right)\mathrm{d}x\mathrm{d}y\\&=\int_0^1\mathrm{d}x\int_0^1\left(\frac{1}{4}-xy\right)\mathrm{d}y+2\int_{\frac{1}{4}}^1\mathrm{d}x\int_{\frac{1}{4x}}^1\left(xy-\frac{1}{4}\right)\mathrm{d}y\\&=0+2\left(\frac{3}{64}+\frac{1}{16}\ln2\right)=\frac{3}{32}+\frac{1}{8}\ln2.\end{aligned}$$

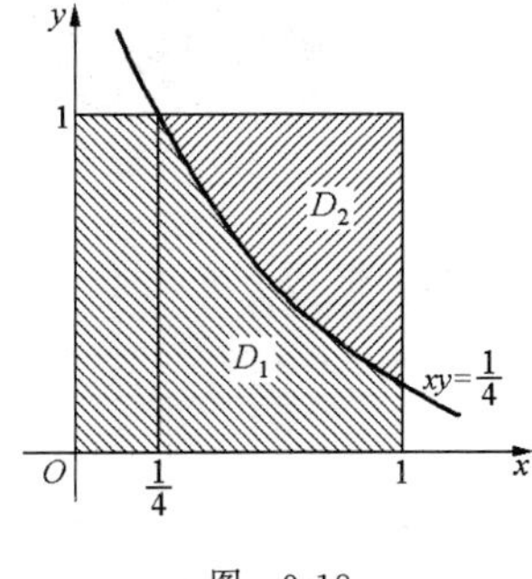

图 9-18

三、在极坐标系下计算二重积分

1. 二重积分选择极坐标计算的情况

积分区域 D 为圆域、环域、扇域、环扇域等或其一部分；

被积函数为 $f(x^2+y^2)$，$f\left(\dfrac{y}{x}\right)$，$f\left(\dfrac{x}{y}\right)$，$f(x+y)$等形式；

被积函数 $f(x,y)$对 x 或对 y 不易计算，或者其原函数不是初等函数时，也可考虑选用极坐标计算，见例 8.

2. 极坐标系下的二重积分公式及化为二次积分的各种情况

公式

$$I=\iint_D f(x,y)\mathrm{d}\sigma=\iint_D f(\rho\cos\theta,\rho\sin\theta)\rho\mathrm{d}\rho\mathrm{d}\theta,$$

其中 D 的边界线用极坐标方程表示.

以极点的位置确定二次积分的各种情况，一般是先对 ρ 后对 θ 积分.

(1) 极点 O 在 D 的内部(图 9-19)，$D=\{(\rho,\theta)\mid 0\leqslant\rho\leqslant\varphi(\theta),0\leqslant\theta\leqslant 2\pi\}$.

$$I=\int_0^{2\pi}\mathrm{d}\theta\int_0^{\varphi(\theta)}f(\rho\cos\theta,\rho\sin\theta)\rho\mathrm{d}\rho.$$

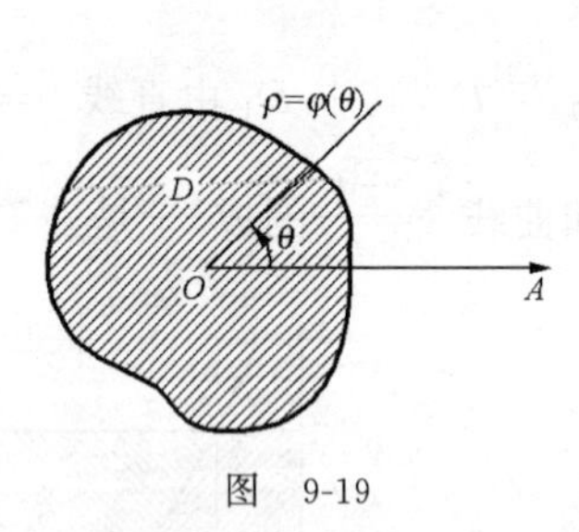

图 9-19

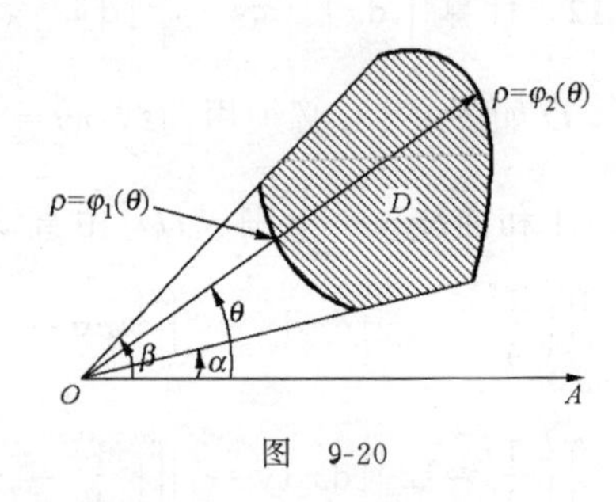

图 9-20

(2) 极点在 D 的外部(图 9-20)，$D=\{(\rho,\theta)\mid\varphi_1(\theta)\leqslant\rho\leqslant\varphi_2(\theta),\alpha\leqslant\theta\leqslant\beta\}$.

$$I=\int_\alpha^\beta\mathrm{d}\theta\int_{\varphi_1(\theta)}^{\varphi_2(\theta)}f(\rho\cos\theta,\rho\sin\theta)\rho\mathrm{d}\rho.$$

(3) 极点在 D 的边界上.

1° $D=\{(\rho,\theta)\mid 0\leqslant\rho\leqslant\varphi(\theta),\alpha\leqslant\theta\leqslant\beta\}$，(图 9-21)

$$I=\int_\alpha^\beta\mathrm{d}\theta\int_0^{\varphi(\theta)}f(\rho\cos\theta,\rho\sin\theta)\rho\mathrm{d}\rho.$$

2° $D=\{(\rho,\theta)\mid\varphi_1(\theta)\leqslant\rho\leqslant\varphi_2(\theta),\alpha\leqslant\theta\leqslant\beta\}$，(图 9-22)

$$I=\int_\alpha^\beta\mathrm{d}\theta\int_{\varphi_1(\theta)}^{\varphi_2(\theta)}f(\rho\cos\theta,\rho\sin\theta)\rho\mathrm{d}\rho.$$

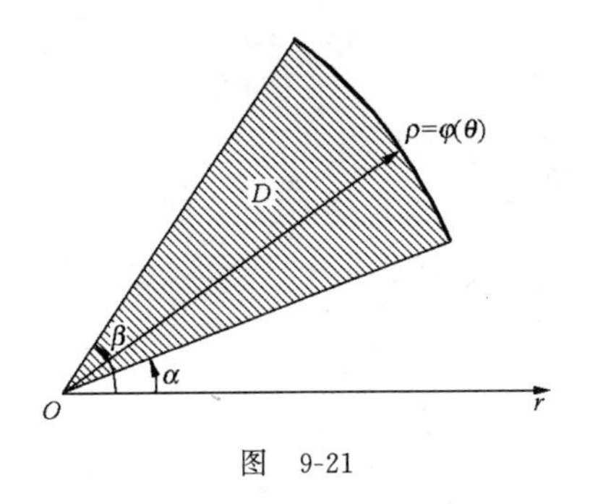

图　9-21

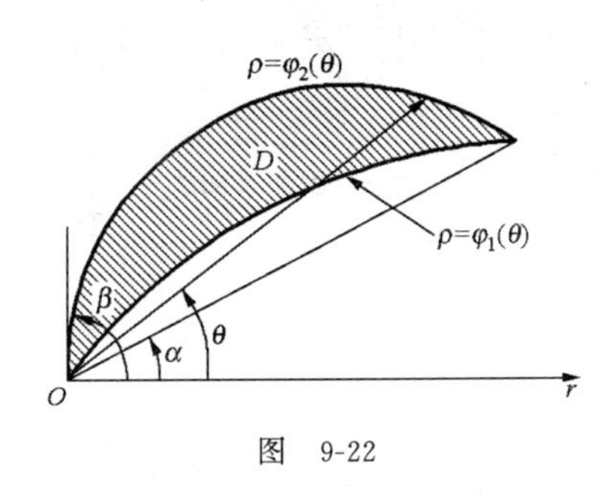

图　9-22

例 1　将 $\iint\limits_D f(x+y)\mathrm{d}\sigma$,其中 $D=\{(x,y)\mid\sqrt{y}\leqslant x\leqslant\sqrt{2-y^2},0\leqslant y\leqslant 1\}$化为极坐标系下的二次积分.

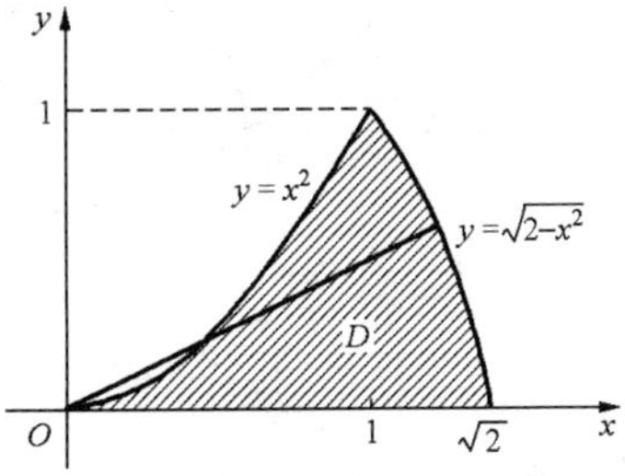

解　D 如图 9-23,极点在 D 的边界上.曲线 $x=\sqrt{y}$(即 $y=x^2$)和 $x=\sqrt{2-y^2}$(即 $x^2+y^2=2$)的极坐标方程分别为 $\rho=\sin\theta\sec^2\theta$ 和 $\rho=\sqrt{2}$,且 $0\leqslant\theta\leqslant\frac{\pi}{4}$.于是

图　9-23

$$I=\int_0^{\frac{\pi}{4}}\mathrm{d}\theta\int_{\sin\theta\sec^2\theta}^{\sqrt{2}}f(\rho\cos\theta+\rho\sin\theta)\rho\mathrm{d}\rho.$$

例 2　计算 $\iint\limits_D \mathrm{e}^{-(x^2+y^2-\pi)}\sin(x^2+y^2)\mathrm{d}x\mathrm{d}y$,其中 $D=\{(x,y)\mid x^2+y^2\leqslant\pi\}$.

解　由被积函数和积分区域(圆域)看,用极坐标计算

$$I=\mathrm{e}^{\pi}\iint\limits_D \mathrm{e}^{-(x^2+y^2)}\sin(x^2+y^2)=\mathrm{e}^{\pi}\int_0^{2\pi}\mathrm{d}\theta\int_0^{\sqrt{\pi}}\mathrm{e}^{-\rho^2}\sin\rho^2\cdot\rho\mathrm{d}\rho$$

$$\xlongequal{\rho^2=t}\frac{1}{2}\mathrm{e}^{\pi}\int_0^{2\pi}\mathrm{d}\theta\int_0^{\pi}\mathrm{e}^{-t}\sin t\mathrm{d}t=\pi\mathrm{e}^{\pi}\int_0^{\pi}\mathrm{e}^{-t}\sin t\mathrm{d}t.$$

记 $A=\int_0^{\pi}\mathrm{e}^{-t}\sin t\mathrm{d}t$,则

$$A=-\int_0^{\pi}\sin t\mathrm{d}\mathrm{e}^{-t}=-\int_0^{\pi}\cos t\mathrm{d}\mathrm{e}^{-t}=\mathrm{e}^{-\pi}+1-A,$$

于是

$$A=\frac{1}{2}(\mathrm{e}^{-\pi}+1),\quad I=\pi\mathrm{e}^{\pi}A=\frac{\pi}{2}(1+\mathrm{e}^{\pi}).$$

例 3　计算 $\int_{-\sqrt{2}}^{0}\mathrm{d}x\int_{-x}^{\sqrt{4-x^2}}(x^2+y^2)\mathrm{d}y+\int_0^2\mathrm{d}x\int_{\sqrt{2x-x^2}}^{\sqrt{4-x^2}}(x^2+y^2)\mathrm{d}y$.

解　由二次积分知 $D=D_1+D_2$(图 9-24).用极坐标计算,曲线 $y=\sqrt{4-x^2}$ 和 $y=\sqrt{2x-x^2}$的极坐标方程分别为 $\rho=2$ 和 $\rho=2\cos\theta$.

$$I=\int_0^{\frac{\pi}{2}}\mathrm{d}\theta\int_{2\cos\theta}^{2}\rho^2\cdot\rho\mathrm{d}\rho+\int_{\frac{\pi}{2}}^{\frac{3}{4}\pi}\mathrm{d}\theta\int_0^2\rho^2\cdot\rho\mathrm{d}\rho$$

$$=4\int_0^{\frac{\pi}{2}}(1-\cos^4\theta)\mathrm{d}\theta+\frac{\pi}{4}\cdot\frac{1}{4}\cdot 2^4=4\left(\frac{\pi}{2}-\frac{3}{4}\cdot\frac{1}{2}\cdot\frac{\pi}{2}\right)+\pi=\frac{9\pi}{4}.$$

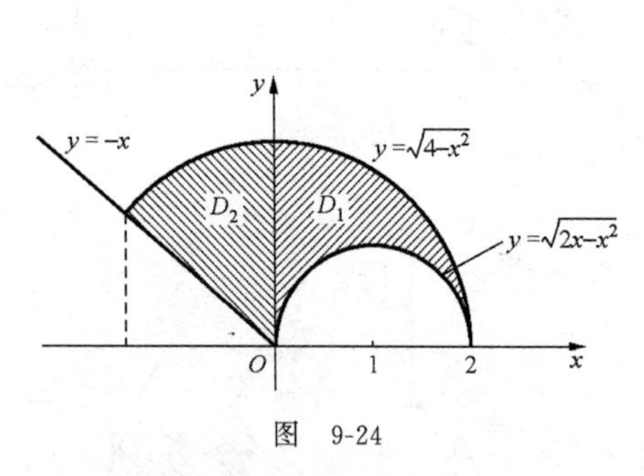

图 9-24

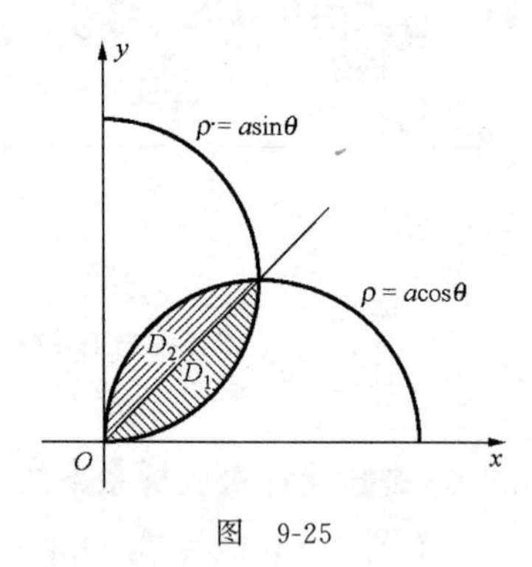

图 9-25

例 4 计算 $\iint\limits_D y\mathrm{d}x\mathrm{d}y$,其中 D 是圆 $x^2+y^2\leqslant ax$ 与 $x^2+y^2\leqslant ay$ 的公共部分.

解 D 如图 9-25. 由域 D 看,用极坐标计算,且 D 应分为 D_1 和 D_2. 两个边界圆的方程分别为 $\rho=a\cos\theta$ 和 $\rho=a\sin\theta$,由此

$$I=\int_0^{\frac{\pi}{4}}\mathrm{d}\theta\int_0^{a\sin\theta}\rho\sin\theta\cdot\rho\mathrm{d}\rho+\int_{\frac{\pi}{4}}^{\frac{\pi}{2}}\mathrm{d}\theta\int_0^{a\cos\theta}\rho\sin\theta\cdot\rho\mathrm{d}\rho$$

$$=\frac{a^3}{3}\int_0^{\frac{\pi}{4}}\sin^4\theta\mathrm{d}\theta+\frac{a^3}{3}\int_{\frac{\pi}{4}}^{\frac{\pi}{2}}\sin\theta\cos^3\theta\mathrm{d}\theta$$

$$=\frac{a^3}{3}\left[\frac{1}{4}\left(\frac{3\pi}{8}-1\right)+\frac{1}{16}\right]=\frac{a^3}{16}\left(\frac{\pi}{2}-1\right).$$

例 5 计算 $\iint\limits_D xyF''(x^2+y^2)\mathrm{d}x\mathrm{d}y$,其中 $D=\{(x,y)\,|\,x^2+y^2\leqslant 1,x\geqslant 0,y\geqslant 0\}$,$F(u)$在区间$[0,1]$上具有连续的二阶导数.

解 在极坐标下计算 $D=\left\{(\rho,\theta)\,\middle|\,0\leqslant\rho\leqslant 1,0\leqslant\theta\leqslant\frac{\pi}{2}\right\}$.

$$I=\int_0^{\frac{\pi}{2}}\mathrm{d}\theta\int_0^1\rho^2\cos\theta\sin\theta\cdot F''(\rho^2)\rho\mathrm{d}\rho=\int_0^{\frac{\pi}{2}}\sin\theta\cos\theta\mathrm{d}\theta\int_0^1\rho^3F''(\rho^2)\mathrm{d}\rho$$

$$=\frac{1}{2}\int_0^1\frac{1}{2}\rho^2\mathrm{d}F'(\rho^2)=\frac{1}{4}\left[\rho^2F'(\rho^2)\Big|_0^1-\int_0^1F'(\rho^2)\mathrm{d}\rho^2\right]$$

$$=\frac{1}{4}[F'(0)-F(1)+F(0)].$$

例 6 计算 $\int_0^a\int_0^a\frac{1}{(a^2+x^2+y^2)^{\frac{3}{2}}}\mathrm{d}x\mathrm{d}y\,(a>0)$.

解　从被积函数看，用极坐标计算，正方形区域 D(参见图 9-16)需用直线 $y=x$ 分成 D_1 与 D_2，边界线 $x=a,y=a$ 的方程分别为 $\rho=\dfrac{a}{\cos\theta}$和 $\rho=\dfrac{a}{\sin\theta}$，

$$D_1=\left\{(\rho,\theta)\,\middle|\,0\leqslant\rho\leqslant\frac{a}{\cos\theta},0\leqslant\theta\leqslant\frac{\pi}{4}\right\},$$

$$D_2=\left\{(\rho,\theta)\,\middle|\,0\leqslant\rho\leqslant\frac{a}{\sin\theta},\frac{\pi}{4}\leqslant\theta\leqslant\frac{\pi}{2}\right\}.$$

$$\begin{aligned}I&=\int_0^{\frac{\pi}{4}}\mathrm{d}\theta\int_0^{\frac{a}{\cos\theta}}\frac{1}{(a^2+\rho^2)^{\frac{3}{2}}}\rho\mathrm{d}\rho+\int_{\frac{\pi}{4}}^{\frac{\pi}{2}}\mathrm{d}\theta\int_0^{\frac{a}{\sin\theta}}\frac{1}{(a^2+\rho^2)^{\frac{3}{2}}}\rho\mathrm{d}\rho\\&=\int_0^{\frac{\pi}{4}}\mathrm{d}\theta\int_0^{\frac{a}{\cos\theta}}\frac{\mathrm{d}(a^2+\rho^2)}{2(a^2+\rho^2)^{\frac{3}{2}}}+\int_{\frac{\pi}{4}}^{\frac{\pi}{2}}\mathrm{d}\theta\int_0^{\frac{a}{\sin\theta}}\frac{\mathrm{d}(a^2+\rho^2)}{2(a^2+\rho^2)^{\frac{3}{2}}}\\&=\int_0^{\frac{\pi}{4}}\left[\frac{1}{a}-\frac{\cos\theta}{a\sqrt{2-\sin^2\theta}}\right]\mathrm{d}\theta+\int_{\frac{\pi}{4}}^{\frac{\pi}{2}}\left[\frac{1}{a}-\frac{\sin\theta}{a\sqrt{2-\cos^2\theta}}\right]\mathrm{d}\theta\\&=\frac{\pi}{12a}+\frac{\pi}{12a}=\frac{\pi}{6a}.\end{aligned}$$

例 7　计算 $\iint\limits_D y\mathrm{d}x\mathrm{d}y$，其中 D 是由曲线 $x=-2,y=0,y=2$ 以及曲线 $x=-\sqrt{2y-y^2}$所围成.

解　D 如图 9-26 所示. 为计算简便，注意图 9-26 中的 D_1，并将二重积分写成二式之差，即

$$I=\iint\limits_{D+D_1}y\mathrm{d}x\mathrm{d}y-\iint\limits_{D_1}y\mathrm{d}x\mathrm{d}y,\quad 其中\quad \iint\limits_{D+D_1}y\mathrm{d}x\mathrm{d}y=\int_{-2}^0\mathrm{d}x\int_0^2 y\mathrm{d}y=4.$$

在极坐标下，$D_1=\left\{(r,\theta)\,\middle|\,0\leqslant\rho\leqslant 2\sin\theta,\frac{\pi}{2}\leqslant\theta\leqslant\pi\right\}$，于是

$$\iint\limits_{D_1}y\mathrm{d}x\mathrm{d}y=\int_{\frac{\pi}{2}}^{\pi}\mathrm{d}\theta\int_0^{2\sin\theta}\rho\sin\theta\cdot\rho\mathrm{d}\rho=\frac{8}{3}\int_{\frac{\pi}{2}}^{\pi}\sin^4\theta\mathrm{d}\theta=\frac{\pi}{2}.$$

从而 $\iint\limits_D y\mathrm{d}x\mathrm{d}y=4-\dfrac{\pi}{2}$.

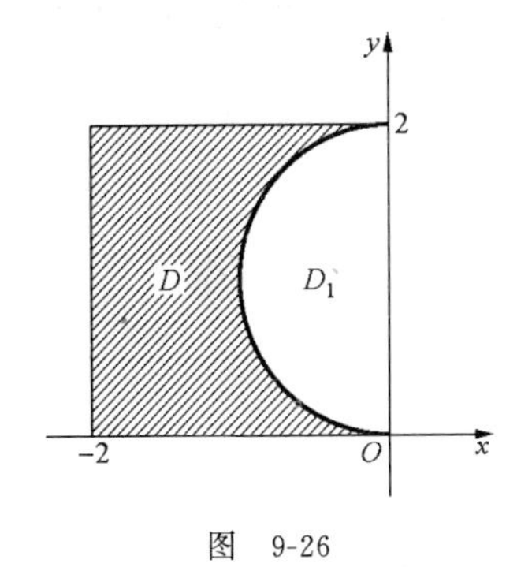

图　9-26

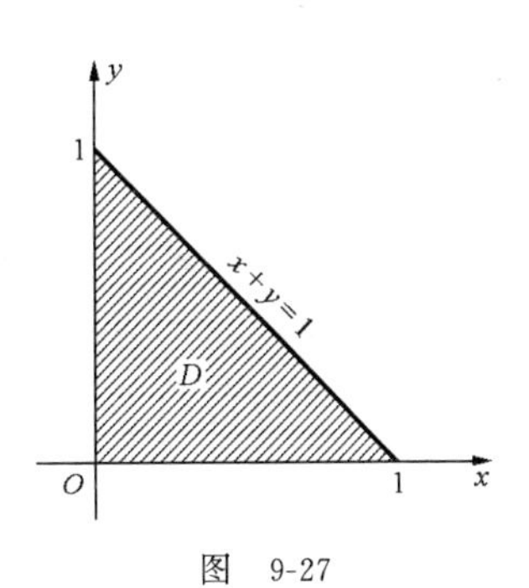

图　9-27

例 8　计算 $\iint\limits_D e^{\frac{y-x}{y+x}}dxdy$，其中 D 由直线 $x=0$，$y=0$ 和 $x+y=1$ 所围成.

解　D 如图 9-27 所示. 由于 $e^{\frac{y-x}{y+x}}$ 关于 x 或 y 的原函数均不能用初等函数表示，试用极坐标计算. 注意到 $x+y=1$ 可写成 $\rho=\dfrac{1}{\cos\theta+\sin\theta}$. 于是

$$I=\int_0^{\frac{\pi}{2}}d\theta\int_0^{\frac{1}{\cos\theta+\sin\theta}}e^{\frac{\sin\theta-\cos\theta}{\sin\theta+\cos\theta}}\rho d\rho$$

$$=\frac{1}{2}\int_0^{\frac{\pi}{2}}\frac{1}{(\cos\theta+\sin\theta)^2}e^{\frac{\sin\theta-\cos\theta}{\sin\theta+\cos\theta}}d\theta$$

$$=\frac{1}{4}\int_0^{\frac{\pi}{2}}e^{\frac{\sin\theta-\cos\theta}{\sin\theta+\cos\theta}}d\left(\frac{\sin\theta-\cos\theta}{\sin\theta+\cos\theta}\right)=\frac{1}{4}\left(e-\frac{1}{e}\right).$$

例 9　计算 $\iint\limits_D |x^2+y^2-1|d\sigma$，其中 $D=\{(x,y)|0\leqslant x\leqslant 1,0\leqslant y\leqslant 1\}$.

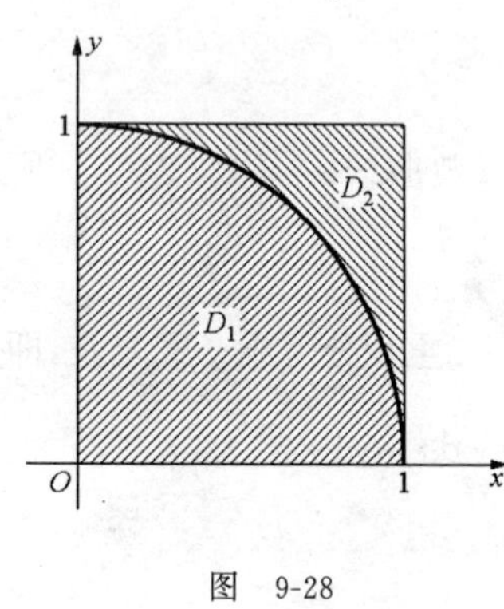

图　9-28

解　D 如图 9-28 所示，将 D 分块，$D=D_1+D_2$，其中

$$D_1=\{(x,y)|x^2+y^2\leqslant 1,0\leqslant x\leqslant 1,0\leqslant y\leqslant 1\},$$

$$D_2=\{(x,y)|x^2+y^2\geqslant 1,0\leqslant x\leqslant 1,0\leqslant y\leqslant 1\}.$$

于是

$$I=\iint\limits_{D_1}(1-x^2-y^2)d\sigma+\iint\limits_{D_2}(x^2+y^2-1)d\sigma.$$

第一个二重积分在极坐标下计算，第二个二重积分在直角坐标下计算，则

$$I=\int_0^{\frac{\pi}{2}}d\theta\int_0^1(1-\rho^2)\rho d\rho+\int_0^1 dx\int_{\sqrt{1-x^2}}^1(x^2+y^2-1)dy$$

$$=\frac{\pi}{2}\left(\frac{1}{2}-\frac{1}{4}\right)+\frac{\pi}{8}-\frac{1}{3}=\frac{\pi}{4}-\frac{1}{3}.$$

例 10　计算 $\lim\limits_{t\to 0}\dfrac{1}{\pi t^3}\iint\limits_{x^2+y^2\leqslant t^2}f(\sqrt{x^2+y^2})dxdy\,(t>0)$，其中函数 $f(u)$ 可微，且 $f(0)=0$.

分析　注意到 $\lim\limits_{t\to 0}\pi t^3=0$，若该式极限存在，必须将二重积分化为 t 的函数，且当 $t\to 0$ 时，它也趋于 0.

解　在极坐标系下，因为

$$\iint\limits_{x^2+y^2\leqslant t^2}f(\sqrt{x^2+y^2})dxdy=\int_0^{2\pi}d\theta\int_0^t f(\rho)\rho d\rho=2\pi\int_0^t f(\rho)\rho d\rho,$$

所以

$$I=\lim_{t\to 0}\frac{2\pi}{\pi t^3}\int_0^t f(\rho)\rho d\rho\xlongequal{\text{洛必达法则}}\lim_{t\to 0}\frac{2f(t)\cdot t}{3t^2}$$

$$=\frac{2}{3}\lim_{t\to 0}\frac{f(t)-f(0)}{t}=\frac{2}{3}f'(0).$$

四、用积分区域的对称性与被积函数的奇偶性简化二重积分的计算

1. 区域 D 关于 x 轴对称

记 $D_1=\{(x,y)\in D\mid y\geqslant 0\}$,则(见例 1)

$$\iint_D f(x,y)\mathrm{d}\sigma=\begin{cases}0, & f(x,-y)=-f(x,y),\\ 2\iint_{D_1} f(x,y)\mathrm{d}\sigma, & f(x,-y)=f(x,y).\end{cases}$$

2. 区域 D 关于 y 轴对称

记 $D_1=\{(x,y)\in D\mid x\geqslant 0\}$,则(见例 2)

$$\iint_D f(x,y)\mathrm{d}\sigma=\begin{cases}0, & f(-x,y)=-f(x,y),\\ 2\iint_{D_1} f(x,y)\mathrm{d}\sigma, & f(-x,y)=f(x,y).\end{cases}$$

3. 区域 D 关于 x 轴、y 轴均对称

记 $D_1=\{(x,y)\in D\mid x\geqslant 0,y\geqslant 0\}$,则(见例 3～例 7)

$$\iint_D f(x,y)\mathrm{d}\sigma=\begin{cases}0, & f(-x,y)=-f(x,y)\text{ 或 }f(x,-y)=-f(x,y),\\ 4\iint_{D_1} f(x,y)\mathrm{d}\sigma, & f(-x,y)=f(x,-y)=f(x,y).\end{cases}$$

4. 区域 D 关于原点对称

记 $D_1=\{(x,y)\in D\mid x\geqslant 0\}$,则(见例 8)

$$\iint_D f(x,y)\mathrm{d}\sigma=\begin{cases}0, & f(-x,-y)=-f(x,y),\\ 2\iint_{D_1} f(x,y)\mathrm{d}\sigma, & f(-x,-y)=f(x,y).\end{cases}$$

5. 区域 D 关于直线 $y=x$ 对称

记 $D_1=\{(x,y)\in D\mid y\geqslant x\}$,则

$$\iint_D f(x,y)\mathrm{d}\sigma=\begin{cases}\iint_D f(y,x)\mathrm{d}\sigma=\dfrac{1}{2}\iint_D [f(x,y)+f(y,x)]\mathrm{d}\sigma, & \text{(见例 9(2))}\\ 0, & f(x,y)=-f(y,x),\text{(见例 9(1))}\\ 2\iint_{D_1} f(x,y)\mathrm{d}\sigma, & f(x,y)=f(y,x).\text{(见例 10 解 1)}\end{cases}$$

为了利用区域 D 的对称性和被积函数的奇偶性,有时,可将 D 分块或将被积函数分项.

见例 2(1),例 3,例 11.

例 1 计算下列二重积分:

(1) $\iint\limits_D \frac{1+xy}{1+x^2+y^2}\mathrm{d}x\mathrm{d}y$,其中 $D=\{(x,y)\mid x^2+y^2\leqslant 1, x\geqslant 0\}$;

(2) $\iint\limits_D (y^2-x)\mathrm{d}x\mathrm{d}y$,其中 D 由曲线 $x=y^2, x=3-2y^2$ 所围成.

解 (1) D(图 2-29)关于 x 轴对称,被积函数关于 y 为奇函数,故

$$I=\iint\limits_D \frac{xy}{1+x^2+y^2}\mathrm{d}x\mathrm{d}y=0.$$

记 $D_1=\{(x,y)\in D\mid y\geqslant 0\}$,在极坐标下,$D_1=\{(\rho,\theta)\mid 0\leqslant\theta\leqslant\pi/2, 0\leqslant\rho\leqslant 1\}$. 于是

$$I=2\iint\limits_{D_1}\frac{1}{1+x^2+y^2}\mathrm{d}x\mathrm{d}y=2\int_0^{\frac{\pi}{2}}\mathrm{d}\theta\int_0^1\frac{1}{1+\rho^2}\rho\mathrm{d}\rho=\frac{\pi}{2}\ln 2.$$

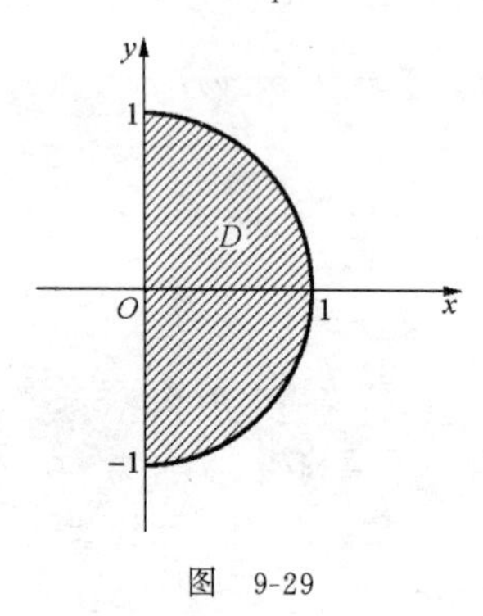

图 9-29

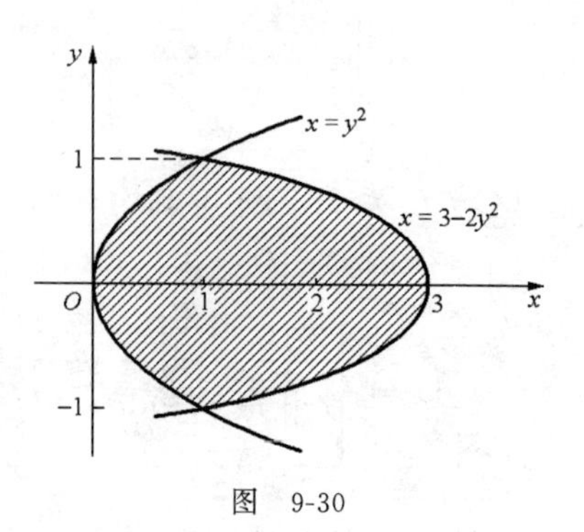

图 9-30

(2) D(图 9-30)关于 x 轴对称,被积函数是 y 的偶函数. 记 $D_1=\{(x,y)\in D\mid y\geqslant 0\}$,则

$$I_2=2\iint\limits_{D_1}(y^2-x)\mathrm{d}x\mathrm{d}y=2\int_0^1\mathrm{d}y\int_{y^2}^{3-2y^2}(y^2-x)\mathrm{d}x$$

$$=2\int_0^1\left[y^2(3-2y^2)-\frac{1}{2}(3-2y^2)^2-y^4+\frac{1}{2}y^4\right]\mathrm{d}y=-\frac{24}{5}.$$

例 2 计算下列二重积分:

(1) $\iint\limits_D (x+y)\mathrm{d}x\mathrm{d}y$,其中 D 由曲线 $y=x^2, y=4x^2, y=1$ 围成;

(2) $\iint\limits_D |y-x^2|\mathrm{d}x\mathrm{d}y$,其中 $D=\{(x,y)\mid -1\leqslant x\leqslant 1, 0\leqslant y\leqslant 1\}$.

解 (1) D(图 9-31)关于 y 轴对称,且被积函数中的第一项 x 关于 x 是奇函数;再将 D 分为 D_1 与 D_2,则

$$I=\iint\limits_D y\mathrm{d}x\mathrm{d}y=\iint\limits_{D_1}y\mathrm{d}x\mathrm{d}y+\iint\limits_{D_2}y\mathrm{d}x\mathrm{d}y=\int_0^1\mathrm{d}y\int_{\frac{1}{2}\sqrt{y}}^{\sqrt{y}}y\mathrm{d}x+\int_0^1\mathrm{d}y\int_{-\sqrt{y}}^{-\frac{1}{2}\sqrt{y}}y\mathrm{d}x=\frac{2}{5}.$$

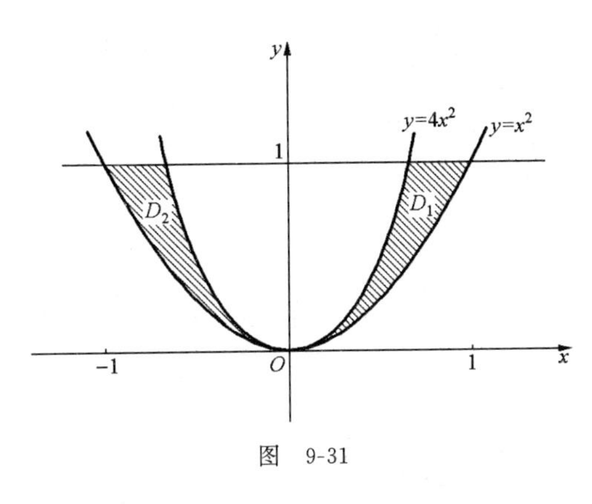

图 9-31

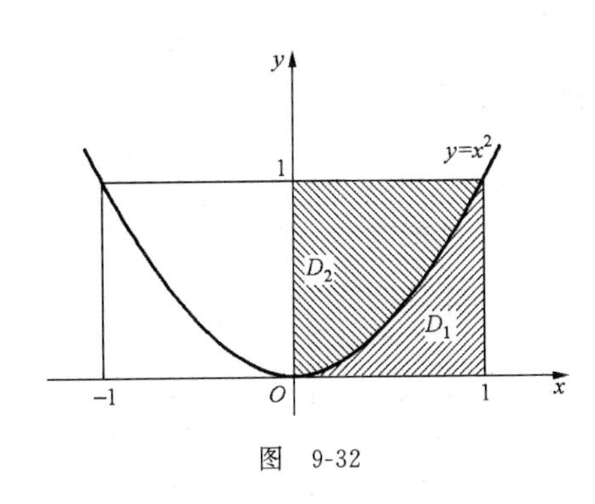

图 9-32

(2) D(图 9-32)关于 y 轴对称,被积函数关于 x 为偶函数. 记

$$D_1=\{(x,y)\in D\mid 0\leqslant x\leqslant 1,y\leqslant x^2\},\quad D_2=\{(x,y)\in D\mid 0\leqslant x\leqslant 1,y\geqslant x^2\},$$

$$I=2\left[\iint\limits_{D_1}|y-x^2|\mathrm{d}x\mathrm{d}y+\iint\limits_{D_2}|y-x^2|\mathrm{d}x\mathrm{d}y\right]$$

$$=2\left[\int_0^1\mathrm{d}x\int_0^{x^2}(x^2-y)\mathrm{d}y+\int_0^1\mathrm{d}x\int_{x^2}^1(y-x^2)\mathrm{d}y\right]=\frac{11}{15}.$$

例 3 设 $D=\left\{(x,y)\left|\frac{x^2}{a^2}+\frac{y^2}{b^2}\leqslant 1\right.\right\}$,计算 $\iint\limits_D\frac{\ln[(1+\mathrm{e}^x)^y(1+\mathrm{e}^y)^x]}{1+\frac{x^2}{a^2}+\frac{y^2}{b^2}}\mathrm{d}x\mathrm{d}y.$

解 显然椭圆区域 D 关于 x 轴,y 轴均对称. 而被积函数

$$f(x,y)=\frac{y\ln(1+\mathrm{e}^x)}{1+\frac{x^2}{a^2}+\frac{y^2}{b^2}}+\frac{x\ln(1+\mathrm{e}^y)}{1+\frac{x^2}{a^2}+\frac{y^2}{b^2}},$$

其中第一项记做 $\varphi(x,y)$,关于 y 为奇函数,第二项记做 $g(x,y)$,关于 x 为奇函数. 于是

$$I=\iint\limits_D\varphi(x,y)\mathrm{d}x\mathrm{d}y+\iint\limits_D g(x,y)\mathrm{d}x\mathrm{d}y=0+0=0.$$

例 4 设 $D_a=\{(x,y)\mid |x|\leqslant a,|y|\leqslant a\}$,$D$ 表示全坐标平面,计算 $I(a)=\iint\limits_{D_a}\mathrm{e}^{-|x|-|y|}\mathrm{d}\sigma$,

并判别 $\iint\limits_D\mathrm{e}^{-|x|-|y|}\mathrm{d}\sigma$ 的敛散性.

解 D_a 如图 9-33,其关于 x 轴、y 轴均对称,又被积函数关于 x、关于 y 均为偶函数,记 $D_1=\{(x,y)\in D_a\mid x\geqslant 0,y\geqslant 0\}$,则

$$I(a)=4\iint\limits_{D_1}\mathrm{e}^{-x-y}\mathrm{d}x\mathrm{d}y=4\left(\int_0^a\mathrm{e}^{-x}\mathrm{d}x\right)^2=4(1-\mathrm{e}^{-a})^2.$$

当 $a\to+\infty$ 时,$D_a\to D$. 于是

$$\iint_D e^{-|x|-|y|}d\sigma = \lim_{a\to+\infty} I(a) = 4.$$

即所给反常二重积分收敛.

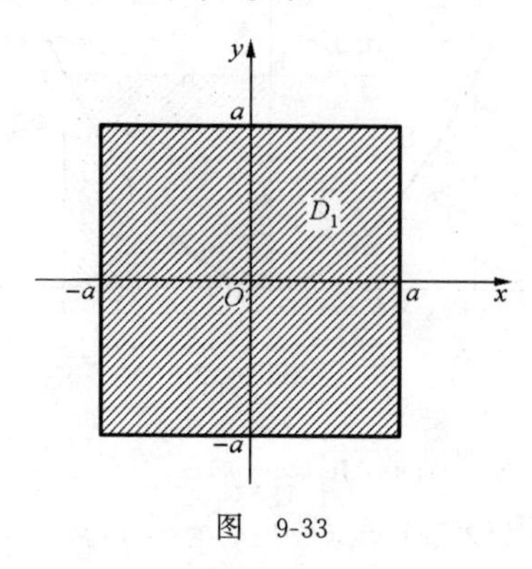

图 9-33

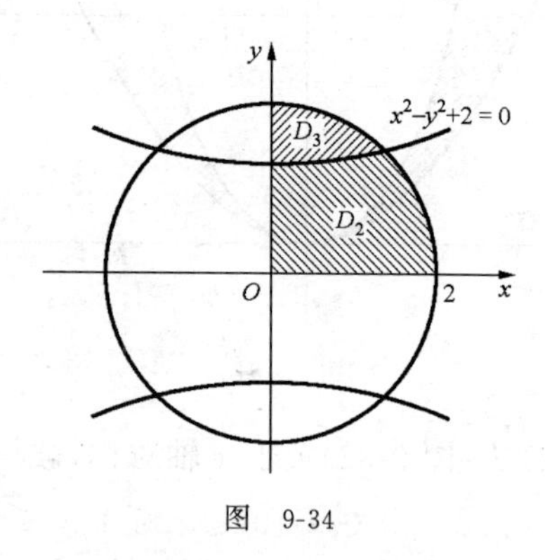

图 9-34

例 5 计算 $\iint_D \operatorname{sgn}(x^2-y^2+2)dxdy$,其中 $D=\{(x,y)\mid x^2+y^2\leqslant 4\}$.

解 D 如图 9-34 所示. $\operatorname{sgn}(x^2-y^2+2)=\begin{cases}-1, & x^2-y^2+2<0,\\ 0, & x^2-y^2+2=0,\\ 1, & x^2-y^2+2>0.\end{cases}$

由于 D 关于 x 轴、y 轴均对称,且被积函数关于 x,y 均为偶函数,若 D 的第 I 象限部分记做 D_1,并把 D_1 分为 D_2 与 D_3,则

$$\begin{aligned}I &= 4\iint_{D_1}\operatorname{sgn}(x^2-y^2+2)dxdy = 4\iint_{D_2}dxdy - 4\iint_{D_3}dxdy\\ &= 4\iint_{D_2+D_3}dxdy - 8\iint_{D_3}dxdy = 4\pi - 8\int_0^1 dx\int_{\sqrt{2+x^2}}^{\sqrt{4-x^2}}dy\\ &= 4\pi - 8\int_0^1(\sqrt{4-x^2}-\sqrt{2+x^2})dx = \frac{4}{3}\pi + 8\ln\frac{1+\sqrt{3}}{\sqrt{2}}.\end{aligned}$$

例 6 设 $F(t)=\iint_D f(|x|)dxdy$,其中 $f(x)$ 在 $[0,+\infty)$ 上连续,D 为 $|y|\leqslant|x|\leqslant t$,求 $F'(t)$.

分析 $F(t)$ 是由二重积分定义的,且是积分区域 D 所含参数 t 的函数. 为求 $F'(t)$,需将二重积分化为二次积分,且化为以参数 t 为变限的变限定积分.

解 D 如图 9-35 所示. 根据 D 的对称性和 $f(|x|)$ 为偶函数,有

$$F(t) = 4\iint_{D_1}f(x)dxdy = 4\int_0^t f(x)dx\int_0^x dy = 4\int_0^t xf(x)dx.$$

于是
$$F'(t) = 4tf(t).$$

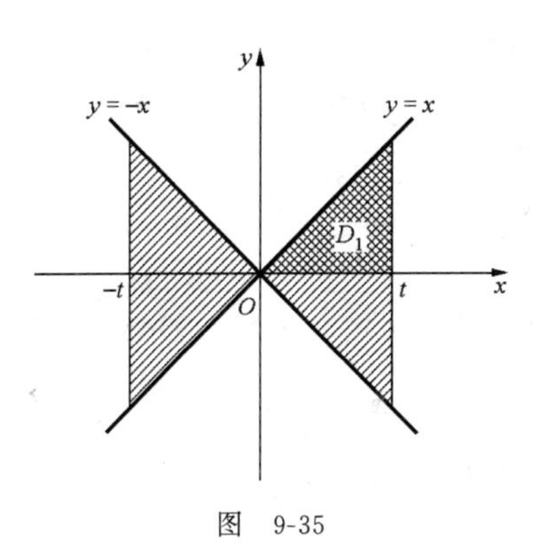

图 9-35

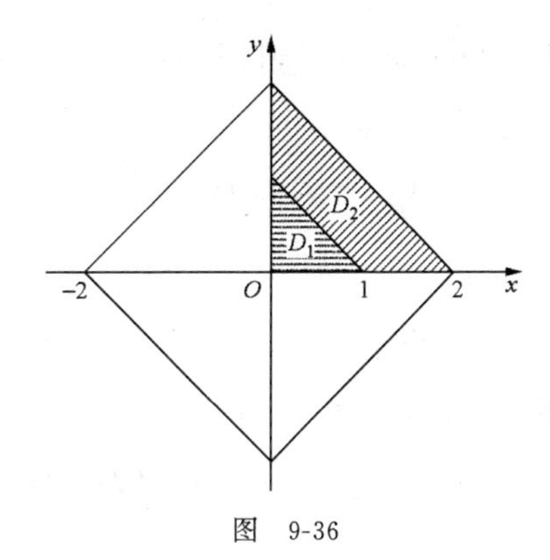

图 9-36

例 7 计算 $\iint\limits_D f(x,y)\mathrm{d}\sigma$，其中 $f(x,y)=\begin{cases} x^2, & |x|+|y|\leqslant 1, \\ \dfrac{1}{\sqrt{x^2+y^2}}, & 1<|x|+|y|\leqslant 2, \end{cases}$

$$D=\{(x,y)\,\big|\,|x|+|y|\leqslant 2\}.$$

解 D(图 9-36)关于 x 轴、y 轴均对称，且 $f(-x,y)=f(x,-y)=f(x,y)$. 记

$$D_1=\{(x,y)\,|\,x+y\leqslant 1, x\geqslant 0, y\geqslant 0\},$$

$$D_2=\{(x,y)\,|\,1\leqslant x+y\leqslant 2, x\geqslant 0, y\geqslant 0\},$$

并注意到 $x+y=1$ 和 $x+y=2$ 的极坐标方程分别为$\dfrac{1}{\cos\theta+\sin\theta}$和$\dfrac{2}{\cos\theta+\sin\theta}$，则

$$I=4\left[\iint\limits_{D_1} f(x,y)\mathrm{d}\sigma+\iint\limits_{D_2} f(x,y)\mathrm{d}\sigma\right]$$

$$=4\left[\int_0^1\mathrm{d}x\int_0^{1-x}x^2\mathrm{d}y+\int_0^{\frac{\pi}{2}}\mathrm{d}\theta\int_{\frac{1}{\cos\theta+\sin\theta}}^{\frac{2}{\cos\theta+\sin\theta}}\frac{1}{\rho}\rho\mathrm{d}\rho\right]$$

$$=\frac{1}{3}+4\sqrt{2}\ln(\sqrt{2}+1).$$

例 8 计算 $I=\iint\limits_D(|x|+|y|)\mathrm{d}x\mathrm{d}y$，其中 D 由曲线 $xy=2$, $y=x-1$, $y=x+1$ 所围成.

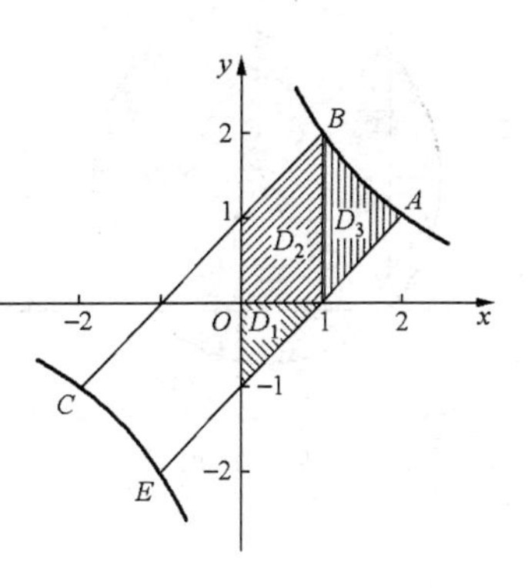

图 9-37

解 D 如图 9-37，易求得曲线交点 A 与 B 的坐标：$A(2,1)$, $B(1,2)$. 由于 D 关于原点对称，记 $D_0=\{(x,y)\in D\,|\,x\geqslant 0\}$，且被积函数 $f(x,y)=|x|+|y|$ 关于 x,y 为偶函数，故

$$I=2\iint\limits_{D_0}(|x|+|y|)\mathrm{d}x\mathrm{d}y$$

$$=2\left[\iint\limits_{D_1}(x-y)\mathrm{d}x\mathrm{d}y+\iint\limits_{D_2}(x+y)\mathrm{d}x\mathrm{d}y+\iint\limits_{D_3}(x+y)\mathrm{d}x\mathrm{d}y\right]$$

$$=2\left[\int_0^1\mathrm{d}x\int_{x-1}^0(x-y)\mathrm{d}y+\int_0^1\mathrm{d}x\int_0^{x+1}(x+y)\mathrm{d}y+\int_1^2\mathrm{d}x\int_{x-1}^{\frac{2}{x}}(x+y)\mathrm{d}y\right]=\frac{26}{3}.$$

例 9 计算下列二重积分：

(1) $\iint\limits_D\sin(x-y)\mathrm{d}x\mathrm{d}y$,其中 $D=\{(x,y)\,|\,0\leqslant x\leqslant\pi,0\leqslant y\leqslant\pi\}$；

(2) $\iint\limits_D\sin x^2\cos y^2\mathrm{d}x\mathrm{d}y$,其中 $D=\{(x,y)\,|\,x^2+y^2\leqslant a^2\}$.

解 (1) D 关于直线 $y=x$ 对称,且被积函数 $f(x,y)=-f(y,x)$,故 $I=0$.

(2) D 关于直线 $y=x$ 对称.

$$I=\frac{1}{2}\iint\limits_D(\sin x^2\cos y^2+\cos x^2\sin y^2)\mathrm{d}x\mathrm{d}y=\frac{1}{2}\iint\limits_D\sin(x^2+y^2)\mathrm{d}x\mathrm{d}y$$

$$=\frac{1}{2}\int_0^{2\pi}\mathrm{d}\theta\int_0^a\sin\rho^2\cdot\rho\mathrm{d}\rho=\frac{\pi}{2}(1-\cos a^2).$$

例 10 计算 $\iint\limits_D(x+y)\mathrm{d}x\mathrm{d}y$,其中 D 是圆域 $x^2+y^2\leqslant x+y$.

解 1 D 如图 9-38. 在极坐标下,D：$0\leqslant\rho\leqslant\cos\theta+\sin\theta,-\frac{\pi}{4}\leqslant\theta\leqslant\frac{3\pi}{4}$. 因 D 关于直线 $y=x$ 对称,且被积函数 $f(x,y)=f(y,x)$,则

$$I=2\int_{-\frac{\pi}{4}}^{\frac{\pi}{4}}\mathrm{d}\theta\int_0^{\cos\theta+\sin\theta}(\rho\cos\theta+\rho\sin\theta)\rho\mathrm{d}\rho$$

$$=2\int_{-\frac{\pi}{4}}^{\frac{\pi}{4}}(\cos\theta+\sin\theta)\mathrm{d}\theta\int_0^{\cos\theta+\sin\theta}\rho^2\mathrm{d}\rho$$

$$=\frac{2}{3}\int_{-\frac{\pi}{4}}^{\frac{\pi}{4}}(\cos\theta+\sin\theta)^4\mathrm{d}\theta$$

$$=\frac{2}{3}\int_{-\frac{\pi}{4}}^{\frac{\pi}{4}}\left[\sqrt{2}\sin\left(\theta+\frac{\pi}{4}\right)\right]^4\mathrm{d}\theta$$

$$\xlongequal{u=\theta+\frac{\pi}{4}}\frac{8}{3}\int_0^{\frac{\pi}{2}}\sin^4u\mathrm{d}u$$

$$=\frac{8}{3}\cdot\frac{3}{4}\cdot\frac{1}{2}\cdot\frac{\pi}{2}=\frac{\pi}{2}.$$

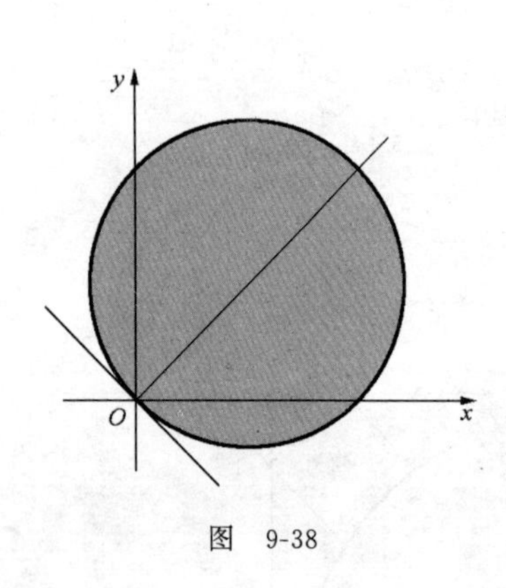

图 9-38

解 2 作(平移)变换 $x=u+\frac{1}{2}, y=v+\frac{1}{2}$,则 $\mathrm{d}x\mathrm{d}y=\mathrm{d}u\mathrm{d}v$,圆域 $x^2+y^2\leqslant x+y$ 将化为 $u^2+v^2\leqslant\frac{1}{2}$. 于是

$$I=\iint\limits_{u^2+v^2\leqslant\frac{1}{2}}(1+u+v)\mathrm{d}u\mathrm{d}v=\iint\limits_{u^2+v^2\leqslant\frac{1}{2}}\mathrm{d}u\mathrm{d}v+\iint\limits_{u^2+v^2\leqslant\frac{1}{2}}(u+v)\mathrm{d}u\mathrm{d}v$$

$$=\frac{\pi}{2}+0=\frac{\pi}{2},$$

其中第二个二重积分为零是因为圆域关于原点对称,且对被积函数 $f(u,v)$,有 $f(-u,-v)=-f(u,v)$.

解 3 用平面图形 D 的形心坐标公式. 注意到圆域 D: $\left(x-\frac{1}{2}\right)^2+\left(y-\frac{1}{2}\right)^2\leqslant\frac{1}{2}$,平面图形 D 的形心坐标和 D 的面积分别为

$$\bar{x}=\frac{1}{2},\quad \bar{y}=\frac{1}{2},\quad A=\frac{\pi}{2}.$$

于是
$$I=(\bar{x}+\bar{y})A=\frac{\pi}{2}.$$

注 由平面图形 D 的形心坐标公式

$$\bar{x}=\frac{1}{A}\iint\limits_{D}x\mathrm{d}\sigma,\quad \bar{y}=\frac{1}{A}\iint\limits_{D}y\mathrm{d}\sigma,\quad 其中\quad A=\iint\limits_{D}\mathrm{d}\sigma,$$

得
$$\iint\limits_{D}x\mathrm{d}\sigma=\bar{x}A,\quad \iint\limits_{D}y\mathrm{d}\sigma=\bar{y}A.$$

例 11 计算 $\iint\limits_{D}x[1+yf(x^2+y^2)]\mathrm{d}x\mathrm{d}y$,其中 D 是由曲线 $y=x^3$,直线 $y=1, x=-1$ 围成的平面区域,f 是连续函数.

解 用曲线 $y=-x^3$ 将 D 分成 D_1 与 D_2,则 D_1 关于 y 轴对称,D_2 关于 x 轴对称(图 9-39). 而被积函数 $f(x,y)=x+xyf(x^2+y^2)$ 中,x 关于 x 为奇函数,$xyf(x^2+y^2)$ 关于 x、关

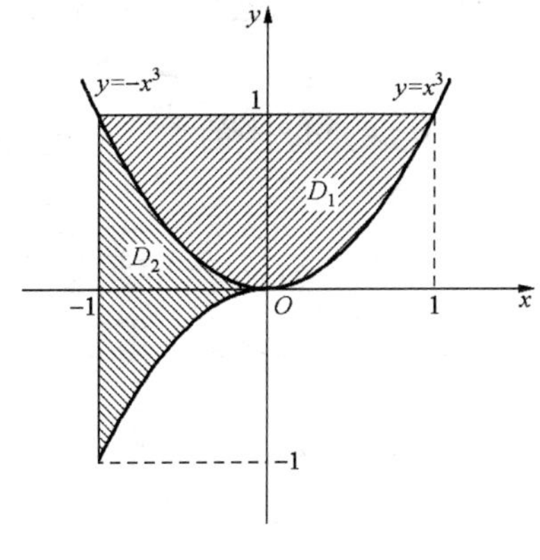

图 9-39

于 y 均为奇函数. 于是

$$I=\iint_{D_2} x\mathrm{d}x\mathrm{d}y=\int_{-1}^{0} x\mathrm{d}x\int_{x^3}^{-x^3}\mathrm{d}y=-\frac{2}{5}.$$

五、证明二重积分或可化为二重积分的等式与不等式

证明等式或不等式时,可从以下**几方面思考**:

(1) 若出现二次积分,可考虑交换积分次序或化为二重积分. 见例 1、例 3、例 5.

(2) 利用二重积分的积分区域 D 关于直线 $y=x$ 对称的性质. 见例 2、例 5～例 7.

(3) 因两个定积分的乘积可转化为二重积分,所以有的定积分的证明题可转化为二重积分来证明(见例 2、例 6). 为了将定积分转化为二重积分,有时,需将式中的常数表示为定积分,如 $b-a=\int_a^b \mathrm{d}x$ (见例 7).

(4) 定积分与积分变量所用字母无关: $\int_a^b f(x)\mathrm{d}x=\int_a^b f(y)\mathrm{d}y$(见例 6).

(5) 证明不等式时,还应考虑二重积分的比较性质、估值定理(见例 8).

例 1 证明 $\int_0^a \mathrm{d}x\int_0^x \frac{f'(y)}{\sqrt{(a-x)(x-y)}}\mathrm{d}y=\pi[f(a)-f(0)](a>0)$,其中 $f'(x)$在$[0,a]$上连续.

分析 先对 y 积分不易计算,先交换积分次序.

证 左端 $=\int_0^a f'(y)\mathrm{d}y\int_y^a \frac{1}{\sqrt{(a-x)(x-y)}}\mathrm{d}x=2\int_0^a f'(y)\arcsin\sqrt{\frac{x-y}{a-y}}\Bigg|_y^a\mathrm{d}y$①

$$=\pi\int_0^a f'(y)\mathrm{d}y=\pi[f(a)-f(0)]=\text{右端}.$$

例 2 证明 $2\left[\int_0^a f(x)\mathrm{d}x\int_x^a f(y)\mathrm{d}y\right]=\left[\int_0^a f(x)\mathrm{d}x\right]^2$, 其中 $f(x)$在$[0,a]$上连续.

分析 1 将等式右端定积分的乘积化为二重积分,用矩形积分区域关于直线 $y=x$ 的对称性.

分析 2 将二次积分 $\int_0^a f(x)\mathrm{d}x\int_x^a f(y)\mathrm{d}y$ 中的 $\int_x^{a'} f(y)\mathrm{d}y$ 表为积分限的函数,则其可化为定积分.

证 1 设 $D=\{(x,y)\mid 0\leqslant x\leqslant a,0\leqslant y\leqslant a\}$,$D$ 关于直线 $y=x$ 对称,则

$$\text{右端}=\int_0^a f(x)\mathrm{d}x\cdot\int_0^a f(y)\mathrm{d}y=\iint_D f(x)f(y)\mathrm{d}x\mathrm{d}y.$$

记 $D_1=\{(x,y)\mid 0\leqslant x\leqslant a,x\leqslant y\leqslant a\}$,记 $g(x,y)$为上式二重积分的被积函数,因 $g(x,y)=$

---

① 见本书上册第四章二例 5(4).

$g(y,x)$，故

$$右端 = \iint\limits_{D} f(x)f(y)\mathrm{d}x\mathrm{d}y = 2\iint\limits_{D_1} f(x)f(y)\mathrm{d}x\mathrm{d}y = 2\int_0^a f(x)\mathrm{d}x\int_x^a f(y)\mathrm{d}y.$$

证 2　设 $F(x) = \int_x^a f(y)\mathrm{d}y$，则 $F'(x) = -f(x)$，且 $F(a)=0$. 于是

$$左端 = 2\int_0^a f(x)F(x)\mathrm{d}x = -2\int_0^a F(x)F'(x)\mathrm{d}x = -2\int_0^a F(x)\mathrm{d}F(x)$$

$$= -F^2(x)\Big|_0^a = F^2(0) = \left[\int_0^a f(x)\mathrm{d}x\right]^2.$$

例 3　证明 $\int_0^\pi \mathrm{d}y\int_0^y f(\sin x)\mathrm{d}x = \int_0^\pi xf(\sin x)\mathrm{d}x$，其中 $f(u)$ 在 $[0,1]$ 上连续.

分析　从等式两端的被积函数看，若从左端向右端推证，应先交换积分次序.

证　$左端 = \int_0^\pi \mathrm{d}x\int_x^\pi f(\sin x)\mathrm{d}y = \int_0^\pi yf(\sin x)\Big|_x^\pi \mathrm{d}x = \int_0^\pi (\pi - x)f(\sin x)\mathrm{d}x$

$$\xlongequal{x=\pi-t} \int_0^\pi tf(\sin(\pi - t))\mathrm{d}t = \int_0^\pi tf(\sin t)\mathrm{d}t.$$

例 4　证明 $\iint\limits_{D} f(x-y)\mathrm{d}x\mathrm{d}y = \int_{-a}^a f(t)(a-|t|)\mathrm{d}t$，其中

$$D = \left\{(x,y)\,\middle|\,|x| \leqslant \frac{a}{2}, |y| \leqslant \frac{a}{2}\right\},$$

函数 $f(t)$ 连续.

分析　从等式左端向右端推证，应作变量替换 $x-y=t$，且注意到

$$右端 = \int_{-a}^0 f(t)(a+t)\mathrm{d}t + \int_0^a f(t)(a-t)\mathrm{d}t.$$

证　$$左端 = \int_{-\frac{a}{2}}^{\frac{a}{2}}\mathrm{d}x\int_{-\frac{a}{2}}^{\frac{a}{2}} f(x-y)\mathrm{d}y \xlongequal[\text{内层积分}]{\text{令 } t = x - y} \int_{-\frac{a}{2}}^{\frac{a}{2}}\mathrm{d}x\int_{x-\frac{a}{2}}^{x+\frac{a}{2}} f(t)\mathrm{d}t.$$

上述积分区域 D_1 如图 9-40 所示. 交换二次积分的积分次序，有

$$左端 = \int_{-a}^0 f(t)\mathrm{d}t\int_{-\frac{a}{2}}^{t+\frac{a}{2}}\mathrm{d}x + \int_0^a f(t)\mathrm{d}t\int_{t-\frac{a}{2}}^{\frac{a}{2}}\mathrm{d}t$$

$$= \int_{-a}^0 f(t)(a+t)\mathrm{d}t + \int_0^a f(t)(a-t)\mathrm{d}t$$

$$= \int_{-a}^a f(t)(a-|t|)\mathrm{d}t.$$

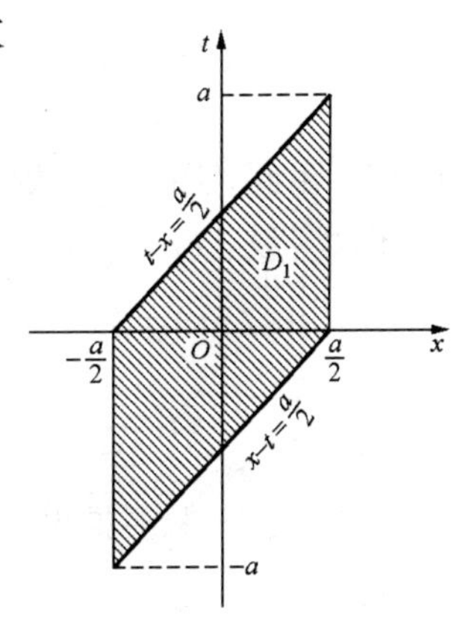

图　9-40

例 5　设 $f(x)$ 是 $[0,1]$ 上的连续函数，证明

$$\int_0^1 \mathrm{e}^{f(x)}\mathrm{d}x\int_0^1 \mathrm{e}^{-f(y)}\mathrm{d}y \geqslant 1.$$

证 设 $D=\{(x,y)\,|\,0\leqslant x\leqslant 1,0\leqslant y\leqslant 1\}$，注意到 D 关于直线 $y=x$ 对称，且 $\mathrm{e}^{f(x)-f(y)}\geqslant 1+f(x)-f(y)$，则

$$左端=\iint\limits_{D}\mathrm{e}^{f(x)-f(y)}\mathrm{d}x\mathrm{d}y=\frac{1}{2}\iint\limits_{D}[\mathrm{e}^{f(x)-f(y)}+\mathrm{e}^{f(y)-f(x)}]\mathrm{d}x\mathrm{d}y\geqslant\frac{1}{2}\iint\limits_{D}2\mathrm{d}x\mathrm{d}y=1.$$

例 6 设 $f(x)$ 是 $[0,1]$ 上的连续正值函数，且单调减少，证明

$$\frac{\int_0^1 xf^2(x)\mathrm{d}x}{\int_0^1 xf(x)\mathrm{d}x}\leqslant\frac{\int_0^1 f^2(x)\mathrm{d}x}{\int_0^1 f(x)\mathrm{d}x}.$$

分析 注意到欲证的不等式可写成两个定积分乘积的不等式，从而考虑通过二重积分来证明. 因不等式中的分母大于零，欲证不等式可写成

$$I=\int_0^1 xf^2(x)\mathrm{d}x\cdot\int_0^1 f(x)\mathrm{d}x-\int_0^1 xf(x)\mathrm{d}x\cdot\int_0^1 f^2(x)\mathrm{d}x\leqslant 0.$$

证 记 $D=\{(x,y)\,|\,0\leqslant x\leqslant 1,0\leqslant y\leqslant 1\}$，$D$ 关于直线 $y=x$ 对称. 由于定积分与积分变量所用字母无关，故

$$\begin{aligned}
I&=\int_0^1 xf^2(x)\mathrm{d}x\int_0^1 f(y)\mathrm{d}y-\int_0^1 xf(x)\mathrm{d}x\int_0^1 f^2(y)\mathrm{d}y\\
&=\int_0^1\int_0^1 xf^2(x)f(y)\mathrm{d}x\mathrm{d}y-\int_0^1\int_0^1 xf(x)f^2(y)\mathrm{d}x\mathrm{d}y\\
&=\iint\limits_{D}xf(x)f(y)[f(x)-f(y)]\mathrm{d}x\mathrm{d}y\\
&=\frac{1}{2}\iint\limits_{D}\{xf(x)f(y)[f(x)-f(y)]+yf(y)f(x)[f(y)-f(x)]\}\mathrm{d}x\mathrm{d}y\\
&=\frac{1}{2}\iint\limits_{D}(x-y)f(x)f(y)[f(x)-f(y)]\mathrm{d}x\mathrm{d}y.
\end{aligned}$$

由于 $f(x)$ 在 $[0,1]$ 上单调减且取正值，所以

$$(x-y)[f(x)-f(y)]\leqslant 0,\quad f(x)>0,\ f(y)>0,$$

故 $I\leqslant 0$. 由此，所证不等式成立.

例 7 设 $f(x),g(x)$ 在 $[a,b]$ 上连续且是单调减函数，试证

(1) $\iint\limits_{D}[f(x)-f(y)][g(x)-g(y)]\mathrm{d}x\mathrm{d}y\geqslant 0$，其中 $D=\{(x,y)\,|\,a\leqslant x\leqslant b,a\leqslant y\leqslant b\}$；

(2) $(b-a)\int_a^b f(x)g(x)\mathrm{d}x\geqslant\int_a^b f(x)\mathrm{d}x\cdot\int_a^b g(x)\mathrm{d}x.$

分析 (1) 只要推出被积函数 $\varphi(x,y)\geqslant 0$ 即可；

(2) 注意到 $b-a=\int_a^b \mathrm{d}x$，等式两端都可化为矩形区域上的二重积分.

证 (1) 由于 $f(x),g(x)$ 在 $[a,b]$ 上单调减，所以不论 $x>y$ 还是 $x<y$，$f(x)-f(y)$ 与

$g(x)-g(y)$总是同号,因而对一切$(x,y)\in D$,总有

$$[f(x)-f(y)][g(x)-g(y)]\geqslant 0,$$

由二重积分的性质得

$$\iint_D [f(x)-f(y)][g(x)-g(y)]\mathrm{d}x\mathrm{d}y\geqslant 0.$$

(2) 令$A=(b-a)\int_a^b f(x)g(x)\mathrm{d}x-\int_a^b f(x)\mathrm{d}x\cdot\int_a^b g(x)\mathrm{d}x$,即证$A\geqslant 0$.

设$D=\{(x,y)\mid a\leqslant x\leqslant b, a\leqslant y\leqslant b\}$,$D$关于直线$y=x$对称.因为

$$\begin{aligned}A&=\int_a^b f(x)g(x)\mathrm{d}x\cdot\int_a^b \mathrm{d}y-\int_a^b f(x)\mathrm{d}x\int_a^b g(y)\mathrm{d}y\\&=\iint_D [f(x)g(x)-f(x)g(y)]\mathrm{d}x\mathrm{d}y=\iint_D [f(y)g(y)-f(y)g(x)]\mathrm{d}x\mathrm{d}y,\end{aligned}$$

即

$$\begin{aligned}2A&=\iint_D [f(x)g(x)-f(x)g(y)+f(y)g(y)-f(y)g(x)]\mathrm{d}x\mathrm{d}y\\&=\iint_D [f(x)-f(y)][g(x)-g(y)]\mathrm{d}x\mathrm{d}y,\end{aligned}$$

由(1)知$2A\geqslant 0$.得证.

特别地,当$f(x)=g(x)$时,有

$$(b-a)\int_a^b [f(x)]^2\mathrm{d}x\geqslant\left[\int_a^b f(x)\mathrm{d}x\right]^2.$$

例 8 设函数$f(x,y)$在$D=\{(x,y)\mid 0\leqslant x\leqslant 1, 0\leqslant y\leqslant 1\}$中有连续的混合偏导数,且$\left|\frac{\partial^2 f}{\partial x\partial y}\right|\leqslant 4$;同时$f(x,y)$及$\frac{\partial f}{\partial x}$在$D$的边界上均为零.证明$\left|\iint_D f(x,y)\mathrm{d}\sigma\right|\leqslant 1$.

分析 依题设条件及欲证结果,要从混合偏导数的有界性及$f(x,y)$,$\frac{\partial f}{\partial x}$在$D$的边界上取值为零来估计二重积分的有界性.为此,必须将积分用偏导数表示,这可用分部积分法来实现.

证

$$\begin{aligned}\iint_D f(x,y)\mathrm{d}\sigma&=\int_0^1\mathrm{d}y\int_0^1 f(x,y)\mathrm{d}x\\&\xlongequal{\text{分部积分法}}\int_0^1\left[xf(x,y)\Big|_{x=0}^{x=1}-\int_0^1 x\frac{\partial f}{\partial x}\mathrm{d}x\right]\mathrm{d}y\\&=-\int_0^1\mathrm{d}y\int_0^1 x\frac{\partial f}{\partial x}\mathrm{d}x=-\int_0^1 x\mathrm{d}x\int_0^1\frac{\partial f}{\partial x}\mathrm{d}y\\&\xlongequal{\text{分部积分法}}-\int_0^1 x\left[y\frac{\partial f}{\partial x}\Big|_{y=0}^{y=1}-\int_0^1 y\frac{\partial^2 f}{\partial y\partial x}\mathrm{d}y\right]\mathrm{d}x\\&=\int_0^1 x\mathrm{d}x\int_0^1 y\frac{\partial^2 f}{\partial y\partial x}\mathrm{d}y=\int_0^1\int_0^1 xy\frac{\partial^2 f}{\partial y\partial x}\mathrm{d}x\mathrm{d}y.\end{aligned}$$

由 $\left|\dfrac{\partial^2 f}{\partial y \partial x}\right| \leqslant 4$ 得

$$\left|\int_0^1\int_0^1 xy\,\frac{\partial^2 f}{\partial y\partial x}\mathrm{d}x\mathrm{d}y\right| \leqslant \int_0^1\int_0^1\left|xy\,\frac{\partial^2 f}{\partial y\partial x}\right|\mathrm{d}x\mathrm{d}y \leqslant 4\int_0^1\int_0^1 xy\mathrm{d}x\mathrm{d}y$$

$$= 4\int_0^1 x\mathrm{d}x\cdot\int_0^1 y\mathrm{d}y = 4\cdot\frac{1}{4} = 1.$$

即

$$\left|\iint_D f(x,y)\mathrm{d}\sigma\right| \leqslant 1.$$

六、三重积分的计算

计算三重积分的基本方法是将三重积分化成三次积分，现给出在不同的坐标系下计算三重积分的具体方法.

1. 在直角坐标系下计算三重积分

在直角坐标系下，体积元素 $\mathrm{d}v=\mathrm{d}x\mathrm{d}y\mathrm{d}z$.

(1)“先一后二”法(又称投影法)计算三重积分：即将三重积分化成一个定积分和一个二重积分的计算.

解题方法　如果化成先对 z 的定积分、再对 x 与 y 的二重积分，则将空间区域 Ω 向 Oxy 面作投影. 设 Ω 在 Oxy 面上投影区域为 D，过点 $P(x,y)\in D$，作平行于 z 轴的直线穿空间区域 Ω，且直线的方向与 z 轴的正向相同. 直线由 Ω 的边界曲面的下曲面 $z=z_1(x,y)$ 穿入，上曲面 $z=z_2(x,y)$ 穿出. 空间区域 Ω 可表示成 Ω：$z_1(x,y)\leqslant z\leqslant z_2(x,y)$，$(x,y)\in D$，则

$$\iiint_\Omega f(x,y,z)\mathrm{d}v = \iiint_\Omega f(x,y,z)\mathrm{d}x\mathrm{d}y\mathrm{d}z = \iint_D \mathrm{d}x\mathrm{d}y\int_{z_1(x,y)}^{z_2(x,y)} f(x,y,z)\mathrm{d}z.$$

若进一步将投影区域 D 表示成 D：$\varphi_1(x)\leqslant y\leqslant \varphi_2(x)$，$a\leqslant x\leqslant b$，则空间区域 Ω 可表示成 Ω：$z_1(x,y)\leqslant z\leqslant z_2(x,y)$，$\varphi_1(x)\leqslant y\leqslant\varphi_2(x)$，$a\leqslant x\leqslant b$，便可将三重积分化成三次积分

$$\iiint_\Omega f(x,y,z)\mathrm{d}x\mathrm{d}y\mathrm{d}z = \int_a^b \mathrm{d}x\int_{\varphi_1(x)}^{\varphi_2(x)}\mathrm{d}y\int_{z_1(x,y)}^{z_2(x,y)} f(x,y,z)\mathrm{d}z \quad \text{（见例 1）}.$$

注　① 若将空间区域 Ω 向另外两个坐标面作投影，则可将三重积分化为其他次序的三次积分；

② 积分次序的选择是由被积函数与积分区域所决定的，在保证被积函数可“积”的前提下，尽量使计算简单；

③ 一般地，被积函数中不含有哪个变量就先对哪个变量作积分，这样计算较为简单；例如，在计算 $\iiint\limits_\Omega f(x,y)\mathrm{d}x\mathrm{d}y\mathrm{d}z$ 时，被积函数中不含变量 z，如果先对 z 的积分，则

$$\iiint_{\Omega} f(x,y)\mathrm{d}x\mathrm{d}y\mathrm{d}z = \int_a^b \mathrm{d}x \int_{\varphi_1(x)}^{\varphi_2(x)} f(x,y)\mathrm{d}y \int_{z_1(x,y)}^{z_2(x,y)} \mathrm{d}z$$

$$= \int_a^b \mathrm{d}x \int_{\varphi_1(x)}^{\varphi_2(x)} f(x,y)[z_2(x,y) - z_1(x,y)]\mathrm{d}y;$$

④ 若题目给的是计算三次积分，通常直接计算是算不出来的.这时，需要先求出积分区域，然后选择适当的积分次序或坐标系进行计算(见例 2).

(2) "先二后一"法(又称截面法)计算三重积分：即将三重积分化成一个二重积分和一个定积分的计算.

解题方法 设空间区域 Ω 介于平面 $z=c_1$ 与 $z=c_2$ 之间，过 $z\in[c_1,c_2]$ 作垂直于 z 轴的平面截空间区域 Ω，截得平面区域记为 D_z，则空间区域 Ω 可表示为 Ω：$(x,y)\in D_z, c_1\leqslant z\leqslant c_2$，于是

$$\iiint_{\Omega} f(x,y,z)\mathrm{d}x\mathrm{d}y\mathrm{d}z = \int_{c_1}^{c_2} \mathrm{d}z \iint_{D_z} f(x,y,z)\mathrm{d}x\mathrm{d}y \quad (\text{见例 } 3(2)).$$

注 当被积函数仅为 z 的函数时，常用"先二后一"法计算三重积分.这时，

$$\iiint_{\Omega} f(z)\mathrm{d}x\mathrm{d}y\mathrm{d}z = \int_{c_1}^{c_2} f(z)\mathrm{d}z \iint_{D_z} \mathrm{d}x\mathrm{d}y = \int_{c_1}^{c_2} f(z)\cdot\sigma_z \mathrm{d}z \quad (\text{见例 } 4(1)),$$

其中 σ_z 是平面区域 D_z 的面积，可利用二重积分的几何意义和常用面积公式算出.

2. 在柱面坐标系下计算三重积分

在柱面坐标系下，体积元素 $\mathrm{d}v=\rho\mathrm{d}\rho\mathrm{d}\theta\mathrm{d}z$.

解题方法 将空间区域 Ω 向 Oxy 面作投影，设 Ω 在 Oxy 面上投影可表示为 D，这时要将 D 表示成 $D_{\rho\theta}$，过点 $P(\rho,\theta)\in D$，作平行于 z 轴的直线穿空间区域 Ω，且直线的方向与 z 轴的正向相同.直线由 Ω 的边界曲面的下曲面 $z=z_1(\rho,\theta)$ 穿入，上曲面 $z=z_2(\rho,\theta)$ 穿出，空间区域 Ω 可表示成 Ω：$z_1(\rho,\theta)\leqslant z\leqslant z_2(\rho,\theta)$，$(\rho,\theta)\in D_{\rho\theta}$，再将 $x=\rho\cos\theta, y=\rho\sin\theta, z=z$ 代入被积函数 $f(x,y,z)$ 中，可先将三重积分在柱面坐标系下化成"先一后二".

$$\iiint_{\Omega} f(x,y,z)\mathrm{d}v = \iiint_{\Omega} f(\rho\cos\theta,\rho\sin\theta,z)\rho\mathrm{d}\rho\mathrm{d}\theta\mathrm{d}z$$

$$= \iint_{D} \mathrm{d}\rho\mathrm{d}\theta \int_{z_1(\rho,\theta)}^{z_2(\rho,\theta)} f(\rho\cos\theta,\rho\sin\theta,z)\rho\mathrm{d}z.$$

若再将投影区域 $D_{\rho\theta}$ 表示成 $D_{\rho\theta}$：$\rho_1(\theta)\leqslant\rho\leqslant\rho_2(\theta)$，$\alpha\leqslant\theta\leqslant\beta$，则空间区域 Ω 可表示为 Ω：$z_1(\rho,\theta)\leqslant z\leqslant z_2(\rho,\theta)$，$\rho_1(\theta)\leqslant\rho\leqslant\rho_2(\theta)$，$\alpha\leqslant\theta\leqslant\beta$，便可将三重积分化成三次积分

$$\iiint_{\Omega} f(\rho\cos\theta,\rho\sin\theta,z)\rho\mathrm{d}\rho\mathrm{d}\theta\mathrm{d}z = \int_{\alpha}^{\beta} \mathrm{d}\theta \int_{\rho_1(\theta)}^{\rho_2(\theta)} \mathrm{d}\rho \int_{z_1(\rho,\theta)}^{z_2(\rho,\theta)} f(\rho\cos\theta,\rho\sin\theta,z)\rho\mathrm{d}z \quad (\text{见例 } 1).$$

注 (1) 在柱面坐标系下，经常将三重积分化为先对 z、再对 ρ、后对 θ 的三次积分；

(2) 当积分区域由柱面、旋转抛物面、锥面、球面或平面所围成，可选用柱面坐标，特别

地，当积分区域的边界曲面有旋转抛物面时，常用柱面坐标计算较为简单；

(3) 在柱面坐标系下，$x^2+y^2=\rho^2$，因此当被积函数形如 $f(x^2+y^2,z)$ 时，可选用柱面坐标.

3. 在球面坐标系下计算三重积分

在球面坐标系下，体积元素 $\mathrm{d}v=r^2\sin\varphi\mathrm{d}r\mathrm{d}\varphi\mathrm{d}\theta$.

解题方法　从原点 O 作射线穿空间区域 Ω，射线由曲面 $r=r_1(\varphi,\theta)$ 穿入，从 $r=r_2(\varphi,\theta)$ 穿出. 设空间区域 Ω 在 Oxy 面上的投影区域为 D，在 Oxy 面内用射线 $\theta=\alpha$ 与 $\theta=\beta$ 将平面区域 D 夹在其中；过 $\theta\in[\alpha,\beta]$ 作半平面 $\theta=\theta$ 截空间区域 Ω 得截面 D_θ，在平面区域 D_θ 内用射线 $\varphi=\varphi_1(\theta)$ 与 $\varphi=\varphi_2(\theta)$ 将 D_θ 夹在其中，则空间区域 Ω 可表示为：$r_1(\varphi,\theta)\leqslant r\leqslant r_2(\varphi,\theta)$，$\varphi_1(\theta)\leqslant\varphi\leqslant\varphi_2(\theta)$，$\alpha\leqslant\theta\leqslant\beta$. 再将 $x=r\sin\varphi\cos\theta$，$y=r\sin\varphi\sin\theta$，$z=r\cos\varphi$ 代入被积函数 $f(x,y,z)$ 中，即可在球面坐标系下将三重积分化成三次积分

$$\iiint\limits_{\Omega}f(x,y,z)\mathrm{d}v$$

$$=\int_{\alpha}^{\beta}\mathrm{d}\theta\int_{\varphi_1(\theta)}^{\varphi_2(\theta)}\mathrm{d}\varphi\int_{z_1(r,\theta)}^{z_2(r,\theta)}f(r\sin\varphi\cos\theta,r\sin\varphi\sin\theta,r\cos\varphi)r^2\sin\varphi\mathrm{d}r\quad\text{（见例 1）}.$$

注　(1) 在球面坐标系下，经常将三重积分化为先对 r、再对 φ、后对 θ 的三次积分；

(2) 当积分区域由球面、锥面或平面所围成，选用球面坐标；

(3) 在球面坐标系下，$x^2+y^2+z^2=r^2$，因此当被积函数形如 $f(x^2+y^2+z^2)$ 时，常选用球面坐标.

4. 利用变量代换(换元)法计算三重积分

设函数 $f(x,y,z)$ 在空间区域 Ω 上连续，变换 $\begin{cases}x=x(u,v,w),\\y=y(u,v,w),\\z=z(u,v,w)\end{cases}$ 将直角坐标系 $Ouvw$ 上的有界闭区域 Ω' 一一对应地映成直角坐标系 $Oxyz$ 上的有界闭区域 Ω，且满足：

(1) 函数 $x(u,v,w)$，$y(u,v,w)$，$z(u,v,w)$ 在 Ω' 上具有连续偏导数；

(2) 雅可比(Jacobi)行列式

$$J=\frac{\partial(x,y,z)}{\partial(u,v,w)}=\begin{vmatrix}\frac{\partial x}{\partial u}&\frac{\partial x}{\partial v}&\frac{\partial x}{\partial w}\\\frac{\partial y}{\partial u}&\frac{\partial y}{\partial v}&\frac{\partial y}{\partial w}\\\frac{\partial z}{\partial u}&\frac{\partial z}{\partial v}&\frac{\partial z}{\partial w}\end{vmatrix}\neq 0,\quad (u,v,w)\in\Omega',$$

则

$$\iiint\limits_{\Omega}f(x,y,z)\mathrm{d}x\mathrm{d}y\mathrm{d}z=\iiint\limits_{\Omega'}f[x(u,v,w),y(u,v,w),z(u,v,w)]\cdot|J|\mathrm{d}u\mathrm{d}v\mathrm{d}w.$$

注　当积分区域 Ω 由椭球面所围成时，常用一般的变量代换法(见例 5).

5. 利用被积函数的奇偶性以及积分区域的对称性计算三重积分

利用积分区域的对称性，以及被积函数关于积分区域的对称性与奇偶性可以简化三重积分的计算.

如果积分区域 Ω 关于 Oxy 面对称，用 Ω_1 表示 Ω 在 Oxy 面的上半区域. 则

(1) 当 $f(x,y,z)$ 是 z 的奇函数时(即 $f(x,y,-z)=-f(x,y,z)$)，$\iiint\limits_{\Omega} f(x,y,z)\mathrm{d}v=0$；

(2) 当 $f(x,y,z)$ 是 z 的偶函数时(即 $f(x,y,-z)=f(x,y,z)$)，

$$\iiint\limits_{\Omega} f(x,y,z)\mathrm{d}v = 2\iiint\limits_{\Omega_1} f(x,y,z)\mathrm{d}v \quad (见例 7).$$

类似地，如果积分区域关于 Oxz 面对称，需考虑被积函数关于变量 y 的奇偶性；如果积分区域关于 Oyz 面对称，需考虑被积函数关于变量 x 的奇偶性.

例 1 将三重积分 $I=\iint\limits_{D} f(x,y,z)\mathrm{d}v$ 分别化为直角坐标、柱面坐标与球面坐标系下的三次积分，其中积分区域 Ω 分别是：

(1) 由曲面 $z=\frac{h}{R}\sqrt{x^2+y^2}$ 与平面 $z=h(R>0,h>0)$ 所围成的闭区域(图 9-41)；

(2) 由曲面 $z=\sqrt{R^2-x^2-y^2}$ 与曲面 $z=\sqrt{x^2+y^2}-R(R>0)$ 所围成的闭区域(图 9-42).

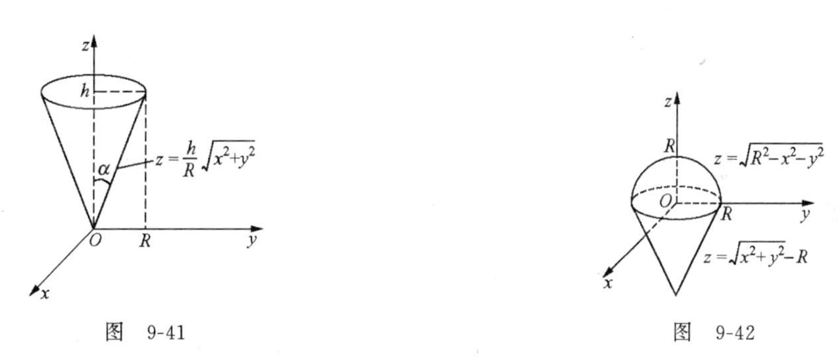

图 9-41　　　　图 9-42

解 (1) 积分区域 Ω 在 Oxy 面上的投影区域为 D：$x^2+y^2\leqslant R^2$.

1° 在直角坐标系下

$$I=\int_{-R}^{R}\mathrm{d}x\int_{-\sqrt{R^2-x^2}}^{\sqrt{R^2-x^2}}\mathrm{d}y\int_{\frac{R}{h}\sqrt{x^2+y^2}}^{y} f(x,y,z)\mathrm{d}z.$$

2° 在柱面坐标系下，投影区域应表成 D：$0\leqslant\rho\leqslant R, 0\leqslant\theta\leqslant 2\pi$，锥面的方程是 $z=\frac{h}{R}\rho$，

$$I=\int_0^{2\pi}\mathrm{d}\theta\int_0^R\mathrm{d}\rho\int_{\frac{h}{R}\rho}^{h} f(\rho\cos\theta,\rho\sin\theta,z)\rho\mathrm{d}z.$$

3° 在球面坐标系下，平面的方程是 $r=h\sec\varphi$，锥面的方程是 $\alpha=\arctan\dfrac{R}{h}$，

$$I=\int_0^{2\pi}\mathrm{d}\theta\int_0^{\arctan\frac{R}{h}}\mathrm{d}\varphi\int_0^{h\sec\varphi}f(r\sin\varphi\cos\theta,r\sin\varphi\sin\theta,r\cos\varphi)r^2\sin\varphi\mathrm{d}r.$$

(2) 积分区域 Ω 在 Oxy 面上的投影区域成 D：$x^2+y^2\leqslant R^2$.

1° 在直角坐标系下

$$I=\int_{-R}^{R}\mathrm{d}x\int_{-\sqrt{R^2-x^2}}^{\sqrt{R^2-x^2}}\mathrm{d}y\int_{\sqrt{x^2+y^2}-R}^{\sqrt{R^2-x^2-y^2}}f(x,y,z)\mathrm{d}z.$$

2° 在柱面坐标系下，投影区域应表为 D：$0\leqslant\rho\leqslant R,0\leqslant\theta\leqslant2\pi$，球面的方程是 $z=\sqrt{R^2-\rho^2}$，锥面的方程是 $z=\rho-R$.

$$I=\int_0^{2\pi}\mathrm{d}\theta\int_0^{R}\mathrm{d}\rho\int_{\rho-R}^{\sqrt{R^2-\rho^2}}f(\rho\cos\theta,\rho\sin\theta,z)\rho\mathrm{d}z.$$

3° 在球面坐标系下，球面的方程是 $r=R$，锥面的方程是 $r=\dfrac{R}{\sin\varphi-\cos\varphi}$，这时需将积分区域分成两部分(即 Oxy 面上、下两部分).

$$I=\int_0^{2\pi}\mathrm{d}\theta\int_0^{\frac{\pi}{2}}\mathrm{d}\varphi\int_0^{R}f(r\sin\varphi\cos\theta,r\sin\varphi\sin\theta,r\cos\varphi)r^2\sin\varphi\mathrm{d}r$$

$$+\int_0^{2\pi}\mathrm{d}\theta\int_{\frac{\pi}{2}}^{\pi}\mathrm{d}\varphi\int_0^{\frac{R}{\sin\varphi-\cos\varphi}}f(r\sin\varphi\cos\theta,r\sin\varphi\sin\theta,r\cos\varphi)r^2\sin\varphi\mathrm{d}r.$$

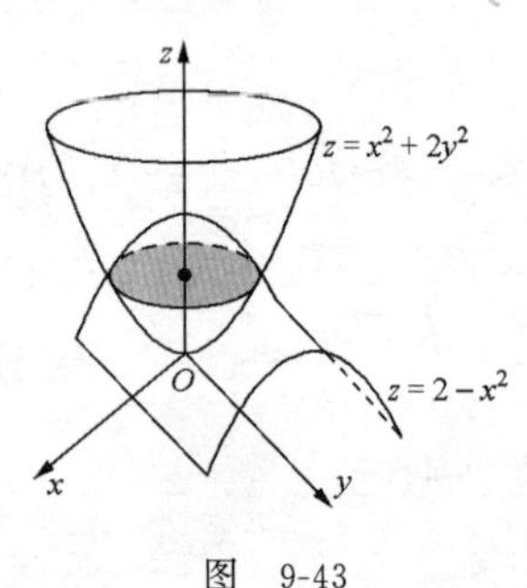

图　9-43

例 2　将三重积分 $I=\iiint\limits_{\Omega}f(x,y,z)\mathrm{d}v$ 分别化为直角坐标与柱面坐标系下的三次积分，其中积分区域 Ω 是由曲面 $z=x^2+2y^2$ 与 $z=2-x^2$ 所围成的闭区域.

解　由 $\begin{cases}z=x^2+2y^2,\\ z=2-x^2\end{cases}$ 积分区域 Ω 在 Oxy 面上的投影区域为 D：$x^2+y^2\leqslant1$(见图 9-43).

1° 在直角坐标系下

$$I=\int_{-1}^{1}\mathrm{d}x\int_{-\sqrt{1-x^2}}^{\sqrt{1-x^2}}\mathrm{d}y\int_{x^2+2y^2}^{2-x^2}f(x,y,z)\mathrm{d}z.$$

2° 在柱面坐标系下，投影区域应表成 D：$0\leqslant\rho\leqslant1,0\leqslant\theta\leqslant2\pi$，椭圆抛物面的方程是 $z=\rho^2(1+\sin^2\theta)$，柱面的方程是 $z=2-\rho^2\cos^2\theta$，则三次积分为

$$I=\int_0^{2\pi}\mathrm{d}\theta\int_0^{1}\mathrm{d}\rho\int_{\rho^2(1+\sin^2\theta)}^{2-\rho\cos^2\theta}f(\rho\cos\theta,\rho\sin\theta,z)\rho\mathrm{d}z.$$

例 3　计算下列三重积分：

(1) $\iiint\limits_{\Omega} y\cos(z+x)\mathrm{d}v$，其中 Ω 是由抛物柱面 $y=\sqrt{x}$ 与平面 $y=0, z=0, x+z=\pi/2$ 所围成；

(2) $\iiint\limits_{\Omega}(x^2+y^2)\mathrm{d}x\mathrm{d}y\mathrm{d}z$，其中 Ω：$x^2+y^2\leqslant z, 1\leqslant z\leqslant 4$.

解　(1) 此题选用直角坐标计算，如图 9-44(a)为积分区域 Ω.

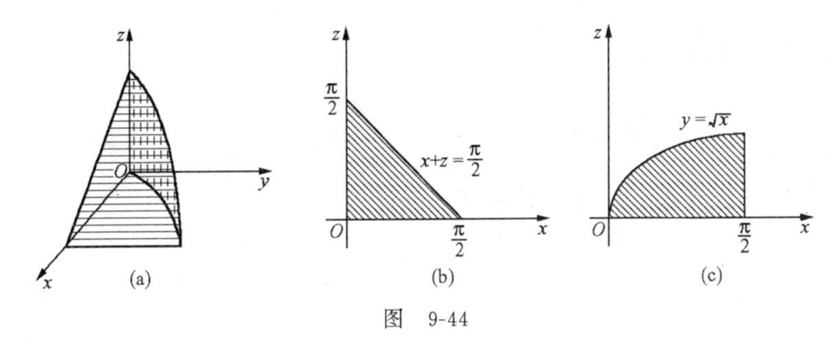

图　9-44

解 1　Ω 在 Oxz 面上的投影区域为三角形区域 D：$x+z\leqslant\frac{\pi}{2}, x\geqslant 0, z\geqslant 0$，如图 9-44(b)，

$$I=\int_0^{\frac{\pi}{2}}\mathrm{d}x\int_0^{\frac{\pi}{2}-x}\mathrm{d}z\int_0^{\sqrt{x}} y\cos(z+x)\mathrm{d}y=\frac{\pi^2}{16}-\frac{1}{2}.$$

解 2　Ω 在 Oxy 面上的投影区域为 D：$0\leqslant y\leqslant\sqrt{x}, 0\leqslant x\leqslant\frac{\pi}{2}$，如图 9-44(c)，

$$I=\int_0^{\frac{\pi}{2}}\mathrm{d}x\int_0^{\sqrt{x}}\mathrm{d}y\int_0^{\frac{\pi}{2}-x} y\cos(z+x)\mathrm{d}z=\frac{\pi^2}{16}-\frac{1}{2}.$$

(2) 解 1　因围成积分区域 Ω(图 9-45)的曲面中有旋转抛物面，此题选用柱面坐标计算较为简单.

这时需将 Ω 分成 Ω_1 与 Ω_2 两部分，其中

$$\Omega_1: 0\leqslant\theta\leqslant 2\pi,\ 0\leqslant\rho\leqslant 1,\ 1\leqslant z\leqslant 4,$$

$$\Omega_2: 0\leqslant\theta\leqslant 2\pi,\ 1\leqslant\rho\leqslant 2,\ \rho^2\leqslant z\leqslant 4,$$

$$I=\iiint\limits_{\Omega_1}(x^2+y^2)\mathrm{d}x\mathrm{d}y\mathrm{d}z+\iiint\limits_{\Omega_2}(x^2+y^2)\mathrm{d}x\mathrm{d}y\mathrm{d}z$$

$$=\int_0^{2\pi}\mathrm{d}\theta\int_0^1\rho^3\mathrm{d}\rho\int_1^4\mathrm{d}z+\int_0^{2\pi}\mathrm{d}\theta\int_1^2\rho^3\mathrm{d}\rho\int_{\rho^2}^4\mathrm{d}z=\frac{21}{2}\pi.$$

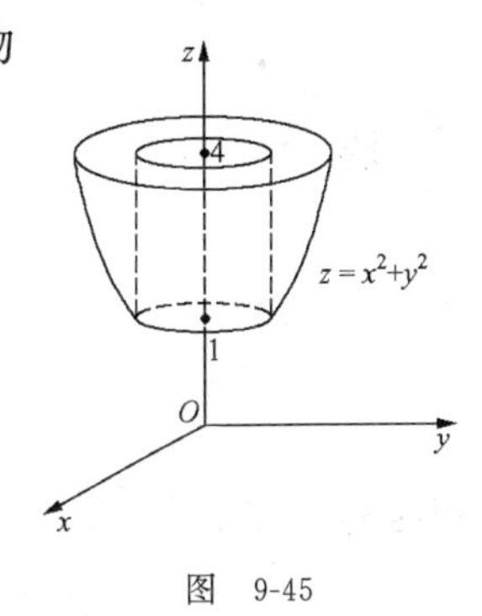

图　9-45

解 2　采用"先二后一"法，即化为先对 x,y 的二重积分，再对 z 积分，优点是不需将 Ω 进行分割.

$$I=\int_1^4\mathrm{d}z\iint\limits_{x^2+y^2\leqslant z}(x^2+y^2)\mathrm{d}x\mathrm{d}y=\int_1^4\mathrm{d}z\int_0^{2\pi}\mathrm{d}\theta\int_0^{\sqrt{z}}\rho^3\mathrm{d}\rho=\frac{21}{2}\pi.$$

例 4 计算三重积分 $\iiint\limits_{\Omega} z\mathrm{d}x\mathrm{d}y\mathrm{d}z$，其中 Ω 是由曲面 $x^2+y^2+z^2\leqslant 1$ 及 $z=0$ 所围成的上半球体.

解 1 因被积函数仅与 z 有关，可用"先二后一"法计算.

$$I=\int_0^1 z\mathrm{d}z\iint\limits_{x^2+y^2\leqslant 1-z^2}\mathrm{d}x\mathrm{d}y=\int_0^1 z\cdot\pi(1-z^2)\mathrm{d}z=\frac{\pi}{4}.$$

解 2 从积分区域考虑，利用柱面坐标计算.

$$I=\int_0^{2\pi}\mathrm{d}\theta\int_0^1\mathrm{d}\rho\int_0^{\sqrt{1-\rho^2}} z\cdot\rho\mathrm{d}z=\frac{\pi}{4}.$$

解 3 从积分区域考虑，也可利用球面坐标计算.

$$I=\int_0^{2\pi}\mathrm{d}\theta\int_0^{\frac{\pi}{2}}\mathrm{d}\varphi\int_0^1 z\cdot r^2\sin\varphi\mathrm{d}r=\frac{\pi}{4}.$$

例 5 求下列三重积分：

(1) $I=\iiint\limits_{\Omega}\sqrt{1-\frac{x^2}{a^2}-\frac{y^2}{b^2}-\frac{z^2}{c^2}}\mathrm{d}v$，其中 Ω：$\frac{x^2}{a^2}+\frac{y^2}{b^2}+\frac{z^2}{c^2}\leqslant 1$；

(2) $I=\iiint\limits_{\Omega} y^4\mathrm{d}v$，其中 Ω 由 $x=az^2$，$x=bz^2(z>0,0<a<b)$，$x=\alpha y$，$x=\beta y(0<\alpha<\beta)$ 以及 $x=h(>0)$ 围成；

(3) $I=\iiint\limits_{\Omega}(x+y+z)\mathrm{d}v$，其中

$$\Omega=\left\{(x,y,z)\,\middle|\,x^2+y^2+z^2\leqslant x+y+z+\frac{1}{4}\right\}.$$

解 (1) 积分区域为椭球体，又被积函数只依赖于 $\frac{x^2}{a^2}+\frac{y^2}{b^2}+\frac{z^2}{c^2}$，故选用广义球坐标变换

$$x=ar\sin\varphi\cos\theta,\quad y=br\sin\varphi\sin\theta,\quad z=cr\cos\varphi$$

比较方便. 由于

$$J=\frac{\partial(x,y,z)}{\partial(r,\varphi,\theta)}=abcr^2\sin\varphi,$$

相应的 Ω'：$0\leqslant r\leqslant 1,0\leqslant\varphi\leqslant\pi,0\leqslant\theta\leqslant 2\pi$. 于是

$$I=\iiint\limits_{\Omega'}\sqrt{1-r^2}\,|J|\,\mathrm{d}r\mathrm{d}\varphi\mathrm{d}\theta=\int_0^{2\pi}\mathrm{d}\theta\int_0^{\pi}\mathrm{d}\varphi\int_0^1\sqrt{1-\rho^2}abcr^2\sin\varphi\mathrm{d}r$$

$$=abc\cdot 2\pi\int_0^{\pi}\sin\varphi\mathrm{d}\varphi\cdot\int_0^1\sqrt{1-r^2}r^2\mathrm{d}r=4\pi abc\int_0^1\sqrt{1-r^2}r^2\mathrm{d}r$$

$$\xlongequal{r=\sin t}4\pi abc\int_0^{\frac{\pi}{2}}\cos^2 t\sin^2 t\mathrm{d}t=\pi abc\int_0^{\frac{\pi}{2}}\sin^2 2t\mathrm{d}t$$

$$= \pi abc\int_0^{\frac{\pi}{2}} \frac{1}{2}(1-\cos 4t)\mathrm{d}t = \frac{1}{4}\pi^2 abc.$$

(2) 积分区域由曲面

$$x = h,\quad \frac{x}{z^2} = a,\quad \frac{x}{z^2} = b,\quad \frac{x}{y} = \alpha,\quad \frac{x}{y} = \beta$$

围成，故选用变换

$$u = x,\quad v = \frac{x}{z^2},\quad w = \frac{x}{y},$$

则 Ω 变成 Ω'：$0\leqslant u\leqslant h, a\leqslant v\leqslant b, \alpha\leqslant w\leqslant \beta$，并易解得

$$x = u,\quad y = \frac{u}{w},\quad z = \frac{u^{\frac{1}{2}}}{v^{\frac{1}{2}}},$$

易求得

$$J = \frac{\partial(x,y,z)}{\partial(u,v,w)} = \begin{vmatrix} 1 & 0 & 0 \\ w^{-1} & 0 & -uw^{-2} \\ \frac{1}{2}u^{-\frac{1}{2}}v^{-\frac{1}{2}} & -\frac{1}{2}u^{\frac{1}{2}}v^{-\frac{3}{2}} & 0 \end{vmatrix}$$

$$= -\frac{1}{2}u^{\frac{3}{2}}v^{-\frac{3}{2}}w^{-2}.$$

于是

$$y^4|J| = \frac{1}{2}u^{\frac{11}{2}}v^{-\frac{3}{2}}w^{-6},$$

$$I = \iiint_{\Omega'} \frac{1}{2}u^{\frac{11}{2}}v^{-\frac{3}{2}}w^{-6}\mathrm{d}u\mathrm{d}v\mathrm{d}w$$

$$= \frac{1}{2}\int_0^h u^{\frac{11}{2}}\mathrm{d}u\int_a^b v^{-\frac{3}{2}}\mathrm{d}v \cdot \int_\alpha^\beta w^{-6}\mathrm{d}w$$

$$= \frac{1}{2}\cdot\frac{2}{13}u^{\frac{13}{2}}\Big|_0^h (-2)v^{-\frac{1}{2}}\Big|_a^b \left(-\frac{1}{5}\right)w^{-5}\Big|_\alpha^\beta$$

$$= \frac{2}{65}h^6\sqrt{h}\left(\frac{1}{\sqrt{b}} - \frac{1}{\sqrt{a}}\right)\left(\frac{1}{\beta^5} - \frac{1}{\alpha^5}\right).$$

(3) 将 Ω 改写成

$$\Omega = \left\{(x,y,z)\,\middle|\,\left(x-\frac{1}{2}\right)^2 + \left(y-\frac{1}{2}\right)^2 + \left(z-\frac{1}{2}\right)^2 \leqslant 1\right\},$$

作平移变换 $u=x-\frac{1}{2}, v=y-\frac{1}{2}, w=z-\frac{1}{2}$，则 Ω 变成

$$\Omega':\ u^2 + v^2 + w^2 \leqslant 1,$$

$$I = \iiint_{\Omega'}\left(u + v + w + \frac{3}{2}\right)\mathrm{d}u\mathrm{d}v\mathrm{d}w = 0 + \frac{3}{2}\iiint_{\Omega'}\mathrm{d}v$$

$$= \frac{3}{2}\cdot\frac{4}{3}\pi = 2\pi.$$

例 6　计算下列三次积分：

(1) $I=\int_0^2 \mathrm{d}z\int_0^{\frac{\ln 2}{2}}\mathrm{d}x\int_{\mathrm{e}^{2x}}^2 \frac{\mathrm{e}^{2y}}{\ln y}\mathrm{d}y$；

(2) $I=\int_{-1}^1 \mathrm{d}x\int_{-\sqrt{1-x^2}}^{\sqrt{1-x^2}}\mathrm{d}y\int_{\sqrt{x^2+y^2}}^1 (x^2+y^2+z^2)\mathrm{d}z$；

(3) $I=\int_{-1}^1 \mathrm{d}x\int_0^{\sqrt{1-x^2}}\mathrm{d}y\int_1^{1+\sqrt{1-x^2-y^2}} \frac{1}{\sqrt{x^2+y^2+z^2}}\mathrm{d}z$.

分析 在计算三次积分时，一般都需要先求出积分区域 Ω. 然后，根据被积函数与积分区域选择合适的坐标系与积分次序，使计算简便.

解 (1) 若先对 y 积分，被积函数不能用初等函数来表示，所以必须交换积分次序. 如图 9-46 所示，积分区域 Ω 在 Oxy 面上的投影区域为 D：$\mathrm{e}^{2x}\leqslant y\leqslant 2, 0\leqslant x\leqslant \frac{\ln 2}{2}$，现交换 x 与 y 的积分次序

$$I=\int_0^2 \mathrm{d}z\int_1^2 \frac{\mathrm{e}^{2y}}{\ln y}\mathrm{d}y\int_0^{\frac{\ln y}{2}}\mathrm{d}x=\frac{1}{2}\int_0^2 \mathrm{d}z\int_1^2 \mathrm{e}^{2y}\mathrm{d}y=\frac{1}{2}\mathrm{e}^2(\mathrm{e}^2-1).$$

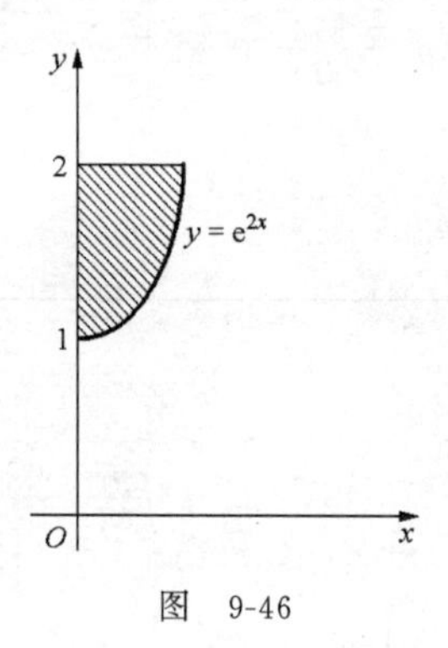

图 9-46

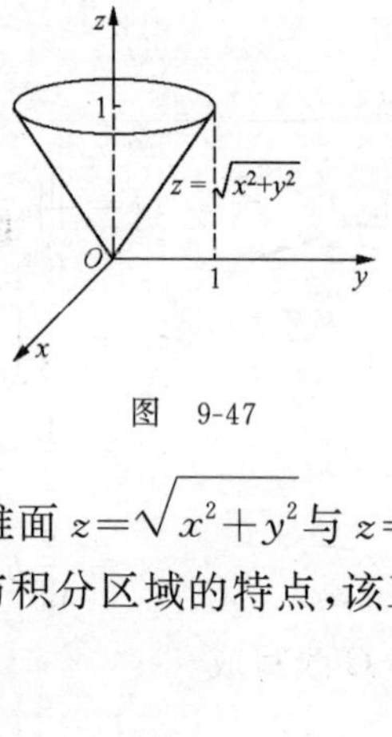

图 9-47

(2) 由积分限可知，积分区域 Ω 如图 9-47 所示，介于锥面 $z=\sqrt{x^2+y^2}$ 与 $z=1$ 之间，且在 Oxy 面上的投影区域为 D：$x^2+y^2\leqslant 1$. 根据被积函数与积分区域的特点，该三次积分可选择柱面坐标或球面坐标计算.

1° 利用柱面坐标系计算

$$I=\int_0^{2\pi}\mathrm{d}\theta\int_0^1 \rho\mathrm{d}\rho\int_\rho^1 (\rho^2+z^2)\mathrm{d}z=\frac{3\pi}{10}.$$

2° 利用球面坐标计算. 平面的方程是 $r=\sec\varphi$，

$$I=\int_0^{2\pi}\mathrm{d}\theta\int_0^{\frac{\pi}{4}}\mathrm{d}\varphi\int_0^{\sec\varphi} r^2\cdot r^2\sin\varphi\mathrm{d}r=\frac{3\pi}{10}.$$

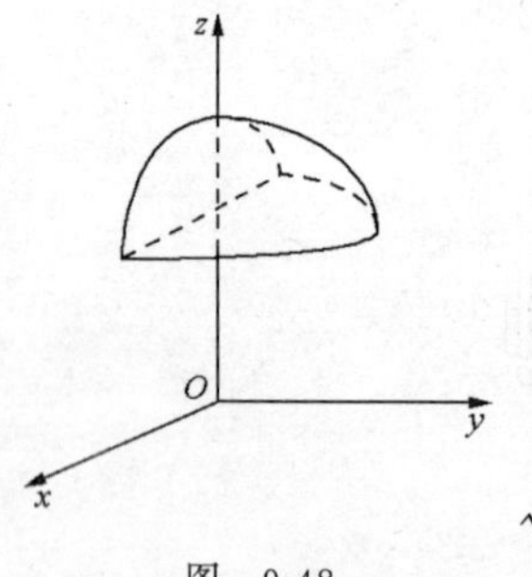

图 9-48

(3) 由积分限可知，积分区域 Ω 如图 9-48，介于球面 $z=1+\sqrt{1-x^2-y^2}$ 与 $z=1$ 之间，且在 Oxy 面上的投影区域为半圆 D：

$x^2+y^2\leqslant 1, y\geqslant 0$，选择球面坐标计算较简单. 在球面坐标下，平面的方程是 $r=\sec\varphi$，球面的方程是 $r=2\cos\varphi$.

$$I=\int_0^{\pi}\mathrm{d}\theta\int_0^{\frac{\pi}{4}}\mathrm{d}\varphi\int_{\sec\varphi}^{2\cos\varphi}\frac{1}{r}\cdot r^2\sin\varphi\mathrm{d}r=\frac{\pi}{6}(7-4\sqrt{2}).$$

例 7　计算下列三重积分：

(1) $\iiint\limits_{\Omega}\mathrm{e}^{|z|}\mathrm{d}x\mathrm{d}y\mathrm{d}z$，其中 Ω：$x^2+y^2+z^2\leqslant 4$；

(2) $\iiint\limits_{\Omega}(x+y+z)^2\mathrm{d}x\mathrm{d}y\mathrm{d}z$，其中 Ω：$x^2+y^2+z^2\leqslant 2az$.

分析　因积分区域关于坐标面对称，利用被积函数的奇偶性可以简化重积分的计算.

解　(1) 此题的关键是去掉被积函数中的绝对值.

解 1　因积分区域由球面所围成，可选用球面坐标计算. 被积函数是变量 z 的偶函数，且 Ω 关于 Oxy 面对称，用 Ω_1 表示上半球体 Ω_1：$0\leqslant z\leqslant\sqrt{a^2-x^2-y^2}$，利用对称性，

$$I=2\iiint\limits_{\Omega_1}\mathrm{e}^{z}\mathrm{d}x\mathrm{d}y\mathrm{d}z=2\int_0^{2\pi}\mathrm{d}\theta\int_0^{\frac{\pi}{2}}\mathrm{d}\varphi\int_0^{2}\mathrm{e}^{r\cos\varphi}\cdot r^2\sin\varphi\mathrm{d}r=4\pi(\mathrm{e}^2-1).$$

解 2　此题也可选用直角坐标计算，采用“先二后一”的方法.

$$I=\int_{-2}^{2}\mathrm{e}^{|z|}\mathrm{d}z\iint\limits_{x^2+y^2\leqslant 4-z^2}\mathrm{d}x\mathrm{d}y=2\pi\int_0^2\mathrm{e}^{z}(4-z^2)\mathrm{d}z=4\pi(\mathrm{e}^2-1).$$

(2) 因积分区域由球面所围成，故选用球面坐标计算. 因

$$\iiint\limits_{\Omega}(x+y+z)^2\mathrm{d}x\mathrm{d}y\mathrm{d}z=\iiint\limits_{\Omega}(x^2+y^2+z^2+2xy+2xz+2yz)\mathrm{d}x\mathrm{d}y\mathrm{d}z.$$

利用积分区域关于坐标面的对称性，以及被积函数的奇偶性，有

$$\iiint\limits_{\Omega}xy\mathrm{d}x\mathrm{d}y\mathrm{d}z=\iiint\limits_{\Omega}xz\mathrm{d}x\mathrm{d}y\mathrm{d}z=\iiint\limits_{\Omega}yz\mathrm{d}x\mathrm{d}y\mathrm{d}z=0,$$

故
$$I=\iiint\limits_{\Omega}(x^2+y^2+z^2)\mathrm{d}x\mathrm{d}y\mathrm{d}z=\int_0^{2\pi}\mathrm{d}\theta\int_0^{\frac{\pi}{2}}\mathrm{d}\varphi\int_0^{2a\cos\varphi}r^2\cdot r^2\sin\varphi\mathrm{d}r=\frac{32}{15}\pi a^5.$$

例 8　证明 $\iiint\limits_{x^2+y^2+z^2\leqslant 1}f(z)\mathrm{d}x\mathrm{d}y\mathrm{d}z=\pi\int_{-1}^{1}(1-z^2)f(z)\mathrm{d}z$，其中 $f(z)$ 连续.

证　因等式左端三重积分的被积函数仅是 z 的函数，可采用“先二后一”法.

$$\text{左端}=\int_{-1}^{1}f(z)\mathrm{d}z\iint\limits_{x^2+y^2\leqslant 1-z^2}\mathrm{d}x\mathrm{d}y=\pi\int_{-1}^{1}(1-z^2)f(z)\mathrm{d}z.$$

例 9　设 $f(t)$ 连续，$F(t)=\iiint\limits_{\Omega}[z^2+f(x^2+y^2)]\mathrm{d}v$，其中 Ω：$0\leqslant z\leqslant h, x^2+y^2\leqslant t^2\ (t>$

0),求 $\frac{\mathrm{d}F}{\mathrm{d}t}$ 和 $\lim\limits_{t\to0^+}\frac{F(t)}{t^2}$.

分析　因三重积分的被积函数中含有 x^2+y^2,可利用柱面坐标计算 $F(t)$;而极限 $\lim\limits_{t\to0^+}\frac{F(t)}{t^2}$ 是 $\frac{0}{0}$ 型未定式,需用洛必达法则.

解　$F(t)=\int_0^{2\pi}\mathrm{d}\theta\int_0^t\rho\,\mathrm{d}\rho\int_0^h[z^2+f(\rho^2)]\mathrm{d}z=2\pi h\int_0^t\left[\frac{h^2}{3}\rho+\rho f(\rho^2)\right]\mathrm{d}\rho$,

$$\frac{\mathrm{d}F}{\mathrm{d}t}=2\pi ht\left[\frac{h^2}{3}+f(t^2)\right],$$

$$\lim_{t\to0^+}\frac{F(t)}{t^2}=\lim_{t\to0^+}\frac{F'(t)}{2t}=\lim_{t\to0^+}\pi h\left[\frac{h^2}{3}+f(t^2)\right]=\pi h\left[\frac{h^2}{3}+f(0)\right].$$

例 10　设 $f(t)$ 具有连续导数,试求

$$\lim_{t\to0^+}\frac{1}{t^4}\iiint\limits_{\Omega}f(\sqrt{x^2+y^2+z^2})\mathrm{d}x\mathrm{d}y\mathrm{d}z,$$

其中 Ω: $x^2+y^2+z^2\leqslant t^2\ (t>0)$.

分析　因被积函数中含有 $x^2+y^2+z^2$,且积分区域由球面所围成,可利用球面坐标计算三重积分.

解　$$I=\lim_{t\to0^+}\frac{1}{t^4}\int_0^{2\pi}\mathrm{d}\theta\int_0^{\pi}\sin\varphi\mathrm{d}\varphi\int_0^t r^2f(r)\mathrm{d}r=\lim_{t\to0^+}\frac{4\pi\int_0^t r^2f(r)\mathrm{d}r}{t^4}$$

$$=\lim_{t\to0^+}\frac{4\pi t^2f(t)}{4t^3}=\lim_{t\to0^+}\frac{\pi f(t)}{t}=\begin{cases}\pi f'(0), & f(0)=0,\\ \infty, & f(0)\neq0.\end{cases}$$

例 11　将三次积分 $I=\int_0^1\mathrm{d}x\int_x^1\mathrm{d}y\int_x^y f(x,y,z)\mathrm{d}z$ 改变积分次序按 x,y,z 的积分次序(即先对 x,次对 y,最后对 z 积分).

分析　在交换积分次序时,如果容易画出积分区域的图形,可先画出图形再交换积分次序;如果积分区域的图形不易画出,可通过两两变量交换积分次序而完成.

解　(1) 先交换 x,y 积分次序:利用平面图形 9-49(a),

$$I=\int_0^1\mathrm{d}y\int_0^y\mathrm{d}x\int_x^y f(x,y,z)\mathrm{d}z;$$

(2) 再交换 x,z 的积分次序:利用平面图形 9-49(b),

$$I=\int_0^1\mathrm{d}y\int_0^y\mathrm{d}z\int_0^z f(x,y,z)\mathrm{d}x;$$

(3) 再交换 y,z 的积分次序:利用平面图形 9-49(c),

$$I=\int_0^1\mathrm{d}z\int_z^1\mathrm{d}y\int_0^z f(x,y,z)\mathrm{d}x.$$

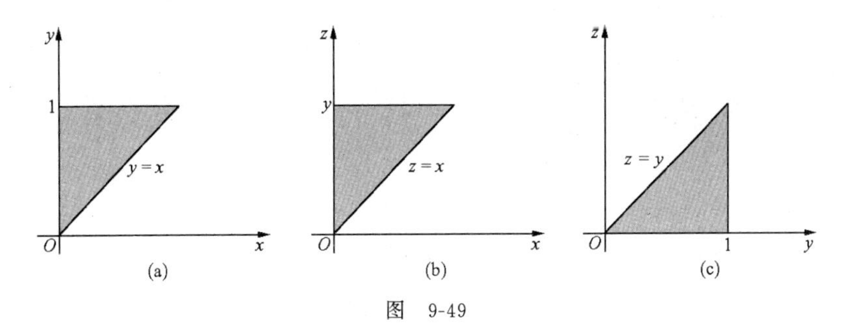

图 9-49

例 12 设函数 $f(x)$ 在 $[0,1]$ 上连续,试证

$$\int_0^1\int_x^1\int_x^y f(x)f(y)f(z)\mathrm{d}x\mathrm{d}y\mathrm{d}z=\frac{1}{6}\left[\int_0^1 f(x)\mathrm{d}x\right]^3.$$

分析 构造变限定积分函数的方法在定积分中经常用到,在重积分中也是非常重要的手段.

证 设 $F(x)=\int_0^x f(t)\mathrm{d}t$,则 $F(x)$ 是 $f(x)$ 的一个原函数,且 $F(1)=\int_0^1 f(x)\mathrm{d}x$,$F(0)=0$. 于是

$$\begin{aligned}
\text{左端}&=\int_0^1 f(x)\mathrm{d}x\int_x^1 f(y)\mathrm{d}y\int_x^y f(z)\mathrm{d}z\\
&=\int_0^1 f(x)\mathrm{d}x\int_x^1 f(y)\left[F(z)\Big|_x^y\right]\mathrm{d}y=\int_0^1 f(x)\mathrm{d}x\int_x^1[F(y)-F(x)]\mathrm{d}F(y)\\
&=\int_0^1 f(x)\cdot\left[\frac{1}{2}F^2(y)-F(x)F(y)\right]\Big|_x^1\mathrm{d}x\\
&=\int_0^1\left[\frac{1}{2}F^2(1)-F(x)F(1)+\frac{1}{2}F^2(x)\right]\mathrm{d}F(x)\\
&=\left[\frac{1}{2}F^2(1)F(x)-\frac{1}{2}F(1)F^2(x)+\frac{1}{6}F^3(x)\right]\Big|_0^1\\
&=\frac{1}{6}F^3(1)=\frac{1}{6}\left[\int_0^1 f(x)\mathrm{d}x\right]^3.
\end{aligned}$$

例 13 设函数 $f(x)$ 连续且恒大于零,

$$F(t)=\frac{\iiint\limits_{\Omega(t)} f(x^2+y^2+z^2)\mathrm{d}v}{\iint\limits_{D(t)} f(x^2+y^2)\mathrm{d}\sigma},\quad G(t)=\frac{\iint\limits_{D(t)} f(x^2+y^2)\mathrm{d}\sigma}{\int_{-t}^{t} f(x^2)\mathrm{d}x},$$

其中 $\Omega(t)=\{(x,y,z)\,|\,x^2+y^2+z^2\leqslant t^2\}$,$D(t)=\{(x,y)\,|\,x^2+y^2\leqslant t^2\}$.

(1) 讨论 $F(t)$ 在区间 $(0,+\infty)$ 内的单调性;

(2) 证明当 $t>0$ 时,$F(t)>\frac{2}{\pi}G(t)$.

解 (1) 因为

$$F(t)=\frac{\int_0^{2\pi}\mathrm{d}\theta\int_0^{\pi}\mathrm{d}\varphi\int_0^t f(r^2)r^2\sin\varphi\mathrm{d}r}{\int_0^{2\pi}\mathrm{d}\theta\int_0^t f(r^2)r\mathrm{d}r}=\frac{2\int_0^t f(r^2)r^2\mathrm{d}r}{\int_0^t f(r^2)r\mathrm{d}r},$$

$$F'(t)=2\frac{tf(t^2)\int_0^t f(r^2)r(t-r)\mathrm{d}r}{\left[\int_0^t f(r^2)r\mathrm{d}r\right]^2},$$

所以在$(0,+\infty)$上$F'(t)>0$,故$F(t)$在$(0,+\infty)$内单调增加.

(2) 因$G(t)=\dfrac{\pi\int_0^t f(r^2)r\mathrm{d}r}{\int_0^t f(r^2)\mathrm{d}r}$,要证明$t>0$时$F(t)>\dfrac{2}{\pi}G(t)$,只需证明$t>0$时,$F(t)-\dfrac{2}{\pi}G(t)>0$,即

$$\int_0^t f(r^2)r^2\mathrm{d}r\int_0^t f(r^2)\mathrm{d}r-\left[\int_0^t f(r^2)r\mathrm{d}r\right]^2>0.$$

令
$$g(t)=\int_0^t f(r^2)r^2\mathrm{d}r\int_0^t f(r^2)\mathrm{d}r-\left[\int_0^t f(r^2)r\mathrm{d}r\right]^2,$$

则
$$g'(t)=f(t^2)\int_0^t f(r^2)(t-r)^2\mathrm{d}r>0,$$

故$g(t)$在$(0,+\infty)$内单调增加.

因为$g(t)$在$[0,+\infty)$上连续,所以当$t>0$时,有$g(t)>g(0)$,又$g(0)=0$,故当$t>0$时,$g(t)>0$,因此,当$t>0$时,$F(t)>\dfrac{2}{\pi}G(t)$.

例 14　设Ω: $x^2+y^2+z^2\leqslant 1$,证明:$\dfrac{4\sqrt[3]{2}\pi}{3}\leqslant\iiint\limits_{\Omega}\sqrt[3]{x+2y-2z+5}\mathrm{d}v\leqslant\dfrac{8\pi}{3}$.

分析　设$f(x,y,z)=x+2y-2z+5$,由于$f(x,y,z)$与$\sqrt[3]{f(x,y,z)}$在Ω上取最值的点相同,讨论$f(x,y,z)$在区域Ω上的最值即可.

解　设$f(x,y,z)=x+2y-2z+5$,则$f'_x=1\neq 0$,$f'_y=2\neq 0$,$f'_z=-2\neq 0$,故$f(x,y,z)$在区域Ω的内部无可能极值点,最值必在Ω的边界上取得.令

$$L(x,y,z)=x+2y-2z+5+\lambda(x^2+y^2+z^2-1),$$

由
$$L_x=1+2\lambda x=0,\quad L_y=2+2\lambda y=0,$$
$$L_z=-2+2\lambda z=0,\quad x^2+y^2+z^2=1$$

可解得函数$L(x,y,z)$的可能极值点为$P_1\left(\dfrac{1}{3},\dfrac{2}{3},-\dfrac{2}{3}\right)$,$P_2\left(-\dfrac{1}{3},-\dfrac{2}{3},\dfrac{2}{3}\right)$.

而$f(P_1)=8$,$f(P_2)=2$,又问题一定有最大值与最小值,所以$f(x,y,z)$在闭区域Ω上的最大值为8,最小值为2;从而$\sqrt[3]{f(x,y,z)}$在闭区域Ω上的最大值为2,最小值为$\sqrt[3]{2}$.于

是

$$\frac{4\sqrt[3]{2}\pi}{3}=\iiint_{\Omega}\sqrt[3]{2}\,\mathrm{d}v\leqslant\iiint_{\Omega}\sqrt[3]{x+2y-2z+5}\,\mathrm{d}v\leqslant\iiint_{\Omega}2\mathrm{d}v=\frac{8\pi}{3}.$$

七、重积分的应用

1. 几何应用

(1) 平面图形的面积：设 S 为平面区域 D 的面积，则 $S=\iint_{D}\mathrm{d}\sigma$.

(2) 空间立体的体积：设 V 为空间区域 Ω 的体积，则 $V=\iiint_{\Omega}\mathrm{d}v$(见例 1).

(3) 曲面的面积：空间曲面的一般方程是 $F(x,y,z)=0$. 在曲面的一般方程中有三个变量，可将其中任意两个变量视为自变量，则第三个变量就视为前两个变量的函数，因此计算曲面的面积公式有三个. 在利用三个不同公式时，同一曲面要分别向三个坐标面作投影. 向哪个坐标面作投影，首先是曲面在该坐标面的投影不能是曲线，其次是计算简单(见例 2).

1° 若曲面 S 的方程由 $z=f(x,y)$给出，S 在 Oxy 面上的投影区域为 D_{xy}，函数 $f(x,y)$ 在 D_{xy}上具有连续偏导数，则曲面 S 的面积为

$$A=\iint_{D_{xy}}\sqrt{1+\left(\frac{\partial z}{\partial x}\right)^2+\left(\frac{\partial z}{\partial y}\right)^2}\,\mathrm{d}x\mathrm{d}y.$$

2° 若曲面 S 的方程由 $x=g(y,z)$给出，S 在 Oyz 面上的投影区域为 D_{yz}，函数 $g(y,z)$在 D_{yz}上具有连续偏导数，则曲面 S 的面积为

$$A=\iint_{D_{yz}}\sqrt{1+\left(\frac{\partial x}{\partial y}\right)^2+\left(\frac{\partial x}{\partial z}\right)^2}\,\mathrm{d}y\mathrm{d}z.$$

3° 若曲面 S 的方程由 $y=h(x,z)$给出，S 在 Oxz 面上的投影区域为 D_{xz}，函数 $h(x,z)$在 D_{xz}上具有连续偏导数，则曲面 S 的面积为

$$A=\iint_{D_{xz}}\sqrt{1+\left(\frac{\partial y}{\partial x}\right)^2+\left(\frac{\partial y}{\partial z}\right)^2}\,\mathrm{d}x\mathrm{d}z.$$

2. 物理应用

(1) 质量

1° 平面薄片的质量：设一平面薄片占有平面区域 D，其面密度为 $\rho(x,y)$，则其质量为

$$M=\iint_{D}\rho(x,y)\mathrm{d}\sigma.$$

2° 空间物体的质量：设一物体占有空间区域 Ω，其体密度为 $\rho(x,y,z)$，则其质量为

$$M=\iiint_{\Omega}\rho(x,y,z)\mathrm{d}v.$$

(2) 重心

1° 平面薄片的重心：若平面薄片占有平面区域 D，其面密度为 $\rho(x,y)$，则其重心坐标为

$$\bar{x}=\frac{1}{M}\iint_{D}x\rho(x,y)\mathrm{d}\sigma,\quad \bar{y}=\frac{1}{M}\iint_{D}y\rho(x,y)\mathrm{d}\sigma,$$

其中 M 为平面薄片的质量.

2° 空间物体的重心：若物体占有空间区域 Ω，其体密度为 $\rho(x,y,z)$，则其重心坐标为

$$\bar{x}=\frac{1}{M}\iiint_{\Omega}x\rho(x,y,z)\mathrm{d}v,\quad \bar{y}=\frac{1}{M}\iiint_{\Omega}y\rho(x,y,z)\mathrm{d}v,\quad \bar{z}=\frac{1}{M}\iiint_{\Omega}z\rho(x,y,z)\mathrm{d}v,$$

其中 M 为空间物体的质量.

(3) 转动惯量

1° 平面薄片的转动惯量：若薄片占有平面区域 D，其面密度为 $\rho(x,y)$，则它对 x 轴、y 轴和原点的转动惯量分别为

$$I_x=\iint_{D}y^2\rho\mathrm{d}\sigma,\quad I_y=\iint_{D}x^2\rho\mathrm{d}\sigma,\quad I_O=\iint_{D}(x^2+y^2)\rho\mathrm{d}\sigma.$$

2° 空间物体的转动惯量：若物体占有空间区域 Ω，其体密度为 $\rho(x,y,z)$，则它对 x 轴、y 轴、z 轴和原点的转动惯量分别为

$$I_x=\iiint_{\Omega}(y^2+z^2)\rho\mathrm{d}v,\quad I_y=\iiint_{\Omega}(z^2+x^2)\rho\mathrm{d}v,$$

$$I_z=\iiint_{\Omega}(x^2+y^2)\rho\mathrm{d}v,\quad I_O=\iiint_{\Omega}(x^2+y^2+z^2)\rho\mathrm{d}v.$$

例 1 曲面 $x^2+y^2+z=4$ 将球体 $x^2+y^2+z^2\leqslant 4z$ 分成两部分，求这两部分的体积之比.

解 球体 $x^2+y^2+z^2\leqslant 4z$ 的半径为 2，其体积为 $V=\frac{32}{3}\pi$(图 9-50). 由

$$\begin{cases}x^2+y^2+z^2=4z,\\ x^2+y^2+z=4\end{cases}$$

解得两曲面的交线为 $\begin{cases}x^2+y^2=3,\\ z=1.\end{cases}$ 记球体在抛物面下方的部分区域为 Ω，其体积为 V_1，则

$$V_1=\iiint_{\Omega}\mathrm{d}x\mathrm{d}y\mathrm{d}z=\int_0^{2\pi}\mathrm{d}\theta\int_0^{\sqrt{3}}r\mathrm{d}r\int_{2-\sqrt{4-r^2}}^{4-r^2}\mathrm{d}z=\frac{37}{6}\pi,$$

记球体在抛物面上方的部分的体积为 V_2，则 $V_2=V-V_1=\frac{27}{6}\pi$. 故 $V_1:V_2=37:27$.

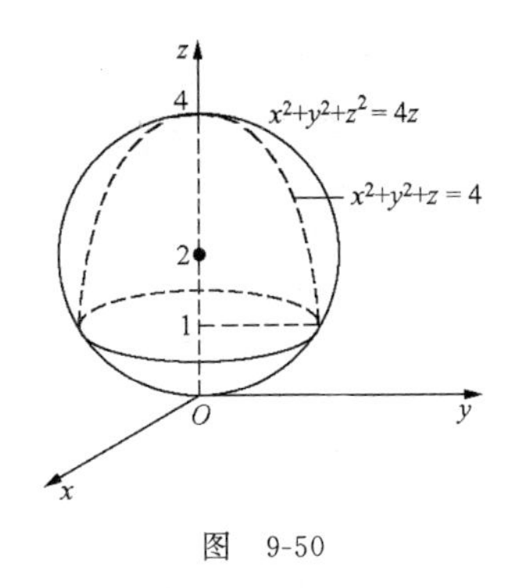

图　9-50

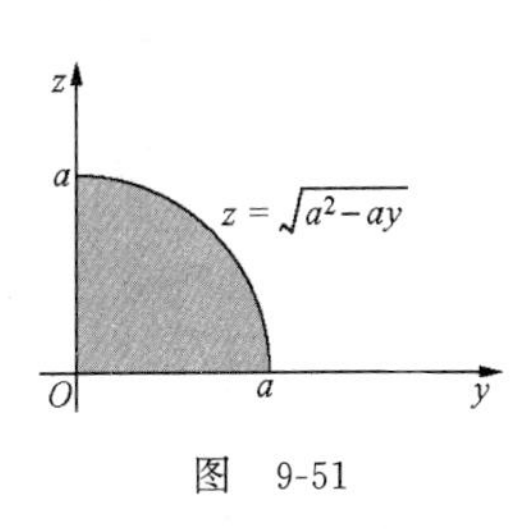

图　9-51

例 2　求柱面 $x^2+y^2-ay=0(a>0)$ 被球面 $x^2+y^2+z^2=a^2$ 所截部分的面积.

分析　因柱面 $x^2+y^2-ay=0$ 的母线平行于 z 轴，所以，不能将被球面所截部分投影到 Oxy 面上. 这时，将被球面所截部分投影到 Oyz 面上较好(图 9-51).

解　利用图形的对称性，只考虑第一卦限部分即可. 由柱面方程和球面方程消去变量 x，可得第一卦限部分在 Oyz 面上的投影区域 D_{yz}：$0\leqslant z\leqslant\sqrt{a^2-ay}$，$0\leqslant y\leqslant a$.

这时，将 x 视为 y,z 的函数. 方程 $x^2+y^2-ay=0$ 两边对 y 求导，得$\dfrac{\partial x}{\partial y}=\dfrac{a-2y}{2x}$，同理可得$\dfrac{\partial x}{\partial z}=0$. 于是

$$\mathrm{d}A=\sqrt{1+\left(\frac{\partial x}{\partial y}\right)^2+\left(\frac{\partial x}{\partial z}\right)^2}\mathrm{d}y\mathrm{d}z=\frac{a}{2\sqrt{ay-y^2}}\mathrm{d}y\mathrm{d}z.$$

所求面积

$$A=4\iint\limits_{D_{yz}}\frac{a}{2\sqrt{ay-y^2}}\mathrm{d}y\mathrm{d}z=2a\int_0^a\frac{\mathrm{d}y}{\sqrt{ay-y^2}}\int_0^{\sqrt{a^2-ay}}\mathrm{d}z=4a^2.$$

例 3　在底半径为 R、高为 H 的均匀圆柱体上拼上一个半径为 R，且与圆柱体材料相同的半球体. 试确定 R 与 H 的关系，以使整个物体的重心位于球心处.

解　设整个物体、圆柱体与半球体所占空间区域分别为 Ω,Ω_1 与 Ω_2，整个物体的体积为 V. 则 $\Omega=\Omega_1+\Omega_2$. 如图 9-52 所示，以球心为原点建立空间直角坐标系.

由对称性，有 $\bar{x}=\bar{y}=0$. 对于 Ω_1，利用柱面坐标计算；对于 Ω_2，利用球面坐标计算. 于是

$$\bar{z}=\frac{1}{V}\iiint\limits_{\Omega}z\mathrm{d}v=\frac{1}{V}\left[\iiint\limits_{\Omega_1}z\mathrm{d}v+\iiint\limits_{\Omega_2}z\mathrm{d}v\right]$$

$$=\frac{1}{V}\left[\int_0^{2\pi}\mathrm{d}\theta\int_0^R\rho\mathrm{d}\rho\int_{-H}^0z\mathrm{d}z+\int_0^{2\pi}\mathrm{d}\theta\int_0^{\frac{\pi}{2}}\sin\varphi\cos\varphi\mathrm{d}\varphi\int_0^Rr^3\mathrm{d}r\right]=\frac{\pi}{4V}R^2[R^2-2H^2].$$

由题意，有 $\bar{z}=\dfrac{\pi}{4V}R^2[R^2-2H^2]=0$，解得 R 与 H 的关系为 $R=\sqrt{2}H$.

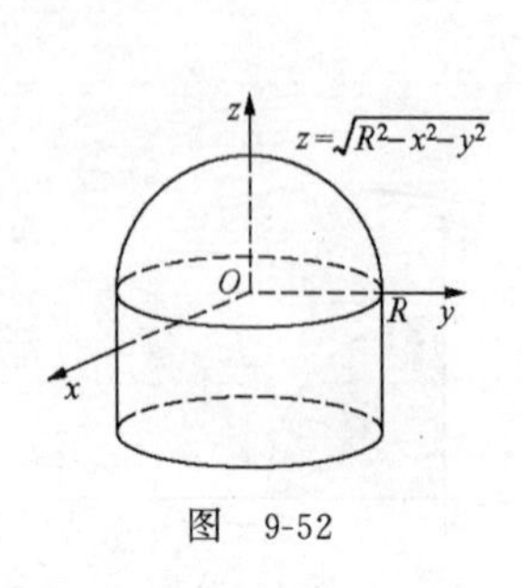

图 9-52

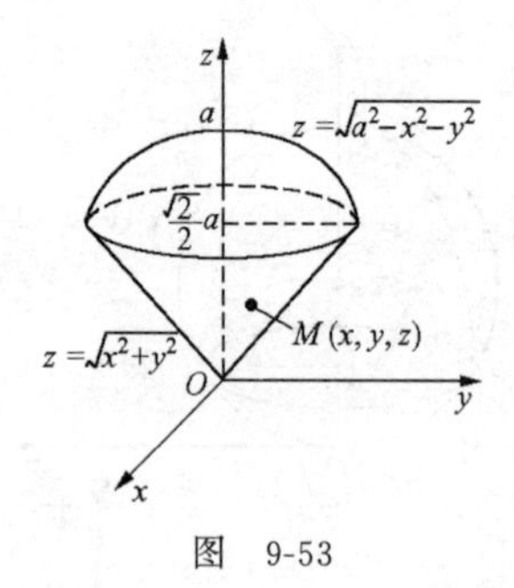

图 9-53

例 4 求由曲面 $z=\sqrt{a^2-x^2-y^2}$ 与 $z=\sqrt{x^2+y^2}$ 所围成的密度为 μ 的均匀球锥体对位于其顶点的单位质点的引力.

解 如图 9-53 所示,以锥体的顶点为原点建立空间直角坐标系.设引力 $\boldsymbol{F}=F_x\boldsymbol{i}+F_y\boldsymbol{j}+F_z\boldsymbol{k}$,由对称性,有

$$F_x=F_y=0.$$

在此球锥体内任取一点 $M(x,y,z)$,体积微元为 $\mathrm{d}v$,则 $\boldsymbol{F}$ 沿 z 轴方向的分力 F_z 的微元为

$$\mathrm{d}F_z=\frac{G\mu}{(x^2+y^2+z^2)}\cdot\frac{z}{\sqrt{x^2+y^2+z^2}}\mathrm{d}v,$$

其中 G 为引力常数.再设球锥体所占空间区域为 Ω,于是

$$F_z=\iiint_\Omega\frac{G\mu z}{(x^2+y^2+z^2)^{\frac{3}{2}}}\mathrm{d}v=G\mu\int_0^{2\pi}\mathrm{d}\theta\int_0^{\frac{\pi}{4}}\sin\varphi\cos\varphi\mathrm{d}\varphi\int_0^a\mathrm{d}r=\frac{1}{2}\pi G\mu a.$$

故所求引力为 $\boldsymbol{F}=\frac{1}{2}\pi G\mu a\boldsymbol{k}$.

习 题 九

1. 填空题:

(1) 设 $D=\{(x,y)\mid x^2+y^2\leqslant R^2\}$,则 $\lim\limits_{R\to0}\frac{1}{\pi R^2}\iint\limits_D\mathrm{e}^{x^2-y^2}\cos(x+y)\mathrm{d}x\mathrm{d}y=$__________.

(2) 设函数 $f(x,y)$连续,且 $f(x,y)=xy+\iint\limits_D f(u,v)\mathrm{d}u\mathrm{d}v$,其中 D 是由曲线 $y=x^2$,直线 $y=0,x=1$ 所围成的区域,则 $f(x,y)=$__________.

(3) 设函数 $f(x)$在区间$[-a,a](a\geqslant1)$上连续,$D=\{(x,y)\mid x^3\leqslant y\leqslant1,|x|\leqslant1\}$,则 $\iint\limits_D 2y[(x+1)f(x)+(x-1)f(-x)]\mathrm{d}x\mathrm{d}y=$__________.

(4) 设对于给定的空间区域 Ω,将三重积分 $I=\iiint\limits_\Omega f(x,y,z)\mathrm{d}v$ 分别化为直角坐标、柱面坐标与球面坐

标系下的三次积分，其中 Ω 为

1° $\sqrt{x^2+y^2}\leqslant z\leqslant\sqrt{2a^2-x^2-y^2}\,(a>0)$，则 $I=$________；$I=$________；$I=$________.

2° $x^2+y^2+z^2\leqslant R^2,x^2+y^2+z^2\leqslant 2Rz\,(R>0)$，则 $I=$________；$I=$________；$I=$________.

3° $x^2+y^2+z^2\leqslant 2Rz\,(R>0)$，则 $I=$________；$I=$________；$I=$________.

2. 单项选择题：

(1) 下列不等式中正确的是(　　).

(A) $\iint\limits_{\substack{|x|\leqslant 1\\|y|\leqslant 1}}(x-1)\mathrm{d}\sigma>0$　　(B) $\iint\limits_{\substack{|x|\leqslant 1\\|y|\leqslant 1}}(y-1)\mathrm{d}\sigma>0$

(C) $\iint\limits_{\substack{|x|\leqslant 1\\|y|\leqslant 1}}(x+1)\mathrm{d}\sigma>0$　　(D) $\iint\limits_{x^2+y^2\leqslant 1}(-x^2-y^2)\mathrm{d}\sigma>0$

(2) 设 $f(x,y)$ 为连续函数，则 $\int_0^{\frac{\pi}{4}}\mathrm{d}\theta\int_0^1 f(\rho\cos\theta,\rho\sin\theta)\rho\mathrm{d}\rho=$(　　).

(A) $\int_0^{\frac{\sqrt{2}}{2}}\mathrm{d}x\int_x^{\sqrt{1-x^2}}f(x,y)\mathrm{d}y$　　(B) $\int_0^{\frac{\sqrt{2}}{2}}\mathrm{d}x\int_0^{\sqrt{1-x^2}}f(x,y)\mathrm{d}y$

(C) $\int_0^{\frac{\sqrt{2}}{2}}\mathrm{d}y\int_y^{\sqrt{1-y^2}}f(x,y)\mathrm{d}x$　　(D) $\int_0^{\frac{\sqrt{2}}{2}}\mathrm{d}y\int_0^{\sqrt{1-y^2}}f(x,y)\mathrm{d}x$

(3) 设 D 是 Oxy 平面上以 $A(1,1),B(-1,1)$ 和 $C(-1,-1)$ 为顶点的三角形区域；D_1 是 D 在第一象限部分，则 $\iint\limits_D(x^3y^3+\cos x\sin y)\mathrm{d}x\mathrm{d}y=$(　　).

(A) $2\iint\limits_{D_1}\cos x\sin y\mathrm{d}x\mathrm{d}y$　　(B) $2\iint\limits_{D_1}x^3y^3\mathrm{d}x\mathrm{d}y$

(C) $4\iint\limits_{D_1}(x^3y^3+\cos x\sin y)\mathrm{d}x\mathrm{d}y$　　(D) 0

(4) 设 Ω：$x^2+y^2+z^2\leqslant a^2$，Ω_1：$x^2+y^2+z^2\leqslant a^2,z\leqslant 0$，$\Omega_2$：$x^2+y^2+z^2\leqslant a^2,x\geqslant 0,y\geqslant 0,z\geqslant 0$. 下列等式不成立的是(　　).

(A) $\iiint\limits_{\Omega}x\mathrm{d}v=\iiint\limits_{\Omega}z\mathrm{d}v$　　(B) $\iiint\limits_{\Omega_1}x\mathrm{d}v=4\iiint\limits_{\Omega_2}x\mathrm{d}v$

(C) $\iiint\limits_{\Omega_1}z\mathrm{d}v=4\iiint\limits_{\Omega_2}z\mathrm{d}v$　　(D) $\iiint\limits_{\Omega_1}xy\mathrm{d}v=\iiint\limits_{\Omega_1}yz\mathrm{d}v=\iiint\limits_{\Omega_1}zx\mathrm{d}v$

3. 改换下列二次积分的积分次序：

(1) $\int_0^{2\pi}\mathrm{d}x\int_0^{\sin x}f(x,y)\mathrm{d}y$；　　(2) $\int_{\sqrt{2}}^{\sqrt{3}}\mathrm{d}y\int_0^{\sqrt{y^2-2}}f(x,y)\mathrm{d}x+\int_{\sqrt{3}}^{2}\mathrm{d}y\int_0^{\sqrt{4-y^2}}f(x,y)\mathrm{d}x$.

4. 设 $f(x)=\int_1^{x^2}\mathrm{e}^{-y^2}\mathrm{d}y$，求 $\int_0^1 xf(x)\mathrm{d}x$.

5. 计算下列二次积分：

(1) $\int_0^1\mathrm{d}x\int_{x^2}^1\frac{xy}{\sqrt{1+y^3}}\mathrm{d}y$；　　(2) $\int_0^{\mathrm{e}}\mathrm{d}y\int_1^2\frac{\ln x}{\mathrm{e}^x}\mathrm{d}x+\int_{\mathrm{e}}^{\mathrm{e}^2}\mathrm{d}y\int_{\ln y}^2\frac{\ln x}{\mathrm{e}^x}\mathrm{d}x$.

6. 计算下列二重积分：

(1) $\iint\limits_D\sqrt{y^2-xy}\,\mathrm{d}x\mathrm{d}y$，其中 D 是由直线 $y=x,y=1$ 和 $x=0$ 所围成；

(2) $\iint\limits_D |\cos(x+y)|\mathrm{d}x\mathrm{d}y$,其中 D 由直线 $y=x,y=0$ 和 $x=\frac{\pi}{2}$ 所围成;

(3) $\iint\limits_D \frac{af(x)+bf(y)}{f(x)+f(y)}\mathrm{d}x\mathrm{d}y$,其中 $D=\{(x,y)|x^2+y^2\leqslant R^2\}$,$f(u)$为连续函数;

(4) $\iint\limits_D f(x,y)\mathrm{d}x\mathrm{d}y$,其中 $f(x,y)=\begin{cases}\mathrm{e}^{-(x+y)}, & x>0,y>0,\\ 0, & 其他,\end{cases}$ D 由直线 $x+y=a,x+y=b,y=0$ 和 $y=a+b(0<a<b)$所围成.

7. 将 $\iint\limits_D f(x,y)\mathrm{d}x\mathrm{d}y$ 化为极坐标的二次积分,其中

$$D=\{(x,y)|x^2+y^2\geqslant 1,x^2+y^2-2x\leqslant 0,y\geqslant 0\}.$$

8. 计算 $\int_0^a \mathrm{d}x\int_{-x}^{-a+\sqrt{a^2-x^2}}\frac{1}{\sqrt{x^2+y^2}\cdot\sqrt{4a^2-(x^2+y^2)}}\mathrm{d}y$.

9. 计算 $\iint\limits_D \sqrt{x^2+y^2}$,其中 $D=\left\{(x,y)\,\middle|\,x^2+y^2\leqslant a^2,\left(x-\frac{a}{2}\right)^2+y^2\geqslant\frac{a^2}{4}\right\}$.

10. 设 $f(x)$在$[a,b]$上连续,n 为大于 1 的正整数,试证

$$\int_a^b \mathrm{d}x\int_a^x (x-y)^{n-2}f(y)\mathrm{d}y=\frac{1}{n-1}\int_a^b (b-x)^{n-1}f(x)\mathrm{d}x.$$

11. 设 $f(x)$在$[a,b]$上连续且 $f(x)>0$,试证

$$\int_a^b f(x)\mathrm{d}x\cdot\int_a^b\frac{1}{f(x)}\mathrm{d}x\geqslant(b-a)^2.$$

12. 设对于给定的空间区域 Ω,将三重积分 $I=\iiint\limits_\Omega f(x,y,z)\mathrm{d}v$ 分别化为直角坐标、柱面坐标与球面坐标系下的三次积分,其中 Ω 为:

(1) $\sqrt{x^2+y^2}\leqslant z\leqslant\sqrt{2a^2-x^2-y^2}$ $(a>0)$;

(2) $x^2+y^2+z^2\leqslant R^2,x^2+y^2+z^2\leqslant 2Rz$ $(R>0)$;

(3) $x^2+y^2+z^2\leqslant 2Rz$ $(R>0)$.

13. 计算 $\iiint\limits_\Omega z\mathrm{d}x\mathrm{d}y\mathrm{d}z$,其中 Ω 是由曲面 $z=4-\sqrt{x^2+y^2}$和平面 $z=1,z=3$ 围成.

14. 设 $F(t)=\iiint\limits_\Omega f(z)\mathrm{d}x\mathrm{d}y\mathrm{d}z$,其中 $f(z)$连续,Ω 是 $z=\sqrt{t^2-x^2-y^2}(t>0)$与 $z=0$ 围成的上半球体.求 $F'(t)$及 $\lim\limits_{t\to 0^+}\frac{F(t)}{\pi t^3}$.

15. 计算 $\iiint\limits_\Omega \sqrt{x^2+y^2}\mathrm{d}x\mathrm{d}y\mathrm{d}z$,其中 Ω 是由曲面 $x^2+y^2=16$ 和平面 $z=0,y+z=4$ 围成.

16. 计算 $\iiint\limits_\Omega z(x^2+y^2)\mathrm{d}x\mathrm{d}y\mathrm{d}z$,其中 Ω: $z\geqslant\sqrt{x^2+y^2}$,$1\leqslant x^2+y^2+z^2\leqslant 4$.

17. 计算三次积分 $I=\int_0^1\mathrm{d}x\int_0^{1-x}\mathrm{d}z\int_0^{1-x-z}(1-y)\mathrm{e}^{-(1-y-z)^2}\mathrm{d}y$.

18. 将 $I=\int_0^1\mathrm{d}x\int_0^{1-x}\mathrm{d}y\int_0^{x+y}f(x,y,z)\mathrm{d}z$ 改变积分次序:

(1) 按先对 y,次对 z,最后对 x 积分的积分次序;

(2) 按先对 x,次对 y,最后对 z 积分的积分次序.

19. 设 $f(x,y,z)=(x+y+z)^2+\iiint\limits_{\Omega} f(x,y,z)\mathrm{d}x\mathrm{d}y\mathrm{d}z$,其中 Ω: $x^2+y^2+z^2\leqslant 1$,求函数 $f(x,y,z)$.

20. 计算空间 Ω: $x^2+y^2+z^2\leqslant 4R^2$,$x^2+y^2+z^2\leqslant 4Rz$ 的体积.

21. 求圆柱面 $x^2+y^2=a^2$ 被圆柱面 $x^2+z^2=a^2$ 所截下部分的面积.

22. 设球体 $x^2+y^2+z^2\leqslant 2Rz\,(R>0)$ 内各点的密度与该点到原点的距离成反比,求球体质量及重心的坐标.

第十章　曲线积分与曲面积分

一、对弧长的曲线积分的计算方法

1. 通过曲线的参数方程化为定积分

选取恰当的参数，将曲线，特别是空间曲线化成参数方程是问题的关键.

计算公式

(1) 若平面曲线 L 的参数方程是 $x=\varphi(t), y=\psi(t)(\alpha\leqslant t\leqslant\beta)$，则

$$\int_L f(x,y)\mathrm{d}s=\int_\alpha^\beta f(\varphi(t),\psi(t))\sqrt{\varphi'^2(t)+\psi'^2(t)}\mathrm{d}t.$$

(2) 若曲线 L 的直角坐标方程是 $y=\psi(x)(a\leqslant x\leqslant b)$，视 x 为参数，则

$$\int_L f(x,y)\mathrm{d}s=\int_a^b f(x,\psi(x))\sqrt{1+\psi'^2(x)}\mathrm{d}x.$$

(3) 若曲线 L 的直角坐标方程是 $x=\varphi(y)(c\leqslant y\leqslant d)$，视 y 为参数，则

$$\int_L f(x,y)\mathrm{d}s=\int_c^d f(\varphi(y),y)\sqrt{1+\varphi'^2(y)}\mathrm{d}y.$$

(4) 若曲线 L 的极坐标方程是 $\rho=\rho(\theta)(\alpha\leqslant\theta\leqslant\beta)$，且 $x=\rho(\theta)\cos\theta, y=\rho(\theta)\sin\theta$，则

$$\int_L f(x,y)\mathrm{d}s=\int_\alpha^\beta f(\rho(\theta)\cos\theta,\rho(\theta)\sin\theta)\sqrt{\rho^2(\theta)+\rho'^2(\theta)}\mathrm{d}\theta.$$

(5) 若空间曲线 Γ 的参数方程是 $x=\varphi(t), y=\psi(t), z=\omega(t)(\alpha\leqslant t\leqslant\beta)$，则

$$\int_\Gamma f(x,y,z)\mathrm{d}s=\int_\alpha^\beta f(\varphi(t),\psi(t),\omega(t))\sqrt{\varphi'^2(t)+\psi'^2(t)+\omega'^2(t)}\mathrm{d}t.$$

注　(1) 在上述各公式中，积分下限一定小于积分上限.

(2) 由于被积函数中变量应满足曲线方程，因此曲线方程的表述式可直接代入被积函数，以简化被积函数. 见例 1，例 4.

2. 用曲线方程中变量的对称性简化计算

若曲线 Γ 方程中的三个变量 x,y,z 具有轮换对称性，即三个变量中任意两个对换，Γ 的方程不变，则可用对称性简化计算. 见例 5.

3. 用曲线的对称性与被积函数的奇偶性简化计算

(1) 曲线 L 关于 x 轴对称，且 x 轴上方部分曲线段为 L_1，则

$$\int_L f(x,y)\mathrm{d}s=\begin{cases}0, & f(x,-y)=-f(x,y),\\ 2\int_{L_1} f(x,y)\mathrm{d}s, & f(x,-y)=f(x,y)\text{(见例 3)}.\end{cases}$$

(2) 曲线 L 关于 y 轴对称,且 y 轴右方部分曲线段为 L_1,则

$$\int_L f(x,y)\mathrm{d}s=\begin{cases}0, & f(-x,y)=-f(x,y),\\ 2\int_{L_1} f(x,y)\mathrm{d}s, & f(-x,y)=f(x,y)\text{(见例 3)}.\end{cases}$$

(3) 曲线 L 关于原点对称,且两对称部分的曲线为 L_1 和 L_2,即 $L=L_1+L_2$,则

$$\int_L f(x,y)\mathrm{d}s=\begin{cases}0, & f(-x,-y)=-f(x,y),\\ 2\int_{L_1} f(x,y)\mathrm{d}s, & f(-x,-y)=f(x,y).\end{cases}$$

(4) 曲线 L 关于直线 $y=x$ 对称,则(见例 6)

$$\int_L f(x,y)\mathrm{d}s=\int_L f(y,x)\mathrm{d}s.$$

例 1 计算 $\oint_L (x+y)\mathrm{e}^{x^2+y^2}\mathrm{d}s$,$L$ 为圆弧 $y=\sqrt{a^2-x^2}$,$y=x$ 与 $y=-x$ 所围成扇形区域的边界.

解 如图 10-1 所示,曲线弧由三段组成,其中

$$L_1:\ y=x,0\leqslant x\leqslant\frac{a}{\sqrt{2}};$$

$$L_2:\ y=\sqrt{a^2-x^2},-\frac{a}{\sqrt{2}}\leqslant x\leqslant\frac{a}{\sqrt{2}};$$

$$L_3:\ y=-x,-\frac{a}{\sqrt{2}}\leqslant x\leqslant 0.$$

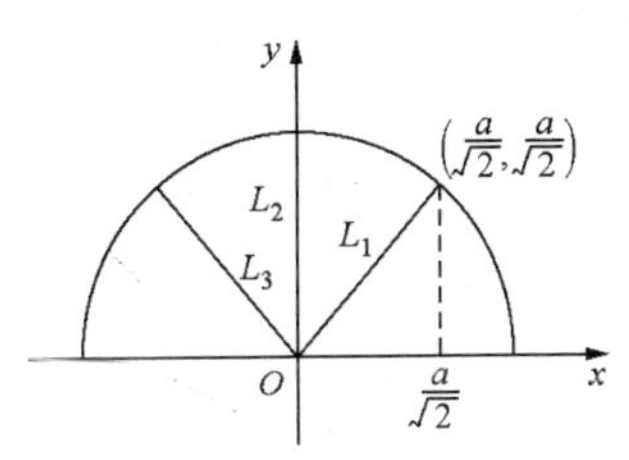

图 10-1

若视 x 为参数,注意到 $y'=(x)'=1$,$y'=(\sqrt{a^2-x^2})'=\dfrac{-x}{\sqrt{a^2-x^2}}$,$y'=(-x)'=-1$,则

$$\int_{L_1}(x+y)\mathrm{e}^{x^2+y^2}\mathrm{d}s=\int_0^{\frac{a}{\sqrt{2}}}2x\mathrm{e}^{2x^2}\sqrt{1+1^2}\mathrm{d}x=\frac{\sqrt{2}}{2}\mathrm{e}^{2x^2}\Big|_0^{\frac{a}{\sqrt{2}}}=\frac{\sqrt{2}}{2}(\mathrm{e}^{a^2}-1),$$

$$\int_{L_2}(x+y)\mathrm{e}^{x^2+y^2}\mathrm{d}s=\int_{-\frac{a}{\sqrt{2}}}^{\frac{a}{\sqrt{2}}}(x+\sqrt{a^2-x^2})\mathrm{e}^{a^2}\sqrt{1+\left(\frac{-x}{\sqrt{a^2-x^2}}\right)^2}\mathrm{d}x$$

$$=a\mathrm{e}^{a^2}\int_{-\frac{a}{\sqrt{2}}}^{\frac{a}{\sqrt{2}}}\frac{x+\sqrt{a^2-x^2}}{\sqrt{a^2-x^2}}\mathrm{d}x$$

$$=a\mathrm{e}^{a^2}\int_{-\frac{a}{\sqrt{2}}}^{\frac{a}{\sqrt{2}}}\mathrm{d}x=\sqrt{2}a^2\mathrm{e}^{a^2},$$

$$\int_{L_3}(x+y)\mathrm{e}^{x^2+y^2}\mathrm{d}s=\int_{-\frac{a}{\sqrt{2}}}^{0}0\mathrm{e}^{2x^2}\sqrt{1+(-1)^2}\mathrm{d}x=0,$$

于是 $$I=\int_{L_1}(x+y)\mathrm{e}^{x^2+y^2}\mathrm{d}s+\int_{L_2}(x+y)\mathrm{e}^{x^2+y^2}\mathrm{d}s+\int_{L_3}(x+y)\mathrm{e}^{x^2+y^2}\mathrm{d}s$$

$$=\frac{\sqrt{2}}{2}(\mathrm{e}^{a^2}-1)+\sqrt{2}a^2\mathrm{e}^{a^2}.$$

由于曲线 L_2 的参数方程是 $x=a\cos t, y=a\sin t, \frac{\pi}{4}\leqslant t\leqslant\frac{3\pi}{4}$，且 $\mathrm{d}s=a\mathrm{d}t$，由此，也有

$$\int_{L_2}(x+y)\mathrm{e}^{x^2+y^2}\mathrm{d}s=\int_{\frac{\pi}{4}}^{\frac{3\pi}{4}}a(\cos t+\sin t)\mathrm{e}^{a^2}a\mathrm{d}t=\sqrt{2}a^2\mathrm{e}^{a^2}.$$

例 2　计算 $\oint_L(x+y)\mathrm{d}s$，其中 L 为双纽线 $(x^2+y^2)^2=a^2(x^2-y^2)$ 的右面的一瓣.

解　如图 10-2 所示，双纽线的极坐标方程为 $\rho^2=a^2\cos2\theta$，故 L 的参数为

$$x=\rho(\theta)\cos\theta=a\sqrt{\cos2\theta}\cos\theta,\quad y=\rho(\theta)\sin\theta=a\sqrt{\cos2\theta}\sin\theta,\quad -\frac{\pi}{4}\leqslant\theta\leqslant\frac{\pi}{4}.$$

又
$$\mathrm{d}s=\sqrt{\rho^2(\theta)+\rho'^2(\theta)}\mathrm{d}\theta=\sqrt{a^2\cos2\theta+a^2\frac{\sin^22\theta}{\cos2\theta}}\mathrm{d}\theta=\frac{a}{\sqrt{\cos2\theta}}\mathrm{d}\theta,$$

于是
$$I=\int_{-\frac{\pi}{4}}^{\frac{\pi}{4}}a\sqrt{\cos2\theta}(\cos\theta+\sin\theta)\cdot\frac{a}{\sqrt{\cos2\theta}}\mathrm{d}\theta=\sqrt{2}a^2.$$

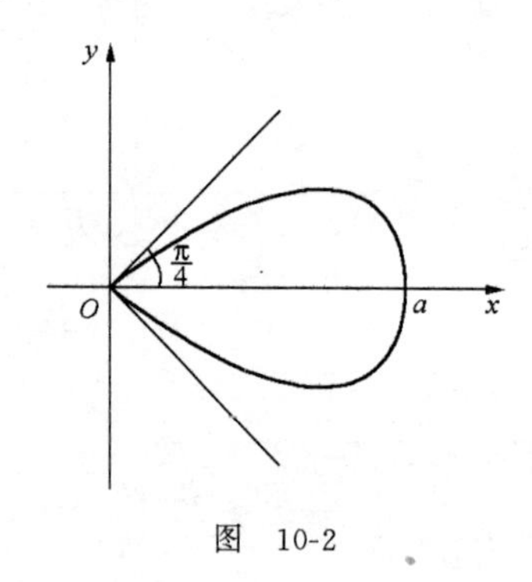

图　10-2

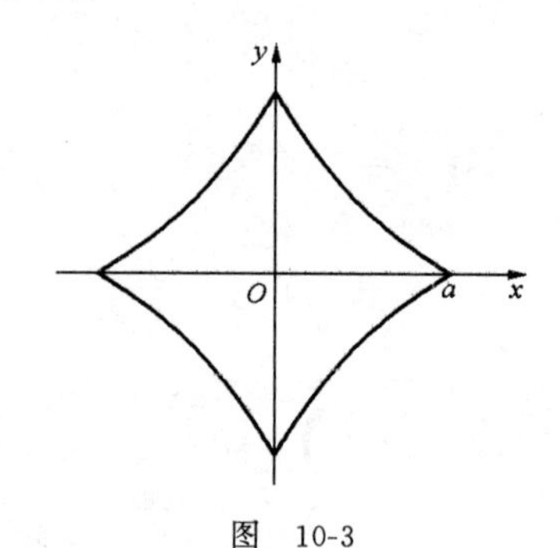

图　10-3

例 3　设 L 是星形线 $x^{\frac{2}{3}}+y^{\frac{2}{3}}=a^{\frac{2}{3}}$，计算 $\oint_L(x^{\frac{4}{3}}+y^{\frac{4}{3}})\mathrm{d}s$.

解　星形线如图 10-3 所示，其关于 x,y 轴均对称，且被积函数关于 y,x 均为偶函数，记 L_1 是曲线 L 在第一象限中的曲线段，则

$$I=4\int_{L_1}(x^{\frac{4}{3}}+y^{\frac{4}{3}})\mathrm{d}s.$$

因 L 的参数方程是 $x=a\cos^3t, y=a\sin^3t(0\leqslant t\leqslant2\pi)$，且 $\mathrm{d}s=3a|\cos t\sin t|\mathrm{d}t$，于是

$$I=4\int_0^{\frac{\pi}{2}}a^{\frac{4}{3}}(\cos^4t+\sin^4t)\cdot3a\cos t\sin t\mathrm{d}t=4a^{\frac{7}{3}}.$$

例 4　计算 $\int_\Gamma(x^2+y^2+z^2)\mathrm{d}s$，其中 Γ 是曲面 $x^2+y^2+z^2=\frac{9}{2}$ 与平面 $x+z=1$ 的交线.

分析　本题的关键是将曲线 Γ 用参数方程表示.

解　由 $x+z=1$ 得 $z=1-x$，将其代入 $x^2+y^2+z^2=\dfrac{9}{2}$ 中得 $\dfrac{(x-1/2)^2}{2}+\dfrac{y^2}{4}=1$. 该式可写成参数方程

$$x=\sqrt{2}\cos t+\frac{1}{2}\left(\frac{x-1/2}{\sqrt{2}}=\cos t\right),\quad y=2\sin t,\quad 0\leqslant t\leqslant 2\pi,$$

于是

$$z=1-x=\frac{1}{2}-\sqrt{2}\cos t.$$

因

$$\mathrm{d}s=\sqrt{\left(\frac{\mathrm{d}x}{\mathrm{d}t}\right)^2+\left(\frac{\mathrm{d}y}{\mathrm{d}t}\right)^2+\left(\frac{\mathrm{d}z}{\mathrm{d}t}\right)^2}\,\mathrm{d}t=2\mathrm{d}t,\quad 且\quad x^2+y^2+z^2=\frac{9}{2},$$

故

$$I=\int_0^{2\pi}\frac{9}{2}\cdot 2\mathrm{d}t=18\pi.$$

例 5　计算 $\oint_\Gamma(x^2+y+3z)\mathrm{d}s$，其中 Γ 为球面 $x^2+y^2+z^2=a^2$ 与平面 $x+y+z=0$ 的交线.

解　如图 10-4 所示，球面 $x^2+y^2+z^2=a^2$ 与经过球心的平面 $x+y+z=0$ 的交线，是空间中一个半径为 a 的圆周. 利用三个变量 x,y,z 的轮换对称性，因

$$\oint_\Gamma x\mathrm{d}s=\oint_\Gamma y\mathrm{d}s=\oint_\Gamma z\mathrm{d}s=\frac{1}{3}\oint_\Gamma(x+y+z)\mathrm{d}s=0,$$

$$\oint_\Gamma x^2\mathrm{d}s=\oint_\Gamma y^2\mathrm{d}s=\oint_\Gamma z^2\mathrm{d}s=\frac{1}{3}\oint_\Gamma(x^2+y^2+z^2)\mathrm{d}s$$

$$=\frac{a^2}{3}\oint_\Gamma\mathrm{d}s=\frac{a^2}{3}2\pi a=\frac{2}{3}\pi a^3,$$

故

$$I=\oint_\Gamma x^2\mathrm{d}s+\oint_\Gamma y\mathrm{d}s+3\oint_\Gamma z\mathrm{d}s=\frac{2}{3}\pi a^3.$$

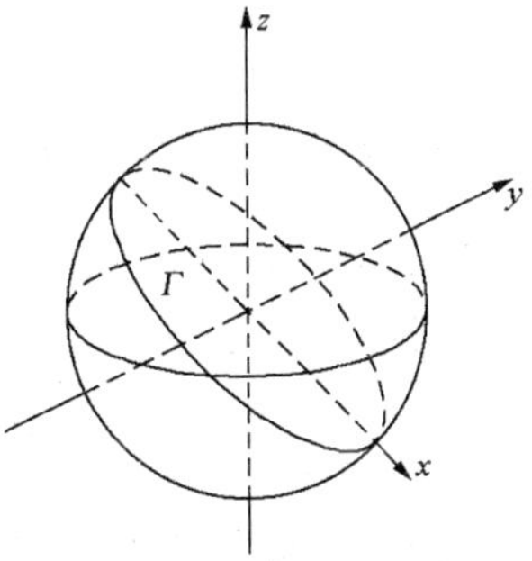

图　10-4

例 6　计算 $\int_L|x|\mathrm{d}s$，其中 L 为 $|x|+|y|=1$.

解　因 L 关于直线 $y=x$ 对称，故

$$I=\frac{1}{2}\int_L[|x|+|y|]\mathrm{d}s=\frac{1}{2}\int_L\mathrm{d}s=\frac{1}{2}\cdot 4\sqrt{2}=2\sqrt{2}.$$

例 7　求圆柱面 $x^2+y^2=ay\,(a>0)$ 上介于平面 $z=0$ 与曲面 $z=\dfrac{h}{a}\sqrt{x^2+y^2}\,(h>0)$ 之间部分的面积 A.

分析　以 Oxy 平面上的光滑曲线 L 为准线，母线平行于 z 轴的柱面，被曲面 $z=f(x,y)\,(\geqslant 0)$ 所截，则在平面 $z=0$ 与曲面 $z=f(x,y)$ 之间柱面面积

$$A=\int_L f(x,y)\mathrm{d}s.$$

解　设 L 为 Oxy 平面上的曲线 $x^2+y^2=ay$，其极坐标方程是 $\rho=a\sin\theta\,(0\leqslant\theta\leqslant\pi)$（图 10-5）. 由于

$$\mathrm{d}s=\sqrt{\rho^2+[\rho'(\theta)]^2}\mathrm{d}\theta=a\mathrm{d}\theta,$$

故所求面积

$$A=\int_L\frac{h}{a}\sqrt{x^2+y^2}\mathrm{d}s=\frac{h}{a}\int_0^{\pi}\sqrt{[a\sin\theta\cos\theta]^2+[a\sin\theta\sin\theta]^2}a\mathrm{d}\theta$$

$$=ah\int_0^{\pi}\sin\theta\mathrm{d}\theta=2ah.$$

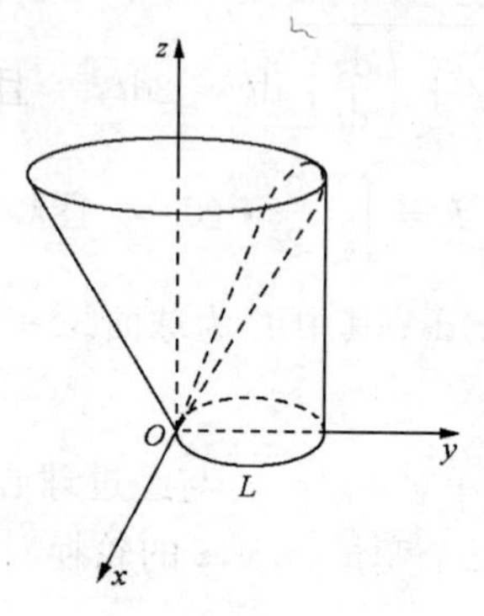

图　10-5

例 8　设分布质量的曲线 L 的方程为 $x^2+y^2+x=\sqrt{x^2+y^2}$，L 上任意点 (x,y) 处的线密度为 $\mu=\sqrt{x^2+y^2}$，求曲线 L 的质量 M 及质心坐标 $(\bar{x},\bar{y})$.

分析　依题设，

$$M=\int_L\mu\mathrm{d}s,\quad \bar{x}=\frac{1}{M}\int_L x\mu\mathrm{d}s,\quad \bar{y}=\frac{1}{M}\int_L y\mu\mathrm{d}s.$$

解　L 是心形线，其极坐标方程是 $\rho=1-\cos\theta, 0\leqslant\theta\leqslant2\pi$，于是 L 的参数方程是

$$x=(1-\cos\theta)\cos\theta,\quad y=(1-\cos\theta)\sin\theta,\quad 0\leqslant\theta\leqslant2\pi.$$

又

$$\mathrm{d}s=\sqrt{\rho^2+\left(\frac{\mathrm{d}\rho}{\mathrm{d}\theta}\right)^2}\mathrm{d}\theta=2\left|\sin\frac{\theta}{2}\right|\mathrm{d}\theta,$$

故

$$M=\oint_L\mu\mathrm{d}s=\oint_L\sqrt{x^2+y^2}\mathrm{d}s=2\int_0^{2\pi}(1-\cos\theta)\sin\frac{\theta}{2}\mathrm{d}\theta$$

$$=4\int_0^{2\pi}\sin^3\frac{\theta}{2}\mathrm{d}\theta=8\int_0^{\pi}\sin^3t\mathrm{d}t=\frac{32}{3},$$

$$\bar{x}=\frac{1}{M}\oint_L x\mu\mathrm{d}s=\frac{3\cdot2}{32}\int_0^{2\pi}(1-\cos\theta)^2\cos\theta\sin\frac{\theta}{2}\mathrm{d}\theta$$

$$=\frac{3}{4}\int_0^{2\pi}\left(1-2\sin^2\frac{\theta}{2}\right)\sin^5\frac{\theta}{2}\mathrm{d}\theta=\frac{3}{2}\int_0^{\pi}(\sin^5t-2\sin^7t)\mathrm{d}t=-\frac{8}{7},$$

$$\bar{y}=\frac{1}{M}\oint_L y\mu\mathrm{d}s=\frac{1}{M}\oint_L y\sqrt{x^2+y^2}\mathrm{d}s=0.$$

上式,曲线 L 关于 x 轴对称,且被积函数关于 y 是奇函数,所以积分值为零.

例 9 设圆锥螺线 Γ 的方程为 $x=e^t\cos t, y=e^t\sin t, z=\sqrt{2}e^t, -\infty<t\leqslant 0$. Γ 上任意点 (x,y,z) 处的线密度 $\mu=x^2+y^2+z^2$,求 Γ 对于 z 轴的转动惯量 I_z.

分析 线密度为 $\mu(x,y,z)$ 的曲线 Γ 对 z 轴的转动惯量 $I_z=\int_\Gamma (x^2+y^2)\mu ds$.

解 因
$$ds=\sqrt{\left(\frac{dx}{dt}\right)^2+\left(\frac{dy}{dt}\right)^2+\left(\frac{dz}{dt}\right)^2}dt$$
$$=\sqrt{e^{2t}(\cos t-\sin t)^2+e^{2t}(\sin t+\cos t)^2+2e^{2t}}dt=2e^t dt,$$

故
$$I_z=\int_\Gamma (x^2+y^2)\mu ds=\int_\Gamma (x^2+y^2)(x^2+y^2+z^2)ds$$
$$=\int_{-\infty}^0 e^{2t}\cdot e^{2t}(1+2)\cdot 2e^t dt=6\int_{-\infty}^0 e^{5t}dt=\frac{6}{5}.$$

二、对坐标的曲线积分的计算方法

1. 通过曲线的参数方程化为定积分

若平面曲线 L 的参数方程是 $x=\varphi(t), y=\psi(t)$, L 的起点与终点对应的参数值分别是 α 与 β,则(例 1 解 1)
$$\int_L P(x,y)dx+Q(x,y)dy=\int_\alpha^\beta [P(\varphi(t),\psi(t))\varphi'(t)+Q(\varphi(t),\psi(t))\psi'(t)]dt. \quad (1)$$

若平面曲线 L 的直角坐标方程是 $y=\psi(x)(a\leqslant x\leqslant b)$,则(例 1 解 2,例 2)
$$\int_L P(x,y)dx+Q(x,y)dy=\int_a^b [P(x,\psi(x))+Q(x,\psi(x))\psi'(x)]dx.$$

对空间曲线 Γ 上的曲线积分**有类似上述**(1)**式的计算公式**(例 3～例 5).

还须指出,对坐标的空间曲线积分还有如下两种计算方法:

其一,将 Γ 投影到坐标平面上化为平面上的曲线积分. 例如,若投影到 Oxy 平面上,须将 Γ 的方程和被积表达式均化为只含 x 与 y 的二元函数. 见例 5 解 2.

其二,用斯托克斯公式化为相应的曲面积分. **例题见本章“五、斯托克斯公式”**.

注 由于被积函数中的变量满足曲线 L 或 Γ 的方程,因此可用曲线的方程简化被积函数. 见例 1 解 2,例 6.

2. 用曲线的对称性与被积函数的奇偶性简化计算

(1) 曲线 L 关于 x 轴对称,且在 x 轴上方部分的曲线段是 L_1,则
$$\int_L P(x,y)dx=\begin{cases}0, & P(x,-y)=P(x,y)(\text{见例 7}),\\ 2\int_{L_1}P(x,y)dx, & P(x,-y)=-P(x,y);\end{cases}$$

$$\int_L Q(x,y)\mathrm{d}y=\begin{cases}0, & Q(x,-y)=-Q(x,y),\\ 2\int_{L_1} Q(x,y)\mathrm{d}y, & Q(x,-y)=Q(x,y).\end{cases}$$

(2) 曲线 L 关于 y 轴对称,且在 y 轴右方部分的曲线段是 L_1,则

$$\int_L P(x,y)\mathrm{d}x=\begin{cases}0, & P(-x,y)=-P(x,y)(\text{见例 7}),\\ 2\int_{L_1} P(x,y)\mathrm{d}x, & P(-x,y)=P(x,y);\end{cases}$$

$$\int_L Q(x,y)\mathrm{d}y=\begin{cases}0, & Q(-x,y)=Q(x,y),\\ 2\int_{L_1} Q(x,y)\mathrm{d}y, & Q(-x,y)=-Q(x,y).\end{cases}$$

3. 用格林公式将曲线积分化为二重积分

设 L 是闭区域 D 的取正向的边界线,则

$$\oint_L P\mathrm{d}x+Q\mathrm{d}y=\iint_D\left(\frac{\partial Q}{\partial x}-\frac{\partial P}{\partial y}\right)\mathrm{d}x\mathrm{d}y.$$

(1) **直接用格林公式**　对闭曲线 L,用格林公式计算二重积分.见例 8～例 10.

(2) **添加辅助线后再用格林公式**　若曲线 L 不封闭,添加辅助线 L_1,使 L 与 L_1 构成闭曲线,再在闭曲线上用格林公式.通常可取平行于坐标轴的直线做辅助线.见例 11.

(3) **挖去某区域后再用格林公式**　D 是由闭曲线 L 围成的闭区域,点 $M_0(x_0,y_0)\in D$. 在 M_0,P,Q 不满足格林公式的条件,除 M_0 外,P,Q 在 D 内具有一阶连续的偏导数,且 $\frac{\partial Q}{\partial x}=\frac{\partial P}{\partial y}$. L_1 是 D 中环绕 M_0 的一条闭曲线(顺时针方向),围成区域 D_1,$D_0=D-D_1$. 在 D_0 上用格林公式,有

$$\int_{L+L_1} P\mathrm{d}x+Q\mathrm{d}y=\iint_{D_0}\left(\frac{\partial Q}{\partial x}-\frac{\partial P}{\partial y}\right)\mathrm{d}x\mathrm{d}y=0,$$

即

$$\int_L P\mathrm{d}x+Q\mathrm{d}y=-\int_{L_1} P\mathrm{d}x+Q\mathrm{d}y.$$

这样,欲求等式左端就转化为求等式右端.见例 12.

4. 判定平面曲线积分与路径无关,计算曲线积分

(1) 平面上曲线积分与路径无关的条件.

设 D 是一个单连通区域,$P(x,y)$,$Q(x,y)$ 在 D 内具有一阶连续偏导数,则下面四个条件互相等价:

1° 对 D 内任意分段光滑曲线 L,曲线积分

$$\int_L P(x,y)\mathrm{d}x+Q(x,y)\mathrm{d}y$$

与积分路径无关;

2° $\frac{\partial Q}{\partial x}=\frac{\partial P}{\partial y}$在 D 内恒成立；

3° 在 D 内任一分段光滑闭曲线 C 上的积分为零，即

$$\oint_C P(x,y)\mathrm{d}x + Q(x,y)\mathrm{d}y = 0;$$

4° 在 D 内，$P\mathrm{d}x+Q\mathrm{d}y$ 是某一函数 $u(x,y)$ 的全微分，即

$$\mathrm{d}u(x,y) = P(x,y)\mathrm{d}x + Q(x,y)\mathrm{d}y.$$

(2) 曲线积分与路径无关时，计算曲线积分的方法.

设曲线积分 $\int_L P\mathrm{d}x + Q\mathrm{d}y$ 与路径无关，其中 L 是从点 $A(x_0,y_0)$ 到点 $B(x_1,y_1)$ 的一段弧.

1° **选择特殊路径代替** $\overset{\frown}{AB}$ 常选择平行于坐标轴的折线路径，这时计算公式是(见例13～例15)

$$\int_{(x_0,y_0)}^{(x_1,y_1)} P\mathrm{d}x + Q\mathrm{d}y = \int_{x_0}^{x_1} P(x,y_0)\mathrm{d}x + \int_{y_0}^{y_1} Q(x_1,y)\mathrm{d}y,$$

或

$$\int_{(x_0,y_0)}^{(x_1,y_1)} P\mathrm{d}x + Q\mathrm{d}y = \int_{y_0}^{y_1} Q(x_0,y)\mathrm{d}y + \int_{x_0}^{x_1} P(x,y_1)\mathrm{d}x.$$

2° **求被积表达式的原函数** 设 $u(x,y)$ 是 $P\mathrm{d}x+Q\mathrm{d}y$ 的原函数，则有类似牛顿-莱布尼兹的公式

$$\int_{\overset{\frown}{AB}} P\mathrm{d}x + Q\mathrm{d}y = u(x,y)\Big|_A^B = u(B) - u(A).$$

求 $P\mathrm{d}x+Q\mathrm{d}y$ 的原函数可用三种方法：

其一，特殊路径法 设 $A(x_0,y_0)$ 是曲线 L 的起点，$B(x,y)$ 是 D 中任意点，则

$$u(x,y) = \int_{x_0}^{x} P(x,y_0)\mathrm{d}x + \int_{y_0}^{y} Q(x,y)\mathrm{d}y,$$

或

$$u(x,y) = \int_{y_0}^{y} Q(x_0,y)\mathrm{d}y + \int_{x_0}^{x} P(x,y)\mathrm{d}x.$$

其二，不定积分法 由$\frac{\partial u}{\partial x}=P(x,y)$，对 x 积分得(见例13解2)

$$u(x,y) = \int P(x,y)\mathrm{d}x + C(y),$$

由$\frac{\partial u}{\partial y}=\frac{\partial}{\partial y}\left(\int P(x,y)\mathrm{d}x\right)+C'(y)=Q(x,y)$求出 $C'(y)$. 再求 $C(y)$.

其三，观察法 当 $P(x,y)\mathrm{d}x+Q(x,y)\mathrm{d}y$ 较为简单时，可由该式看出其原函数，常将该式分项或分组，逆用微分法则求出原函数. 见例13解3.

(3) 由曲线积分与路径无关条件确定被积表达式中的待定函数或待定常数.

当函数 $P(x,y)$ 或 $Q(x,y)$ 或 $P(x,y)$，$Q(x,y)$ 中的一部分未知时，用等式$\frac{\partial Q}{\partial x}=\frac{\partial P}{\partial y}$建立未知函数所满足的关系式，从而求得未知函数，见例16～例19；同样方法求待定常数. 见例

20.

(4) 由曲线积分与路径无关条件,确定存在函数 $u(x,y)$,使 $du(x,y)=P(x,y)dx+Q(x,y)dy$,并求 $u(x,y)$. 见例 21.

(5) 当 $\frac{\partial Q}{\partial x}\neq\frac{\partial P}{\partial y}$ 时,有的曲线积分可对被积函数恒等变形(对被积函数拆项或加减同一项),以构造一个与积分路径无关的新曲线积分,从而简化计算. 见例 22 解 2.

例 1 计算 $\int_L (x^2+y^2)dx+(x^2-y^2)dy$,其中 L(图 10-6)为

(1) 圆心在原点,半径为 1 的圆弧 $\overset{\frown}{AB}$;　(2) 折线 ACB.

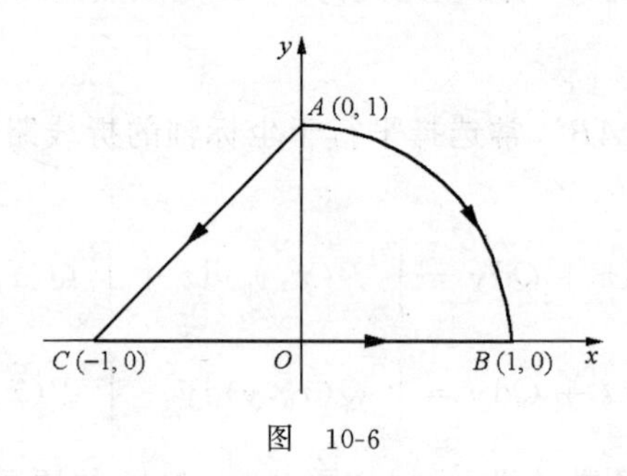

图 10-6

解 (1) 解 1　L 为圆弧 $\overset{\frown}{AB}$,其参数方程为 $x=\cos t, y=\sin t$;L 起点 A,终点 B 所对应的参数值分别是 $\frac{\pi}{2}$,0. 于是

$$I=\int_{\frac{\pi}{2}}^{0}[(\cos^2 t+\sin^2 t)(-\sin t)+(\cos^2 t-\sin^2 t)\cos t]dt$$

$$=-\int_{\frac{\pi}{2}}^{0}\sin t dt+\int_{\frac{\pi}{2}}^{0}(1-2\sin^2 t)d\sin t=1-\frac{1}{3}=\frac{2}{3}.$$

解 2　圆弧 $\overset{\frown}{AB}$ 的方程为 $x^2+y^2=1$,且 $x^2-y^2=1-y^2-y^2$,于是

$$I=\int_L dx+\int_L(1-2y^2)dy=\int_0^1 dx+\int_1^0(1-2y^2)dy=1-\frac{1}{3}=\frac{2}{3}.$$

(2) 折线 ACB 分成直线段 AC 与 CB. 直线 AC 的方程为 $y=x+1$,视 x 为参数,x 从 0 变到 -1,且 $y'_x=1$,则

$$I_{AC}=\int_0^{-1}\{x^2+(x+1)^2+[x^2-(x+1)^2]\cdot 1\}dx=\int_0^{-1}2x^2dx=-\frac{2}{3}.$$

直线 CB 的方程为 $y=0$,视 x 为参数,x 从 -1 变到 1,且 $dy=0$,则

$$I_{CB}=\int_{-1}^{1}x^2dx=\frac{2}{3}.$$

综上
$$I_{ACB}=I_{AC}+I_{CB}=0.$$

例 2 已知平面区域 $D=\{(x,y)|0\leqslant x\leqslant\pi, 0\leqslant y\leqslant\pi\}$,$L$ 为 D 的正向边界,试证:

(1) $\oint_L x\mathrm{e}^{\sin y}\mathrm{d}y - y\mathrm{e}^{-\sin x}\mathrm{d}x = \oint_L x\mathrm{e}^{-\sin y}\mathrm{d}y - y\mathrm{e}^{\sin x}\mathrm{d}x$；

(2) $\oint_L x\mathrm{e}^{\sin y}\mathrm{d}y - y\mathrm{e}^{-\sin x}\mathrm{d}x \geqslant 2x^2$.

解 (1) 由题设，曲线 L 如图 10-7 所示，其中

$$OA: y = 0, 0 \leqslant x \leqslant \pi;\quad AB: x = \pi, 0 \leqslant y \leqslant \pi;$$
$$BC: y = \pi, 0 \leqslant x \leqslant \pi;\quad CO: x = 0, 0 \leqslant y \leqslant \pi.$$

$$\begin{aligned}\text{左端} &= \int_{\overline{OA}+\overline{AB}+\overline{BC}+\overline{CO}} x\mathrm{e}^{\sin y}\mathrm{d}y - y\mathrm{e}^{-\sin x}\mathrm{d}x\\ &= 0 + \int_0^{\pi}\pi\mathrm{e}^{\sin y}\mathrm{d}y + \int_{\pi}^{0} - \pi\mathrm{e}^{-\sin x}\mathrm{d}x + 0\\ &= \pi\int_0^{\pi}(\mathrm{e}^{\sin x} + \mathrm{e}^{-\sin x})\mathrm{d}x,\end{aligned}$$

$$\begin{aligned}\text{右端} &= \int_{\overline{OA}+\overline{AB}+\overline{BC}+\overline{CO}} x\mathrm{e}^{-\sin y}\mathrm{d}y - y\mathrm{e}^{\sin x}\mathrm{d}x\\ &= 0 + \int_0^{\pi}\pi\mathrm{e}^{-\sin y}\mathrm{d}y + \int_{\pi}^{0} - \pi\mathrm{e}^{\sin x}\mathrm{d}x + 0\\ &= \pi\int_0^{\pi}(\mathrm{e}^{-\sin x} + \mathrm{e}^{\sin x})\mathrm{d}x,\end{aligned}$$

故所证等式成立.

(2) 由 $\mathrm{e}^{-\sin x}+\mathrm{e}^{\sin x}\geqslant 2$，由(1)已知得

$$\oint_L x\mathrm{e}^{\sin y}\mathrm{d}y - y\mathrm{e}^{-\sin x}\mathrm{d}x = \pi\int_0^{\pi}(\mathrm{e}^{\sin x} + \mathrm{e}^{-\sin x})\mathrm{d}x \geqslant 2\pi^2.$$

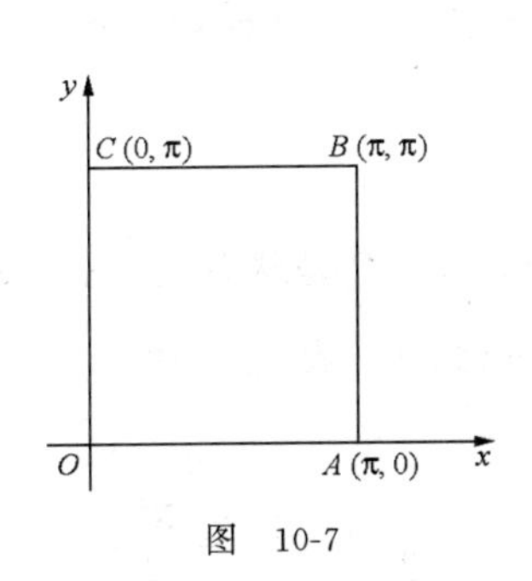

图 10-7

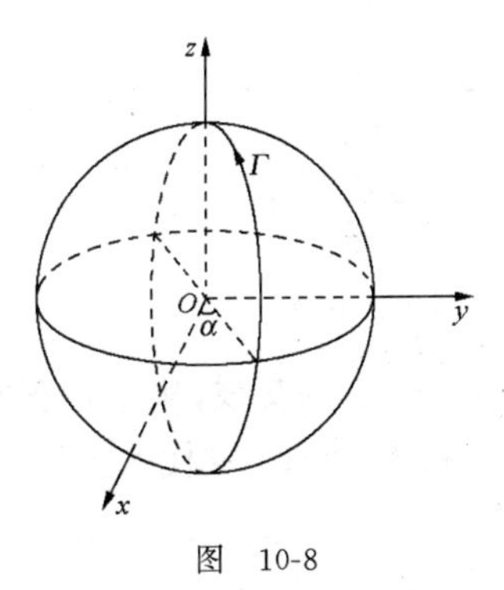

图 10-8

例 3 计算 $\oint_\Gamma (y - z)\mathrm{d}x + (z - x)\mathrm{d}y + (x - y)\mathrm{d}z$，其中 Γ 是圆周

$$\begin{cases}x^2 + y^2 + z^2 = a^2,\\ y = x\tan\alpha \quad \left(0 < \alpha < \dfrac{\pi}{2}\right),\end{cases}$$

从 x 轴的正向看去，圆周沿逆时针方向，如图 10-8 所示.

解　将 $y=x\tan\alpha$ 代入球面方程，得 $\frac{x^2}{\cos^2\alpha}+z^2=a^2$，所以 Γ 的参数方程是

$$x=a\cos\alpha\cos t,\quad y=a\sin\alpha\cos t,\quad z=a\sin t,\quad t\text{ 从 }0\text{ 变到 }2\pi.$$

于是 $$I=\int_0^{2\pi}[(a\sin\alpha\cos t-a\sin t)(-a\cos\alpha\sin t)+(a\sin t-a\cos\alpha\cos t)(-a\sin\alpha\sin t)$$
$$+(a\cos\alpha\cos t-a\sin\alpha\cos t)(a\cos t)]\mathrm{d}t$$
$$=a^2\int_0^{2\pi}(\cos\alpha-\sin\alpha)(\sin^2t+\cos^2t)\mathrm{d}t=2\pi a^2(\cos\alpha-\sin\alpha).$$

例 4　计算 $\int_\Gamma y^2\mathrm{d}x+z^2\mathrm{d}y+x^2\mathrm{d}z$，其中 Γ 为 $x^2+y^2+z^2=a^2$ 与 $x^2+y^2=ax(z\geqslant0,a>0)$ 的交线，如图 10-9 所示. 从 x 轴的正向看去为逆时针方向.

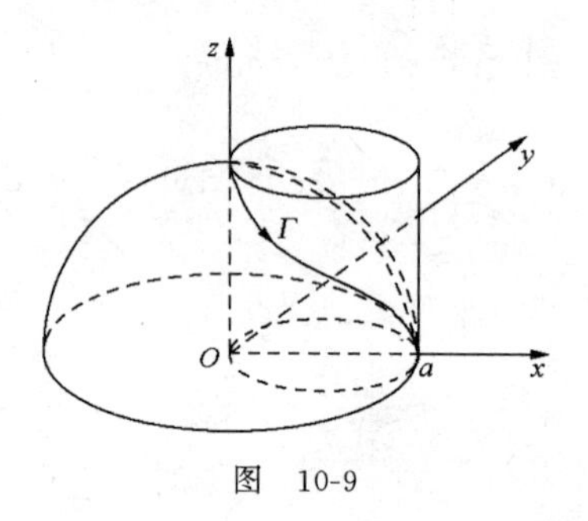

图　10-9

解　因 $x^2+y^2=ax$ 可写为 $\left(x-\frac{a}{2}\right)^2+y^2=\frac{a^2}{4}$，所以 Γ 的参数方程为

$$x=\frac{a}{2}+\frac{a}{2}\cos t,\quad y=\frac{a}{2}\sin t,\quad z=a\sin\frac{t}{2},\quad t\text{ 从 }0\text{ 变到 }2\pi.$$

于是 $$I=\int_0^{2\pi}\left[\left(-\frac{a^3}{8}\sin^3t\right)+\frac{a^3}{4}(1-\cos t)\cos t+\frac{a^3}{8}(1+\cos t)^2\cos\frac{t}{2}\right]\mathrm{d}t$$
$$=\frac{a^3}{4}\int_0^{2\pi}(1-\cos t)\cos t\mathrm{d}t=-\frac{\pi a^3}{4}.$$

例 5　计算 $\oint_\Gamma(y+1)\mathrm{d}x+(z+2)\mathrm{d}y+(x+3)\mathrm{d}z$，其中 Γ 是球面 $x^2+y^2+z^2=a^2$ 与平面 $x+y+z=0$ 的交线，从 x 轴正向看去，L 的方向是逆时针的. 参见图 10-4.

解 1　将 $z=-x-y$ 代入 $x^2+y^2+z^2=a^2$ 得

$$x^2+y^2+xy=\frac{a^2}{2}\quad\text{可化为}\quad\left(\frac{\sqrt{3}}{2}x\right)^2+\left(\frac{x}{2}+y\right)^2=\frac{a^2}{2}.$$

令 $\frac{\sqrt{3}}{2}x=\frac{a}{\sqrt{2}}\cos t,\frac{x}{2}+y=\frac{a}{\sqrt{2}}\sin t$，可得 Γ 的参数方程

$$x=\sqrt{\frac{2}{3}}a\cos t,\quad y=\frac{a}{\sqrt{2}}\sin t-\frac{a}{\sqrt{6}}\cos t,\quad z=-\frac{a}{\sqrt{6}}\cos t-\frac{a}{\sqrt{2}}\sin t,$$
$$t\text{ 从 }0\text{ 变到 }2\pi.$$

可以求得

$$\oint_{\Gamma}(y+1)\mathrm{d}x=-\frac{\pi}{\sqrt{3}}a^{2},\quad \oint_{\Gamma}(z+2)\mathrm{d}y=-\frac{\pi}{\sqrt{3}}a^{2},\quad \oint_{\Gamma}(x+3)\mathrm{d}z=-\frac{\pi}{\sqrt{3}}a^{2},$$

于是

$$I=-\sqrt{3}\pi a^{2}.$$

解 2 将空间曲线积分投影到坐标平面上，化为平面曲线积分，见图 10-4. Γ 是空间一个半径为 a 的圆周，Γ 在 Oxy 平面的投影是一个椭圆 L，其方程可从 Γ 的方程中消去 z 得到，即将 $z=-x-y$ 代入 $x^2+y^2+z^2=a^2$ 得到

$$L:\ x^{2}+xy+y^{2}=\frac{a^{2}}{2},$$

且相应地取逆时针方向.

将 $z=-x-y,\mathrm{d}z=-\mathrm{d}x-\mathrm{d}y$ 代入已知积分式中，得

$$\begin{aligned}I&=\oint_{L}(y+1)\mathrm{d}x+(-x-y+2)\mathrm{d}y+(x+3)(-\mathrm{d}x-\mathrm{d}y)\\&=\oint_{L}(y-x-2)\mathrm{d}x+(-2x-y-1)\mathrm{d}y.\end{aligned}$$

以下用格林公式. 因 $\frac{\partial}{\partial x}(-2x-y-1)=-2,\frac{\partial}{\partial y}(y-x-2)=1$，所以

$$I=\iint_{D}\left(\frac{\partial Q}{\partial x}-\frac{\partial P}{\partial y}\right)\mathrm{d}x\mathrm{d}y=-3\iint_{D}\mathrm{d}x\mathrm{d}y=-3\cdot\frac{1}{\sqrt{3}}\pi a^{2}=-\sqrt{3}\pi a^{2},$$

这里，D 是 L 所围成的闭区域. 由于平面 $x+y+z=0$ 与 $z=0$ 的夹角的余弦等于 $x+y+z=0$ 的法线与 z 轴夹角的余弦，等于 $\frac{1}{\sqrt{3}}$；又圆 Γ 的面积是 πa^2，所以 $\iint\limits_{D}\mathrm{d}x\mathrm{d}y=\frac{1}{\sqrt{3}}\pi a^{2}$.

例 6 计算 $\oint_{ABCDA}\frac{\mathrm{d}x+\mathrm{d}y}{|x|+|y|}$，其中 $ABCDA$ 表示以 $A(1,0)$，$B(0,1)$，$C(-1,0)$，$D(0,-1)$ 为顶点的正方形的周线.

解 正方形边界线的方程是 $|x|+|y|=1$，以此代入积分式

$$I=\oint_{ABCDA}\mathrm{d}(x+y)=0.$$

例 7 计算 $\int_{L}\frac{\mathrm{d}x+\mathrm{d}y}{|x|+|y|+x^{2}}$，其中 L 为 $|x|+|y|=1$，取逆时针方向.

解 $$I=\int_{L}\frac{1}{|x|+|y|+x^{2}}\mathrm{d}x+\int_{L}\frac{1}{|x|+|y|+x^{2}}\mathrm{d}y=0+0=0,$$

其中第一个积分，曲线 L 关于 x 轴对称，被积函数 $P(x,y)$ 关于 y 为偶函数，故积分值为零；第二个积分，曲线 L 关于 y 轴对称，被积函数关于 x 为偶函数，积分值也为零.

例 8 (1) 计算 $\oint_{L}\sqrt{x^{2}+y^{2}}\mathrm{d}x+y[xy+\ln(x+\sqrt{x^{2}+y^{2}})]\mathrm{d}y$，其中 L 表示以 $A(1,1)$，$B(2,2)$ 和 $E(1,3)$ 为顶点的三角形的正向边界线；

(2) 计算 $\oint\frac{1}{y}f(xy)\mathrm{d}y$，其中 $f(x)$ 在 $[1,4]$ 上具有连续的导数，且 $f(1)=f(4)$，L 是由

$y=x, y=4x, xy=1, xy=4$ 所围成的区域 D 的正向边界.

解　(1) 用格林公式. 记 $P=\sqrt{x^2+y^2}, Q=y[xy+\ln(x+\sqrt{x^2+y^2})]$，则

$$\frac{\partial Q}{\partial x}-\frac{\partial P}{\partial y}=y^2+\frac{y}{\sqrt{x^2+y^2}}-\frac{y}{\sqrt{x^2+y^2}}=y^2.$$

记 D 为三角形区域 ABE(图 10-10)，D: $1\leqslant x\leqslant 2, x\leqslant y\leqslant -x+4$，于是

$$I=\iint_D y^2\mathrm{d}x\mathrm{d}y=\int_1^2\mathrm{d}x\int_x^{-x+4}y^2\mathrm{d}y=\frac{25}{6}.$$

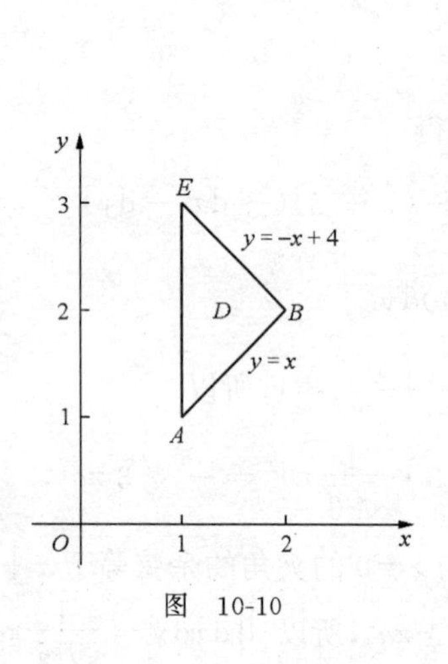

图　10-10

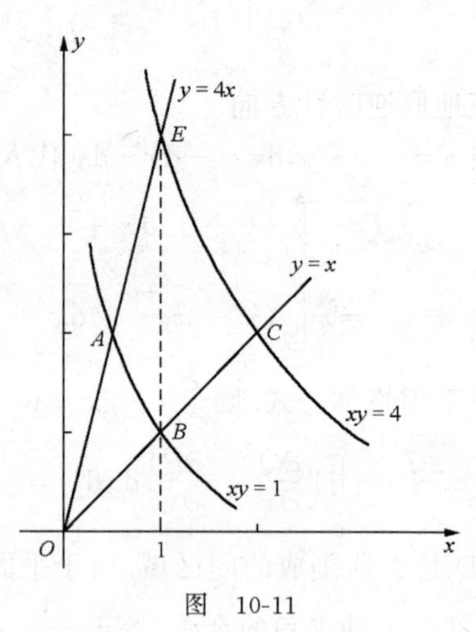

图　10-11

(2) 如图 10-11 所示，D 的四个顶点为 $A\left(\frac{1}{2},2\right), B(1,1), C(2,2)$ 和 $E(1,4)$. 用格林公式，$P=0, Q=\frac{1}{y}f(x,y)$，则

$$\begin{aligned}I&=\iint_D f'(xy)\mathrm{d}x\mathrm{d}y=\int_{\frac{1}{2}}^1\mathrm{d}x\int_{\frac{1}{x}}^{4x}f'(xy)\mathrm{d}y+\int_1^2\mathrm{d}x\int_x^{\frac{4}{x}}f'(xy)\mathrm{d}y\\&=\int_{\frac{1}{2}}^1\frac{1}{x}[f(4x^2)-f(1)]\mathrm{d}x+\int_1^2\frac{1}{x}[f(4)-f(x^2)]\mathrm{d}x\\&=[f(4)-f(1)]\ln 2+\int_{\frac{1}{2}}^1\frac{1}{x}f(4x^2)\mathrm{d}x-\int_1^2\frac{1}{x}f(x^2)\mathrm{d}x\\&\xlongequal[\text{第一个积分}]{2x=t}\int_1^2\frac{1}{t}f(t^2)\mathrm{d}t-\int_1^2\frac{1}{x}f(x^2)\mathrm{d}x=0.\end{aligned}$$

例 9　设在上半平面 $D=\{(x,y)\mid y>0\}$ 内，函数 $f(x,y)$ 具有连续偏导数，且对任意的 $t>0$ 都有 $f(tx,ty)=t^{-2}f(x,y)$. 证明：对 D 内的任意分段光滑的有向简单闭曲线 L，都有

$$\oint_L yf(x,y)\mathrm{d}x-xf(x,y)\mathrm{d}y=0.$$

解 根据题意,不妨设 L 取正向,D 内任意分段光滑有向简单闭曲线 L 所围区域记为 D_0,$D_0\subset D$,由格林公式有

$$\oint_L yf(x,y)\mathrm{d}x - xf(x,y)\mathrm{d}y = \iint\limits_{D_0}\left[\frac{\partial}{\partial x}(-xf(x,y)) - \frac{\partial}{\partial y}(yf(x,y))\right]\mathrm{d}\sigma$$

$$= -\iint\limits_{D_0}[xf'_x(x,y) + yf'_y + 2f(x,y)]\mathrm{d}\sigma. \quad (1)$$

将方程 $f(tx,ty)=t^{-2}f(x,y)$ 两边对 t 求导,由复合函数求导法得

$$xf'_1(tx,ty) + yf'_2(tx,ty) = -2t^{-3}f(x,y),$$

即

$$xf'_x(x,y) + yf'_y(x,y) + 2f(x,y) = 0 \quad ((x,y)\in D).$$

代入(1)式即得所要结论

$$\oint_L yf(x,y)\mathrm{d}x - xf(x,y)\mathrm{d}y = 0.$$

例 10 设 L 是圆周 $(x-a)^2+(y-a)^2=1$ 的逆时针方向,$f(x)$ 是恒为正的连续函数,试证

$$\oint_L xf(y)\mathrm{d}y - \frac{y}{f(x)}\mathrm{d}x \geqslant 2\pi.$$

分析 由于不等式的左端无法计算,考虑用格林公式,并注意 L 所围成的闭区域 D 关于直线 $y=x$ 对称.

证 依格林公式,且 L 所围成的闭区域记为 D,有

$$\text{左端} = \iint\limits_D\left[f(y) + \frac{1}{f(x)}\right]\mathrm{d}x\mathrm{d}y.$$

由于 D 关于直线 $y=x$ 对称,有 $\iint\limits_D f(y)\mathrm{d}x\mathrm{d}y = \iint\limits_D f(x)\mathrm{d}x\mathrm{d}y$,故

$$\text{左端} = \iint\limits_D\left[f(x) + \frac{1}{f(x)}\right]\mathrm{d}x\mathrm{d}y \geqslant \iint\limits_D 2\sqrt{f(x)\frac{1}{f(x)}}\mathrm{d}x\mathrm{d}y = 2\iint\limits_D\mathrm{d}x\mathrm{d}y = 2\pi.$$

例 11 计算 $\int_L (x+xy^2+3)\mathrm{d}y - \left(x+y-\frac{y^3}{3}\right)\mathrm{d}x$,其中 L 是由圆 $x^2+y^2=a^2$ 在第四象限的部分 $\overset{\frown}{AB}$ 与椭圆 $\frac{x^2}{a^2}+\frac{y^2}{b^2}=1$ 在第一象限的部分 $\overset{\frown}{BC}$ 连接而成$(0<a<b)$,起点为 $A(0,-a)$,终点为 $C(0,b)$.

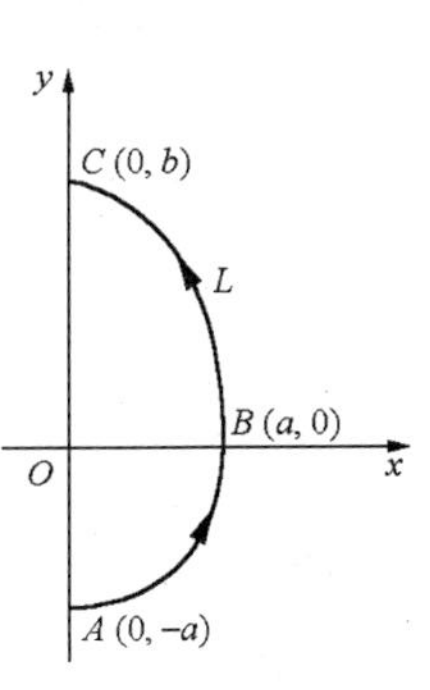

图 10-12

解 L 如图 10-12 所示,为用格林公式,补一条直线段 CA,方向从点 C 到点 A,则 $ABCA$ 为分段光滑的封闭曲线,记 D 为该闭路所围区域. 记 $P=-\left(x+y-\frac{y^3}{3}\right)$,$Q=x+xy^2+3$,则

$$\int_{CA} P\mathrm{d}x + Q\mathrm{d}y + \int_L P\mathrm{d}x + Q\mathrm{d}y = \iint_D \left(\frac{\partial Q}{\partial x} - \frac{\partial P}{\partial y}\right)\mathrm{d}x\mathrm{d}y$$

$$= \iint_D [(1+y^2) - (-1+y^2)]\mathrm{d}x\mathrm{d}y = 2\iint_D \mathrm{d}x\mathrm{d}y$$

$$= 2 \cdot D\text{的面积} = 2\left(\frac{\pi a^2}{4} + \frac{\pi ab}{4}\right) = \frac{\pi a}{2}(a+b).$$

于是 $\displaystyle\int_L P\mathrm{d}x + Q\mathrm{d}y = \frac{\pi a}{2}(a+b) - \int_{CA}(x + xy^2 + 3)\mathrm{d}y - \left(x + y - \frac{y^3}{3}\right)\mathrm{d}x$

$$\xlongequal{x=0} \frac{\pi a}{2}(a+b) - \int_b^{-a} 3\mathrm{d}y = \left(\frac{\pi a}{2} + 3\right)(a+b).$$

例 12 计算 $\displaystyle\oint_L \frac{x\mathrm{d}y - y\mathrm{d}x}{4x^2 + y^2}$，其中 L 是以点(1,0)为中心，$R(R>1)$为半径的圆周，取逆时针方向.

解 记 $P=\dfrac{-y}{4x^2+y^2}$，$Q=\dfrac{x}{4x^2+y^2}$，则当 $x^2+y^2\neq 0$ 时，$\dfrac{\partial Q}{\partial x}=\dfrac{y^2-4x^2}{(4x^2+y^2)^2}=\dfrac{\partial P}{\partial y}$.

考虑到被积函数的分母，取 $\varepsilon>0$ 充分小，使椭圆 L_ε(取逆时针方向)，如图 10-13：$4x^2+y^2=\varepsilon^2$，其参数方程为

$$x = \frac{1}{2}\varepsilon\cos t,\quad y = \varepsilon\sin t,\quad 0 \leqslant t \leqslant 2\pi.$$

含于 L 所围区域 D 内. 记 L 与 L_ε 围成的区域为 D_ε，在 D_ε 用格林公式得

$$\oint_L \frac{x\mathrm{d}y - y\mathrm{d}x}{4x^2 + y^2} = \oint_{L_\varepsilon} \frac{x\mathrm{d}y - y\mathrm{d}x}{4x^2 + y^2} = \int_0^{2\pi} \frac{\frac{1}{2}\varepsilon^2}{\varepsilon^2}\mathrm{d}t = \pi.$$

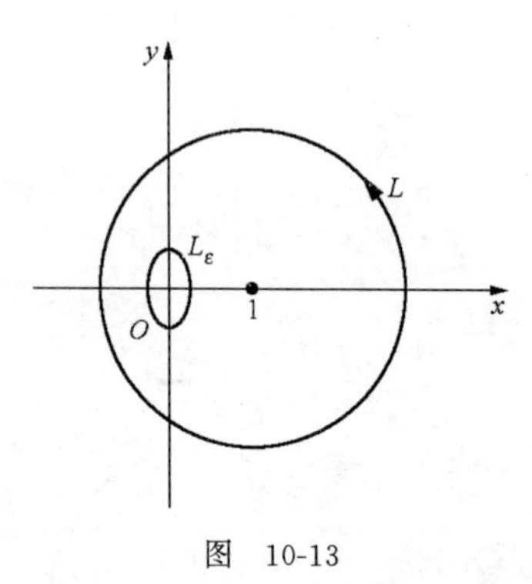

图 10-13

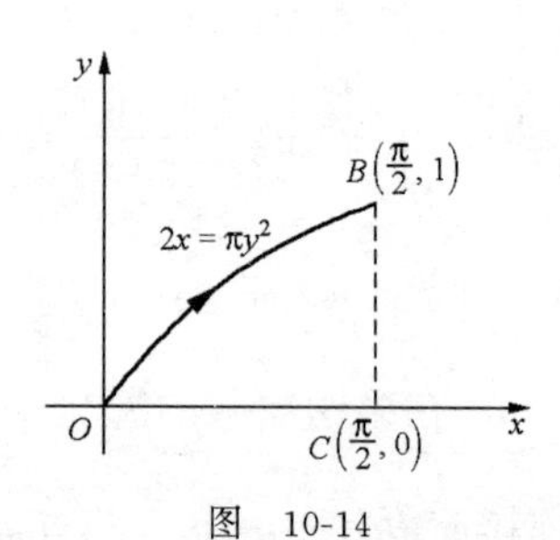

图 10-14

例 13 计算 $\displaystyle\int_L (2xy^3 - y^2\cos x)\mathrm{d}x + (1 - 2y\sin x + 3x^2y^2)\mathrm{d}y$，其中 L 为 $2x=\pi y^2$ 从点 $O(0,0)$到点 $B\left(\dfrac{\pi}{2},1\right)$的一段弧，如图 10-14 所示.

解 1 记 $P=2xy^3-y^2\cos x$，$Q=1-2y\sin x+3x^2y^2$. 因$\dfrac{\partial Q}{\partial x}=6xy^2-2y\cos x=\dfrac{\partial P}{\partial y}$，故积分

与路径无关. 选取折线 $OC+CB$ 路径,注意到 OC: $y=0$, CB: $x=\frac{\pi}{2}$,则

$$I=\int_{OC}+\int_{CB}=0+\int_0^1\left[1-2y\sin\frac{\pi}{2}+3\left(\frac{\pi}{2}\right)^2y^2\right]dy=\frac{\pi^2}{4}.$$

解 2　因积分与路径无关,用不定积分法求原函数 $u(x,y)$. 因

$$u(x,y)=\int(2xy^3-y^2\cos x)dx=x^2y^3-y^2\sin x+C(y),$$

又
$$\frac{\partial u}{\partial y}=\frac{\partial}{\partial y}(x^2y^3-y^2\sin x+C(y))=3x^2y^2-2y\sin x+C'(y)=Q(x),$$

即
$$C'(y)=1,\quad C(y)=y+C,$$

故
$$u(x,y)=x^2y^3-y^2\sin x+y+C.$$

从而
$$I=(x^2y^3-y^2\sin x+y)\Big|_{(0,0)}^{\left(\frac{\pi}{2},1\right)}=\left(\frac{\pi}{2}\right)^2\cdot 1^3-1^2\sin\frac{\pi}{2}+1=\frac{\pi^2}{4}.$$

解 3　因积分与路径无关,用观察法求原函数 $u(x,y)$. 因

$$\begin{aligned}Pdx+Qdy&=2xy^3dx-y^2\cos xdx+dy-2y\sin xdy+3x^2y^2dy\\&=2xy^3dx+3x^2y^2dy-(y^2\cos xdx+2y\sin xdy)+dy\\&=d(x^2y^3)-d(y^2\sin x)+dy=d(x^2y^3-y^2\sin x+y),\end{aligned}$$

故一个原函数 $u(x,y)=x^2y^3-y^2\sin x+y$,从而

$$I=(x^2y^3-y^2\sin x+y)\Big|_{(0,0)}^{\left(\frac{\pi}{2},1\right)}=\frac{\pi^2}{4}.$$

例 14　设函数 $f(x)$在$(-\infty,+\infty)$内具有一阶连续导数,L 是上半平面($y>0$)内的有向分段光滑曲线,其起点为(a,b),终点为(c,d),记

$$I=\int_L\frac{1}{y}[1+y^2f(xy)]dx+\frac{x}{y^2}[y^2f(xy)-1]dy,$$

(1) 证明曲线积分 I 与路径 L 无关;

(2) 当 $ab=cd$ 时,求 I 的值.

解　(1) 记 $P(x,y)=\frac{1+y^2f(xy)}{y}$, $Q(x,y)=\frac{x[y^2f(xy)-1]}{y^2}$,就是要验证$\frac{\partial Q}{\partial x}=\frac{\partial P}{\partial y}$. 由于

$$\frac{\partial Q}{\partial x}=\frac{[y^2f(xy)-1]+x\cdot y^3f'(xy)}{y^2}=f(xy)-\frac{1}{y^2}+xyf'(xy),$$

$$\frac{\partial P}{\partial y}=\frac{[2yf(xy)+y^2f'(xy)\cdot x]y-[1+y^2f(x,y)]}{y^2}=f(x,y)+xyf'(xy)-\frac{1}{y^2},$$

显然有$\frac{\partial Q}{\partial x}=\frac{\partial P}{\partial y}$成立,所以曲线积分 I 与路径无关.

(2) 由于积分与路径无关,选取折线路径,由点(a,b)起至点(c,b),再至终点(c,d),则

$$I=\int_{(a,b)}^{(c,b)}P(x,y)dx+\int_{(c,b)}^{(c,d)}Q(x,y)dy=\int_a^c\left[\frac{1}{b}+bf(xb)\right]dx+\int_b^d\left[cf(cy)-\frac{c}{y^2}\right]dy$$

$$= \frac{c-a}{b} + \int_{ab}^{cb} f(t)\mathrm{d}t + \int_{bc}^{cd} f(t)\mathrm{d}t + \frac{c}{d} - \frac{c}{b}$$

$$= \frac{c}{d} - \frac{a}{b} + \int_{ab}^{cd} f(t)\mathrm{d}t = \frac{c}{d} - \frac{a}{b} \quad (\text{因 } ab = cd).$$

例 15　计算 $\int_L \left(1-\frac{y^2}{x^2}\cos\frac{y}{x}\right)\mathrm{d}x + \left(\sin\frac{y}{x}+\frac{y}{x}\cos\frac{y}{x}\right)\mathrm{d}y$，其中 L 分别为

(1) 圆 $(x-2)^2+(y-2)^2=2$ 的正向；

(2) 沿曲线 $y=x^2$ 从点 $O(0,0)$ 到点 $B(\pi,\pi^2)$ 的一段弧.

解　$P=1-\frac{y^2}{x^2}\cos\frac{y}{x}$，$Q=\sin\frac{y}{x}+\frac{y}{x}\cos\frac{y}{x}$，则

$$\frac{\partial Q}{\partial x} = -\frac{2y}{x^2}\cos\frac{y}{x} + \frac{y^2}{x^3}\sin\frac{y}{x} = \frac{\partial P}{\partial y}.$$

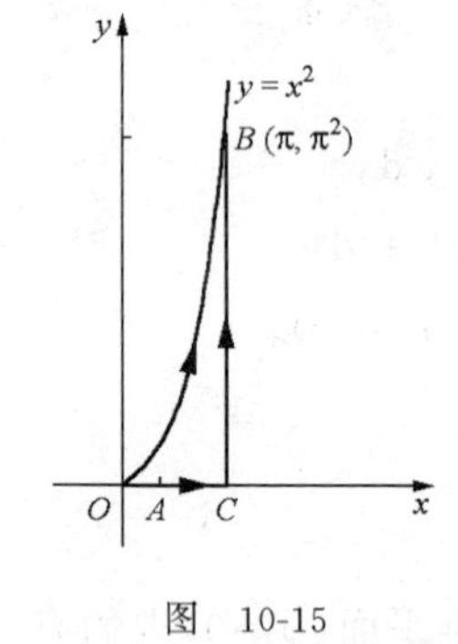

图 10-15

(1) 在圆 $(x-2)^2+(y-2)^2=2$ 内，因 $\frac{\partial Q}{\partial x}=\frac{\partial P}{\partial y}$，积分与路径无关，故 $I=0$.

(2) 除 y 轴上的点外，均有 $\frac{\partial Q}{\partial x}=\frac{\partial P}{\partial y}$，因此积分与路径无关. 取点 $A(\varepsilon,0)(\varepsilon>0)$，按折线路径积分：由点 A 经点 C 至点 B(图 10-15)，则

$$\int_{(\varepsilon,0)}^{(\pi,\pi^2)} P\mathrm{d}x + Q\mathrm{d}y = \int_\varepsilon^\pi \mathrm{d}x + \int_0^{\pi^2}\left(\sin\frac{y}{\pi}+\frac{y}{\pi}\cos\frac{y}{\pi}\right)\mathrm{d}y = \pi-\varepsilon.$$

故
$$I = \lim_{\varepsilon\to 0}\int_{(\varepsilon,0)}^{(\pi,\pi^2)} P\mathrm{d}x + Q\mathrm{d}y = \lim_{\varepsilon\to 0}(\pi-\varepsilon) = \pi.$$

例 16　设曲线积分 $I=\int_L xy^2\mathrm{d}x + yf(x)\mathrm{d}y$ 与路径无关，其中 $f(x)$ 具有连续导数，且 $f(0)=0$，L 是连接 $O(0,0)$，$B(2,2)$ 的分段光滑曲线. 计算 I.

分析　由曲线积分与路径无关先确定 $f(x)$，再计算 I.

解　记 $P=xy^2$，$Q=yf(x)$. 由于曲线积分与路径无关，因此有 $\frac{\partial Q}{\partial x}=\frac{\partial P}{\partial y}$，即

$$yf'(x) = 2xy,\quad f'(x) = 2x,$$

从而 $f(x)=x^2+C$，由 $f(0)=0$ 知 $C=0$，所以 $f(x)=x^2$.

记 $O(0,0)$，$A(2,0)$，$B(2,2)$，取折线 $OA+AB$ 为积分路径. 在 OA 上，$y=0$，$\mathrm{d}y=0$，在 AB 上 $x=2$，$\mathrm{d}x=0$，故

$$I = \int_{OA} xy^2\mathrm{d}x + yx^2\mathrm{d}y + \int_{AB} xy^2\mathrm{d}x + yx^2\mathrm{d}y = 0 + \int_0^2 4y\mathrm{d}y = 8.$$

例 17　设曲线积分 $\int_L 2xy\mathrm{d}x + Q(x,y)\mathrm{d}y$ 与路径无关，且对任意 t 恒有

$$\int_{(0,0)}^{(t,1)} 2xy\mathrm{d}x + Q(x,y)\mathrm{d}y = \int_{(0,0)}^{(1,t)} 2xy\mathrm{d}x + Q(x,y)\mathrm{d}y,$$

其中 $Q(x,y)$ 具有连续偏导数，求 $Q(x,y)$.

解 依题设，$P=2xy$，故$\frac{\partial Q}{\partial x}=\frac{\partial P}{\partial y}=2x$，从而$Q=x^2+C(y)$，其中$C(y)$是待定函数. 因已知式的

$$左端=\int_0^t 2x\cdot 0\mathrm{d}x+\int_0^1 Q(t,y)\mathrm{d}y=\int_0^1[t^2+C(y)]\mathrm{d}y=t^2+\int_0^1 C(y)\mathrm{d}y,$$

$$右端=\int_0^1 2x\cdot 0\mathrm{d}x+\int_0^t Q(1,y)\mathrm{d}y=\int_0^t[1+C(y)]\mathrm{d}y=t+\int_0^t C(y)\mathrm{d}y,$$

即有
$$t^2+\int_0^1 C(y)\mathrm{d}y=t+\int_0^t C(y)\mathrm{d}y.$$

两端对t求导，得$2t=1+C(t)$，或$C(y)=2y-1$，于是$Q(x,y)=x^2+2y-1$.

例 18 设有平面力场$\boldsymbol{F}=[\ln x-f'(x)]\frac{y}{x}\boldsymbol{i}+f'(x)\boldsymbol{j}$，其中$f(x)$具有连续的二阶导数，若曲线积分$\int_L \boldsymbol{F}\cdot\mathrm{d}\boldsymbol{s}$与路径无关，且$f(1)=0$，$f(\mathrm{e})=2$，试确定$f(x)$.

解 由对坐标的曲线积分的定义，有

$$\int_L \boldsymbol{F}\cdot\mathrm{d}\boldsymbol{s}=\int_L[\ln x-f'(x)]\frac{y}{x}\mathrm{d}x+f'(x)\mathrm{d}y.$$

设$P=[\ln x-f'(x)]\frac{y}{x}$，$Q=f'(x)$，$x>0$. 由题设知$\frac{\partial Q}{\partial x}=\frac{\partial P}{\partial y}$，即

$$f''(x)=\frac{1}{x}[\ln x-f'(x)],\quad 或\quad f''(x)+\frac{1}{x}f'(x)=\frac{1}{x}\ln x, \tag{1}$$

这是可降阶的二阶微分方程①.

令$f'(x)=p$，微分方程(1)化为$p'+\frac{1}{x}p=\frac{1}{x}\ln x$，可求得其通解为

$$p=\ln x-1+\frac{1}{x}C_1,\quad 即\quad f'(x)=\ln x-1+\frac{1}{x}C_1\quad (C_1是任意常数).$$

由此，$f(x)=x\ln x-2x+C_1\ln x+C_2$（$C_2$为任意常数）为微分方程的通解. 由初始条件$f(1)=0$，$f(\mathrm{e})=2$可知$C_1=\mathrm{e}$，$C_2=2$，所以

$$f(x)=(x+\mathrm{e})\ln x-2x+2\quad (x>0).$$

例 19 设φ,ψ有连续导数，对平面上任意一条分段光滑的曲线L，积分

$$I=\int_L 2(x\varphi(y)+\psi(y))\mathrm{d}x+(x^2\psi(y)+2xy^2-2x\varphi(y))\mathrm{d}y$$

与路径无关：

(1) 当$\varphi(0)=2$，$\psi(0)=1$时，求$\varphi(x)$，$\psi(x)$；

(2) 设L是从$O(0,0)$到$N\left(\pi,\frac{\pi}{2}\right)$的分段光滑曲线，计算$I$.

分析 (1) 在积分式中含有两个未知函数$\varphi(x)$，$\psi(x)$，由$\frac{\partial Q}{\partial x}=\frac{\partial P}{\partial y}$将得到含有$\varphi(x)$及

① “微分方程”是第十二章的内容. 求微分方程(1)的解的过程，读者可暂时不阅读.

$\psi(x)$的关系式,应先设法求出其中的一个,再求另一个.

解 (1) 记 $P=2(x\varphi(y)+\psi(y))$,$Q=x^2\psi(y)+2xy^2-2x\varphi(y)$,由题设,得$\dfrac{\partial Q}{\partial x}=\dfrac{\partial P}{\partial y}$,即

$$x\psi(y)+y^2-\varphi(y)=x\varphi'(y)+\psi'(y)$$

对任何(x,y)都成立.

令 $x=0$,有 $\varphi(y)+\psi'(y)=y^2$,代入上式,得

$$\psi(y)=\varphi'(y),\quad \text{也有}\quad \psi'(y)=\varphi''(y),$$

从而得 $\varphi''(y)+\varphi(y)=y^2$. 这是二阶微分方程,可求得其通解为

$$\varphi(y)=C_1\cos y+C_2\sin y+y^2-2,\quad \text{其中 } C_1,C_2 \text{ 是任意常数}.$$

由初始条件 $\varphi(0)=-2$ 及 $\psi(0)=\varphi'(0)=1$ 解得 $C_1=0,C_2=1$,所以

$$\varphi(x)=\sin x+x^2-2,\quad \psi(x)=\varphi'(x)=\cos x+2x.$$

(2) 设点 $M\left(0,\dfrac{\pi}{2}\right)$,取折线 OMN 为积分路径,注意到 OM: $x=0$,MN: $y=\dfrac{\pi}{2}$,则

$$I=\int_0^{\pi}2\left[x\varphi\left(\frac{\pi}{2}\right)+\psi\left(\frac{\pi}{2}\right)\right]\mathrm{d}x=\pi^2\left(1+\frac{\pi^2}{4}\right).$$

例 20 确定 t 的值,使曲线积分 $I=\displaystyle\int_L\frac{x(x^2+y^2)^t}{y}\mathrm{d}x-\frac{x(x^2+y^2)^t}{y^2}\mathrm{d}y$ 在不经过直线 $y=0$ 的区域上与路径无关,并求当 L 从点 $A(1,1)$到点 $B(0,2)$时的 I 的值.

解 记 $P(x,y)=\dfrac{x(x^2+y^2)^t}{y}$,$Q(x,y)=-\dfrac{x^2(x^2+y^2)^t}{y^2}$. 因

$$\frac{\partial Q}{\partial x}=-\frac{2x(x^2+y^2)^{t-1}}{y^2}(x^2+tx^2+y^2),\quad \frac{\partial P}{\partial y}=\frac{x(x^2+y^2)^{t-1}}{y^2}(2ty^2-y^2-x^2),$$

及$\dfrac{\partial Q}{\partial x}=\dfrac{\partial P}{\partial y}$(积分与路径无关)可得

$$(2t+1)(x^2+y^2)=0,\quad \text{于是 } t=-\frac{1}{2}\ (\text{因 } y\neq 0).$$

取点 $M(0,1)$,按折线 AMB 积分,则

$$I=\int_L\frac{x(x^2+y^2)^{-\frac{1}{2}}}{y}\mathrm{d}x-\frac{x(x^2+y^2)^{-\frac{1}{2}}}{y^2}\mathrm{d}y=\int_1^0\frac{x}{\sqrt{x^2+1}}\mathrm{d}x=1-\sqrt{2}.$$

例 21 证明$\left(\dfrac{y}{x}+\dfrac{2x}{y}\right)\mathrm{d}x+\left(\ln x-\dfrac{x^2}{y^2}\right)\mathrm{d}y=\mathrm{d}u(x,y)$,并求原函数 $u(x,y)$.

解 记 $P(x,y)=\dfrac{y}{x}+\dfrac{2x}{y}$,$Q(x,y)=\ln x-\dfrac{x^2}{y^2}$,其中 $x>0,y\neq0$. 因

$$\frac{\partial Q}{\partial x}=\frac{1}{x}-\frac{2x}{y^2}=\frac{\partial P}{\partial y},$$

所以存在 $u(x,y)$,使得

$$\mathrm{d}u(x,y)=\left(\frac{y}{x}+\frac{2x}{y}\right)\mathrm{d}x+\left(\ln x-\frac{x^2}{y^2}\right)\mathrm{d}y.$$

因积分与路径无关,取点 $A(1,1)$,$B(1,y)$,$M(x,y)$,按折线 ABM 积分,则

$$u(x,y)=\int_{(1,1)}^{(x,y)}\left(\frac{y}{x}+\frac{2x}{y}\right)\mathrm{d}x+\left(\ln x-\frac{x^2}{y^2}\right)\mathrm{d}y$$

$$=\int_1^y\left(-\frac{1}{y^2}\right)\mathrm{d}y+\int_1^x\left(\frac{y}{x}+\frac{2x}{y}\right)\mathrm{d}x+C$$

$$=\frac{1}{y}-1+y\ln x+\frac{x^2}{y}-\frac{1}{y}+C=y\ln x+\frac{x^2}{y}+C_1.$$

例 22 计算 $\int_L[\mathrm{e}^x\sin y-b(x+y)]\mathrm{d}x+(\mathrm{e}^x\cos y-ax)\mathrm{d}y$,其中 a,b 为正常数,L 为从点 $A(2a,0)$ 沿曲线 $y=\sqrt{2ax-x^2}$ 到点 $O(0,0)$ 的弧.

解 1 补直线段 OA,方向从点 O 到点 A,则 $L+OA$ 为封闭曲线,记 D 为该闭路所围成的区域. 并记 $P=\mathrm{e}^x\sin y-b(x+y)$,$Q=\mathrm{e}^x\cos y-ax$. 用格林公式

$$\int_{L+OA}P\mathrm{d}x+Q\mathrm{d}y=\iint_D\left(\frac{\partial Q}{\partial x}-\frac{\partial P}{\partial y}\right)\mathrm{d}x\mathrm{d}y=\iint_D(b-a)\mathrm{d}x\mathrm{d}y=\frac{\pi}{2}a^2(b-a),$$

又
$$\int_{OA}P\mathrm{d}x+Q\mathrm{d}y=\int_0^{2a}(-bx)\mathrm{d}x=-2a^2b,$$

故
$$I=\int_{L+OA}P\mathrm{d}x+Q\mathrm{d}y-\int_{OA}P\mathrm{d}x+Q\mathrm{d}y=\frac{\pi}{2}a^2(b-a)+2a^2b$$

$$=\left(\frac{\pi}{2}+2\right)a^2b-\frac{\pi}{2}a^3.$$

解 2 记 $P=\mathrm{e}^x\sin y-b(x+y)$,$Q=\mathrm{e}^x\cos y-ax$,显然 $\frac{\partial Q}{\partial x}\neq\frac{\partial P}{\partial y}$. 若记 $\overline{P}=\mathrm{e}^x\sin y$,$\overline{Q}=\mathrm{e}^x\cos y$,则 $\frac{\partial\overline{Q}}{\partial x}=\frac{\partial\overline{P}}{\partial y}$. 于是

$$I=\int_L\overline{P}\mathrm{d}x+\overline{Q}\mathrm{d}y-\int_Lb(x+y)\mathrm{d}x+ax\mathrm{d}y,$$

其中前一积分与路径无关,沿 x 轴从点 A 到点 O 积分,则

$$\int_L\overline{P}\mathrm{d}x+\overline{Q}\mathrm{d}y=\int_{AO}\mathrm{e}^x\sin y\mathrm{d}x+\mathrm{e}^x\cos y\mathrm{d}y=0.$$

后一积分,将 L 用参数方程表示:$x=a+a\cos t$,$y=a\sin t$,可算得

$$\int_Lb(x+y)\mathrm{d}x+ax\mathrm{d}y=-2a^2b-\frac{1}{2}\pi a^2b+\frac{1}{2}\pi a^3,$$

故
$$I=\left(\frac{\pi}{2}+2\right)a^2b-\frac{\pi}{2}a^3.$$

例 23 求星形线 $x^{\frac{2}{3}}+y^{\frac{2}{3}}=a^{\frac{2}{3}}$ 在第一象限的弧与 x 轴、y 轴围成图形的面积.

分析 Oxy 平面上正向闭曲线 L 所围成的单连通区域的面积

$$A=\frac{1}{2}\oint_Lx\mathrm{d}y-y\mathrm{d}x.$$

解　设图形区域为 D,它的边界线为 L,则 L 分为三段;记 L_1 为第一象限星形线弧段,L_2 为 y 轴上的一段,L_3 为 x 轴上的一段,并取正向,则 L_1: $x=a\cos^3 t, y=a\sin^3 t\left(0\leqslant t\leqslant\frac{\pi}{2}\right)$,$L_2$: $x=0$,L_3: $y=0$. 所求面积

$$A=\frac{1}{2}\oint_L x\mathrm{d}y-y\mathrm{d}x=\frac{1}{2}\oint_{L_1+L_2+L_3} x\mathrm{d}y-y\mathrm{d}x=\frac{1}{2}\int_{L_1} x\mathrm{d}y-y\mathrm{d}x$$

$$=\frac{3a^2}{2}\int_0^{\frac{\pi}{2}}(\cos^4 t\sin^2 t+\sin^4 t\cos^2 t)\mathrm{d}t=\frac{3a^2}{2}\int_0^{\frac{\pi}{2}}\cos^2 t\sin^2 t\mathrm{d}t=\frac{3\pi}{32}a^2.$$

例 24　设在点 $M(x,y)$ 处对质点的作用力 $\boldsymbol{F}$ 的方向恒指原点,且 $\boldsymbol{F}$ 的大小与 M 点到原点的距离成正比,求力 $\boldsymbol{F}$ 沿路径 $y=\frac{b}{a}\sqrt{a^2-x^2}$ 将质点从点 $A(a,0)$ 移到点 $B(0,b)$ 所做的功 W.

解　令 $\overrightarrow{OM}=x\boldsymbol{i}+y\boldsymbol{j}$,则 $\boldsymbol{F}=-\lambda\overrightarrow{OM}=-\lambda x\boldsymbol{i}-\lambda y\boldsymbol{j}$,其中 $\lambda>0$ 是比例系数. 由于路径 L 的参数方程是 $x=a\cos t, y=b\sin t$,t 从 0 变至 $\frac{\pi}{2}$,故

$$W=\int_L \boldsymbol{F}\cdot\mathrm{d}\boldsymbol{s}=-\lambda\int_L x\mathrm{d}x+y\mathrm{d}y=-\lambda\int_0^{\frac{\pi}{2}}a\cos t\mathrm{d}(a\cos t)+b\sin t\mathrm{d}(b\sin t)$$

$$=\frac{\lambda}{2}(a^2-b^2).$$

例 25　在球面 $x^2+y^2+z^2=1$ 上取以 $A(1,0,0)$, $B(0,1,0)$, $C(0,0,1)$ 为顶点的球面三角形. 求在力场 $\boldsymbol{F}=(y^2-z^2)\boldsymbol{i}+(z^2-x^2)\boldsymbol{j}+(x^2-y^2)\boldsymbol{k}$ 作用下,单位质点从点 A 沿球面三角形边界 $\overset{\frown}{ABCA}$ 一周所做的功.

解　注意到球面方程变量的对称性,所求的功

$$W=\oint_{\overset{\frown}{ABCA}}(y^2-z^2)\mathrm{d}x+(z^2-x^2)\mathrm{d}y+(x^2-y^2)\mathrm{d}z$$

$$=\frac{1}{3}\int_{\overset{\frown}{AB}}(y^2-z^2)\mathrm{d}x+(z^2-x^2)\mathrm{d}y+(x^2-y^2)\mathrm{d}z.$$

曲线弧 $\overset{\frown}{AB}$ 在 Oxy 平面上,令 $x=\cos t, y=\sin t, z=0$,则

$$W=-3\int_0^{\frac{\pi}{2}}(\cos^3 t+\sin^3 t)\mathrm{d}t=-6\int_0^{\frac{\pi}{2}}\sin^3 t\mathrm{d}t=-4.$$

例 26　设质线 L 的方程为 $\sqrt{x}+\sqrt{y}=1$,L 上任意点 $M(x,y)$ 的线密度 $\mu=\sqrt{\frac{xy}{x+y}}$,求质线 L 对于原点处的单位质点的引力 $\boldsymbol{F}$.

分析　线密度为 $\mu(x,y)$ 的质线 L 对质量为 m_0 的质点 $M_0(x_0,y_0)$ 的引力为 $\boldsymbol{F}=F_x\boldsymbol{i}+F_y\boldsymbol{j}$,若 k 为引力常数,则

$$F_x=km_0\int_L\frac{(x-x_0)\mu(x,y)}{[(x-x_0)^2+(y-y_0)^2]^{\frac{3}{2}}}\mathrm{d}s,\quad F_y=km_0\int_L\frac{(y-y_0)\mu(x,y)}{[(x-x_0)^2+(y-y_0)^2]^{\frac{3}{2}}}\mathrm{d}s.$$

解 注意到 L 的方程与线密度 μ 中的变量 x 与 y 是对等的，所以 $\boldsymbol{F}=F_x\boldsymbol{i}+F_y\boldsymbol{j}$ 中的 $F_x=F_y$.

L 的参数方程为 $x=\cos^4 t, y=\sin^4 t\left(0\leqslant t\leqslant\dfrac{\pi}{2}\right)$，

$$\mathrm{d}s=\sqrt{\left(\frac{\mathrm{d}x}{\mathrm{d}t}\right)^2+\left(\frac{\mathrm{d}y}{\mathrm{d}t}\right)^2}=4\cos t\sin t\sqrt{\cos^4 t+\sin^4 t}\mathrm{d}t,$$

于是
$$\begin{aligned}F_x=F_y&=k\int_L\frac{y}{(x^2+y^2)^{\frac{3}{2}}}\sqrt{\frac{xy}{x+y}}\mathrm{d}s\\&=k\int_0^{\frac{\pi}{2}}\frac{\sin^4 t}{(\cos^8 t+\sin^8 t)^{\frac{3}{2}}}\sqrt{\frac{\cos^4 t\sin^4 t}{\cos^4 t+\sin^4 t}}\cdot 4\cos t\sin t\sqrt{\cos^4 t+\sin^4 t}\mathrm{d}t\\&=4k\int_0^{\frac{\pi}{2}}\frac{\sin^7 t\cos^3 t}{(\cos^8 t+\sin^8 t)^{\frac{3}{2}}}\mathrm{d}t=4k\int_0^{\frac{\pi}{2}}\frac{\tan^7 t\sec^2 t}{(1+\tan^8 t)^{\frac{3}{2}}}\mathrm{d}t\\&=-\left.\frac{k}{\sqrt{1+\tan^8 t}}\right|_0^{\frac{\pi}{2}}=k,\end{aligned}$$

所求引力 $\boldsymbol{F}=k\boldsymbol{i}+k\boldsymbol{j}$，其中 k 为引力常数.

三、对面积的曲面积分的计算方法

1. 通过曲面投影到坐标平面上化为二重积分

计算公式 设曲面 Σ：$z=z(x,y)$，Σ 在 Oxy 面上的投影区域为 D_{xy}，则

$$\iint_{\Sigma}f(x,y,z)\mathrm{d}S=\iint_{D_{xy}}f(x,y,z(x,y))\sqrt{1+z_x^2+z_y^2}\mathrm{d}x\mathrm{d}y.$$

对曲面 Σ：$x=x(y,z)$，Σ：$y=y(x,z)$ 有类似的计算公式.

以给出的公式说明将曲面积分转化为二重积分的**解题思路**.

确定曲面 Σ 的投影坐标平面 Oxy，并将 Σ 用相应的单值函数表示：$z=z(x,y)$；

确定曲面 Σ 在坐标平面上的投影区域：D_{xy}；

计算出曲面的面积元素 $\mathrm{d}S=\sqrt{1+z_x^2+z_y^2}\mathrm{d}x\mathrm{d}y$；

将被积函数 $f(x,y,z)$ 中的 z 换为曲面方程 $z=z(x,y)$.

注 (1) 曲面 Σ 的方程 $z=z(x,y)$ 须用单值函数表示. 见例 1 解 1；选取投影平面的坐标平面须使曲面 Σ 在该坐标平面上的投影形成区域. 见例 2 解 1.

(2) 曲面方程的表示式可直接代入被积函数，以简化被积函数. 见例 1.

2. 通过曲面的参数方程化为二重积分

计算公式 若曲面 Σ 的参数方程为(见例 1 解 2，例 2 解 2)

$$x = x(u,v),\quad y = y(u,v),\quad z = z(u,v),\quad (u,v) \in D.$$

这时,曲面的面积元素 $\mathrm{d}S=\sqrt{EG-F^2}\mathrm{d}u\mathrm{d}v$,其中

$$E = x_u^2 + y_u^2 + z_u^2,\quad G = x_v^2 + y_v^2 + z_v^2,\quad F = x_u x_v + y_u y_v + z_u z_v,$$

则
$$\iint\limits_{\Sigma} f(x,y,z)\mathrm{d}S = \iint\limits_{D} f(x(u,v),y(u,v),z(u,v))\sqrt{EG-F^2}\mathrm{d}u\mathrm{d}v.$$

3. 用曲面方程中变量的对称性简化计算(见例 4)

对曲面 Σ 观察对称性,找出其对称的坐标平面,以简化计算.

4. 用曲面的对称性与被积函数的奇偶性简化计算

曲面 Σ 关于 Oyz 平面对称,且 $\Sigma_1=\{(x,y,z)\,|\,(x,y,z)\in\Sigma, x\geqslant 0\}$,则(见例 4,例 5)

$$\iint\limits_{\Sigma} f(x,y,z)\mathrm{d}S = \begin{cases} 0, & f(x,y,z)\text{ 关于 } x \text{ 是奇函数},\\ 2\iint\limits_{\Sigma_1} f(x,y,z)\mathrm{d}S, & f(x,y,z)\text{ 关于 } x \text{ 是偶函数}. \end{cases}$$

Σ 关于其他坐标平面对称,有类似的结论.

例 1　计算 $\iint\limits_{\Sigma}(x^2+y^2+z^2)\mathrm{d}S$,其中 Σ 是球面 $x^2+y^2+z^2=2az(a>0)$.

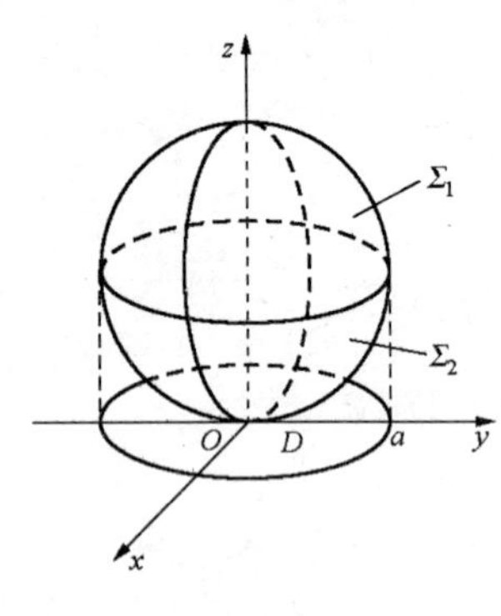

图　10-16

解 1　曲面 Σ 如图 10-16 所示. Σ 可向 Oxy 平面投影,这时 Σ 须分为上、下两片 Σ_1 和 Σ_2,其中,Σ_1: $z=a+\sqrt{a^2-x^2-y^2}$,Σ_2: $z=a-\sqrt{a^2-x^2-y^2}$. 它们在 Oxy 平面上的投影区域均为 D: $x^2+y^2\leqslant a^2$,且

$$\begin{aligned} I &= \iint\limits_{\Sigma_1}(x^2+y^2+z^2)\mathrm{d}S + \iint\limits_{\Sigma_2}(x^2+y^2+z^2)\mathrm{d}S \\ &= \iint\limits_{\Sigma_1} 2az\mathrm{d}S + \iint\limits_{\Sigma_2} 2az\mathrm{d}S. \end{aligned}$$

对 Σ_1,可算得 $\mathrm{d}S=\sqrt{1+z_x^2+z_y^2}=\dfrac{a}{\sqrt{a^2-x^2-y^2}}$,故

$$\begin{aligned} \iint\limits_{\Sigma_1} 2az\mathrm{d}S &= 2a\iint\limits_{D}(a+\sqrt{a^2-x^2-y^2})\frac{a}{\sqrt{a^2-x^2-y^2}}\mathrm{d}x\mathrm{d}y \\ &= 2a^3\iint\limits_{D}\frac{1}{\sqrt{a^2-x^2-y^2}}\mathrm{d}x\mathrm{d}y + 2a^2\iint\limits_{D}\mathrm{d}x\mathrm{d}y \\ &= 2a^3\int_0^{2\pi}\mathrm{d}\theta\int_0^a\frac{r}{\sqrt{a-r^2}}\mathrm{d}r + 2a^2\cdot\pi a^2 \end{aligned}$$

$$= 4\pi a^4 + 2\pi a^4 = 6\pi a^4.$$

同样可算得
$$\iint\limits_{\Sigma_2} 2az\,\mathrm{d}S = 4\pi a^4 - 2\pi a^4 = 2\pi a^4.$$

于是
$$I = 6\pi a^4 + 2\pi a^4 = 8\pi a^4.$$

解 2 若用参数方程表示 Σ,选用 φ 和 θ 做参数,则

$$\Sigma:\ x = a\sin\varphi\cos\theta,\quad y = a\sin\varphi\sin\theta,\quad z = a + a\cos\varphi,$$
$$0 \leqslant \varphi \leqslant \pi,\quad 0 \leqslant \theta \leqslant 2\pi.$$

可以算得$\sqrt{EG-F^2}=a^2\sin\varphi$,于是

$$I = \iint\limits_{\Sigma} 2az\,\mathrm{d}S = \int_0^{2\pi}\mathrm{d}\theta\int_0^{\pi} 2a^2(1+\cos\varphi)a^2\sin\varphi\,\mathrm{d}\varphi.$$

例 2 计算 $\iint\limits_{\Sigma}\dfrac{1}{x^2+y^2+z^2}\mathrm{d}S$,其中 Σ: $x^2+y^2=R^2(R>0)$介于平面 $z=0$ 与 $z=h(h>0)$之间的部分.

解 1 曲面 Σ 如图 10-17 所示. Σ 是柱面的一部分,它在 Oxy 平面上的投影不是区域,不能将 Σ 向 Oxy 平面上投影.

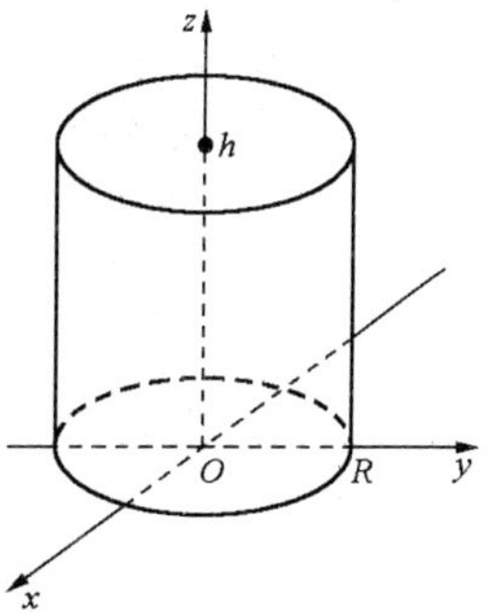

注意到 Σ 关于 Oyz 平面对称,且被积函数关于 x 为偶函数,记 Σ_1 为 Σ 在 $x\geqslant 0$ 的部分,则

$$I = 2\iint\limits_{\Sigma_1}\frac{1}{x^2+y^2+z^2}\mathrm{d}S.$$

将 Σ_1 向 Oyz 平面上投影,Σ_1 的方程为 $x=\sqrt{R^2-y^2}$,所得投影区域 D: $-R\leqslant y\leqslant R, 0\leqslant z\leqslant h$. 又

图 10-17

$$\mathrm{d}S = \sqrt{1+x_y^2+x_z^2}\,\mathrm{d}y\mathrm{d}z = \frac{R}{\sqrt{R^2-y^2}}\mathrm{d}y\mathrm{d}z,$$

于是
$$I = 2\iint\limits_{D}\frac{1}{R^2+z^2}\cdot\frac{R}{\sqrt{R^2-y^2}}\mathrm{d}y\mathrm{d}z = 2\pi\arctan\frac{h}{R}.$$

解 2 选 θ 和 z 作参数,则圆柱面的参数方程为

$$x = R\cos\theta,\quad y = R\sin\theta,\quad z = z,\quad 0\leqslant\theta\leqslant 2\pi,\quad 0\leqslant z\leqslant h.$$

可以算得$\sqrt{EG-F^2}=R$,于是

$$I = \iint\limits_{\Sigma}\frac{1}{R^2+z^2}\mathrm{d}S = \int_0^{2\pi}\mathrm{d}\theta\int_0^{h}\frac{1}{R^2+z^2}R\,\mathrm{d}z = 2\pi\arctan\frac{h}{R}.$$

例 3 计算 $\iint\limits_{\Sigma}\dfrac{z}{\rho(x,y,z)}\mathrm{d}S$,其中 Σ 为椭球面$\dfrac{x^2}{2}+\dfrac{y^2}{2}+z^2=1$ 的上半部分,点 $P(x,y,z)\in\Sigma$,π 为 Σ 在点 P 处的切平面,$\rho(x,y,z)$为点 $O(0,0,0)$到平面 π 的距离.

分析　先算出 $\rho(x,y,z)$，再计算 I.

解　设 (x,y,z) 为 π 上一点，则 π 的方程为 $\frac{xX}{2}+\frac{yY}{2}+zZ=1$，从而

$$\rho(x,y,z)=\left(\frac{x^2}{4}+\frac{y^2}{4}+z^2\right)^{-\frac{1}{2}}.$$

因 Σ：$z=\sqrt{1-\frac{x^2}{2}-\frac{y^2}{2}}$，$\frac{\partial z}{\partial x}=\frac{-x}{2\sqrt{1-\frac{x^2}{2}-\frac{y^2}{2}}}$，$\frac{\partial z}{\partial y}=\frac{-y}{2\sqrt{1-\frac{x^2}{2}-\frac{y^2}{2}}}$，故

$$\mathrm{d}S=\frac{\sqrt{4-x^2-y^2}}{2\sqrt{1-\frac{x^2}{2}-\frac{y^2}{2}}}\mathrm{d}x\mathrm{d}y,$$

于是
$$I=\frac{1}{4}\iint_{D_{xy}}(4-x^2-y^2)\mathrm{d}x\mathrm{d}y=\frac{1}{4}\int_0^{2\pi}\mathrm{d}\theta\int_0^{\sqrt{2}}(4-\rho^2)\rho\mathrm{d}\rho=\frac{3}{2}\pi.$$

例 4　计算 $\iint\limits_{\Sigma}(x+2y+4z+5)^2\mathrm{d}S$，其中 Σ 是正八面体 $|x|+|y|+|z|\leqslant a$ 的表面.

解　注意到被积函数是平方式. 由曲面的对称性与被积函数的奇偶性知

$$\iint\limits_{\Sigma}x^2\mathrm{d}S=\iint\limits_{\Sigma}y^2\mathrm{d}S=\iint\limits_{\Sigma}z^2\mathrm{d}S,$$

$$\iint\limits_{\Sigma}x\mathrm{d}S=\iint\limits_{\Sigma}y\mathrm{d}S=\iint\limits_{\Sigma}z\mathrm{d}S=\iint\limits_{\Sigma}xy\mathrm{d}S=\iint\limits_{\Sigma}yz\mathrm{d}S=\iint\limits_{\Sigma}zx\mathrm{d}S=0.$$

又由曲面的对称性，只在第一卦限计算即可. Σ 在第一卦限为平面，其方程为 $x+y+z=a$ 或 $z=a-x-y$，且它在 Oxy 平面上的投影区域 D：$x+y\leqslant a, x\geqslant 0, y\geqslant 0$. 又

$$\mathrm{d}S=\sqrt{1+z_x^2+z_y^2}\mathrm{d}x\mathrm{d}y=\sqrt{3}\,\mathrm{d}x\mathrm{d}y,$$

故
$$\begin{aligned}I&=\iint\limits_{\Sigma}(x^2+4y^2+16z^2+25)\mathrm{d}S=\iint\limits_{\Sigma}21x^2\mathrm{d}S+\iint\limits_{\Sigma}25\mathrm{d}S\\&=8\left[21\iint\limits_{D}\sqrt{3}\,x^2\mathrm{d}x\mathrm{d}y+25\iint\limits_{D}\sqrt{3}\,\mathrm{d}x\mathrm{d}y\right]\\&=8\left[21\sqrt{3}\int_0^a\mathrm{d}x\int_0^{a-x}x^2\mathrm{d}y+25\sqrt{3}\cdot\frac{1}{2}a^2\right]\\&=14\sqrt{3}\,a^4+100\sqrt{3}\,a^2.\end{aligned}$$

例 5　计算 $\iint\limits_{\Sigma}|xyz|\mathrm{d}S$，其中 Σ 为曲面 $z=x^2+y^2$ 被平面 $z=1$ 截小的部分.

解　曲面 Σ 为旋转抛物面，它关于坐标面 Oxz 和 Oyz 均对称，且被积函数 $|xyz|$ 关于 y 和 x 均为偶函数. 设 Σ_1 表示 Σ 在第一卦限的部分，且 Σ_1 在 Oxy 平面上的投影区域 D：

$x^2+y^2\leqslant 1, x\geqslant 0, y\geqslant 0$. 于是

$$I=4\iint_{\Sigma_1} xyz\mathrm{d}S=4\iint_D xy(x^2+y^2)\sqrt{1+(2x)^2+(2y)^2}\mathrm{d}x\mathrm{d}y$$

$$=4\int_0^{\frac{\pi}{2}}\mathrm{d}\theta\int_0^1 r\cos\theta\cdot r\sin\theta\cdot r^2\sqrt{1+4r^2}\cdot r\mathrm{d}r=2\int_0^1 r^5\sqrt{1+4r^2}\mathrm{d}r$$

$$=\frac{125\sqrt{5}-1}{420}.$$

例 6 设半径为 R 的球面 Σ_1 的球心在另一半径为 $a(a>R)$ 的球面 Σ_2 上，又设 Σ_2 上点 (x,y,z) 处的面密度 $\mu(x,y,z)=z$，求 Σ_2 位于 Σ_1 内部的那部分曲面的质量.

解 如图 10-18 所示，依题设 Σ_1: $x^2+y^2+(z-a)^2=R^2$，Σ_2: $x^2+y^2+z^2=a^2$. 记 Σ 为 Σ_2 位于 Σ_1 内的那部分曲面，Σ: $z=\sqrt{a^2-x^2-y^2}$. 由 Σ_1 与 Σ_2 的交线得 Σ 在 Oxy 平面上的投影区域 D_{xy}: $x^2+y^2\leqslant R^2\left(1-\frac{R^2}{4a^2}\right)$. 于是所求质量

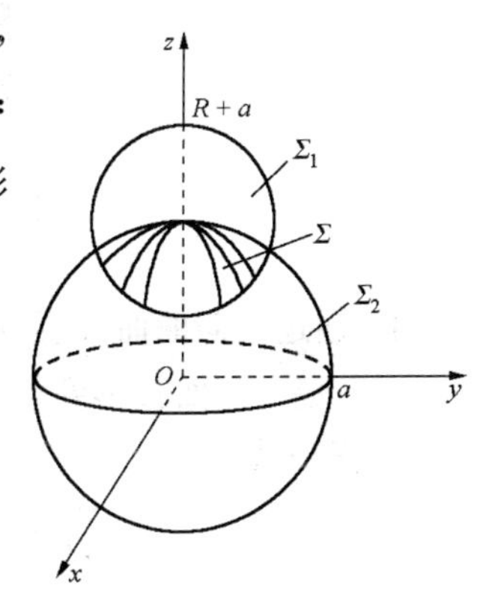

图 10-18

$$M=\iint_{\Sigma}\mu\mathrm{d}S=\iint_{\Sigma}z\mathrm{d}S$$

$$=\iint_{D_{xy}}\sqrt{a^2-x^2-y^2}\cdot\frac{a}{\sqrt{a^2-x^2-y^2}}\mathrm{d}x\mathrm{d}y$$

$$=a\int_0^{2\pi}\mathrm{d}\theta\int_0^{\frac{R}{2a}\sqrt{4a^2-R^2}}\rho\mathrm{d}\rho=\frac{R^2(4a^2-R^2)\pi}{4a}.$$

例 7 求面密度为常数 μ_0 的均匀半球壳 $z=\sqrt{a^2-x^2-y^2}$ 的质心及对于 z 轴的转动惯量.

解 若质心为 $(\bar{x},\bar{y},\bar{z})$，由对称性知质心在 z 轴上，即有 $\bar{x}=\bar{y}=0$. 半球壳的质量 $M=2\pi a^2\mu_0$，又对 Oxy 面的静矩

$$M_{xy}=\iint_{\Sigma}\mu_0 z\mathrm{d}S=\mu_0\iint_{D_{xy}}\sqrt{a^2-x^2-y^2}\frac{a}{\sqrt{a^2-x^2-y^2}}\mathrm{d}x\mathrm{d}y=\mu_0\pi a^3,$$

故 $\bar{z}=\frac{\mu_0\pi a^3}{2\pi a^2\mu_0}=\frac{a}{2}$，所求质心为 $\left(0,0,\frac{a}{2}\right)$.

由于半球壳对 z 轴的转动惯量是全球壳转动惯量的一半. 以 Σ_1 记全球面，则

$$\oiint_{\Sigma_1}\mu_0(x^2+y^2)\mathrm{d}S=\frac{2}{3}\mu_0\oiint_{\Sigma_1}(x^2+y^2+z^2)\mathrm{d}S=\frac{2}{3}\mu_0 a^2\iint_{\Sigma_1}\mathrm{d}S=\frac{8}{3}\mu_0\pi a^4,$$

所求转动惯量 $I_z=\frac{4}{3}\mu_0\pi a^4$.

例 8 设有半径为 R(m)的空心球完全置于水中,球面与水面平齐相切,求球面所承受的总压力.

解 取球心为原点,z 轴垂直向下.在水深 h(m)处的点所受水压力的压强为 hg(kN/m^2),则球面上点 $M(x,y,z)$离水面的深度 $h=z+R$.球面 Σ: $x^2+y^2+z^2=R^2$,所承受的总压力

$$P=\oiint_{\Sigma}(z+R)g\mathrm{d}S.$$

由对称性知 $\oiint_{\Sigma}zg\mathrm{d}S=0$, 所以

$$P=\oiint_{\Sigma}(z+R)g\mathrm{d}S=Rg\oiint_{\Sigma}\mathrm{d}S=4\pi gR^3(\mathrm{kN}).$$

四、对坐标的曲面积分的计算方法

1. 通过定向曲面投影到坐标平面上化为二重积分

(1) 定向曲面投影到相应的坐标平面上

计算公式

$$\iint_{\Sigma}P(x,y,z)\mathrm{d}y\mathrm{d}z=\pm\iint_{D_{yz}}P(x(y,z),y,z)\mathrm{d}y\mathrm{d}z; \tag{1}$$

$$\iint_{\Sigma}Q(x,y,z)\mathrm{d}z\mathrm{d}x=\pm\iint_{D_{zx}}Q(x,y(z,x),z)\mathrm{d}z\mathrm{d}x; \tag{2}$$

$$\iint_{\Sigma}R(x,y,z)\mathrm{d}x\mathrm{d}y=\pm\iint_{D_{xy}}R(x,y,z(x,y))\mathrm{d}x\mathrm{d}y. \tag{3}$$

以公式(3)说明从左端(曲面积分)转化为右端(二重积分)的**解题思路**

确定曲面 Σ 的方程 $z=z(x,y)$,并代入右端的被积函数中;

确定曲面 Σ 在 Oxy 平面上的投影区域 D_{xy}并用于右端;

确定右端二重积分前的符号:曲面 Σ 取上侧是正号,取下侧是负号;

当曲面 Σ 与 Oxy 平面垂直时

$$\iint_{\Sigma}R(x,y,z)\mathrm{d}x\mathrm{d}y=0.$$

对公式(1),Σ 取前侧,右端是正号,取后侧,是负号;对公式(2),Σ 取右侧,右端是正号,取左侧,是负号.见例 1 解 1.

(2) 定向曲面投影到选择的坐标平面上

计算公式 若曲面 Σ: $z=z(x,y)$,Σ 在 Oxy 平面上的投影区域为 D_{xy},则

$$\iint_{\Sigma} P(x,y,z)\mathrm{d}y\mathrm{d}z + Q(x,y,z)\mathrm{d}z\mathrm{d}x + R(x,y,z)\mathrm{d}x\mathrm{d}y$$

$$= \pm \iint_{D_{xy}} \Big[P(x,y,z(x,y))\left(-\frac{\partial z}{\partial x}\right) + Q(x,y,z(x,y))\left(-\frac{\partial z}{\partial y}\right) + R(x,y,z(x,y)) \Big] \mathrm{d}x\mathrm{d}y,$$

其中,若 Σ 取上侧,是正号;若 Σ 取下侧,是负号.

若将曲面 Σ 投影到 Oyz 或 Ozx 平面上,可得类似公式. 所选择的投影坐标平面以不需将曲面分片为好. 见例 1 解 2,例 2.

2. 第二类曲面积分化为第一类曲面积分

两类曲面积分的关系式

$$\iint_{\Sigma} P\mathrm{d}y\mathrm{d}z + Q\mathrm{d}z\mathrm{d}x + R\mathrm{d}x\mathrm{d}y = \iint_{\Sigma} (P\cos\alpha + Q\cos\beta + R\cos\gamma)\mathrm{d}S,$$

其中 $\cos\alpha,\cos\beta,\cos\gamma$ 是 Σ 点 (x,y,z) 处法向量的方向余弦. 见例 3,例 4 解 2.

当然,用上述关系式,第一类曲面积分也可转化为第二类曲面积分计算. 见例 5.

3. 用高斯公式化为三重积分

高斯公式

$$\oiint_{\Sigma} P\mathrm{d}y\mathrm{d}z + Q\mathrm{d}z\mathrm{d}x + R\mathrm{d}x\mathrm{d}y = \iiint_{\Omega} \left(\frac{\partial P}{\partial x} + \frac{\partial Q}{\partial y} + \frac{\partial R}{\partial z} \right) \mathrm{d}v,$$

或

$$\oiint_{\Sigma} (P\cos\alpha + Q\cos\beta + R\cos\gamma)\mathrm{d}S = \iiint_{\Omega} \left(\frac{\partial P}{\partial x} + \frac{\partial Q}{\partial y} + \frac{\partial R}{\partial z} \right) \mathrm{d}v,$$

其中,Ω 为空间闭区域,Σ 为 Ω 的整个边界面的外侧. 见例 6.

特别的,闭曲面 Σ 所围立体的体积

$$V = \iiint_{\Omega} \mathrm{d}v = \frac{1}{3} \oiint_{\Sigma} x\mathrm{d}y\mathrm{d}z + y\mathrm{d}z\mathrm{d}x + z\mathrm{d}x\mathrm{d}y.$$

若 Σ 不是封闭曲面,可添补曲面 Σ_1,使 $\Sigma+\Sigma_1$ 为封闭曲面,再用高斯公式. 见例 7,例 8.

若 Σ 是封闭曲面,不是取外侧,而是取内侧,在用高斯公式时,三重积分前应加上“负号”. 见例 9 解 2.

4. 用曲面的对称性与被积函数的奇偶性简化计算

若曲面 Σ 关于 Oxy 平面对称,且 Oxy 平面上方部分为曲面 Σ_1,则

$$\iint_{\Sigma} R(x,y,z)\mathrm{d}x\mathrm{d}y = \begin{cases} 0, & R \text{ 关于 } z \text{ 为偶函数}, \\ 2\iint_{\Sigma_1} R(x,y,z)\mathrm{d}x\mathrm{d}y, & R \text{ 关于 } z \text{ 为奇函数}. \end{cases}$$

若曲面 Σ 关于 Oyz(或 Ozx)平面对称,被积函数 P 关于 x(Q 关于 y)为奇偶函数,有类似的公式. 见例 1 解 1,例 9 解 1,例 10.

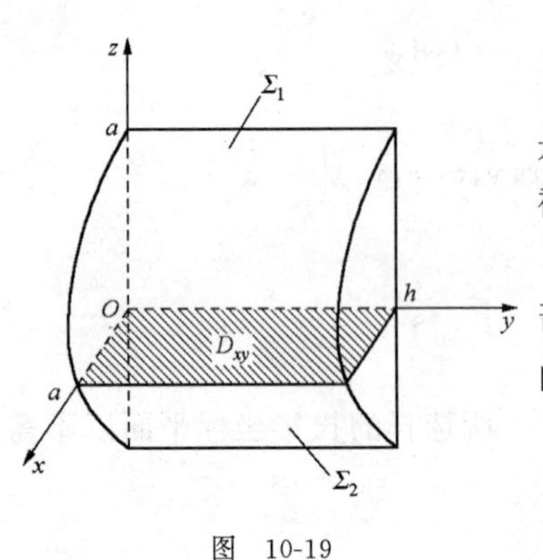

图　10-19

例 1　计算 $\iint\limits_{\Sigma} xz\mathrm{d}y\mathrm{d}z + z^2\mathrm{d}z\mathrm{d}x + xyz\mathrm{d}x\mathrm{d}y$，其中 Σ 是 $x^2+y^2=a^2$ 在 $x\geqslant 0$ 的一半中被 $y=0$ 和 $y=h(h>0)$ 所截下部分的外侧.

解 1　Σ 如图 10-19 所示. Σ 关于 Oxy 平面对称，其上部分记为 Σ_1，又 $R=xyz$ 关于 z 为奇函数，Σ_1 在 Oxy 平面的投影区域 D_{xy}：$0\leqslant x\leqslant a, 0\leqslant y\leqslant h$，则

$$I_1 = \iint\limits_{\Sigma} xyz\mathrm{d}x\mathrm{d}y = 2\iint\limits_{\Sigma_1} xyz\mathrm{d}x\mathrm{d}y$$

$$= 2\iint\limits_{D_{xy}} xy\sqrt{a^2-x^2}\mathrm{d}x\mathrm{d}y = \frac{1}{3}h^2a^3.$$

Σ 在 Oyz 平面上的投影记为 D_2：$0\leqslant y\leqslant h, -a\leqslant z\leqslant a$，又 Σ 的法线方向与 x 轴正向夹锐角，则

$$I_2 = \iint\limits_{\Sigma} xz\mathrm{d}y\mathrm{d}z = \iint\limits_{D_2} z\sqrt{a^2-z^2}\mathrm{d}y\mathrm{d}z = 0.$$

由于 D_2 关于 y 轴对称，且被积函数为 z 的奇函数，所以二重积分为零.

由于 Σ 垂直于 Ozx 平面，故 $I_3 = \iint\limits_{\Sigma} z^2\mathrm{d}z\mathrm{d}x = 0$.

综上所述，
$$I = I_1 + I_2 + I_3 = \frac{1}{3}h^2a^3.$$

解 2　若将 Σ 的方程写为 $x=\sqrt{a^2-z^2}$，Σ 在 Oyz 平面上的投影区域 D_{yz}：$0\leqslant y\leqslant h, -a\leqslant z\leqslant a$.

由 $x=\sqrt{a^2-z^2}$，有 $\frac{\partial x}{\partial y}=0, \frac{\partial x}{\partial z}=-\frac{z}{\sqrt{a^2-z^2}}$，并注意 Σ 取前侧，所以

$$I = \iint\limits_{D_{yz}} \left[z\sqrt{a^2-z^2} + z^2\left(-\frac{\partial x}{\partial y}\right) + yz\sqrt{a^2-z^2}\left(-\frac{\partial x}{\partial z}\right)\right]\mathrm{d}y\mathrm{d}z$$

$$= \iint\limits_{D_{yz}} \left[z\sqrt{a^2-z^2} + yz\sqrt{a^2-z^2}\cdot\frac{z}{\sqrt{a^2-z^2}}\right]\mathrm{d}y\mathrm{d}z = \iint\limits_{D_{yz}} yz^2\mathrm{d}y\mathrm{d}z$$

$$= \int_0^h y\mathrm{d}y\int_{-a}^{a} z^2\mathrm{d}z = \frac{1}{3}h^2a^3.$$

例 2　计算 $\iint\limits_{\Sigma} y\mathrm{d}y\mathrm{d}z - x\mathrm{d}z\mathrm{d}x + z^2\mathrm{d}x\mathrm{d}y$，其中 Σ 为锥面 $z=\sqrt{x^2+y^2}$ 被 $z=1, z=2$ 所截部分的外侧.

解 依 Σ 的方程，Σ 在 Oxy 平面上的投影区域 D_{xy}：$1\leqslant x^2+y^2\leqslant 2$. 由 $z=\sqrt{x^2+y^2}$，有 $\dfrac{\partial z}{\partial x}=\dfrac{x}{\sqrt{x^2+y^2}}$，$\dfrac{\partial z}{\partial y}=\dfrac{y}{\sqrt{x^2+y^2}}$，并注意 Σ 取下侧，所以

$$I=-\iint_{D_{xy}}\left[y\left(\frac{-x}{\sqrt{x^2+y^2}}\right)-x\left(\frac{-y}{\sqrt{x^2+y^2}}\right)+x^2+y^2\right]\mathrm{d}x\mathrm{d}y$$

$$=-\iint_{D_{xy}}(x^2+y^2)\mathrm{d}x\mathrm{d}y=-\int_0^{2\pi}\mathrm{d}\theta\int_1^2\rho^2\cdot\rho\mathrm{d}\rho=-\frac{15}{2}\pi.$$

例 3 计算 $\iint_\Sigma[f(x,y,z)+x]\mathrm{d}y\mathrm{d}z+[2f(x,y,z)+y]\mathrm{d}z\mathrm{d}x+[f(x,y,z)+z]\mathrm{d}x\mathrm{d}y$，其中 $f(x,y,z)$ 为连续函数，Σ 为平面 $x-y+z=1$ 在第四卦限的上侧.

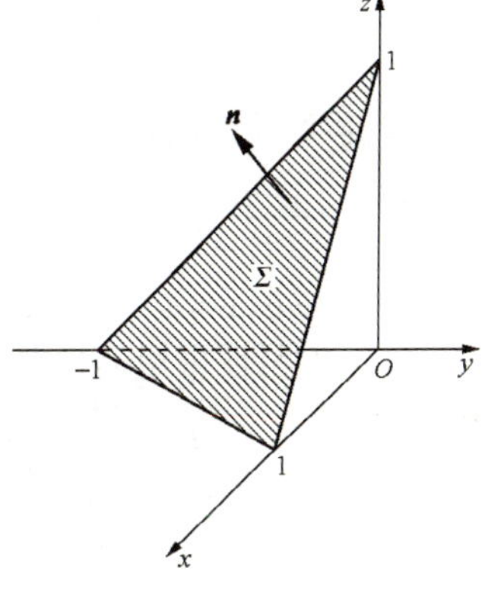

图 10-20

分析 被积函数含有抽象函数，考虑化为关于面积的曲面积分.

解 曲面 Σ 在第四卦限上侧的法线方向的方向余弦(法线方向与 z 轴正向方向成锐角，即 $\cos\gamma>0$)为(图 10-20)

$$\cos\alpha=\frac{1}{\sqrt{3}},\quad \cos\beta=-\frac{1}{\sqrt{3}},\quad \cos\gamma=\frac{1}{\sqrt{3}}.$$

由第二类曲面积分与第一类曲面积分之间的关系式，有

$$I=\iint_\Sigma\left\{\frac{1}{\sqrt{3}}[f(x,y,z)+x]-\frac{1}{\sqrt{3}}[2f(x,y,z)+y]+\frac{1}{\sqrt{3}}[f(x,y,z)+z]\mathrm{d}S\right\}$$

$$=\frac{1}{\sqrt{3}}\iint_\Sigma(x-y+z)\mathrm{d}S=\frac{1}{\sqrt{3}}\iint_\Sigma\mathrm{d}S=\frac{1}{\sqrt{3}}\cdot(\Sigma\text{ 的面积})=\frac{1}{\sqrt{3}}\cdot\frac{\sqrt{3}}{2}=\frac{1}{2}.$$

例 4 计算 $\oiint_\Sigma\dfrac{x\mathrm{d}y\mathrm{d}z+y\mathrm{d}z\mathrm{d}x+z\mathrm{d}x\mathrm{d}y}{(x^2+y^2+z^2)^{\frac{3}{2}}}$，其中 Σ 为 $x^2+y^2+z^2=a^2$ 的外侧面.

解 1 Σ 是封闭曲面，用 Σ 的方程简化被积函数后再用高斯公式，则

$$I=\frac{1}{a^3}\oiint_\Sigma x\mathrm{d}y\mathrm{d}z+y\mathrm{d}z\mathrm{d}x+z\mathrm{d}x\mathrm{d}y$$

$$=\frac{3}{a^3}\iiint_{x^2+y^2+z^2\leqslant a^2}\mathrm{d}v=\frac{3}{a^3}\cdot\frac{4}{3}\pi a^3=4\pi.$$

解 2 转化为第一类曲面积分，Σ 上点 (x,y,z) 处外法向量的方向余弦为 $\cos\alpha=\dfrac{x}{a}$，$\cos\beta=\dfrac{y}{a}$，$\cos\gamma=\dfrac{z}{a}$. 于是

$$I=\oiint_\Sigma\frac{\cos\alpha\mathrm{d}y\mathrm{d}z+\cos\beta\mathrm{d}z\mathrm{d}x+\cos\gamma\mathrm{d}x\mathrm{d}y}{x^2+y^2+z^2}$$

$$=\frac{1}{a^2}\oiint_{\Sigma}(\cos^2\alpha+\cos^2\beta+\cos^2\gamma)\mathrm{d}S=\frac{1}{a^2}\oiint_{\Sigma}\mathrm{d}S=\frac{1}{a^2}\cdot 4\pi a^2=4\pi.$$

例 5　计算 $\oiint_{\Sigma}x^4\mathrm{d}S$，其中 Σ：$x^2+y^2+z^2=R^2$.

解　这是对面积的曲面积分，可化为对坐标的曲面积分. 注意曲面方程的对称性，并 Σ 上点 (x,y,z) 处外法向量的方向余弦为 $\cos\alpha=\frac{x}{R}$，$\cos\beta=\frac{y}{R}$，$\cos\gamma=\frac{z}{R}$. 于是

$$I=\frac{1}{3}\oiint_{\Sigma}(x^4+y^4+z^4)\mathrm{d}S=\frac{R}{3}\oiint_{\Sigma}x^3\mathrm{d}y\mathrm{d}z+y^3\mathrm{d}z\mathrm{d}x+z^3\mathrm{d}x\mathrm{d}y$$

$$\xlongequal{\text{高斯公式}}R\iiint_{\Omega}(x^2+y^2+z^2)\mathrm{d}v=R\iiint_{\Omega}r^2\cdot r^2\sin\varphi\mathrm{d}r\mathrm{d}\varphi\mathrm{d}\theta=\frac{4}{5}\pi R^6,$$

其中 Ω 是 Σ 所围的闭区域，用球面坐标计算.

例 6　计算 $\iint_{\Sigma}\frac{1}{y}f\left(\frac{x}{y}\right)\mathrm{d}y\mathrm{d}z+\frac{1}{x}f\left(\frac{x}{y}\right)\mathrm{d}z\mathrm{d}x+z\mathrm{d}x\mathrm{d}y$，其中 $f(u)$ 有连续的导数，Σ 是 $y=x^2+z^2+6$，$y=8-x^2-z^2$ 所围立体的外侧.

解　依题设可用高斯公式. 设 Ω 是 Σ 所围的区域，则

$$I=\iiint_{\Omega}\left\{\frac{\partial}{\partial x}\left[\frac{1}{y}f\left(\frac{x}{y}\right)\right]+\frac{\partial}{\partial y}\left[\frac{1}{x}f\left(\frac{x}{y}\right)\right]+\frac{\partial}{\partial z}(z)\right\}\mathrm{d}x\mathrm{d}y\mathrm{d}z$$

$$=\iiint_{\Omega}\left[\frac{1}{y^2}f'\left(\frac{x}{y}\right)-\frac{1}{y^2}f'\left(\frac{x}{y}\right)+1\right]\mathrm{d}x\mathrm{d}y\mathrm{d}z=\iiint_{\Omega}\mathrm{d}x\mathrm{d}y\mathrm{d}z$$

$$=\int_0^{2\pi}\mathrm{d}\theta\int_0^1\rho\mathrm{d}\rho\int_{\rho^2+6}^{8-\rho^2}\mathrm{d}y=\pi.$$

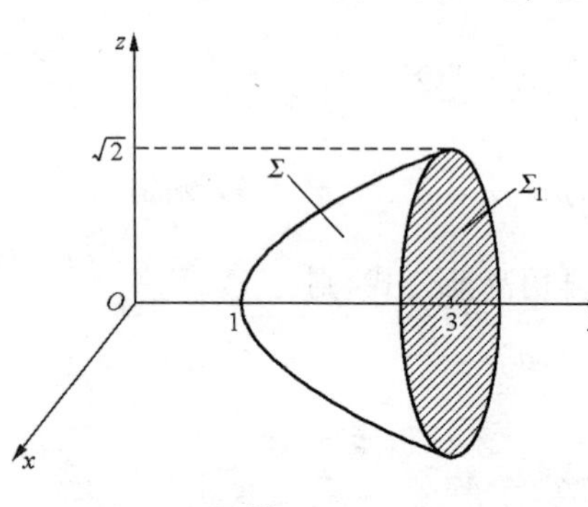

图　10-21

例 7　计算 $\iint_{\Sigma}(8y+1)x\mathrm{d}y\mathrm{d}z+2(1-y^2)\mathrm{d}z\mathrm{d}x-4yz\mathrm{d}x\mathrm{d}y$，其中 Σ 是由曲线 $\begin{cases}z=\sqrt{y-1},\\ x=0\end{cases}$ $(1\leqslant y\leqslant 3)$ 绕 y 轴旋转一周所生成的曲面，它的法线向量与 y 轴正向的夹角大于 $\frac{\pi}{2}$.

解　如图 10-21 所示，Σ 不是封闭曲面，添补平面 Σ_1：$y=3$，$x^2+z^2\leqslant 2$，取右侧，则 $\Sigma+\Sigma_1$ 是封闭曲面且取外侧. 用高斯公式

$$I_1=\oiint_{\Sigma+\Sigma_1}(8y+1)x\mathrm{d}y\mathrm{d}z+2(1-y^2)\mathrm{d}z\mathrm{d}x-4yz\mathrm{d}x\mathrm{d}y$$

$$=\iiint_{\Omega}[(8y+1)-4y-4y]\mathrm{d}v=\iiint_{\Omega}\mathrm{d}v=2\pi.$$

注意到 Σ_1 垂直于 Oyz 和 Oxy 平面，且在 Ozx 平面上的投影区域 D_{zx}：$x^2+z^2\leqslant 2$，所以

$$I_2=\iint_{\Sigma_1}(8y+1)x\mathrm{d}y\mathrm{d}z+2(1-y^2)\mathrm{d}z\mathrm{d}x-4yz\mathrm{d}x\mathrm{d}y$$

$$=2\iint_{\Sigma_1}(1-y^2)\mathrm{d}z\mathrm{d}x=2\iint_{x^2+z^2\leqslant 2}(1-3^2)\mathrm{d}z\mathrm{d}x=-32\pi.$$

于是
$$I=I_1-I_2=2\pi+32\pi=34\pi.$$

例 8　计算 $\iint_{\Sigma}(x^3\cos\alpha+y^2\cos\beta+z\cos\gamma)\mathrm{d}S$，其中 Σ 是柱面 $x^2+y^2=a^2$ 在 $0\leqslant z\leqslant h$ 部分，$\cos\alpha,\cos\beta,\cos\gamma$ 是 Σ 的外法线的方向余弦.

解　添补平面 Σ_1 和 Σ_2，其中 Σ_1：$z=0,x^2+y^2\leqslant a^2$，取下侧，Σ_2：$z=h,x^2+y^2\leqslant a^2$，取上侧，则 $\Sigma+\Sigma_1+\Sigma_2=\Sigma_3$ 为封闭曲面. 由高斯公式

$$I_3=\oint\!\!\!\oint_{\Sigma_3}(x^3\cos\alpha+y^2\cos\beta+z\cos\gamma)\mathrm{d}S=\iiint_{\Omega}(3x^2+2y+1)\mathrm{d}v$$

$$=3\iint_{x^2+y^2\leqslant a^2}x^2\mathrm{d}x\mathrm{d}y\int_0^h\mathrm{d}z+0+\pi a^2h=\frac{3}{4}\pi a^4h+\pi a^2h.$$

注意到 Σ_1 上，有 $z=0$，Σ_2 上有 $z=h$，故

$$I_1=\iint_{\Sigma_1}(x^3\cos\alpha+y^2\cos\beta+z\cos\gamma)\mathrm{d}S=0,$$

$$I_2=\iint_{\Sigma_2}(x^3\cos\alpha+y^2\cos\beta+z\cos\gamma)\mathrm{d}S=\iint_{x^2+y^2\leqslant a^2}h\mathrm{d}x\mathrm{d}y=\pi a^2h.$$

从而
$$I=I_3-I_1-I_2=\frac{3}{4}\pi a^4h.$$

例 9　计算 $\iint_{\Sigma}\frac{ax\mathrm{d}y\mathrm{d}z+(z+a)^2\mathrm{d}x\mathrm{d}y}{\sqrt{x^2+y^2+z^2}}$，其中 Σ 为下半球面 $z=-\sqrt{a^2-x^2-y^2}\,(a>0)$ 的上侧.

解 1　化为二重积分. 由于 Σ 点的点 (x,y,z) 满足 $x^2+y^2+z^2=a^2$，故

$$I=\frac{1}{a}\iint_{\Sigma}ax\mathrm{d}y\mathrm{d}z+(z+a)^2\mathrm{d}x\mathrm{d}y.$$

而
$$I_1=\iint_{\Sigma}ax\mathrm{d}y\mathrm{d}z=-2\iint_{\Sigma_1}ax\mathrm{d}y\mathrm{d}z=-2a\iint_{D_{yz}}\sqrt{a^2-y^2-z^2}\mathrm{d}y\mathrm{d}z=-\frac{2}{3}\pi a^4,$$

其中 Σ_1 为 Σ 在 Oyz 平面的前部分，D_{yz}：$y^2+z^2\leqslant a^2,z\leqslant 0$.

$$I_2=\iint_{\Sigma}(z+a)^2\mathrm{d}x\mathrm{d}y=\iint_{D_{xy}}\left[a-\sqrt{a^2-x^2-y^2}\right]^2\mathrm{d}x\mathrm{d}y=\frac{1}{6}\pi a^4,$$

其中 D_{xy}：$x^2+y^2\leqslant a^2$.

综上所述，
$$I=\frac{1}{a}(I_1+I_2)=-\frac{1}{2}\pi a^3.$$

解 2　先用曲面方程 $x^2+y^2+z^2=a^2$ 化简被积函数，原式$=\dfrac{1}{a}\iint\limits_{\Sigma}ax\mathrm{d}y\mathrm{d}z+(z+a)^2\mathrm{d}x\mathrm{d}y$，并添补平面 Σ_1：$z=0$，$x^2+y^2\leqslant a^2$，取下侧.

注意到 $\Sigma+\Sigma_1$ 是封闭曲面，但其方向是内侧，把封闭曲面所围区域记为 Ω，由高斯公式

$$\begin{aligned}I_1&=\frac{1}{a}\iint\limits_{\Sigma+\Sigma_1}ax\mathrm{d}y\mathrm{d}z+(z+a)^2\mathrm{d}x\mathrm{d}y=-\frac{1}{a}\iiint\limits_{\Omega}(3a+2z)\mathrm{d}v\\&=-\frac{1}{a}\left[3a\cdot(\Omega\text{ 的体积})+2\int_0^{2\pi}\mathrm{d}\theta\int_0^a\rho\mathrm{d}\rho\int_{-\sqrt{a^2-\rho^2}}^0z\mathrm{d}z\right]\\&=-\frac{1}{a}\left(2\pi a^4-\frac{1}{2}\pi a^4\right)=-\frac{3}{2}\pi a^3.\end{aligned}$$

又
$$I_2=\frac{1}{a}\iint\limits_{\Sigma_1}ax\mathrm{d}y\mathrm{d}z+(z+a)^2\mathrm{d}x\mathrm{d}y,$$

由于 Σ_1 垂直于 Oyz 平面，故 $\iint\limits_{\Sigma_1}ax\mathrm{d}y\mathrm{d}z=0$，$\Sigma_1$：$z=0$，$\Sigma_1$ 的法线方向与 z 轴正向相反且在 Oxy 平面上的投影区域 D_{xy}：$x^2+y^2\leqslant a^2$，故

$$\iint\limits_{\Sigma_1}(z+a)^2\mathrm{d}x\mathrm{d}y=\iint\limits_{\Sigma_1}a^2\mathrm{d}x\mathrm{d}y=-\iint\limits_{D_{xy}}a^2\mathrm{d}x\mathrm{d}y=-\pi a^4.$$

综上所述，
$$I=I_1-I_2=-\frac{3}{2}\pi a^3-(-\pi a^3)=-\frac{1}{2}\pi a^3.$$

例 10　计算 $\oiint\limits_{\Sigma}\dfrac{x\mathrm{d}y\mathrm{d}z+z^2\mathrm{d}x\mathrm{d}y}{x^2+y^2+z^2}$，其中 Σ 是由曲面 $x^2+y^2=a^2$ 及两平面 $z=a$，$z=-a$ $(a>0)$所围成立体表面的外侧(见图 10-22).

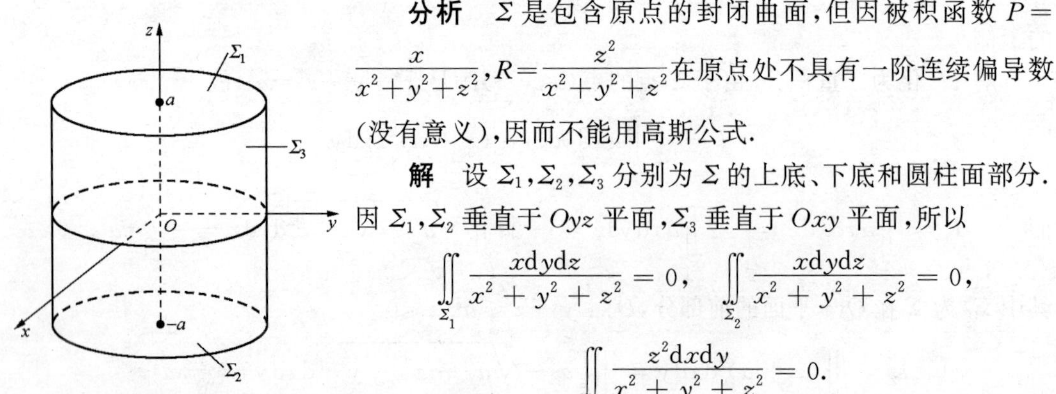

图　10-22

分析　Σ 是包含原点的封闭曲面，但因被积函数 $P=\dfrac{x}{x^2+y^2+z^2}$，$R=\dfrac{z^2}{x^2+y^2+z^2}$在原点处不具有一阶连续偏导数(没有意义)，因而不能用高斯公式.

解　设 $\Sigma_1,\Sigma_2,\Sigma_3$ 分别为 Σ 的上底、下底和圆柱面部分. 因 Σ_1,Σ_2 垂直于 Oyz 平面，Σ_3 垂直于 Oxy 平面，所以

$$\iint\limits_{\Sigma_1}\frac{x\mathrm{d}y\mathrm{d}z}{x^2+y^2+z^2}=0,\quad\iint\limits_{\Sigma_2}\frac{x\mathrm{d}y\mathrm{d}z}{x^2+y^2+z^2}=0,$$

$$\iint\limits_{\Sigma_3}\frac{z^2\mathrm{d}x\mathrm{d}y}{x^2+y^2+z^2}=0.$$

由于 Σ_1 与 Σ_2 关于 Oxy 平面对称，且 R 关于 z 为偶函数，Σ_3 关于 Oyz 平面对称，且 P 关于 x 为奇函数，故

$$\iint_{\Sigma_1+\Sigma_2} \frac{z^2 \mathrm{d}x\mathrm{d}y}{x^2+y^2+z^2} = 0,$$

$$\iint_{\Sigma_3} \frac{x\mathrm{d}y\mathrm{d}z}{x^2+y^2+z^2} = 2\iint_{D_{yz}} \frac{\sqrt{a^2-y^2}}{a^2+z^2}\mathrm{d}y\mathrm{d}z = \frac{1}{2}\pi a^2,$$

其中 D_{yz}：$-a\leqslant y\leqslant a, -a\leqslant z\leqslant a$.

综上所述，
$$I = \iint_{\Sigma_1+\Sigma_2+\Sigma_3} \frac{x\mathrm{d}y\mathrm{d}z + z^2\mathrm{d}x\mathrm{d}y}{x^2+y^2+z^2} = \frac{1}{2}\pi^2 a.$$

例 11 设 $P(x,y,z),Q(x,y,z),R(x,y,z)$是连续函数，$M$ 是$\sqrt{P^2+Q^2+R^2}$的最大值，Σ 为一光滑曲面，其面积为 A，证明

$$\left|\iint_{\Sigma} P\mathrm{d}y\mathrm{d}z + Q\mathrm{d}z\mathrm{d}x + R\mathrm{d}x\mathrm{d}y\right| \leqslant MA.$$

分析 若 $\boldsymbol{A}=P\boldsymbol{i}+Q\boldsymbol{j}+R\boldsymbol{k}$，则 $|\boldsymbol{A}|=\sqrt{P^2+Q^2+R^2}$.

解 设 $\boldsymbol{A}=P\boldsymbol{i}+Q\boldsymbol{j}+R\boldsymbol{k}, \boldsymbol{n}^\circ=\cos\alpha\boldsymbol{i}+\cos\beta\boldsymbol{j}+\cos\gamma\boldsymbol{k}$，则

$$\begin{aligned}
\text{左端} &= \left|\iint_{\Sigma}(P\cos\alpha + Q\cos\beta + R\cos\gamma)\mathrm{d}S\right| \leqslant \iint_{\Sigma}|P\cos\alpha + Q\cos\beta + R\cos\gamma|\mathrm{d}S \\
&= \iint_{\Sigma}\sqrt{P^2+Q^2+R^2}\cdot\sqrt{\cos^2\alpha+\cos^2\beta+\cos^2\gamma}\cdot|\cos(\widehat{A,\boldsymbol{n}^\circ})|\mathrm{d}S \\
&\leqslant \iint_{\Sigma}\sqrt{P^2+Q^2+R^2}\mathrm{d}S \leqslant MA.
\end{aligned}$$

例 12 计算 $\displaystyle\iint_{\Sigma}\frac{2}{x\cos^2 x}\mathrm{d}y\mathrm{d}z + \frac{1}{\cos^2 y}\mathrm{d}z\mathrm{d}x - \frac{1}{z\cos^2 z}\mathrm{d}x\mathrm{d}y$，其中 Σ 是球面 $x^2+y^2+z^2=1$ 的外侧.

解 由球面方程和被积表示式的轮换对称性，有

$$\iint_{\Sigma}\frac{2}{x\cos^2 x}\mathrm{d}y\mathrm{d}z = \iint_{\Sigma}\frac{2}{z\cos^2 z}\mathrm{d}x\mathrm{d}y,\quad \iint_{\Sigma}\frac{1}{\cos^2 y}\mathrm{d}z\mathrm{d}x = \iint_{\Sigma}\frac{1}{\cos^2 z}\mathrm{d}x\mathrm{d}y,$$

故
$$I = \iint_{\Sigma}\frac{2}{z\cos^2 z}\mathrm{d}x\mathrm{d}y + \frac{1}{\cos^2 z}\mathrm{d}x\mathrm{d}y - \frac{1}{z\cos^2 z}\mathrm{d}x\mathrm{d}y = \iint_{\Sigma}\left(\frac{1}{z\cos^2 z}+\frac{1}{\cos^2 z}\right)\mathrm{d}x\mathrm{d}y.$$

而
$$I_1 = \iint_{\Sigma}\frac{1}{\cos^2 z}\mathrm{d}x\mathrm{d}y = 0,$$

故
$$I = \iint_{\Sigma}\frac{1}{z\cos^2 z}\mathrm{d}x\mathrm{d}y = 2\iint_{x^2+y^2\leqslant 1}\frac{1}{\sqrt{1-x^2-y^2}\cos^2\sqrt{1-x^2-y^2}}\mathrm{d}x\mathrm{d}y$$

$$= 2\int_0^{2\pi}\mathrm{d}\theta\int_0^1 \frac{\rho\mathrm{d}\rho}{\sqrt{1-\rho^2\cos^2\sqrt{1-\rho^2}}} = 4\pi\tan 1.$$

例 13　求流体速度场 $\boldsymbol{v}=xy\boldsymbol{i}+yz\boldsymbol{j}+zx\boldsymbol{k}$ 穿过第一卦限中的球面 $x^2+y^2+z^2=1$ 外侧的流量.

解　记 Σ 为所给球面在第一卦限的部分,所求流量为

$$\Phi=\iint_\Sigma \boldsymbol{v}\cdot\boldsymbol{n}\mathrm{d}S=\iint_\Sigma P\mathrm{d}y\mathrm{d}z+Q\mathrm{d}z\mathrm{d}x+R\mathrm{d}x\mathrm{d}y=\iint_\Sigma xy\mathrm{d}y\mathrm{d}z+yz\mathrm{d}z\mathrm{d}x+xz\mathrm{d}x\mathrm{d}y$$

$$=\iint_{D_{yz}} y\sqrt{1-y^2-z^2}\mathrm{d}y\mathrm{d}z+\iint_{D_{zz}} z\sqrt{1-x^2-z^2}\mathrm{d}x\mathrm{d}z+\iint_{D_{xy}} x\sqrt{1-x^2-y^2}\mathrm{d}x\mathrm{d}y,$$

其中
$$\iint_{D_{xy}} x\sqrt{1-x^2-y^2}\mathrm{d}x\mathrm{d}y=\int_0^{\frac{\pi}{2}}\mathrm{d}\theta\int_0^1 \rho\cos\theta\sqrt{1-\rho^2}\rho\mathrm{d}\rho=\frac{\pi}{16}.$$

同样
$$\iint_{D_{yz}} y\sqrt{1-y^2-z^2}\mathrm{d}y\mathrm{d}z=\iint_{D_{zx}} z\sqrt{1-x^2-y^2}\mathrm{d}x\mathrm{d}z=\frac{\pi}{16}.$$

故 $\Phi=\frac{3\pi}{16}$.

五、斯托克斯公式

计算公式

$$\oint_\Gamma P\mathrm{d}x+Q\mathrm{d}y+R\mathrm{d}z=\iint_\Sigma\left(\frac{\partial R}{\partial y}-\frac{\partial Q}{\partial z}\right)\mathrm{d}y\mathrm{d}z+\left(\frac{\partial P}{\partial z}-\frac{\partial R}{\partial x}\right)\mathrm{d}z\mathrm{d}x$$

$$+\left(\frac{\partial Q}{\partial x}-\frac{\partial P}{\partial y}\right)\mathrm{d}x\mathrm{d}y=\iint_\Sigma\begin{vmatrix}\mathrm{d}y\mathrm{d}z & \mathrm{d}z\mathrm{d}x & \mathrm{d}x\mathrm{d}y\\ \frac{\partial}{\partial x} & \frac{\partial}{\partial y} & \frac{\partial}{\partial z}\\ P & Q & R\end{vmatrix}.$$

斯托克斯公式可把空间第二类曲线积分转化为曲面积分. 由于上述公式的成立与以 Γ 为边界曲线的曲面 Σ 的选择无关,常选取便于计算的曲面 Σ,特别常选取以 Γ 为边界曲线的平面. 这时,常用**下述公式**

$$\oint_\Gamma P\mathrm{d}x+Q\mathrm{d}y+R\mathrm{d}z=\iint_\Sigma\begin{vmatrix}\cos\alpha & \cos\beta & \cos\gamma\\ \frac{\partial}{\partial x} & \frac{\partial}{\partial y} & \frac{\partial}{\partial z}\\ P & Q & R\end{vmatrix}\mathrm{d}S,$$

其中 $\cos\alpha,\cos\beta,\cos\gamma$ 为 Σ 上的外法向量的方向余弦.

例 1　计算 $\oint_\Gamma (by^2z-x)\mathrm{d}x+(3x-ayz^2)+(x+y+z)\mathrm{d}z$,其中曲线 Γ 为圆柱面

$x^2+y^2=a^2$ 与平面 $\frac{x}{a}+\frac{z}{b}=1(a>0,b>0)$ 的交线. 从 z 轴的正向看去, Γ 为逆时针方向.

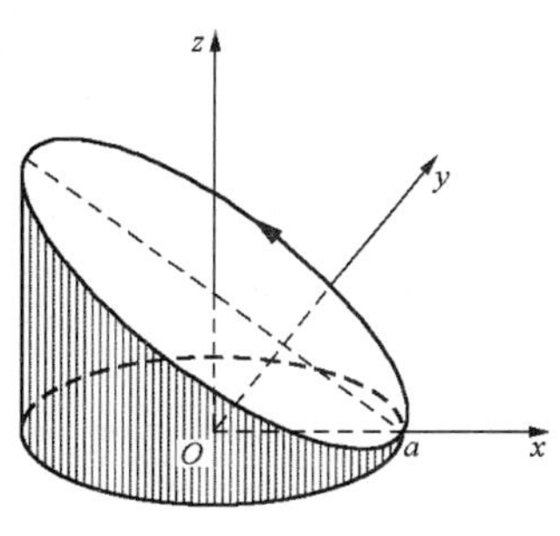

图　10-23

解　如图 10-23 所示, 记 Σ 为平面 $\frac{x}{a}+\frac{z}{b}=1$ 上 Γ 为边界的有向曲面, 取上侧. Σ 的单位法向量为

$$\boldsymbol{n}^\circ=\{\cos\alpha,\cos\beta,\cos\gamma\}=\left\{\frac{b}{\sqrt{a^2+b^2}},0,\frac{a}{\sqrt{a^2+b^2}}\right\}.$$

又 $P=by^2z-x, Q=3x-ayz^2, R=x+y+z$, 于是由斯托克斯公式

$$\begin{aligned}I&=\iint_\Sigma\left[(1+2ayz)\frac{b}{\sqrt{a^2+b^2}}+(3-2byz)\frac{a}{\sqrt{a^2+b^2}}\right]\mathrm{d}S\\&=\frac{3a+b}{\sqrt{a^2+b^2}}\iint_\Sigma\mathrm{d}S=\frac{3a+b}{\sqrt{a^2+b^2}}\iint_{x^2+y^2\leqslant a^2}\sqrt{1+z_x^2+z_y^2}\mathrm{d}x\mathrm{d}y\\&=\frac{3a+b}{\sqrt{a^2+b^2}}\frac{\sqrt{a^2+b^2}}{a}\pi a^2=a(3a+b)\pi.\end{aligned}$$

例 2　计算 $\oint_\Gamma x^2yz\mathrm{d}x+(x^2+y^2)\mathrm{d}y+(x+y+1)\mathrm{d}z$, 其中 Γ 为球面 $x^2+y^2+z^2=5$ 与抛物面 $z=1+x^2+y^2$ 的交线. 从 z 轴正向看去 Γ 为顺时针方向.

解　曲线 Γ 可表示成: $z=2, x^2+y^2=1$. 记 Σ 为 Γ 所围区域的下侧, $P=x^2yz, Q=x^2+y^2, R=x+y+1$. 由斯托克斯公式

$$\begin{aligned}I&=\iint_\Sigma(1-0)\mathrm{d}y\mathrm{d}z+(x^2y-1)\mathrm{d}z\mathrm{d}x+(2x-x^2z)\mathrm{d}x\mathrm{d}y\\&=-\iint_{x^2+y^2\leqslant1}(2x-2x^2)\mathrm{d}x\mathrm{d}y=-2\iint_{x^2+y^2\leqslant1}x\mathrm{d}x\mathrm{d}y+2\iint_{x^2+y^2\leqslant1}x^2\mathrm{d}x\mathrm{d}y\\&=2\int_0^{2\pi}\mathrm{d}\theta\int_0^1\rho^2\cos^2\theta\cdot\rho\mathrm{d}\rho=\frac{\pi}{2}.\end{aligned}$$

例 3　求向量场 $\boldsymbol{A}=y\boldsymbol{i}+z\boldsymbol{j}+x\boldsymbol{k}$ 沿角曲线 Γ 上的环流量, 取逆时针方向, 其中 Γ 是以点 $A_1(a,0,0), A_2(0,a,0), A_3(0,0,a)$ 为顶点的三角形的周界(见图 10-24).

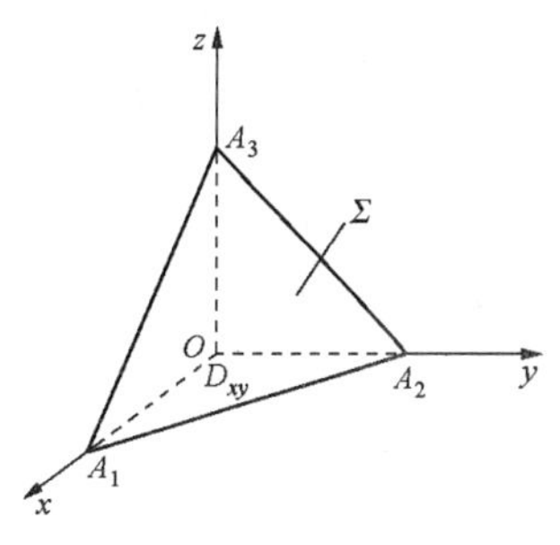

图　10-24

解　所求环流量为

$$\begin{aligned}\oint_\Gamma\boldsymbol{A}\cdot\boldsymbol{\tau}\mathrm{d}s&=\oint_\Gamma P\mathrm{d}x+Q\mathrm{d}y+R\mathrm{d}z\\&=\oint_\Gamma y\mathrm{d}x+z\mathrm{d}y+x\mathrm{d}z\end{aligned}$$

$$\xlongequal{\text{斯托克斯公式}} \iint_{\Sigma} -\mathrm{d}y\mathrm{d}z - \mathrm{d}z\mathrm{d}x - \mathrm{d}x\mathrm{d}y$$

$$= -3\iint_{D_{xy}} \mathrm{d}x\mathrm{d}y = -\frac{3}{2}a^2.$$

习　题　十

1. 填空题

(1) 设曲线 L 的方程为 $\begin{cases} x=\cos t, \\ y=\sin t, \end{cases} 0\leqslant t\leqslant 2\pi$，则 $\oint_L \frac{\mathrm{d}s}{2-x^2-y^2} =$ ________.

(2) 设 L 是由点 $A(0,\pi)$ 到点 $B(\pi,0)$ 的直线段，则 $\int_L \sin y\mathrm{d}x + \sin x\mathrm{d}y =$ ________.

(3) 设 L 是椭圆 $\frac{x^2}{9}+\frac{y^2}{4}=1$ 的正向，则 $\oint_L (3y - \mathrm{e}^{\sin x})\mathrm{d}x + (7x + \sqrt{y^4+1})\mathrm{d}y =$ ________.

(4) 设 Σ 是 $x^2+y^2=R^2$ 介于 $z=0$ 与 $z=h(h>0)$ 间的部分，则 $\iint_{\Sigma} (x^2+y^2)\mathrm{d}S =$ ________.

(5) 设 Σ 是由曲面 $z=\sqrt{x^2+y^2}$ 与 $z=\sqrt{2-x^2-y^2}$ 所围立体表面的外侧，则

$$\oiint_{\Sigma} 2xz\mathrm{d}y\mathrm{d}z + yz\mathrm{d}z\mathrm{d}x + z^2\mathrm{d}x\mathrm{d}y = \underline{\qquad\qquad}.$$

2. 单项选择题

(1) 设曲线 L: $f(x,y)=1$（$f(x,y)$ 具有一阶连续偏导数），过第Ⅱ象限内的点 M 和第Ⅳ象限内的点 N，T 为 L 从点 M 到点 N 的一段弧，则下列积分小于零的是（　　）.

(A) $\int_T f(x,y)\mathrm{d}x$　　(B) $\int_T f(x,y)\mathrm{d}y$

(C) $\int_T f(x,y)\mathrm{d}s$　　(D) $\int_T f'_x(x,y)\mathrm{d}x + f'_y(x,y)\mathrm{d}y$

(2) 已知 $\frac{(x+ay)\mathrm{d}x+y\mathrm{d}y}{(x+y)^2}$ 为某二元函数的全微分，则 $a=$（　　）.

(A) -1　　(B) 0　　(C) 1　　(D) 2

(3) 设 Σ: $|x|+|y|+|z|=1$，则 $\oiint_{\Sigma} (x+|y|)\mathrm{d}S =$（　　）.

(A) 0　　(B) $\frac{2\sqrt{3}}{3}$　　(C) $\frac{4\sqrt{3}}{3}$　　(D) $\frac{\sqrt{3}}{6}$

(4) 设 Σ 为半球面 $z=-\sqrt{3-x^2-y^2}$ $(-\sqrt{3}\leqslant z\leqslant 0)$ 的下侧，则 $\iint_{\Sigma} z\mathrm{d}x\mathrm{d}y =$（　　）.

(A) $2\sqrt{3}\pi$　　(B) $-2\sqrt{3}\pi$　　(C) $4\sqrt{3}\pi$　　(D) $-4\sqrt{3}\pi$

(5) 设 Σ 为椭球 $\frac{x^2}{a^2}+\frac{y^2}{b^2}+\frac{y^2}{c^2}=1$ 的外侧面，则 $\oiint_{\Sigma} \left(\frac{\mathrm{d}y\mathrm{d}z}{x} + \frac{\mathrm{d}z\mathrm{d}x}{y} + \frac{\mathrm{d}x\mathrm{d}y}{z}\right) =$（　　）.

(A) $\pi abc\left(\frac{1}{a^2}+\frac{1}{b^2}+\frac{1}{c^2}\right)$　　(B) $2\pi abc\left(\frac{1}{a^2}+\frac{1}{b^2}+\frac{1}{c^2}\right)$

(C) $3\pi abc\left(\frac{1}{a^2}+\frac{1}{b^2}+\frac{1}{c^2}\right)$　　(D) $4\pi abc\left(\frac{1}{a^2}+\frac{1}{b^2}+\frac{1}{c^2}\right)$

3. 设 L 是椭圆 $\dfrac{x^2}{a^2}+\dfrac{y^2}{b^2}=1$，计算 $\int_L |xy|\mathrm{d}s$.

4. 计算 $\oint_\Gamma \dfrac{|y|}{x^2+y^2+z^2}\mathrm{d}s$，其中 Γ：$\begin{cases}x^2+y^2+z^2=4a^2,\\ x^2+y^2=2ax,\end{cases}$ 且 $z\geqslant 0, a>0$.

5. 计算 $\int_L (x+y)\mathrm{d}x+(1+\sin\pi x)\mathrm{d}y$，其中 L 是从点 $A(0,1)$ 沿折线 $y=|2x-1|$ 到点 $B(2,3)$.

6. 计算 $\oint_\Gamma x^2y\mathrm{d}x+(x^2+y^2)\mathrm{d}y+(x+y+z)\mathrm{d}z$，其中 Γ 是 $x^2+y^2+z^2=11$ 与 $z=x^2+y^2+1$ 的交线，其方向与 z 轴正向成右手系.

7. 计算 $\lim\limits_{a\to+\infty}\int_L (\mathrm{e}^{y^2-x^2}\cos 2xy-2y)\mathrm{d}x+\mathrm{e}^{y^2-x^2}\sin 2xy\mathrm{d}y$，其中 L 是依次连接点 $A(a,0)$，$B\left(a,\dfrac{\sqrt{\pi}}{a}\right)$，$E\left(0,\dfrac{\sqrt{\pi}}{a}\right)$，$O(0,0)$ 的折线段.

8. 计算 $\int_L \dfrac{-y}{x^2+y^2}\mathrm{d}x+\dfrac{x}{x^2+y^2}\mathrm{d}y$，其中 L 为

(1) $x^2+y^2=2$ 的正向；

(2) 区域 D：$1\leqslant x^2+y^2\leqslant 9$ 内的一条封闭曲线的正向.

9. 计算 $\int_L y(1+2x)\mathrm{d}x+(x^2+2x+y^2)\mathrm{d}y$，其中 L 是圆 $x^2+y^2=2x$ 的上半圆周由点 $A(2,0)$ 至点 $O(0,0)$ 的弧段.

10. 求星形线柱面 $x^{\frac{2}{3}}+y^{\frac{2}{3}}=a^{\frac{2}{3}}$ 被马鞍面 $z=\dfrac{xy}{a}$ 及平面 $z=0$ 截取部分的面积 A.

11. 设有平面力场 $\boldsymbol{F}=(2xy^3-y^2\cos x)\boldsymbol{i}+(1-2y\sin x+3x^2y^2)\boldsymbol{j}$，求一质点沿曲线 L：$2x=\pi y^2$ 从点 $O(0,0)$ 运动到点 $A\left(\dfrac{\pi}{2},1\right)$ 时，场力 $\boldsymbol{F}$ 所作的功.

12. 计算 $\iint_\Sigma \dfrac{1}{(1+x+y)^2}\mathrm{d}S$，其中 Σ 为平面 $x+y+z=1$ 及三个坐标面所围成的四面体的表面.

13. 计算 $\iint_\Sigma z^2\mathrm{d}S$，其中 Σ 为圆锥面 $x=\rho\cos\theta\sin\alpha$，$y=\rho\sin\theta\sin\alpha$，$z=\rho\cos\alpha(0\leqslant\rho\leqslant a, 0\leqslant\theta\leqslant 2\pi)$ 的一部分，α 为常数 $\left(0<\alpha<\dfrac{\pi}{2}\right)$.

14. 计算 $\iint_\Sigma -y\mathrm{d}z\mathrm{d}x+(z+1)\mathrm{d}x\mathrm{d}y$，其中 Σ 是圆柱面 $x^2+y^2=4$ 被平面 $z=0$ 与 $x+z=2$ 所截部分的外侧.

15. 计算 $\iint_\Sigma \mathrm{e}^y\mathrm{d}y\mathrm{d}z+y\mathrm{e}^x\mathrm{d}z\mathrm{d}x+x^2y\mathrm{d}x\mathrm{d}y$，其中 Σ 是抛物面 $z=x^2+y^2$ 被平面 $x=0, x=1, y=0, y=1$ 所截部分的上侧.

16. 计算 $\iint_\Sigma (x^3+az^2)\mathrm{d}y\mathrm{d}z+(y^3+ax^2)\mathrm{d}z\mathrm{d}x+(z^3+ay^2)\mathrm{d}x\mathrm{d}y$，其中 Σ 为上半球面 $z=\sqrt{a^2-x^2-y^2}(a>0)$ 的上侧.

17. 计算 $\iint_\Sigma xz\mathrm{d}y\mathrm{d}z+2zy\mathrm{d}z\mathrm{d}x+3xy\mathrm{d}x\mathrm{d}y$，其中 Σ 为曲面 $z=1-x^2-\dfrac{y^2}{4}(0\leqslant z\leqslant 1)$ 的上侧.

18. 计算 $\oint_\Gamma (y-z)\mathrm{d}x+(z-x)\mathrm{d}y+(x-y)\mathrm{d}z$，其中 Γ 为椭圆：$x^2+y^2=a^2$，$hx+az=ah(a>0, h>0)$，从 x 轴正向看去，这椭圆是逆时针方向.

19. 设 Γ 是平面 Σ：$x\cos\alpha+y\cos\beta+z\cos\gamma=D$ 上的一条简单闭曲线，对着平面的单位法向量 $\boldsymbol{n}=\{\cos\alpha,\cos\beta,\cos\gamma\}$ 看 Γ 成逆时针方向. Γ 在 Σ 上所围成的面积记为 A，求证

$$A=\frac{1}{2}\oint_{\Gamma}\begin{vmatrix}\mathrm{d}x & \mathrm{d}y & \mathrm{d}z\\ \cos\alpha & \cos\beta & \cos\gamma\\ x & y & z\end{vmatrix}.$$

20. 设 Ω 为由曲面 $z=a^2-x^2-y^2$ 与平面 $z=0$ 围成的空间区域，Σ 为 Ω 的表面外侧，试推证向量场 $\boldsymbol{A}=x^2yz^2\boldsymbol{i}-xy^2z^2\boldsymbol{j}+z(1+xyz)\boldsymbol{k}$ 穿过 Σ 指定侧的流量 $\Phi=V$，其中 V 是 Ω 的体积.

第十一章　无穷级数

一、用级数敛散性的定义与性质判别级数的敛散性

1. 用级数敛散性的定义判定级数敛散性的解题思路

敛散性定义　设级数 $\sum_{n=1}^{\infty} u_n$ 的部分和 $s_n = u_1 + u_2 + \cdots + u_n$，则

$$\text{级数} \sum_{n=1}^{\infty} u_n \text{ 的敛散性} \Longleftrightarrow \text{部分和数列} \{s_n\} \text{ 的敛散性}.$$

当级数 $\sum_{n=1}^{\infty} u_n$ 收敛时，其和 $s = \sum_{n=1}^{\infty} u_n = \lim\limits_{n\to\infty} s_n$.

解题方法

(1) 先求 s_n，再求当 $n\to\infty$ 时，s_n 的极限，见例 2，例 3. 求 s_n 的一般方法见本书上册第一章“九、通项为 n 项和与 n 个因子乘积的极限的求法”.

(2) 先求 s_{2n}，而 $s_{2n+1} = s_{2n} + u_{2n+1}$，则(见例 8)

$$\lim_{n\to\infty} s_n = s \Longleftrightarrow \lim_{n\to\infty} s_{2n} = \lim_{n\to\infty} s_{2n+1} = s,$$

或

$$\lim_{n\to\infty} s_n = s \Longleftrightarrow \lim_{n\to\infty} s_{2n} = s,\ \text{且}\ \lim_{n\to\infty} u_n = 0.$$

(3) 用数列 $\{a_n\}$ 的敛散性与级数 $\sum_{n=1}^{\infty} u_n = \sum_{n=1}^{\infty} (a_n - a_{n+1})$ 之间的关系.

当 $u_n = a_n - a_{n+1}$ 时，因 $s_n = \sum_{k=1}^{n} (a_k - a_{k+1}) = a_1 - a_{n+1}$，故有**下述结论**：

结论 1　$\lim\limits_{n\to\infty} a_n = a \Longleftrightarrow s = \sum_{n=1}^{\infty} (a_n - a_{n+1}) = a_1 - a$，特别地，当 $\lim\limits_{n\to\infty} a_n = 0$ 时，$s = a_1$. 见例 4～例 7.

结论 2　若 $\lim\limits_{n\to\infty} a_n = \infty \Longrightarrow \sum_{n=1}^{\infty} (a_n - a_{n+1})$ 发散.

2. 用收敛级数的基本性质判定级数敛散性的解题思路

(1) 假设要判断某一级数的敛散性，可根据级数的基本性质把该级数化成已知其敛散性的级数来讨论，见例 9，例 10. 这就需要熟知某些级数的敛散性. 这将随着所学内容的增多而逐步掌握. 当前需掌握下述三个最常用级数的敛散性：

等比级数

$$\sum_{n=1}^{\infty} a q^{n-1} \begin{cases} |q| < 1 \text{ 时}, & \text{收敛，其和为} \dfrac{a}{1-q}, \\ |q| \geqslant 1 \text{ 时}, & \text{发散}. \end{cases}$$

p 级数　$\sum\limits_{n=1}^{\infty}\dfrac{1}{n^p}\begin{cases}p>1\text{ 时，}&\text{收敛，}\\p\leqslant 1\text{ 时，}&\text{发散.}\end{cases}$

调和级数　$\sum\limits_{n=1}^{\infty}\dfrac{1}{n}$（$p=1$ 时的 p 级数）发散.

（2）用级数收敛的必要条件可判定级数发散. 若 $\lim\limits_{n\to\infty}u_n\neq 0$，则 $\sum\limits_{n=1}^{\infty}u_n$ 一定发散. 见例 13（1），（2）.

例 1　设级数 $\sum\limits_{n=1}^{\infty}u_n$ 的前 n 项和 s_n 与 u_n 有关系式 $2s_n^2=2u_ns_n-u_n(n\geqslant 2)$，$u_1=2$，试判定该级数的敛散性.

解　将 $u_n=s_n-s_{n-1}$ 代入 $2s_n^2=u_n(2s_n-1)$ 中，得

$$s_n=\frac{s_{n-1}}{1+2s_{n-1}}\quad(n\geqslant 2).$$

注意到 $u_1=2$，由上式可依次算得

$$s_2=\frac{u_1}{1+2u_1},\ s_3=\frac{u_1}{1+4u_1},\ s_4=\frac{u_1}{1+6u_1},\ \cdots,\ s_n=\frac{u_1}{1+(2n-2)u_1}.$$

于是 $\lim\limits_{n\to\infty}s_n=0$，可知级数收敛，且其和 $s=0$.

例 2　判定级数 $\sum\limits_{n=1}^{\infty}\int_n^{n+1}\mathrm{e}^{-\sqrt{x}}\,\mathrm{d}x$ 的敛散性；若收敛，求其和.

解　用级数敛散性定义，因

$$\begin{aligned}s_n&=\sum_{k=1}^{n}\int_k^{k+1}\mathrm{e}^{-\sqrt{x}}\,\mathrm{d}x=\int_1^{n+1}\mathrm{e}^{-\sqrt{x}}\,\mathrm{d}x=\left(-2\sqrt{x}\,\mathrm{e}^{-\sqrt{x}}-2\mathrm{e}^{-\sqrt{x}}\right)\Big|_1^{n+1}\\&=4\mathrm{e}^{-1}-2(\sqrt{n+1}+1)\mathrm{e}^{-\sqrt{n+1}},\end{aligned}$$

且 $\lim\limits_{n\to\infty}s_n=4\mathrm{e}^{-1}$，所以级数收敛，且其和 $s=4\mathrm{e}^{-1}$.

例 3　证明级数 $\sum\limits_{n=1}^{\infty}\cos nx(0<x<\pi)$ 发散.

证　由公式 $\sin\alpha-\sin\beta=2\cos\dfrac{\alpha+\beta}{2}\sin\dfrac{\alpha-\beta}{2}$，则级数的部分和

$$\begin{aligned}s_n&=\cos x+\cos 2x+\cdots+\cos nx\\&=\frac{1}{2\sin\frac{x}{2}}\left[\left(\sin\frac{3x}{2}-\sin\frac{x}{2}\right)+\left(\sin\frac{5x}{2}-\sin\frac{3x}{2}\right)+\cdots\right.\\&\quad\left.+\left(\sin\frac{(2n+1)x}{2}-\sin\frac{(2n-1)x}{2}\right)\right]\\&=\frac{1}{2\sin\frac{x}{2}}\sin\frac{(2n+1)x}{2}-\frac{1}{2}.\end{aligned}$$

因 $\lim\limits_{n\to\infty}s_n$ 不存在，所以由级数敛散性定义知，级数发散.

例 4 判定下列级数的敛散性；若收敛，求其和.

(1) $\sum\limits_{n=1}^{\infty}\dfrac{1}{n(n+1)(n+2)\cdot\cdots\cdot(n+p)}\ (p\in\mathbf{N})$； (2) $\sum\limits_{n=1}^{\infty}\dfrac{nb+c}{a^n}\ (a>1)$；

(3) $\sum\limits_{n=1}^{\infty}\dfrac{n+2}{n!+(n+1)!+(n+2)!}$； (4) $\sum\limits_{n=2}^{\infty}\dfrac{\ln\left[\left(1+\dfrac{1}{n}\right)^n(n+1)\right]}{\ln n^n\cdot\ln(n+1)^{n+1}}$.

解 (1) 因 $u_n=\dfrac{1}{p}\left[\dfrac{1}{n(n+1)\cdot\cdots\cdot(n+p-1)}-\dfrac{1}{(n+1)(n+2)\cdot\cdots\cdot(n+p)}\right]$，且

$$\lim_{n\to\infty}\frac{1}{p\cdot n(n+1)\cdot\cdots\cdot(n+p-1)}=0,$$

故级数收敛，且其和 $s=\dfrac{1}{p\cdot p!}$.

(2) 当 $a>1$ 时，$u_n\overset{①}{=}\dfrac{\alpha n+\beta}{a^{n-1}}-\dfrac{\alpha(n+1)+\beta}{a^n}$，其中 $\alpha=\dfrac{b}{a-1}$，$\beta=\dfrac{c}{a-1}+\dfrac{b}{(a-1)^2}$，且

$$\lim_{n\to\infty}\frac{\alpha n+\beta}{a^{n-1}}=0,$$

故级数收敛，且其和 $s=\alpha+\beta=\dfrac{a(b+c)-c}{(a-1)^2}$.

(3) 因 $u_n=\dfrac{n+2}{n![1+(n+1)+(n+1)(n+2)]}=\dfrac{1}{n!(n+2)}=\dfrac{n+2-1}{(n+2)!}$

$$=\frac{1}{(n+1)!}-\frac{1}{(n+2)!},$$

且 $\lim\limits_{n\to\infty}\dfrac{1}{(n+1)!}=0$，故级数收敛，且其和 $s=\dfrac{1}{2}$.

(4) 由于 $\ln\left[\left(1+\dfrac{1}{n}\right)^n(n+1)\right]=\ln\dfrac{(n+1)^{n+1}}{n^n}=\ln(n+1)^{n+1}-\ln n^n$，

$$u_n=\frac{1}{n\ln n}-\frac{1}{(n+1)\ln(n+1)},$$

且 $\lim\limits_{n\to\infty}\dfrac{1}{n\ln n}=0$，故级数收敛，且其和 $s=\dfrac{1}{2\ln 2}$.

例 5 设 $u_n=\int_0^1 x^2(1-x)^n\mathrm{d}x$，讨论级数 $\sum\limits_{n=1}^{\infty}u_n$ 的敛散性；若收敛，求其和.

解 由分部积分法

$$u_n=\frac{2!n!}{(n+2+1)!}=\frac{2}{(n+1)(n+2)(n+3)}$$

$$=\frac{1}{(n+1)(n+2)}-\frac{1}{(n+2)(n+3)},$$

① 考虑 $\dfrac{nb+c}{a^n}=\dfrac{\alpha n+\beta}{a^{n-1}}-\dfrac{\alpha(n+1)+\beta}{a^n}$，通分之后比较等式两边分子的 n 的系数和常数项，可确定 α,β.

且 $\lim\limits_{n\to\infty}\frac{1}{(n+1)(n+2)}=0$，故级数收敛，且和 $s=\frac{1}{6}$.

例 6 设有两条抛物线 $y=nx^2+\frac{1}{n}$ 和 $y=(n+1)x^2+\frac{1}{n+1}$，记它们交点的横坐标的绝对值为 a_n（见图 11-1）.

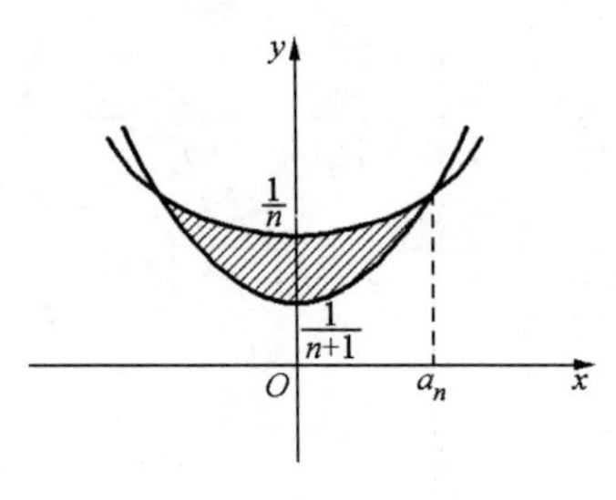

图 11-1

(1) 求这两条抛物线所围成的平面图形的面积 A_n；

(2) 求级数 $\sum\limits_{n=1}^{\infty}\frac{A_n}{a_n}$ 的和.

解 (1) 由 $nx^2+\frac{1}{n}=(n+1)x^2+\frac{1}{n+1}$ 得

$$x=\pm\frac{1}{\sqrt{n(n+1)}},\quad 故\quad a_n=\frac{1}{\sqrt{n(n+1)}}.$$

因图形关于 y 轴对称，所以

$$\begin{aligned}A_n&=2\int_0^{a_n}\left[nx^2+\frac{1}{n}-(n+1)x^2-\frac{1}{n+1}\right]\mathrm{d}x\\&=2\int_0^{a_n}\left[\frac{1}{n(n+1)}-x^2\right]\mathrm{d}x=\frac{4}{3}\cdot\frac{1}{n(n+1)\sqrt{n(n+1)}}.\end{aligned}$$

(2) 因 $\frac{A_n}{a_n}=\frac{4}{3}\cdot\frac{1}{n(n+1)}=\frac{4}{3}\left(\frac{1}{n}-\frac{1}{n+1}\right)$，且 $\lim\limits_{n\to\infty}\frac{4}{3}\cdot\frac{1}{n}=0$，故 $\sum\limits_{n=1}^{\infty}\frac{A_n}{a_n}=\frac{4}{3}$.

例 7 级数 $\sum\limits_{n=1}^{\infty}[\ln n+a\ln(n+1)+b\ln(n+2)]$，当 a,b 为何值时收敛？

解 因 $u_n=\left[\ln n-\left(-\frac{a}{2}\right)\ln(n+1)\right]-\left[-\frac{a}{2}\ln(n+1)-b\ln(n+2)\right]$，

故当 $-\frac{a}{2}=1,-\frac{a}{2}=b$，即 $a=-2,b=1$ 时，

$$s_n=(\ln 1-\ln 2)-[\ln(n+1)-\ln(n+2)],\quad s=-\ln 2.$$

故当 $a=-2,b=1$ 时，级数收敛.

例 8 讨论级数 $\sum\limits_{n=1}^{\infty}(-1)^{n-1}\frac{1}{n}$ 的敛散性；若收敛，求其和.

分析 注意到级数的偶数项为 $-\frac{1}{2},-\frac{1}{4},\cdots,-\frac{1}{2n},\cdots$. 求 s_{2n}.

解 因
$$\begin{aligned}s_{2n}&=1-\frac{1}{2}+\frac{1}{3}-\frac{1}{4}+\cdots-\frac{1}{2n}\\&=\left(1+\frac{1}{2}+\frac{1}{3}+\frac{1}{4}+\cdots+\frac{1}{2n}\right)-\left(1+\frac{1}{2}+\frac{1}{3}+\cdots+\frac{1}{n}\right)\\&=\frac{1}{n+1}+\frac{1}{n+2}+\cdots+\frac{1}{2n},\end{aligned}$$

故
$$\lim_{n\to\infty}s_{2n}=\lim_{n\to\infty}\frac{1}{n}\left[\frac{1}{1+\frac{1}{n}}+\frac{1}{1+\frac{2}{n}}+\cdots+\frac{1}{1+\frac{n}{n}}\right]=\int_0^1\frac{\mathrm{d}x}{1+x}=\ln 2.$$

又
$$\lim_{n\to\infty}s_{2n+1}=\lim_{n\to\infty}(s_{2n}+u_{2n+1})=\lim_{n\to\infty}\left(s_{2n}+\frac{1}{2n+1}\right)=\ln2,$$
所给级数收敛，其和为 ln2.

例 9　已知级数 $\sum\limits_{n=1}^{\infty}(-1)^{n-1}u_n$ 收敛于 s，$\sum\limits_{n=1}^{\infty}u_{2n-1}$ 收敛于 σ，证明级数 $\sum\limits_{n=1}^{\infty}u_n$ 收敛，并求其和.

分析　因 $\sum\limits_{n=1}^{\infty}u_n=\sum\limits_{n=1}^{\infty}u_{2n-1}+\sum\limits_{n=1}^{\infty}u_{2n}$，只需证明 $\sum\limits_{n=1}^{\infty}u_{2n}$ 收敛.

证　因 $\sum\limits_{n=1}^{\infty}(-1)^{n-1}u_n=\sum\limits_{n=1}^{\infty}u_{2n-1}-\sum\limits_{n=1}^{\infty}u_{2n}$ 且 $\sum\limits_{n=1}^{\infty}(-1)^{n-1}u_n$ 及 $\sum\limits_{n=1}^{\infty}u_{2n-1}$ 均收敛，故 $\sum\limits_{n=1}^{\infty}u_{2n}$ 收敛，从而
$$\sum_{n=1}^{\infty}u_n=\sum_{n=1}^{\infty}u_{2n-1}+\sum_{n=1}^{\infty}u_{2n}\text{ 收敛},$$
且
$$\sum_{n=1}^{\infty}u_n=\sum_{n=1}^{\infty}u_{2n-1}+\left(\sum_{n=1}^{\infty}u_{2n-1}-\sum_{n=1}^{\infty}(-1)^{n-1}u_n\right)=2\sigma-s.$$

例如，当 $\sum\limits_{n=1}^{\infty}(-1)^{n-1}u_n=4$，$\sum\limits_{n=1}^{\infty}u_{2n-1}=9$ 时，则级数 $\sum\limits_{n=1}^{\infty}u_n$ 收敛，且 $\sum\limits_{n=1}^{\infty}u_n=2\cdot9-4=14$.

例 10　设数列 $\{nu_n\}$ 收敛于 a，级数 $\sum\limits_{n=1}^{\infty}n(u_n-u_{n-1})$ 收敛于 b，试证级数 $\sum\limits_{n=1}^{\infty}u_n$ 收敛，并求其和.

分析　设 $s_n=\sum\limits_{k=1}^{n}u_k$，$\sigma_n=\sum\limits_{k=1}^{n}k(u_k-u_{k-1})$，需将 s_n 用 σ_n 和 nu_n 表示出来.

证　记 $s_n=\sum\limits_{k=1}^{n}u_k$，$\sigma_n=\sum\limits_{k=1}^{n}k(u_k-u_{k-1})$，则
$$\begin{aligned}\sigma_n&=\sum_{k=1}^{n}ku_k-\sum_{k=1}^{n}ku_{k-1}=\sum_{k=1}^{n}ku_k-\sum_{k=0}^{n-1}(k+1)u_k\\&=nu_n-\sum_{k=0}^{n-1}u_k=nu_n-s_{n-1}-u_0,\end{aligned}$$
即
$$s_{n-1}=nu_n-u_0-\sigma_n,$$
于是
$$\lim_{n\to\infty}s_{n-1}=\lim_{n\to\infty}(nu_n-u_0-\sigma_n)=a-u_0-b.$$
故级数 $\sum\limits_{n=1}^{\infty}u_n$ 收敛，且其和 $s=a-b-u_0$.

例 11　设 $a_1=a_2=1$，$a_{n+2}=a_{n+1}+a_n$，$n\geqslant1$，求 $\sum\limits_{n=1}^{\infty}\dfrac{a_n}{2^n}$.

分析　为利用题设条件，注意到 $\sum\limits_{n=1}^{\infty}\dfrac{a_n}{2^n}=\dfrac{1}{2}+\dfrac{1}{4}+\sum\limits_{n=1}^{\infty}\dfrac{a_{n+2}}{2^{n+2}}$.

解　设所求级数的和为 s，则

$$s-\frac{1}{2}-\frac{1}{4}=\sum_{n=1}^{\infty}\frac{a_{n+2}}{2^{n+2}}=\frac{1}{2}\Big(\sum_{n=1}^{\infty}\frac{a_{n+1}}{2^{n+1}}+\sum_{n=1}^{\infty}\frac{a_n}{2^{n+1}}\Big)$$
$$=\frac{1}{2}\Big(s-\frac{1}{2}+\frac{1}{2}s\Big),$$

可解得 $s=2$.

例 12 若级数 $e^{-x}+2e^{-2x}+\cdots+ne^{-nx}+\cdots$ 收敛,其和为 $s(x)$,求 $\int_{\ln 2}^{\ln 3}s(x)\mathrm{d}x$.

解 注意到 $\int ne^{-nx}\mathrm{d}x=-e^{-nx}+C$,应用等比级数求和公式,有

$$I=\int_{\ln 2}^{\ln 3}(e^{-x}+2e^{-2x}+\cdots+ne^{-nx}+\cdots)\mathrm{d}x$$
$$=(-e^{-x}-e^{-2x}-\cdots-e^{-nx}-\cdots)\Big|_{\ln 2}^{\ln 3}=\Big(-\frac{e^{-x}}{1-e^{-x}}\Big)\Big|_{\ln 2}^{\ln 3}=\frac{1}{2}.$$

例 13 判定下列级数的敛散性:

(1) $\sum_{n=1}^{\infty}\Big(\frac{1}{n^3+4}\Big)^{\frac{1}{n^2}}$; (2) $\sum_{n=1}^{\infty}\Big(\frac{1}{n^2+n+1}+\frac{2}{n^2+n+2}+\cdots+\frac{n}{n^2+n+n}\Big)$;

(3) $\frac{1}{\sqrt{2}-1}-\frac{1}{\sqrt{2}+1}+\frac{1}{\sqrt{3}-1}-\frac{1}{\sqrt{3}+1}+\cdots+\frac{1}{\sqrt{n}-1}-\frac{1}{\sqrt{n}+1}+\cdots$.

解 (1) 级数的通项 u_n,当 $n\to\infty$ 时是 0^0 型未定式,且

$$u_n=\Big(\frac{1}{n^3+4}\Big)^{\frac{1}{n^2}}=e^{-\frac{\ln(n^3+4)}{n^2}}.$$

由洛必达法则

$$\lim_{x\to+\infty}\frac{\ln(x^3+4)}{x^2}=\lim_{x\to+\infty}\frac{3x}{2(x^3+4)}=0,$$

所以 $\lim\limits_{n\to\infty}u_n=e^0=1\neq 0$. 由级数收敛的必要条件知,级数发散.

(2) 因所给级数的通项 $u_n>\frac{1}{n^2+n+n}+\cdots+\frac{n}{n^2+n+n}=\frac{\frac{n(n+1)}{2}}{n^2+n+n}\to\frac{1}{2}\,(n\to\infty)$,故 $\lim\limits_{n\to\infty}u_n\neq 0$,从而级数发散.

(3) 将级数加括号后,有

$$\Big(\frac{1}{\sqrt{2}-1}-\frac{1}{\sqrt{2}+1}\Big)+\Big(\frac{1}{\sqrt{3}-1}-\frac{1}{\sqrt{3}+1}\Big)+\cdots$$
$$+\Big(\frac{1}{\sqrt{n}-1}-\frac{1}{\sqrt{n}+1}\Big)+\cdots,$$

其通项 $u_n=\frac{1}{\sqrt{n}-1}-\frac{1}{\sqrt{n}+1}=\frac{2}{n-1}$.

而级数 $\sum_{n=2}^{\infty}\frac{2}{n-1}=2\sum_{n=1}^{\infty}\frac{1}{n}$ 发散,故原级数发散. 这是因为加括号后所成的级数发散,则

原来级数也发散.

注　本例之(2),是利用不等式间接推出 $\lim\limits_{n\to\infty}u_n\neq 0$. 这也是常用的方法.

二、判定正项级数的敛散性

判定正项级数敛散性有**五种方法**:

收敛的充分必要条件,比较审敛法,比值审敛法,根值审敛法和积分审敛法.

用各种方法判别正项级数敛散性的**解题思路**:

设 $\sum\limits_{n=1}^{\infty}u_n(u_n\geqslant 0)$, $\sum\limits_{n=1}^{\infty}v_n(v_n\geqslant 0)$ 是正项级数.

1. 用收敛的充分必要条件

由于 $\sum\limits_{n=1}^{\infty}u_n$ 收敛 $\Longleftrightarrow$ 其部分和数列 $\{s_n\}$ 有上界,故若能判定级数的部分和数列 $\{s_n\}$ 有界或无界则级数收敛或发散(见例 2 解 1,例 13).

2. 用比较审敛法或极限形式的比较审敛法

在比较审敛法中,极限形式的比较审敛法比非极限形式的比较审敛法用起来更方便些.

在用比较审敛法判别 $\sum\limits_{n=1}^{\infty}u_n(u_n\geqslant 0)$ 的敛散性时,欲判定它收敛或发散,需先找出一个收敛或发散的正项级数与之比较. 这就要凭自己所掌握的有关知识,对所要判定的级数作出初步判断,欲判定它收敛或发散,需将所判定级数的通项 u_n 通过放大或缩小(例 7 解 1,例 8)去寻找作为比较的级数. 经常用来作比较的级数有**等比级数、调和级数和 p 级数**.

用比较审敛法时,请注意下述情况及结论,其中 $\sum\limits_{n=1}^{\infty}v_n$ 是作为比较的级数.

(1) 极限形式的比较审敛法,即计算 $\lim\limits_{n\to\infty}\dfrac{u_n}{v_n}$,在 u_n,v_n 都趋于零的情况下,**实际上是考查当 $n\to\infty$ 时两个级数的通项无穷小的阶.**

1° 若 u_n 与 v_n 是同阶无穷小,则 $\sum\limits_{n=1}^{\infty}u_n$ 与 $\sum\limits_{n=1}^{\infty}v_n$ 同敛散. 例如,假设取 $v_n=\dfrac{1}{n^p}$,根据 p 的取值范围就可判定 $\sum\limits_{n=1}^{\infty}u_n$ 的敛散性,即

$$\lim_{n\to\infty}\frac{u_n}{\dfrac{1}{n^p}}=\lim_{n\to\infty}n^pu_n=l(0<l<+\infty)\begin{cases}\text{收敛}, & \text{当 } p>1 \text{ 时},\\ \text{发散}, & \text{当 } p\leqslant 1 \text{ 时(见例 1(B))}.\end{cases}$$

在寻求与 u_n 同阶无穷小 $\dfrac{1}{n^p}$ 时,有时可用洛必达法则或泰勒展开式,见例 7.

2° 若 u_n 是比 v_n 的高阶无穷小,当 $\sum\limits_{n=1}^{\infty}v_n$ 收敛时,则 $\sum\limits_{n=1}^{\infty}u_n$ 收敛;请注意,这时,当 $\sum\limits_{n=1}^{\infty}v_n$ 发散时,则 $\sum\limits_{n=1}^{\infty}u_n$ 的敛散性不能确定. 例如,$\sum\limits_{n=2}^{\infty}\dfrac{1}{n}$ 发散,而 $\sum\limits_{n=2}^{\infty}u_n=\sum\limits_{n=2}^{\infty}\dfrac{1}{n\ln n}$ 发散,$\sum\limits_{n=2}^{\infty}u_n=\sum\limits_{n=2}^{\infty}\dfrac{1}{n^2}$

收敛，但均有 $\lim\limits_{n\to\infty}\dfrac{u_n}{\dfrac{1}{n}}=\lim\limits_{n\to\infty}nu_n=0$.

3° 若 u_n 是比 v_n 的低阶无穷小，当 $\sum\limits_{n=1}^{\infty}v_n$ 发散时，则 $\sum\limits_{n=1}^{\infty}u_n$ 发散.

(2) 若级数的通项 u_n 为 n 的有理分式或无理分式，当分母中 n 的最高次幂 m 减去分子中 n 的最高次幂 q 大于 1 时，则该级数收敛；反之，若小于等于 1 时，则该级数发散. 在具体计算时，多用极限形式的比较审敛法，一般取 p(令 $p=m-q$)级数作为比较的级数(见例 3(1)).

(3) 通项 u_n 为定积分的级数，判定其敛散性可从两方面考虑：若定积分能算出，可用级数敛散性的定义(见例 16 之(1))；若定积分难以算出，通常用比较审敛法，通过放缩定积分，确定用来比较的级数(见例 3(2)).

(4) 若 $\sum\limits_{n=1}^{\infty}u_n$ 收敛且数列 $\{a_n\}$ 有 $0<a_n\leqslant M(n=1,2,\cdots)$，则 $\sum\limits_{n=1}^{\infty}a_nu_n$ 收敛. 事实上，因 $a_nu_n\leqslant Mu_n$，而 $\sum\limits_{n=1}^{\infty}Mu_n$ 收敛，故 $\sum\limits_{n=1}^{\infty}a_nu_n$ 收敛. 特别，若 $\sum\limits_{n=1}^{\infty}u_n$ 收敛，且数列 $\{a_n\}(a_n>0)$ 存在极限，则 $\sum\limits_{n=1}^{\infty}a_nu_n$ 收敛(见例 11).

3. 用比值审敛法

通项 u_n 中含有 a^n(a 为常数)，$n!$，n^n，多个因子连乘时，适用此法(见例 4(1)，(3)).

若 $\lim\limits_{n\to\infty}\dfrac{u_{n+1}}{u_n}=1$ 或 $\lim\limits_{n\to\infty}\dfrac{u_{n+1}}{u_n}$ 不易计算或不存在时，不能用此法(见例 2 注).

4. 用根值审敛法

通项 u_n 中含以 n 为指数幂的因子时，适用此法(见例 2 解 2，例 4(2)，(3)). u_n 中含有 $n!$ 时，有时也用此法. 用此法时常用到下述极限：

$$\lim_{n\to\infty}\sqrt[n]{a}=1\ (a>0),\quad \lim_{n\to\infty}\sqrt[n]{n}=1,\quad \lim_{n\to\infty}\sqrt[n]{n!}=+\infty.$$

若 $\lim\limits_{n\to\infty}\sqrt[n]{u_n}=1$ 或 $\lim\limits_{n\to\infty}\sqrt[n]{u_n}$ 不易计算或不存在时，不能用此法.

5. 用积分审敛法

设 $f(x)$ 是区间 $[1,+\infty)$ 上非负单调减少的连续函数，则

$$\sum_{n=1}^{\infty}u_n=\sum_{n=1}^{\infty}f(n)\ \text{与}\ \int_1^{+\infty}f(x)\mathrm{d}x\ \text{的敛散性相同}$$

$$\left(\text{当}\ a>1\ \text{时，对}\int_a^{+\infty}f(x)\mathrm{d}x\text{，该审敛法仍成立}\right).$$

若利用积分审敛法，应根据我们已掌握的无穷区间的积分的敛散性. 例如，积分

$$\int_a^{+\infty}\frac{1}{x(\ln x)^p}\mathrm{d}x\ (a>1),\quad \int_a^{+\infty}\frac{1}{x\ln x(\ln\ln x)^p}\mathrm{d}x\ (a>2)$$

当 $p>1$ 时收敛；当 $p\leqslant 1$ 时发散(见例 5).

6. 用等价无穷小代换法

基于极限形式比较审敛法的实质，可用等价无穷小代换级数的通项或通项中的部分因子，所得到的新级数与原级数有相同的敛散性(见例 6).

证明正项级数敛散性一般用比较审敛法.

例 1 设 $\sum\limits_{n=1}^{\infty}u_n$ 为正项级数. 下列结论中正确的是(　　).

(A) 若 $\lim\limits_{n\to\infty}nu_n=0$，则级数 $\sum\limits_{n=1}^{\infty}u_n$ 收敛

(B) 若存在非零常数 λ，使得 $\lim\limits_{n\to\infty}nu_n=\lambda$，则级数 $\sum\limits_{n=1}^{\infty}u_n$ 发散

(C) 若级数 $\sum\limits_{n=1}^{\infty}u_n$ 收敛，则 $\lim\limits_{n\to\infty}n^2u_n=0$

(D) 若级数 $\sum\limits_{n=1}^{\infty}u_n$ 发散，则存在非零常数 λ，使得 $\lim\limits_{n\to\infty}nu_n=\lambda$

解 选(B). 因 $\lim\limits_{n\to\infty}nu_n=\lim\limits_{n\to\infty}\dfrac{u_n}{\dfrac{1}{n}}=\lambda$(非零常数)，且 $\sum\limits_{n=1}^{\infty}\dfrac{1}{n}$发散，由极限形式的比较审敛法知，$\sum\limits_{n=1}^{\infty}u_n$ 发散.

其他各项均可举出反例：

(A) $\sum\limits_{n=2}^{\infty}u_n=\sum\limits_{n=2}^{\infty}\dfrac{1}{n\ln n}$发散(见例 5)，但 $\lim\limits_{n\to\infty}nu_n=\lim\limits_{n\to\infty}\dfrac{1}{\ln n}=0$；

(C) $\sum\limits_{n=1}^{\infty}u_n=\sum\limits_{n=1}^{\infty}\dfrac{1}{n^{\frac{3}{2}}}$收敛，但 $\lim\limits_{n\to\infty}n^2u_n=\lim\limits_{n\to\infty}n^{\frac{1}{2}}=+\infty$；

(D) $\sum\limits_{n=2}^{\infty}u_n=\sum\limits_{n=2}^{\infty}\dfrac{1}{\ln n}$发散，但 $\lim\limits_{n\to\infty}nu_n=\lim\limits_{n\to\infty}\dfrac{n}{\ln n}=+\infty$.

例 2 判定级数 $\sum\limits_{n=1}^{\infty}\dfrac{4+(-1)^n}{5^n+4}$的敛散性.

解 1 用正项级数收敛的充分必要条件. 因

$$s_n=\sum_{k=1}^{n}\frac{4+(-1)^n}{5^k+4}\leqslant\sum_{k=1}^{n}\frac{5}{5^k}=\frac{1-(1/5)^n}{1-1/5}<\frac{5}{4},$$

即级数的部分和数列$\{s_n\}$有界，所以级数收敛.

解 2 用比较审敛法. 因

$$\frac{4+(-1)^n}{5^n+4}<\frac{5}{5^n},\quad n=1,2,\cdots,$$

而等比级数 $\sum\limits_{n=1}^{\infty}\dfrac{5}{5^n}$收敛，因此所给级数收敛.

解 3　用根值审敛法. 先将$\sqrt[n]{u_n}$适当放大和缩小，因

$$\frac{1}{5\sqrt[n]{2}}=\sqrt[n]{\frac{1}{5^n+5^n}}\leqslant\sqrt[n]{\frac{4+(-1)^n}{5^n+4}}\leqslant\sqrt[n]{\frac{5}{5^n+0}}=\frac{\sqrt[n]{5}}{5},$$

且$\lim\limits_{n\to\infty}\dfrac{1}{5\sqrt[n]{2}}=\dfrac{1}{5}$，$\lim\limits_{n\to\infty}\dfrac{\sqrt[n]{5}}{5}=\dfrac{1}{5}$，由夹逼准则知

$$\lim_{n\to\infty}\sqrt[n]{\frac{4+(-1)^n}{5^n+4}}=\frac{1}{5}<1,$$

于是所给级数收敛.

注　本例不能用比值审敛法. 由于

$$\frac{u_{n+1}}{u_n}=\frac{4+(-1)^{n+1}}{4+(-1)^n}\frac{1+\dfrac{4}{5^n}}{5+\dfrac{4}{5^n}},$$

其中$\lim\limits_{n\to\infty}\dfrac{1+\frac{4}{5^n}}{5+\frac{4}{5^n}}=\dfrac{1}{5}$，而$\dfrac{4+(-1)^{n+1}}{4+(-1)^n}$交替地取$\dfrac{5}{3}$与$\dfrac{3}{5}$，可知$\lim\limits_{n\to\infty}\dfrac{u_{n+1}}{u_n}$不存在，故比值审敛法失效.

例 3　判定下列级数的敛散性：

(1) $\sum\limits_{n=1}^{\infty}\dfrac{n^2(3n+2)}{(2n+1)(6n+5)(n+1)\sqrt[4]{(1+n)^5}}$；　　(2) $\sum\limits_{n=1}^{\infty}\int_n^{n+1}e^{-\sqrt{x}}\,dx$.

解　(1) 用极限形式的比较审敛法. 观察级数的通项u_n，其分母中n的最高次幂是$3+\dfrac{5}{4}$，而分子中n的最高次幂是3，取$v_n=\dfrac{1}{n^{\frac{5}{4}}}$. 由于

$$\lim_{n\to\infty}\frac{u_n}{v_n}=\lim_{n\to\infty}\frac{n^{\frac{5}{4}}n^2(3n+2)}{(2n+1)(6n+5)(n+1)\sqrt[4]{(1+n)^5}}=\frac{1}{4},$$

且级数$\sum\limits_{n=1}^{\infty}\dfrac{1}{n^{\frac{5}{4}}}$收敛，故所给级数收敛.

(2) 这是在上一节中已讲过的例题，这里用比较审敛法. 因$f(x)=e^{-\sqrt{x}}$单调减少，所以

$$0<u_n=\int_n^{n+1}e^{-\sqrt{x}}\,dx\leqslant\int_n^{n+1}e^{-\sqrt{n}}\,dx=e^{-\sqrt{n}}. \tag{1}$$

由于

$$\lim_{n\to\infty}\frac{e^{-\sqrt{n}}}{\dfrac{1}{n^2}}=\lim_{n\to\infty}\frac{n^2}{e^{\sqrt{n}}}=0,$$

由级数$\sum\limits_{n=1}^{\infty}\dfrac{1}{n^2}$收敛知级数$\sum\limits_{n=1}^{\infty}e^{-\sqrt{n}}$收敛；由(1)式，再用比较审敛法知原级数也收敛.

例 4 判定下列级数的敛散性：

(1) $\sum\limits_{n=1}^{\infty}\dfrac{n^n(2n)!}{(n!)^2(n+1)!}$；(2) $\sum\limits_{n=1}^{\infty}\dfrac{n^n+a^n}{(3n+2)^n}\ (a>0)$；(3) $\sum\limits_{n=1}^{\infty}\dfrac{n^3[\sqrt{2}+(-1)^n]^n}{3^n}$.

解 (1) 用比值审敛法. 因

$$\lim_{n\to\infty}\frac{u_{n+1}}{u_n}=\lim_{n\to\infty}\frac{(n+1)^{n+1}(2n+1)(2n+2)}{n^n(n+1)^2(n+2)}$$

$$=\lim_{n\to\infty}\left[\left(1+\frac{1}{n}\right)^n\cdot\frac{(2n+1)(2n+2)}{(n+1)(n+2)}\right]=4\mathrm{e}>1,$$

故所给级数发散.

(2) 先将级数通项分项，再用根值审敛法. 由

$$u_n=\frac{n^n+a^n}{(3n+2)^n}=\left(\frac{n}{3n+2}\right)^n+\left(\frac{a}{3n+2}\right)^n,$$

而
$$\lim_{n\to\infty}\sqrt[n]{\left(\frac{n}{3n+2}\right)^n}=\frac{1}{3}<1,\quad \lim_{n\to\infty}\sqrt[n]{\left(\frac{a}{3n+2}\right)^n}=0<1,$$

故级数 $\sum\limits_{n=1}^{\infty}\left(\dfrac{n}{3n+2}\right)^n$ 与 $\sum\limits_{n=1}^{\infty}\left(\dfrac{a}{3n+2}\right)^n$ 均收敛，于是所给级数收敛.

(3) 因 $0<\dfrac{n^3[\sqrt{2}+(-1)^n]^n}{3^n}\leqslant\dfrac{n^3(\sqrt{2}+1)^n}{3^n}$；又对 $\sum\limits_{n=1}^{\infty}\dfrac{n^3(\sqrt{2}+1)^n}{3^n}$，用比值判别法或根值判别法：

$$\lim_{n\to\infty}\frac{u_{n+1}}{u_n}=\lim_{n\to\infty}\left(\frac{n+1}{n}\right)^3\frac{\sqrt{2}+1}{3}=\frac{\sqrt{2}+1}{3}<1$$

或
$$\lim_{n\to\infty}\sqrt[n]{u_n}=\lim_{n\to\infty}\sqrt[n]{\frac{n^3(\sqrt{2}+1)^n}{3^n}}=\frac{\sqrt{2}+1}{3}\lim_{n\to\infty}\sqrt[n]{n^3}=\frac{\sqrt{2}+1}{3}<1,$$

故 $\sum\limits_{n=1}^{\infty}\dfrac{n^3(\sqrt{2}+1)^n}{3^n}$ 收敛，再由比较判别法，原级数收敛.

例 5 判定下列级数的敛散性 $(p>0)$：

(1) $\sum\limits_{n=2}^{\infty}\dfrac{1}{\ln(n!)}$；(2) $\sum\limits_{n=3}^{\infty}\dfrac{1}{\ln n(\ln\ln n)^p}\sin\dfrac{1}{n}$；(3) $\sum\limits_{n=1}^{\infty}\dfrac{1}{(n+1)\ln^2(n+1)}$.

解 按通项的形式，考虑比较审敛法. 注意到当 $n\geqslant2$ 时，有 $n!<n^n$，故 $\ln(n!)<n\ln n$，即 $\dfrac{1}{\ln(n!)}>\dfrac{1}{n\ln n}$.

因 $\int_2^{+\infty}\dfrac{1}{x(\ln x)^p}\mathrm{d}x$ 与 $\sum\limits_{n=2}^{\infty}\dfrac{1}{n(\ln n)^p}$ 有相同的敛散性，而 $\int_2^{+\infty}\dfrac{1}{x(\ln x)^p}\mathrm{d}x$ 在 $p>1$ 时收敛，$p\leqslant1$ 时发散，由积分审敛法，级数 $\sum\limits_{n=1}^{\infty}\dfrac{1}{n\ln n}$ 发散，再由比较审敛法，原级数发散.

(2) 先用等价无穷小代换，再用积分审敛法.

当 $n\to\infty$ 时，$\sin\dfrac{1}{n}\sim\dfrac{1}{n}$，则 $\sum\limits_{n=3}^{\infty}\dfrac{1}{n\ln n(\ln\ln n)^p}$ 与原级数的敛散性相同. 令 $f(x)=$

$\frac{1}{x\ln x(\ln\ln x)^p}$，则 $f(x)$ 在 $[3,+\infty)$ 上非负单调减少且连续，又

$$\int_3^{+\infty}\frac{1}{x\ln x(\ln\ln x)^p}\mathrm{d}x\begin{cases}p>1\text{ 时收敛},\\ p\leqslant 1\text{ 时发散}.\end{cases}$$

由积分审敛法，级数 $\sum\limits_{n=3}^{\infty}\frac{1}{n\ln n(\ln\ln n)^p}$，从而原级数在 $p>1$ 时收敛，在 $p\leqslant 1$ 时发散.

(3) 因 $u_n=\frac{1}{(n+1)\ln^2(n+1)}$ 非负单调减少，用积分审敛法. 由于

$$\int_1^{+\infty}\frac{1}{(x+1)\ln^2(x+1)}\mathrm{d}x=\int_1^{+\infty}\frac{\mathrm{d}\ln(x+1)}{\ln^2(x+1)}=\frac{1}{\ln 2},$$

所以上述广义积分收敛，故所给级数收敛.

例 6　判定下列级数的敛散性：

(1) $\sum\limits_{n=1}^{\infty}(\sqrt{n+1}-\sqrt{n})^p\ln\frac{n+1}{n-1}$；　　(2) $\sum\limits_{n=2}^{\infty}\frac{1}{n^2(\sqrt[n]{n}-1)}$.

解　用等价无穷小代换.

(1) 当 $n\to\infty$ 时，

$$\ln\frac{n+1}{n-1}=\ln\left(1+\frac{2}{n-1}\right)\sim\frac{2}{n},$$

$$(\sqrt{n+1}-\sqrt{n})^p=\frac{1}{(\sqrt{n+1}+\sqrt{n})^p}\sim\frac{1}{2^p n^{\frac{p}{2}}},$$

故级数 $\sum\limits_{n=1}^{\infty}\frac{2}{2^p n^{\frac{p}{2}+1}}$ 与原级数敛散性相同. 而 $\sum\limits_{n=1}^{\infty}\frac{1}{2^{p-1}n^{\frac{p}{2}+1}}$ 当 $\frac{p}{2}+1>1$，即当 $p>0$ 时收敛；当 $\frac{p}{2}+1\leqslant 1$，即当 $p\leqslant 0$ 时发散，从而原级数当 $p>0$ 时收敛；当 $p\leqslant 0$ 时发散.

(2) 因当 $n\to\infty$ 时，$\sqrt[n]{n}-1=\mathrm{e}^{\frac{1}{n}\ln n}-1\sim\frac{1}{n}\ln n$，所以，当 $n\to\infty$ 时

$$u_n=\frac{1}{n^2(\sqrt[n]{n}-1)}\sim\frac{1}{n^2\cdot\frac{1}{n}\ln n}=\frac{1}{n\ln n},$$

而级数 $\sum\limits_{n=1}^{\infty}\frac{1}{n\ln n}$ 发散(见例 5)，故原级数发散.

例 7　判定级数 $\sum\limits_{n=1}^{\infty}\left[\frac{1}{n}-\ln\left(1+\frac{1}{n}\right)\right]$ 的敛散性.

解 1　当 $x>0$ 时，有不等式 $\frac{x}{1+x}<\ln(1+x)<x$，取 $x=\frac{1}{n}$，得

$$\frac{1}{n+1}<\ln\left(1+\frac{1}{n}\right)<\frac{1}{n},$$

于是
$$0<\frac{1}{n}-\ln\left(1+\frac{1}{n}\right)<\frac{1}{n}-\frac{1}{n+1}=\frac{1}{n(n+1)}<\frac{1}{n^2},$$

而级数$\sum\limits_{n=1}^{\infty}\dfrac{1}{n^2}$收敛，由比较审敛法知，原级数收敛.

解 2 用洛必达法则寻求可用来作比较的 p 级数. 确定 k，使得当 $n\to\infty$ 时，$\dfrac{1}{n^k}$与$\left[\dfrac{1}{n}-\ln\left(1+\dfrac{1}{n}\right)\right]$是同阶无穷小. 由洛必达法则，因

$$\lim_{x\to 0}\frac{x-\ln(1+x)}{x^k}=\lim_{x\to 0}\frac{1}{kx^{k-2}}\xlongequal{k=2}\frac{1}{2},$$

即级数$\sum\limits_{n=1}^{\infty}\dfrac{1}{n^2}$与原级数敛散性相同，由$\sum\limits_{n=1}^{\infty}\dfrac{1}{n^2}$收敛知原级数收敛.

解 3 用泰勒展开式寻求可用来作比较的 p 级数. 因

$$\ln\left(1+\frac{1}{n}\right)=\frac{1}{n}-\frac{1}{2n^2}+o\left(\frac{1}{n^2}\right),$$

于是

$$\frac{1}{n}-\ln\left(1+\frac{1}{n}\right)=\frac{1}{2n^2}+o\left(\frac{1}{n^2}\right).$$

即级数$\sum\limits_{n=1}^{\infty}\dfrac{1}{2n^2}$与原级数敛散性相同，由$\sum\limits_{n=1}^{\infty}\dfrac{1}{2n^2}$收敛知原级数收敛.

例 8 讨论级数 $\sum\limits_{n=1}^{\infty}\dfrac{(2n-1)!!}{(2n)!!\cdot(2n+1)}$ 和$\sum\limits_{n=1}^{\infty}\dfrac{(2n-1)!!}{(2n)!!\cdot\sqrt{n+1}}$的敛散性.

解 由双阶乘不等式 $\dfrac{1}{\sqrt{4n}}<\dfrac{(2n-1)!!}{(2n)!!}<\dfrac{1}{\sqrt{2n+1}}$，得

$$\frac{(2n-1)!!}{(2n)!!\cdot(2n+1)}<\frac{1}{(2n+1)\sqrt{2n+1}}<\frac{1}{2n\cdot\sqrt{2n}}=\frac{1}{2\sqrt{2}\,n^{\frac{3}{2}}},$$

及

$$\frac{(2n-1)!!}{(2n)!!\cdot\sqrt{n+1}}>\frac{1}{\sqrt{4n}\sqrt{n+1}}>\frac{1}{2\sqrt{n+1}\sqrt{n+1}}=\frac{1}{2(n+1)}.$$

因级数$\sum\limits_{n=1}^{\infty}\dfrac{1}{2\sqrt{2}\,n^{\frac{3}{2}}}$收敛，故 $\sum\limits_{n=1}^{\infty}\dfrac{(2n-1)!!}{(2n)!!\cdot(2n+1)}$ 收敛；

由级数$\sum\limits_{n=1}^{\infty}\dfrac{1}{2(n+1)}$发散，故 $\sum\limits_{n=1}^{\infty}\dfrac{(2n-1)!!}{2n!!\cdot\sqrt{n+1}}$ 发散.

注 因 $\dfrac{n-1}{n}<\dfrac{n}{n+1}$，$\dfrac{n}{n-1}>\dfrac{n+1}{n}$，故

$$u_n=\frac{(2n-1)!!}{(2n)!!}=\frac{1}{2}\cdot\frac{3}{4}\cdot\cdots\cdot\frac{2n-3}{2n-2}\cdot\frac{2n-1}{2n}<\frac{2}{3}\cdot\frac{4}{5}\cdot\cdots\cdot\frac{2n-2}{2n-1}\cdot\frac{2n}{2n+1}$$

$$=\frac{1}{u_n}\cdot\frac{1}{2n+1},$$

$$u_n=\frac{(2n-1)!!}{(2n)!!}=\frac{3}{2}\cdot\frac{5}{4}\cdot\cdots\cdot\frac{2n-1}{2n-2}\cdot\frac{1}{2n}>\frac{4}{3}\cdot\frac{6}{5}\cdot\cdots\cdot\frac{2n}{2n-1}\cdot\frac{1}{2n}$$

$$=\frac{1}{2}\cdot\frac{1}{u_n}\cdot\frac{1}{2n}=\frac{1}{u_n}\cdot\frac{1}{4n},$$

从而 $\frac{1}{4n}<u_n^2<\frac{1}{2n+1}$,即$\frac{1}{\sqrt{4n}}<u_n<\frac{1}{\sqrt{2n+1}}$.

例 9　判定级数$\sum\limits_{n=3}^{\infty}\frac{1}{(\ln\ln n)^{\ln n}}$的敛散性.

解　因当 n 充分大时,有 $\ln(\ln\ln n)>2$,即有

$$(\ln\ln n)^{\ln n}=(\mathrm{e}^{\ln n})^{\ln(\ln\ln n)}=n^{\ln(\ln\ln n)}>n^2 \quad 或 \quad \frac{1}{(\ln\ln n)^{\ln n}}<\frac{1}{n^2},$$

而级数$\sum\limits_{n=1}^{\infty}\frac{1}{n^2}$收敛,由比较审敛法知,所给级数收敛.

注　当正项级数的通项既是指数又是对数式时,常用对数性质将其转化为 p 级数,再考查其敛散性.如

$$a^{\ln n}=\mathrm{e}^{\ln n\cdot\ln n}=n^{\ln a},\quad (\ln n)^{\ln n}=(\mathrm{e}^{\ln n})^{\ln\ln n}=n^{\ln\ln n}.$$

例 10　求$\lim\limits_{n\to 0}\frac{1!+2!+\cdots+n!}{(2n)!}$.

分析　考虑级数$\sum\limits_{n=1}^{\infty}\frac{1!+2!+\cdots+n!}{(2n)!}$,若能推出该级数收敛,则由收敛的必要条件可求出极限.

解　由于

$$\frac{1!+2!+\cdots+n!}{(2n)!}<\frac{n(n!)}{(2n)!}=\frac{1}{(n+1)(n+2)\cdot\cdots\cdot(2n-1)\cdot 2}$$
$$<\frac{1}{2(n+1)(n+2)},$$

而级数$\sum\limits_{n=1}^{\infty}\frac{1}{2(n+1)(n+2)}$收敛,故级数$\sum\limits_{n=1}^{\infty}\frac{1!+2!+\cdots+n!}{(2n)!}$收敛,从而

$$\lim_{n\to\infty}\frac{1!+2!+\cdots+n!}{(2n)!}=0.$$

例 11　设 $a_n>0(n=1,2,\cdots)$,且$\lim\limits_{n\to\infty}a_n=a$,试判别$\sum\limits_{n=1}^{\infty}a_n\left(1-\cos\frac{b}{n}\right)$ $(b>0)$的敛散性.

解　由题设知,存在 $M>0$,有 $0<a_n\leqslant M(n=1,2,\cdots)$.记 $u_n=1-\cos\frac{b}{n}$,当 $n\to\infty$时,$u_n\sim\frac{b^2}{2n^2}$,由$\sum\limits_{n=1}^{\infty}\frac{b^n}{2n^2}$收敛知$\sum\limits_{n=1}^{\infty}u_n$ 收敛,从而$\sum\limits_{n=1}^{\infty}Mu_n$ 收敛.

由于 $a_nu_n\leqslant Mu_n$,由比较判别法知$\sum\limits_{n=1}^{\infty}a_nu_n$,即原级数收敛.

例 12　设正项级数$\sum\limits_{n=1}^{\infty}u_n$ 收敛,试证下列级数均收敛:

(1) $\sum\limits_{n=1}^{\infty}u_n^2$;　　(2) $\sum\limits_{n=1}^{\infty}\frac{u_n}{1-u_n}$;　　(3) $\sum\limits_{n=1}^{\infty}\frac{\sqrt{u_n}}{n^p}\left(p>\frac{1}{2}\right)$.

证 (1) 证 1 因 $s_n<s,s_n^2<s^2$,若以 σ_n 记 $\sum\limits_{n=1}^{\infty}u_n^2$ 的前 n 项和,则

$$\sigma_n=u_1^2+u_2^2+\cdots+u_n^2<(u_1+u_2+\cdots+u_n)^2=s_n^2<s^2,$$

于是由级数收敛的充分必要条件,所给级数收敛.

证 2 由级数收敛的必要条件知,当 $n\to\infty$ 时,$u_n\to 0$,所以当 n 充分大时,$u_n<1$,于是 $u_n^2<u_n$. 因 $\sum\limits_{n=1}^{\infty}u_n$ 收敛,由比较审敛法,所给级数收敛.

(2) 由级数收敛的必要条件知,当 $n\to\infty$ 时,$u_n\to 0$,所以当 n 充分大时,$1-u_n>\dfrac{1}{2}$,于是 $\dfrac{u_n}{1-u_n}<2u_n$,因 $\sum\limits_{n=1}^{\infty}2u_n$ 收敛,由比较审敛法,所给级数收敛.

(3) 用比较判别法. 因 $\dfrac{\sqrt{u_n}}{n^p}<\dfrac{1}{2}\left(\dfrac{1}{n^{2p}}+u_n\right)$,由 $\sum\limits_{n=1}^{\infty}u_n$ 和 $\sum\limits_{n=1}^{\infty}\dfrac{1}{n^{2p}}$ 收敛,知 $\dfrac{1}{2}\sum\limits_{n=1}^{\infty}\left(\dfrac{1}{n^{2p}}+u_n\right)$ 收敛,从而 $\sum\limits_{n=1}^{\infty}\dfrac{\sqrt{u_n}}{n^p}$ 收敛.

注 若 $\sum\limits_{n=1}^{\infty}u_n$ 非正项级数,当 $\sum\limits_{n=1}^{\infty}u_n$ 收敛时,则 $\sum\limits_{n=1}^{\infty}u_n^2$ 未必收敛. 如 $\sum\limits_{n=1}^{\infty}\dfrac{(-1)^n}{\sqrt{n}}$ 收敛,而 $\sum\limits_{n=1}^{\infty}\left(\dfrac{(-1)^n}{\sqrt{n}}\right)^2=\sum\limits_{n=1}^{\infty}\dfrac{1}{n}$ 发散.

若 $\sum\limits_{n=1}^{\infty}u_n^2(u_n\geqslant 0)$ 收敛,则 $\sum\limits_{n=1}^{\infty}u_n$ 未必收敛. 例如,$\sum\limits_{n=1}^{\infty}\dfrac{1}{n^2}$ 收敛,但 $\sum\limits_{n=1}^{\infty}\dfrac{1}{n}$ 却发散.

例 13 设 $a_n>0,s_n=\sum\limits_{k=1}^{n}a_k$,证明级数 $\sum\limits_{n=1}^{\infty}\dfrac{a_n}{s_n^2}$ 收敛.

分析 记 $\sigma_n=\sum\limits_{k=1}^{n}\dfrac{a_k}{s_k^2}$,由题设知 σ_n 单调增加,只需证 σ_n 有上界即可.

证 记 $\sigma_n=\sum\limits_{k=1}^{n}\dfrac{a_k}{s_k^2}=\dfrac{a_1}{s_1^2}+\dfrac{a_2}{s_2^2}+\cdots+\dfrac{a_n}{s_n^2}$,由 $a_n>0$ 知数列 $\{s_n\}$ 和 $\{\sigma_n\}$ 均单调增加. 于是有

$$\begin{aligned}\sigma_n&<\frac{a_1}{s_1^2}+\frac{a_2}{s_1s_2}+\cdots+\frac{a_n}{s_{n-1}s_n}\\&=\frac{a_1}{s_1^2}+\left(\frac{1}{s_1}-\frac{1}{s_2}\right)+\cdots+\left(\frac{1}{s_{n-1}}-\frac{1}{s_n}\right)\\&=\frac{1}{a_1}+\frac{1}{s_1}-\frac{1}{s_n}=\frac{2}{a_1}-\frac{1}{s_n}<\frac{2}{a_1},\end{aligned}$$

从而数列 $\{\sigma_n\}$ 又有上界,由正项级数收敛的充分必要条件可知,所论级数收敛.

例 14 设 $\{a_n\}$ 是单调增加有上界的正数列,试证级数 $\sum\limits_{n=1}^{\infty}\left(1-\dfrac{a_n}{a_{n+1}}\right)$ 收敛.

分析 由于 $0\leqslant 1-\frac{a_n}{a_{n+1}}=\frac{a_{n+1}-a_n}{a_{n+1}}\leqslant\frac{a_{n+1}-a_n}{a_1}$，由正项级数的比较审敛法，只需证明级数 $\sum\limits_{n=1}^{\infty}(a_{n+1}-a_n)$ 收敛即可.

证 由于 $\{a_n\}$ 单调增加且有上界，故数列 $\{a_n\}$ 收敛，即 $\lim\limits_{n\to\infty}a_n=\lim\limits_{n\to\infty}a_{n+1}=A$. 又 $a_n>0$，有

$$0\leqslant 1-\frac{a_n}{a_{n+1}}=\frac{a_{n+1}-a_n}{a_{n+1}}\leqslant\frac{a_{n+1}-a_n}{a_1},\tag{1}$$

即 $\sum\limits_{n=1}^{\infty}\left(1-\frac{a_n}{a_{n+1}}\right)$ 是正项级数.

记 s_n 是级数 $\sum\limits_{n=1}^{\infty}(a_{n+1}-a_n)$ 的前 n 项和，则

$$s_n=a_{n+1}-a_1,\quad \lim_{n\to\infty}s_n=\lim_{n\to\infty}(a_{n+1}-a_1)=A-a_1,$$

即 $\sum\limits_{n=1}^{\infty}(a_{n+1}-a_n)$ 收敛，从而级数 $\sum\limits_{n=1}^{\infty}\frac{a_{n+1}-a_1}{a_1}$ 收敛.

由(1)式及比较审敛法知，所证级数收敛.

例 15 设 $a_n>0,b_n>0,\frac{a_{n+1}}{a_n}\leqslant\frac{b_{n+1}}{b_n},n=1,2,\cdots$. 证明：

(1) 若 $\sum\limits_{n=1}^{\infty}b_n$ 收敛，则 $\sum\limits_{n=1}^{\infty}a_n$ 收敛； (2) 若 $\sum\limits_{n=1}^{\infty}a_n$ 发散，则 $\sum\limits_{n=1}^{\infty}b_n$ 发散.

分析 按题设条件和所证结果，应用比较审敛法. 需找出 a_n 与 b_n 之间的大小关系.

证 1 由 $\frac{a_{n+1}}{a_n}\leqslant\frac{b_{n+1}}{b_n}$ 得 $0<\frac{a_{n+1}}{b_{n+1}}\leqslant\frac{a_n}{b_n},n=1,2,\cdots$. 由此有

$$\frac{a_n}{b_n}\leqslant\frac{a_{n-1}}{b_{n-1}}\leqslant\cdots\leqslant\frac{a_1}{b_1},$$

即

$$a_n\leqslant\frac{a_1}{b_1}b_n\quad 或\quad b_n\geqslant\frac{b_1}{a_1}a_n.$$

由比较审敛法和级数的基本性质：

若 $\sum\limits_{n=1}^{\infty}b_n$ 收敛，则 $\sum\limits_{n=1}^{\infty}\frac{a_1}{b_1}b_n$ 收敛，从而 $\sum\limits_{n=1}^{\infty}a_n$ 收敛；

若 $\sum\limits_{n=1}^{\infty}a_n$ 发散，则 $\sum\limits_{n=1}^{\infty}\frac{b_1}{a_1}a_n$ 发散，从而 $\sum\limits_{n=1}^{\infty}b_n$ 发散.

证 2 由 $0<\frac{a_{n+1}}{b_{n+1}}\leqslant\frac{a_n}{b_n}(n=1,2,\cdots)$ 知数列 $\left\{\frac{a_n}{b_n}\right\}$ 单调减少且有下界，所以数列 $\left\{\frac{a_n}{b_n}\right\}$ 收敛. 设 $\lim\limits_{n\to\infty}\frac{a_n}{b_n}=l(0\leqslant l<+\infty)$，由此 $\lim\limits_{n\to\infty}\frac{b_n}{a_n}=\rho(0<\rho\leqslant+\infty)$.

由极限形式的比较审敛法，若 $\sum\limits_{n=1}^{\infty}b_n$ 收敛，则 $\sum\limits_{n=1}^{\infty}a_n$ 收敛；若 $\sum\limits_{n=1}^{\infty}a_n$ 发散，则 $\sum\limits_{n=1}^{\infty}b_n$ 发散.

例 16 设 $a_n=\int_0^{\frac{\pi}{4}}\tan^n x\mathrm{d}x$.

(1) 求$\sum\limits_{n=1}^{\infty}\frac{1}{n}(a_n+a_{n+2})$的值；

(2) 试证：对任意的常数$\lambda>0$，$\sum\limits_{n=1}^{\infty}\frac{a_n}{n^{\lambda}}$收敛.

解　(1) 由题设知$a_n>0$. 因为

$$\frac{1}{n}(a_n+a_{n+2})=\frac{1}{n}\int_0^{\frac{\pi}{4}}\tan^n x(1+\tan^2 x)\mathrm{d}x=\frac{1}{n}\int_0^{\frac{\pi}{4}}\tan^n x\mathrm{d}(\tan x)$$

$$=\frac{1}{n(n+1)}=\frac{1}{n}-\frac{1}{n+1},$$

所以

$$\sum_{k=1}^{n}\frac{1}{k}(a_k+a_{k+2})=1-\frac{1}{n+1},\quad \sum_{n=1}^{\infty}\frac{1}{n}(a_n+a_{n+2})=1.$$

(2) 设$\tan x=t$，因为

$$a_n=\int_0^{\frac{\pi}{4}}\tan^n x\mathrm{d}x=\int_0^1\frac{t^n}{1+t^2}\mathrm{d}t<\int_0^1 t^n\mathrm{d}t=\frac{1}{n+1},$$

所以$\frac{a_n}{n^{\lambda}}<\frac{1}{n^{\lambda}(n+1)}<\frac{1}{n^{\lambda+1}}$. 由$\lambda+1>1$知$\sum\limits_{n=1}^{\infty}\frac{1}{n^{\lambda+1}}$收敛，从而$\sum\limits_{n=1}^{\infty}\frac{a_n}{n^{\lambda}}$收敛.

例 17　设对一切n，有$a_n\leqslant b_n\leqslant c_n$，判别下列结论是否正确. 若正确，请证明；若不正确，举出反例.

(1) 若级数$\sum\limits_{n=1}^{\infty}a_n$和$\sum\limits_{n=1}^{\infty}c_n$都收敛，则$\sum\limits_{n=1}^{\infty}b_n$收敛；

(2) 若级数$\sum\limits_{n=1}^{\infty}a_n$和$\sum\limits_{n=1}^{\infty}c_n$都发散，则$\sum\limits_{n=1}^{\infty}b_n$发散.

分析　$\sum\limits_{n=1}^{\infty}a_n$和$\sum\limits_{n=1}^{\infty}c_n$未必是正项级数，不能直接用比较判别法. 由$a_n\leqslant b_n\leqslant c_n$，可推得$0\leqslant b_n-a_n\leqslant c_n-a_n$.

解　(1) 结论正确. 由$\sum\limits_{n=1}^{\infty}a_n$和$\sum\limits_{n=1}^{\infty}c_n$都收敛，知正项级数$\sum\limits_{n=1}^{\infty}(c_n-a_n)$收敛，由比较判别法知$\sum\limits_{n=1}^{\infty}(b_n-a_n)$收敛.

又因$b_n=a_n+(b_n-a_n)$，且$\sum\limits_{n=1}^{\infty}a_n$和$\sum\limits_{n=1}^{\infty}(b_n-a_n)$都收敛，故$\sum\limits_{n=1}^{\infty}b_n$收敛.

(2) 结论不正确. 例如，对一切n，有$-\frac{1}{n}<\frac{1}{n^2}<\frac{1}{n}$，而$\sum\limits_{n=1}^{\infty}\left(-\frac{1}{n}\right)$和$\sum\limits_{n=1}^{\infty}\frac{1}{n}$都发散，但$\sum\limits_{n=1}^{\infty}\frac{1}{n^2}$却收敛.

例 18　设$f(x)$在$x=0$的某一邻域内具有二阶连续导数，且$\lim\limits_{x\to 0}\frac{f(x)}{x}=0$，证明级数$\sum\limits_{n=1}^{\infty}f\left(\frac{1}{n}\right)$收敛.

证 1　按题设条件考虑先用泰勒展开式. 由 $\lim\limits_{x\to 0}\dfrac{f(x)}{x}=0$,及 $f(x)$在 $x=0$ 及导数定义可知 $f(0)=0, f'(0)=0$. $f(x)$在 $x=0$ 的某邻域内的一阶泰勒展开式为

$$f(x)=f(0)+f'(0)x+\frac{1}{2}f''(\theta x)x^2=\frac{1}{2}f''(\theta x)x^2,\quad 0<\theta<1.$$

又 $f''(x)$在 $x=0$ 的某邻域内连续,必有界,即存在 $M>0$,使 $|f''(x)|\leqslant M$,于是 $|f(x)|\leqslant\dfrac{x^2}{2}M$. 令 $x=\dfrac{1}{n}$,当 n 充分大时,有

$$\left|f\left(\frac{1}{n}\right)\right|\leqslant\frac{M}{2}\cdot\frac{1}{n^2}.$$

因级数 $\sum\limits_{n=1}^{\infty}\dfrac{1}{n^2}$收敛,所以 $\sum\limits_{n=1}^{\infty}f\left(\dfrac{1}{n}\right)$绝对收敛,从而 $\sum\limits_{n=1}^{\infty}f\left(\dfrac{1}{n}\right)$收敛.

证 2　用洛必达法则寻求可用来作比较的 p 级数. 如证 1 所述,得到 $f(0)=f'(0)=0$. 确定 k,使得当 $n\to\infty$时,$\dfrac{1}{n^k}$与 $f\left(\dfrac{1}{n}\right)$是同阶无穷小. 用洛必达法则

$$\lim_{x\to 0}\frac{f(x)}{x^k}=\lim_{x\to 0}\frac{f'(x)}{kx^{k-1}}=\lim_{x\to 0}\frac{f''(x)}{k(k-1)x^{k-2}}\quad 知\quad \lim_{n\to\infty}\frac{\left|f\left(\frac{1}{n}\right)\right|}{\frac{1}{n^2}}=\frac{1}{2},$$

因 $\sum\limits_{n=1}^{\infty}\dfrac{1}{n^2}$收敛,所以 $\sum\limits_{n=1}^{\infty}f\left(\dfrac{1}{n}\right)$绝对收敛,从而 $\sum\limits_{n=1}^{\infty}f\left(\dfrac{1}{n}\right)$收敛.

三、判别任意项级数的敛散性

1. 判别交错级数敛散性的解题思路

设 $\sum\limits_{n=1}^{\infty}(-1)^{n-1}u_n\,(u_n>0, n=1,2,\cdots)$为交错级数.

(1) 用莱布尼茨定理可判定交错级数收敛:

若 $\lim\limits_{n\to\infty}u_n=0$ 且 $u_n\geqslant u_{n+1}\,(n=1,2,\cdots)$,则交错级数 $\sum\limits_{n=1}^{\infty}(-1)^{n-1}u_n$ 收敛(见例 1,例 5(2),(3)). 如何比较 u_n 与 u_{n+1}的大小,见第一章九“九、通项为 n 项和与 n 个因子乘积的极限的求法”.

(2) 对不满足条件 $u_n\geqslant u_{n+1}\,(n=1,2,\cdots)$的交错级数的**判定敛散性的思路**:

由于 $u_n\geqslant u_{n+1}\,(n=1,2,\cdots)$是判定交错级数收敛的**充分条件**,并**非必要条件**,若不满足 $u_n\geqslant u_{n+1}$,不能断定级数发散,这时可用下述方法判别级数的敛散性:

1° 用加括号级数判别. 若加括号后的级数发散,则原级数一定发散;若加括号后的级数收敛,且原级数的一般项以零为极限,则原级数收敛(见例 7(1)).

2° 若 $\lim\limits_{n\to\infty}s_{2n}$存在,且 $\lim\limits_{n\to\infty}u_{2n+1}=0$,则级数收敛(见例 7(2)).

3° 把一般项分项来判定(见例 7(3)).

4° 用交换级数奇偶项的方法判定(见例 7(4)):

设级数(Ⅰ): $\sum_{n=1}^{\infty} u_n = u_1 + u_2 + u_3 + u_4 + \cdots + u_{2n-1} + u_{2n} + \cdots$;

(Ⅱ): $u_2 + u_1 + u_4 + u_3 + \cdots + u_{2n} + u_{2n-1} + \cdots$,

其中级数(Ⅱ)是由级数(Ⅰ)经交换奇偶项得到的.

若 $\lim_{n\to\infty} u_n = 0$,且级数(Ⅱ)收敛,其和为 s,则级数(Ⅰ)也收敛,其和是 s.

事实上,若级数(Ⅰ)、级数(Ⅱ)的前 $2n$ 项的部分和分别记做 s_{2n} 和 σ_{2n},则 $s_{2n} = \sigma_{2n}$,因

$$\lim_{n\to\infty} s_{2n} = \lim_{n\to\infty} \sigma_{2n} = s, \quad \lim_{n\to\infty} s_{2n+1} = \lim_{n\to\infty} (s_{2n} + u_{2n+1}) = s + 0 = s,$$

故级数(Ⅰ)收敛,其和为 s.

2. 用正项级数审敛法判定任意项级数(包括交错级数)敛散性的解题思路

设 $\sum_{n=1}^{\infty} u_n$ 为任意项级数,则 $\sum_{n=1}^{\infty} |u_n|$ 为正项级数.

(1) 比较审敛法只能判定级数收敛.

若 $\sum_{n=1}^{\infty} |u_n|$ 收敛,则 $\sum_{n=1}^{\infty} u_n$ 收敛且绝对收敛(见例 8);若 $\sum_{n=1}^{\infty} |u_n|$ 发散,则 $\sum_{n=1}^{\infty} u_n$ 的敛散性不确定(见例 8).

(2) 比值审敛法、根值审敛法可判定级数收敛与发散.

对 $\sum_{n=1}^{\infty} u_n$,若 $\lim_{n\to\infty} \left| \frac{u_{n+1}}{u_n} \right| = \rho$ 或 $\lim_{n\to\infty} \sqrt[n]{|u_n|} = \rho$,当 $\rho < 1$ 时,它绝对收敛(见例 5(1),例 6,例 10);当 $\rho > 1$ 时,必有 $\lim_{n\to\infty} |u_n| \neq 0$,从而 $\lim_{n\to\infty} u_n \neq 0$,它发散.

3. 关于由两个级数的项的和构成的级数的敛散性

设级数(Ⅰ): $\sum_{n=1}^{\infty} u_n$ 和(Ⅱ): $\sum_{n=1}^{\infty} v_n$ 都是任意项级数,级数(Ⅲ): $\sum_{n=1}^{\infty} (u_n + v_n)$.

(1) 若级数(Ⅰ)和(Ⅱ)都绝对收敛,则级数(Ⅲ)绝对收敛.

(2) 若级数(Ⅰ)和(Ⅱ)都条件收敛,则级数(Ⅲ)可能条件收敛,也可能绝对收敛.

例如,$\sum_{n=1}^{\infty} u_n = \sum_{n=1}^{\infty} (-1)^{n+1} \frac{1}{n}$,$\sum_{n=1}^{\infty} v_n = \sum_{n=1}^{\infty} (-1)^n \frac{2}{n}$ 都条件收敛,则 $\sum_{n=1}^{\infty} (u_n + v_n) = \sum_{n=1}^{\infty} \frac{(-1)^n}{n}$ 条件收敛. 而级数

$$\sum_{n=1}^{\infty} u_n = 1 + \frac{1}{2^2} - \frac{1}{3} - \frac{1}{4^2} + \frac{1}{5} + \frac{1}{6^2} - \cdots,$$

$$\sum_{n=1}^{\infty} v_n = -1 + \frac{1}{2^2} + \frac{1}{3} - \frac{1}{4^2} - \frac{1}{5} + \frac{1}{6^2} - \cdots$$

都条件收敛,但 $\sum_{n=1}^{\infty} (u_n + v_n) = \sum_{n=1}^{\infty} \frac{(-1)^{n+1} 2}{(2n)^2}$ 就绝对收敛.

(3) 若级数(Ⅰ)绝对收敛,级数(Ⅱ)条件收敛,则级数(Ⅲ)条件收敛.

例如,$\sum_{n=1}^{\infty}(-1)^n\frac{k}{n^2}$绝对收敛,$\sum_{n=1}^{\infty}(-1)^n\frac{1}{n}$条件收敛,则$\sum_{n=1}^{\infty}(-1)^n\frac{k+n}{n^2}$条件收敛.

例 1　设$u_n=(-1)^n\ln\left(1+\frac{1}{\sqrt{n}}\right)$,则下列结论正确的是(　　).

(A) $\sum_{n=1}^{\infty}u_n$与$\sum_{n=1}^{\infty}u_n^2$都收敛　　(B) $\sum_{n=1}^{\infty}u_n$与$\sum_{n=1}^{\infty}u_n^2$都发散

(C) $\sum_{n=1}^{\infty}u_n$收敛而$\sum_{n=1}^{\infty}u_n^2$发散　　(D) $\sum_{n=1}^{\infty}u_n$发散而$\sum_{n=1}^{\infty}u_n^2$收敛

解　选(C).因$\ln\left(1+\frac{1}{\sqrt{n}}\right)>0$,这是交错级数,用莱布尼茨定理判定.由于

$$\ln\left(1+\frac{1}{\sqrt{n}}\right)>\ln\left(1+\frac{1}{\sqrt{n+1}}\right),\quad n=1,2,\cdots;\quad 且\quad \lim_{n\to\infty}\left(1+\frac{1}{\sqrt{n}}\right)=0,$$

所以$\sum_{n=1}^{\infty}u_n$收敛.

当$n\to\infty$时,因$\ln\left(1+\frac{1}{\sqrt{n}}\right)\sim\frac{1}{\sqrt{n}}$,即$u_n^2\sim\frac{1}{n}$,而$\sum_{n=1}^{\infty}\frac{1}{n}$发散,故$\sum_{n=1}^{\infty}u_n^2$发散.

例 2　设数列$\{n^{n\sin\frac{\pi}{n}}a_n\}$收敛,则级数$\sum_{n=1}^{\infty}a_n$(　　).

(A) 发散　　(B) 条件收敛　　(C) 绝对收敛　　(D) 敛散性不能确定

解　选(C).注意到当$n\to\infty$时,$\sin\frac{\pi}{n}\sim\frac{\pi}{n}$.由题设$\lim_{n\to\infty}n^{n\sin\frac{\pi}{n}}a_n=A$(常数),也有$\lim_{n\to\infty}\frac{|a_n|}{\frac{1}{n^{n\sin\frac{\pi}{n}}}}$

$=\lim_{n\to\infty}\frac{|a_n|}{\frac{1}{n^{\pi}}}=|A|$,而$\sum_{n=1}^{\infty}\frac{1}{n^{\pi}}$收敛,可知$\sum_{n=1}^{\infty}|a_n|$收敛.

例 3　设a是常数,级数$\sum_{n=1}^{\infty}\left[\frac{\sin(an)}{n^3}+\frac{(-1)^n}{3^{\ln n}}\right]$(　　).

(A) 发散　　(B) 条件收敛　　(C) 绝对收敛　　(D) 敛散性与a有关

解　选(C).因$\left|\frac{\sin(an)}{n^3}\right|\leqslant\frac{1}{n^3}$,而$\sum_{n=1}^{\infty}\frac{1}{n^3}$收敛,故$\sum_{n=1}^{\infty}\frac{\sin(an)}{n^3}$绝对收敛.

因$\left|\frac{(-1)^n}{3^{\ln n}}\right|=\frac{1}{e^{\ln n\cdot\ln 3}}=\frac{1}{n^{\ln 3}}$,而$\ln 3>1$,由$p$级数的敛散性知,$\sum_{n=1}^{\infty}\frac{(-1)^n}{3^{\ln n}}$绝对收敛.综上,原级数绝对收敛.

例 4　设常数$\lambda>0$,且$\sum_{n=1}^{\infty}a_n^2$收敛,则$\sum_{n=1}^{\infty}(-1)^n\frac{|a_n|}{\sqrt{n^2+\lambda}}$(　　).

(A) 发散　　(B) 条件收敛　　(C) 绝对收敛　　(D) 敛散性与λ有关

解 选(C). 因$\dfrac{|a_n|}{\sqrt{n^2+\lambda}}=\left(a_n^2\cdot\dfrac{1}{n^2+\lambda}\right)^{\frac{1}{2}}\leqslant\dfrac{1}{2}\left(a_n^2+\dfrac{1}{n^2+\lambda}\right)$,而$\sum\limits_{n=1}^{\infty}a_n^2$与$\sum\limits_{n=1}^{\infty}\dfrac{1}{n^2+1}$均收敛,故$\sum\limits_{n=1}^{\infty}\dfrac{1}{2}\left(a_n^2+\dfrac{1}{n^2+\lambda}\right)$收敛. 再由正项级数的比较判别法,原级数绝对收敛.

例 5 判定下列级数是绝对收敛,条件收敛,还是发散.

(1) $\sum\limits_{n=2}^{\infty}(-1)^n\dfrac{1}{\pi^n}\sin\dfrac{\pi}{n}$; (2) $\sum\limits_{n=2}^{\infty}\dfrac{(-1)^{n-1}}{n-\ln n}$; (3) $\sum\limits_{n=2}^{\infty}\sin\left(n\pi+\dfrac{1}{\ln n}\right)$.

解 当 $n=2,3,\cdots$时,因$\dfrac{1}{\pi^n}\sin\dfrac{\pi}{n}>0$, $n-\ln n>0$, $\sin\left(n\pi+\dfrac{1}{\ln n}\right)=\sin(n\pi)\cos\dfrac{1}{\ln n}+\cos(n\pi)\sin\dfrac{1}{\ln n}=(-1)^n\sin\dfrac{1}{\ln n}$,故这均是交错级数.

(1) 记$u_n=\dfrac{1}{\pi^n}\sin\dfrac{1}{n}$,因$\lim\limits_{n\to\infty}\sqrt[n]{u_n}=\dfrac{1}{\pi}\lim\limits_{n\to\infty}\sqrt[n]{\sin\dfrac{1}{n}}=\dfrac{1}{\pi}<1$,由根值审敛法知,级数绝对收敛.

(2) 记$u_n=\dfrac{1}{n-\ln n}>\dfrac{1}{n}$,由$\sum\limits_{n=2}^{\infty}\dfrac{1}{n}$发散知,级数$\sum\limits_{n=2}^{\infty}\left|\dfrac{(-1)^{n-1}}{n-\ln n}\right|$发散. 因

$$\begin{aligned}u_{n+1}-u_n&=\frac{1}{(n+1)-\ln(n+1)}-\frac{1}{n-\ln n}\\&=\frac{\ln\left(1+\dfrac{1}{n}\right)-1}{(n-\ln n)[(n+1)-\ln(n+1)]}<0,\end{aligned}$$

即$u_{n+1}<u_n(n=2,3,\cdots)$;又$\lim\limits_{n\to\infty}u_n=0$,由莱布尼茨定理,级数$\sum\limits_{n=1}^{\infty}\dfrac{(-1)^{n-1}}{n-\ln n}$收敛,即该级数条件收敛.

(3) 由$\sin\left(n\pi+\dfrac{1}{\ln n}\right)=(-1)^n\sin\dfrac{1}{\ln n}$,记$u_n=\sin\dfrac{1}{\ln n}$. 因 $n\to\infty$时,$\sin\dfrac{1}{\ln n}\sim\dfrac{1}{\ln n}$,由$\sum\limits_{n=1}^{\infty}\dfrac{1}{\ln n}$发散知$\sum\limits_{n=1}^{\infty}(-1)^n\sin\dfrac{1}{\ln n}$非绝对收敛.

由于$\sin\dfrac{1}{\ln n}>\sin\dfrac{1}{\ln(n+1)}$ $(n=2,3,\cdots)$且$\lim\limits_{n\to\infty}\sin\dfrac{1}{\ln n}=0$,由莱布尼茨定理知$\sum\limits_{n=1}^{\infty}(-1)^n\sin\dfrac{1}{\ln n}$收敛,故原级数条件收敛.

例 6 判定级数$\sum\limits_{n=1}^{\infty}\dfrac{n!}{n^n}2^n\sin\dfrac{n\pi}{5}$是绝对收敛,条件收敛,还是发散.

解 因$\sin\dfrac{n\pi}{5}$可正可负,但其符号并非正负相间,所给级数不是交错级数,是任意项级数.

由于$\left|\dfrac{n!}{n^n}2^n\sin\dfrac{n\pi}{5}\right|\leqslant\dfrac{n!}{n^n}2^n$,而由比值审敛法知$\sum\limits_{n=1}^{\infty}\dfrac{n!}{n^n}2^n$收敛,从而原级数绝对收敛.

例 7 讨论下列交错级数的敛散性：

(1) $\frac{1}{2}-1+\frac{1}{5}-\frac{1}{4}+\cdots+\frac{1}{3n-1}-\frac{1}{3n-2}+\cdots$；

(2) $\sum\limits_{n=2}^{\infty}\frac{(-1)^n}{\sqrt{n+(-1)^n}}$； (3) $\sum\limits_{n=2}^{\infty}\frac{(-1)^n}{\sqrt{n}+(-1)^n}$；

(4) $\sum\limits_{n=2}^{\infty}\frac{(-1)^n}{[n+(-1)^n]^p}(p>0)$； (5) $\sum\limits_{n=1}^{\infty}\ln\left[1+\frac{(-1)^n}{n^p}\right](p>0)$.

解 本题均不满足 $u_n\geqslant u_{n+1}(n=1,2,\cdots)$，不能用莱布尼茨定理判别.

(1) 因 $u_{2n-1}=\frac{1}{3n-1}<\frac{1}{3n-2}=u_{2n}(n=1,2,\cdots)$，考虑加括号级数

$$\left(\frac{1}{2}-1\right)+\left(\frac{1}{5}-\frac{1}{4}\right)+\cdots+\left(\frac{1}{3n-1}-\frac{1}{3n-2}\right)+\cdots$$
$$=-\sum_{n=1}^{\infty}\frac{1}{(3n-1)(3n-2)},$$

因 $\sum\limits_{n=1}^{\infty}\frac{1}{(3n-1)(3n-2)}$ 收敛，又原级数的一般项当 $n\to\infty$ 时以 0 为极限，故原级数收敛.

(2) 因 $u_{2n}=\frac{1}{\sqrt{2n+1}}<\frac{1}{\sqrt{2n}}=u_{2n+1}(n=1,2,\cdots)$，级数的前 $2n$ 项和记做 s_{2n}，则

$$s_{2n}=\left(\frac{1}{\sqrt{3}}-\frac{1}{\sqrt{2}}\right)+\left(\frac{1}{\sqrt{5}}-\frac{1}{\sqrt{4}}\right)+\cdots+\left(\frac{1}{\sqrt{2n+1}}-\frac{1}{\sqrt{2n}}\right),$$

$$s_{2n}=-\frac{1}{\sqrt{2}}+\left(\frac{1}{\sqrt{3}}-\frac{1}{\sqrt{4}}\right)+\cdots+\left(\frac{1}{\sqrt{2n-1}}-\frac{1}{\sqrt{2n}}\right)+\frac{1}{\sqrt{2n+1}}>-\frac{1}{\sqrt{2}},$$

显然，数列 $\{s_{2n}\}$ 单调减少且有下界，故 $\lim\limits_{n\to\infty}s_{2n}$ 存在，记为 s. 又

$$\lim_{n\to\infty}u_{2n+1}=\lim_{n\to\infty}\frac{-1}{\sqrt{(2n+1)-1}}=0,$$

故 $\lim\limits_{n\to\infty}s_{2n+1}=\lim\limits_{n\to\infty}(s_{2n}+u_{2n+1})=s$，从而 $\lim\limits_{n\to\infty}s_n=s$，即原级数收敛.

(3) 因 $u_{2n}=\frac{1}{\sqrt{2n}+1}<\frac{1}{\sqrt{2n+1}-1}=u_{2n+1}(n=1,2,\cdots)$，将级数的一般项分项：

$$\frac{(-1)^n}{\sqrt{n}+(-1)^n}=\frac{(-1)^n(\sqrt{n}-(-1)^n)}{n-1}=\frac{(-1)^n\sqrt{n}}{n-1}-\frac{1}{n-1},$$

因 $\sum\limits_{n=2}^{\infty}\frac{(-1)^n\sqrt{n}}{n-1}$ 条件收敛，而 $\sum\limits_{n=2}^{\infty}\frac{1}{n-1}$ 发散，故 $\sum\limits_{n=1}^{\infty}\frac{(-1)^n}{\sqrt{n}+(-1)^n}$ 发散.

(4) 因 $u_{2n}=\frac{1}{(2n+1)^p}<\frac{1}{(2n)^p}=u_{2n+1}(n=1,2,\cdots)$，故交换级数的奇偶项：

原级数为 $\frac{1}{3^p}-\frac{1}{2^p}+\frac{1}{5^p}-\frac{1}{4^p}+\cdots+\frac{1}{(2n+1)^p}-\frac{1}{(2n)^p}+\cdots$；

交换后的级数为 $-\frac{1}{2^p}+\frac{1}{3^p}-\frac{1}{4^p}+\frac{1}{5^p}-\cdots-\frac{1}{(2n)^p}+\frac{1}{(2n+1)^p}-\cdots$，

显然，后一级数满足莱布尼茨定理的条件，它收敛. 又因为原级数的通项 $\frac{(-1)^n}{[n+(-1)^n]^p}\to$

$0(n\to\infty)$,故原级数收敛.

(5) 因 $u_{2n-1}=\ln\left[1-\frac{1}{(2n-1)^p}\right]<\ln\left[1+\frac{1}{(2n)^p}\right]=u_{2n}(n=2,3,\cdots)$,用泰勒展开式

$$\ln\left[1+\frac{(-1)^n}{n^p}\right]=\frac{(-1)^n}{n^p}+\left(-\frac{1}{2}\right)\left[\frac{(-1)^n}{n^p}\right]^2+o\left(\frac{1}{n^{2p}}\right)$$

$$=\frac{(-1)^n}{n^p}-\frac{1}{2}\cdot\frac{1}{n^{2p}}+o\left(\frac{1}{n^{2p}}\right)\quad(n\to\infty).$$

当 $p>1$ 时,因 $\sum\limits_{n=1}^{\infty}\frac{(-1)^n}{n^p}$,$\sum\limits_{n=1}^{\infty}\frac{1}{2n^{2p}}$都绝对收敛,故原级数绝对收敛;

当 $0<p\leqslant\frac{1}{2}$时,因 $\sum\limits_{n=1}^{\infty}\frac{(-1)^n}{n^p}$条件收敛,$\sum\limits_{n=1}^{\infty}\frac{1}{2n^{2p}}$发散,故原级数发散;

当$\frac{1}{2}<p\leqslant 1$ 时,因 $\sum\limits_{n=1}^{\infty}\frac{(-1)^n}{n^p}$条件收敛,$\sum\limits_{n=1}^{\infty}\frac{1}{2n^{2p}}$绝对收敛,故原级数条件收敛.

例 8 试讨论当 k 取何值时,级数 $\sum\limits_{n=1}^{\infty}(-1)^n\frac{\ln n}{n^k}$发散、收敛、条件收敛、绝对收敛.

解 这是交错级数,记 $u_n=\frac{\ln n}{n^k}$. 当 $k\leqslant 0$ 时,因 $\lim\limits_{n\to\infty}u_n\neq 0$,所以级数 $\sum\limits_{n=1}^{\infty}(-1)^n\frac{\ln n}{n^k}$发散. 当 $k>0$ 时,由洛必达法则知 $\lim\limits_{x\to+\infty}\frac{\ln x}{x^k}=0$,故 $\lim\limits_{n\to\infty}u_n=0$. 又因

$$\left(\frac{\ln x}{x^k}\right)'=\frac{x^{k-1}-kx^{k-1}\ln x}{x^{2k}}=\frac{x^{k-1}(1-k\ln x)}{x^{2k}},$$

显然,当 $x>e^{\frac{1}{k}}$时,$(1-k\ln x)<0$,从而$\left(\frac{\ln x}{x^k}\right)'<0$. 所以当 n 充分大时,数列$\{u_n\}$单调减少. 由莱布尼茨定理知,当 $k>0$ 时,原级数收敛.

取 $v_n=\frac{1}{n^p}$,由于

$$\lim_{n\to\infty}\frac{u_n}{v_n}=\lim_{n\to\infty}\frac{\ln n}{n^{k-p}}=\begin{cases}0, & k-p>0,\\ \infty, & k-p\leqslant 0,\end{cases}$$

由极限形式的比较审敛法,当 $k>p>1$ 时,因级数 $\sum\limits_{n=1}^{\infty}\frac{1}{n^p}$收敛,所以$\sum\limits_{n=1}^{\infty}u_n$ 收敛,从而原级数 $\sum\limits_{n=1}^{\infty}(-1)^nu_n$ 绝对收敛;当 $k\leqslant p\leqslant 1$ 时,因 $\sum\limits_{n=1}^{\infty}\frac{1}{n^p}$发散,所以$\sum\limits_{n=1}^{\infty}u_n$ 发散,从而$\sum\limits_{n=1}^{\infty}(-1)^nu_n$ 非绝对收敛,即条件收敛.

综上所述,所给级数,当 $k\leqslant 0$ 时,发散;当 $k>0$ 时,收敛. 当 $0<k\leqslant 1$ 时,条件收敛;当 $k>1$ 时,绝对收敛.

例 9 证明级数 $\sum\limits_{n=0}^{\infty}\int_{n\pi}^{(n+1)\pi}\frac{\sin x}{\sqrt{x}}\mathrm{d}x$ 收敛.

证 记 $u_n=\int_{n\pi}^{(n+1)\pi}\frac{\sin x}{\sqrt{x}}\mathrm{d}x$,易知当 n 为偶数时,$u_n>0$;当 n 为奇数时,$u_n<0$,故所给级数

是交错级数,并可记做 $\sum_{n=0}^{\infty}(-1)^n|u_n|$. 因

$$|u_n|=\left|\int_{n\pi}^{(n+1)\pi}\frac{\sin x}{\sqrt{x}}\mathrm{d}x\right|=\int_{n\pi}^{(n+1)\pi}\frac{|\sin x|}{\sqrt{x}}\mathrm{d}x>\int_{n\pi}^{(n+1)\pi}\frac{|\sin x|}{\sqrt{x+\pi}}\mathrm{d}x$$

$$\underline{\underline{t=x+\pi}}\int_{(n+1)\pi}^{(n+2)\pi}\frac{|\sin t|}{\sqrt{t}}\mathrm{d}t=|u_{n+1}|,$$

又
$$0\leqslant|u_n|\leqslant\int_{n\pi}^{(n+1)\pi}\frac{1}{\sqrt{x}}\mathrm{d}x=\frac{2\pi}{\sqrt{(n+1)\pi}-\sqrt{n\pi}}\to 0\quad(n\to\infty).$$

由夹逼准则知 $\lim\limits_{n\to\infty}|u_n|=0$. 于是由莱布尼茨定理,原级数收敛.

例 10　设正值数列$\{a_n\}$单调减且级数 $\sum_{n=1}^{\infty}(-1)^n a_n$ 发散,则级数$\sum_{n=1}^{\infty}\frac{1}{(a_n+1)^2}$ 收敛.

证　因数列$\{a_n\}$单调减且有下界($a_n>0$),所以 $\lim\limits_{n\to\infty}a_n$ 存在,记做 a,必然有 $a>0$. 否则,若 $a=0$,由莱布尼茨定理知, $\sum_{n=1}^{\infty}(-1)^n a_n$ 收敛, 这与题设矛盾.

由根值审敛法,有 $\lim\limits_{n\to\infty}\sqrt[n]{\frac{1}{(a_n+1)^n}}=\frac{1}{a+1}<1$,故级数收敛.

注　本例,若条件$\sum_{n=1}^{\infty}(-1)^n a_n$ 发散改为$\sum_{n=1}^{\infty}(-1)^n a_n$ 收敛,则$\sum_{n=1}^{\infty}\frac{1}{(a_n+1)^n}$ 的敛散性不能确定. 因为这时一定有 $\lim\limits_{n\to\infty}a_n=0$.

若取 $a_n=\frac{1}{n}$,有 $\lim\limits_{n\to\infty}a_n=0$ 且 $\lim\limits_{n\to\infty}\frac{1}{(a_n+1)^n}=\frac{1}{\mathrm{e}}$,则级数发散.

若取 $a_n=\frac{1}{\sqrt{n}}$,有 $\lim\limits_{n\to\infty}a_n=0$;又当 $n\to\infty$时,$\frac{1}{(a_n+1)^n}\sim\frac{1}{\mathrm{e}^{\sqrt{n}}}$,而 $\sum_{n=1}^{\infty}\mathrm{e}^{-\sqrt{n}}$ 收敛(见本章“二、判定正项级数的敛散性”例 3(2)),从而原级数收敛.

例 11　设 $u_1=1, u_2=\int_1^2\frac{1}{x}\mathrm{d}x, u_3=\frac{1}{2}, u_4=\int_2^3\frac{1}{x}\mathrm{d}x, \cdots, u_{2n-1}=\frac{1}{n}, u_{2n}=\int_n^{n+1}\frac{1}{x}\mathrm{d}x$, …. 证明:

(1) 级数 $\sum_{n=1}^{\infty}(-1)^{n-1}u_n$ 收敛;

(2) $\lim\limits_{n\to\infty}\left(1+\frac{1}{2}+\frac{1}{3}+\cdots+\frac{1}{n}-\ln n\right)=C$,其中 C 为级数 $\sum_{n=1}^{\infty}(-1)^{n-1}u_n$ 的和.

分析　(1) 若能证明交错级数满足莱布尼茨定理即可.

(2) 若能算出级数的部分和是 $1+\frac{1}{2}+\frac{1}{3}+\cdots+\frac{1}{n}-\ln n$ 即可.

证　(1) 显见 $\lim\limits_{n\to\infty}u_{2n-1}=0$.

$$u_{2n}=\int_n^{n+1}\frac{1}{x}\mathrm{d}x=\ln x\Big|_n^{n+1}=\ln\left(1+\frac{1}{n}\right)\to 0\quad(n\to\infty),$$

故 $\lim\limits_{n\to\infty}u_n=0$. 应用积分中值定理

$$u_{2n}=\int_n^{n+1}\frac{1}{x}\mathrm{d}x=\frac{1}{\xi}\quad(n<\xi<n+1),$$

所以

$$u_{2n+1}=\frac{1}{n+1}<\frac{1}{\xi}=u_{2n}<\frac{1}{n}=u_{2n-1}.$$

由上述讨论知，级数 $\sum\limits_{n=1}^{\infty}(-1)^n u_n$ 满足莱布尼茨定理的条件，故收敛.

(2) 设 $\sum\limits_{n=1}^{\infty}(-1)^n u_n=C$，取级数的部分和

$$\begin{aligned}S_{2n-1}=&\sum_{k=1}^{2n-1}(-1)^{k-1}u_k=u_1-u_2+u_3-u_4+\cdots+u_{2n-3}-u_{2n-2}+u_{2n-1}\\=&1-(\ln2-\ln1)+\frac{1}{2}-(\ln3-\ln2)+\frac{1}{3}-\cdots+\frac{1}{n-1}\\&-[\ln n-\ln(n-1)]+\frac{1}{n}\\=&1+\frac{1}{2}+\frac{1}{3}+\cdots+\frac{1}{n}-\ln n,\end{aligned}$$

因 $\lim\limits_{n\to\infty}S_{2n-1}=C$，所以 $\lim\limits_{n\to\infty}\left(1+\frac{1}{2}+\frac{1}{3}+\cdots+\frac{1}{n}-\ln n\right)=C$. 称 C 为欧拉常数.

四、求幂级数收敛半径与收敛域的方法

1. 求幂级数收敛半径或收敛区间的方法

(1) 关于 x 的幂级数 $\sum\limits_{n=0}^{\infty}a_nx^n(a_n\neq0,n=0,1,2,\cdots)$，求收敛半径(见例 1(1))：

$$\text{若}\lim_{n\to\infty}\left|\frac{a_{n+1}}{a_n}\right|=\rho,\ \text{或}\lim_{n\to\infty}\sqrt[n]{|a_n|}=\rho,\quad\text{则}\begin{cases}R=\dfrac{1}{\rho}, & 0<\rho<+\infty,\\R=+\infty, & \rho=0,\\R=0, & \rho=+\infty.\end{cases}$$

注　当 $\lim\limits_{n\to\infty}\left|\frac{a_{n+1}}{a_n}\right|$ 不存在时，求收敛半径的方法见例 4.

(2) 关于 $(x-x_0)$ 的幂级数 $\sum\limits_{n=0}^{\infty}a_n(x-x_0)^n(a_n\neq0,n=1,2,\cdots)$，求收敛区间.

只要将式中的 $(x-x_0)^n$ 理解为上述(1)中的 x^n，用(1)中的方法可直接求得收敛区间. 见例 1(2).

(3) 幂级数是缺项级数时，即有的系数 a_n 为 0.

1° 直接用比值审敛法或根值审敛法确定收敛区间，见例 2(1)解 1，例 2(2).

2° 有的可通过变量先化为不缺项级数，求其收敛半径，然后再确定原级数的收敛区间，见例 2(1)解 2.

(4) 利用逐项求积分后或逐项求导后所得到的幂级数与原级数有相同的收敛半径. 见例 3 解 1.

(5) 两个幂级数之和的收敛半径：设幂级数 $\sum\limits_{n=0}^{\infty} a_n x^n$ 与 $\sum\limits_{n=0}^{\infty} b_n x^n$ 的收敛半径分别为 R_a 与 R_b，则(见例 1(2))

$$\sum_{n=0}^{\infty} a_n x^n \pm \sum_{n=0}^{\infty} b_n x^n = \sum_{n=0}^{\infty} (a_n \pm b_n) x^n$$

的收敛半径 $R=\min\{R_a, R_b\}$.

2. 求幂级数 $\sum\limits_{n=0}^{\infty} a_n x^n$ 收敛域的程序

(1) 求收敛半径 R；

(2) 用数项级数的判定法判定当 $x=\pm R$ 时级数的敛散性；

(3) 写出级数的收敛域.

3. 广义幂级数(不是幂级数的函数项级数)求收敛半径的方法

(1) 通过恰当的变量替换将其化为关于 x 的幂级数，先求幂级数的收敛半径，变量还原求出原级数的收敛区间(见例 8 之(1)).

(2) 直接用比值审敛法或根值审敛法(见例 8 之(2)).

例 1 求下列幂级数的收敛域：

(1) $\sum\limits_{n=1}^{\infty} \dfrac{x^n}{c^n+b^n}$ $(c>0, b>0)$； (2) $\sum\limits_{n=1}^{\infty} (-1)^{n+1} \dfrac{(3n-1)^{3n}}{(2n-3)^{3n}} (x-2)^n$.

解 (1) 因 $\lim\limits_{n\to\infty} \left|\dfrac{a_{n+1}}{a_n}\right| = \lim\limits_{n\to\infty} \dfrac{c^n+b^n}{c^{n+1}+b^{n+1}} = \begin{cases} \dfrac{1}{c}, & \text{当 } c \geqslant b, \\ \dfrac{1}{b}, & \text{当 } c<b, \end{cases}$ 所以，当 $c\geqslant b$ 时，收敛半径 $R=c$；当 $c<b$ 时，$R=b$. 即 $R=\max\{c, b\}$.

当 $x=\pm R$ 时，由于级数的一般项不趋于零，故级数发散.

综上所述，幂级数的收敛域为 $(-R, R)$，其中 $R=\max\{c, b\}$.

(2) 因 $\lim\limits_{n\to\infty} \sqrt[n]{|a_n|} = \lim\limits_{n\to\infty} \sqrt[n]{\dfrac{(3n-1)^{3n}}{(2n-1)^{3n}}} = \dfrac{27}{8}$，由 $|x-2|<\dfrac{8}{27}$ 得收敛区间为 $\left(\dfrac{46}{27}, \dfrac{62}{27}\right)$.

当 $x=\dfrac{46}{27}$ 时，级数化为 $\sum\limits_{n=1}^{\infty} (-1)^{n+1} \dfrac{(3n-1)^{3n}}{(2n-3)^{3n}} \left(\dfrac{2}{3}\right)^{3n} = \sum\limits_{n=1}^{\infty} (-1)^{n+1} \left(\dfrac{6n-2}{6n-9}\right)^{3n}$，因

$$\lim_{n\to\infty} \left(\frac{6n-2}{6n-9}\right)^{3n} = \lim_{n\to\infty} \left(1+\frac{7}{6n-9}\right)^{\frac{6n}{2}} = e^{\frac{7}{2}} \neq 0,$$

所以级数发散；当 $x=\dfrac{62}{27}$ 时，同样可得级数发散. 于是原级数的收敛域是 $\left(\dfrac{46}{27}, \dfrac{62}{27}\right)$.

例 2 求下幂级数的收敛域：

(1) $\sum\limits_{n=1}^{\infty}\dfrac{(-1)^n}{n\cdot 8^n}x^{3n-1}$；　(2) $\sum\limits_{n=1}^{\infty}4^{n^2}x^{n^2}$.

解　本例均是缺项级数.

(1) 解 1　因

$$\lim_{n\to\infty}\left|\frac{u_{n+1}(x)}{u_n(x)}\right|=\lim_{n\to\infty}\left|\frac{(-1)^{n+1}x^{3n+2}}{(n+1)\cdot 8^{n+1}}\cdot\frac{n\cdot 8^n}{(-1)^n x^{3n-1}}\right|$$
$$=\frac{|x|^3}{8}\begin{cases}<1, & 当\ |x|<2,\\ >1, & 当\ |x|>2,\end{cases}$$

即当$|x|<2$时级数绝对收敛；当$|x|>2$时级数发散.

当$x=2$时，级数为$\sum\limits_{n=1}^{\infty}\dfrac{(-1)^n}{2n}$，收敛；当$x=-2$时，级数为$\sum\limits_{n=1}^{\infty}\dfrac{-1}{2n}$，发散. 所以级数的收敛域为$(-2,2]$.

解 2　$\sum\limits_{n=1}^{\infty}\dfrac{(-1)^n}{n\cdot 8^n}x^{3n-1}=x^2\sum\limits_{n=1}^{\infty}\dfrac{(-1)^n}{n\cdot 8^n}x^{3n-3}$，令$x^3=y$，则

$$\sum_{n=1}^{\infty}\frac{(-1)^n}{n\cdot 8^n}x^{3(n-1)}=\sum_{n=1}^{\infty}\frac{(-1)^n}{n\cdot 8^n}y^{n-1}. \tag{1}$$

因
$$\lim_{n\to\infty}\left|\frac{a_{n+1}}{a_n}\right|=\lim_{n\to\infty}\left|\frac{(-1)^{n+1}}{(n+1)\cdot 8^{n+1}}\cdot\frac{n\cdot 8^n}{(-1)^n}\right|=\frac{1}{8},$$

所以级数(1)的收敛半径$R=8$. 由$|x^3|<8$即$|x|<2$得原级数的收敛区间为$(-2,2)$.

以下与解 1 相同，可得原级数的收敛域为$(-2,2]$.

(2) 因 $\lim\limits_{n\to\infty}\sqrt[n]{|u_n(x)|}=\lim\limits_{n\to\infty}\sqrt[n]{4^{n^2}x^{n^2}}=\lim\limits_{n\to\infty}4^n x^n=\begin{cases}0, & 当|x|<1/4,\\ 1, & 当|x|=1/4,\\ +\infty, & 当|x|>1/4,\end{cases}$ 所以级数当$|x|<\dfrac{1}{4}$时绝对收敛；当$|x|>\dfrac{1}{4}$时发散；当$x=\dfrac{1}{4}$时，级数为$\sum\limits_{n=1}^{\infty}1$，发散；当$x=-\dfrac{1}{4}$时，级数为$\sum\limits_{n=1}^{\infty}(-1)^{n^2}$，也发散，从而级数的收敛域为$\left(-\dfrac{1}{4},\dfrac{1}{4}\right)$.

例 3　设幂级数$\sum\limits_{n=0}^{\infty}a_nx^n$的收敛半径为 3，则幂级数$\sum\limits_{n=1}^{\infty}na_n(x-1)^{n+1}$的收敛区间为________.

解 1　填$(-2,4)$. 注意到$\left(\sum\limits_{n=0}^{\infty}a_nx^n\right)'=\sum\limits_{n=1}^{\infty}na_nx^{n-1}$，且等式两端的级数其收敛半径$R$相同. 由此，对$\sum\limits_{n=1}^{\infty}na_n(x-1)^{n+1}$，当$|x-1|<3$时收敛，故其收敛区间为$(-2,4)$.

解 2　由题设，有$\lim\limits_{n\to\infty}\left|\dfrac{a_{n+1}}{a_n}\right|=\dfrac{1}{3}$. 对级数$\sum\limits_{n=1}^{\infty}na_n(x-1)^{n+1}$，因

$$\lim_{n\to\infty}\left|\frac{(n+1)a_{n+1}}{na_n}\right|=\lim_{n\to\infty}\left|\frac{a_{n+1}}{a_n}\right|=\frac{1}{3},$$

可知当$|x-1|<3$时，级数收敛．由此所求收敛区间为$(-2,4)$．

例 4　求幂级数$\sum\limits_{n=0}^{\infty}\dfrac{2+(-1)^n}{2^n}x^n$的收敛半径．

解
$$\lim_{n\to\infty}\left|\frac{a_{n+1}}{a_n}\right|=\lim_{n\to\infty}\frac{1}{2}\cdot\frac{2+(-1)^{n+1}}{2+(-1)^n}=\begin{cases}\dfrac{3}{2}, & n\text{ 为奇数},\\[2mm] \dfrac{1}{6}, & n\text{ 为偶数}.\end{cases}$$

显然，上述极限不存在．这时，可用下述方法．

用根值审敛法．由于
$$\lim_{n\to\infty}\sqrt[n]{|u_n|}=\lim_{n\to\infty}\sqrt[n]{\left|\frac{2+(-1)^n}{2^n}x^n\right|}=\frac{|x|}{2},$$
可知，当$\dfrac{|x|}{2}<1$，即$|x|<2$时，幂级数收敛，故收敛半径$R=2$．

用正项级数的比较审敛法．由于
$$\frac{1}{2^n}|x|^n\leqslant\frac{2+(-1)^n}{2^n}|x|^n\leqslant\frac{3}{2^n}|x|^n,$$
而$\sum\limits_{n=0}^{\infty}\dfrac{1}{2^n}x^n$与$\sum\limits_{n=0}^{\infty}\dfrac{3}{2^n}x^n$的收敛半径都为2，故原级数的收敛半径$R=2$．

将级数分为两个级数的和．由于$\sum\limits_{n=0}^{\infty}\dfrac{2}{2^n}x^n$与$\sum\limits_{n=0}^{\infty}\dfrac{(-1)^n}{2^n}x^n$的收敛半径都为2，故原级数的收敛半径$R=2$．

例 5　若幂级数$\sum\limits_{n=1}^{\infty}a_nx^n$的收敛半径$R=1$，求级数$\sum\limits_{n=1}^{\infty}\dfrac{a_n}{n!}x^n$的收敛半径．

解　由题设，有$\lim\limits_{n\to\infty}\left|\dfrac{a_{n+1}}{a_n}\right|=1$．对$\sum\limits_{n=0}^{\infty}\dfrac{a_n}{n!}x^n$，因
$$\lim_{n\to\infty}\left|\frac{a_{n+1}}{(n+1)!}\cdot\frac{n!}{a_n}\right|=\lim_{n\to\infty}\frac{1}{n+1}=0,$$
可知收敛半径$R_1=+\infty$．

例 6　若幂级数$\sum\limits_{n=1}^{\infty}a^{n^2}x^n\ (a>0)$的收敛域为$(-\infty,+\infty)$，求$a$的取值范围．

解　由题设，有$\lim\limits_{n\to\infty}\left|\dfrac{a^{(n+1)^2}}{a^{n^2}}\right|=\lim\limits_{n\to\infty}a^{2n+1}=0$．显然，当且仅当$0<a<1$时，前式成立，即$a$的取值范围是$0<a<1$．

例 7　若幂级数$\sum\limits_{n=1}^{\infty}\dfrac{(x-a)^n}{n}$在$x>0$时发散，在$x=0$时收敛，则$a=$________．

解　按题设，$x=0$是幂级数收敛区间的右端点．因
$$\lim_{n\to\infty}\left|\frac{a_{n+1}}{a_n}\right|=\lim_{n\to\infty}\left|\frac{1}{n+1}\cdot\frac{n}{1}\right|=1,$$

由$|x-a|<1$得级数的收敛区间是$(a-1,a+1)$. 因$a+1=0$,故$a=-1$.

例 8 求下列广义幂级数的收敛域:

(1) $\sum\limits_{n=1}^{\infty}\left(\sin\frac{1}{3n}\right)\left(\frac{3+x}{3-2x}\right)^n$; (2) $\sum\limits_{n=1}^{\infty}\frac{2^n\sin^n x}{\sqrt{n}}$.

解 (1) 令$\frac{3+x}{3-2x}=y$,原级数化为$\sum\limits_{n=1}^{\infty}\left(\sin\frac{1}{3n}\right)y^n$. 因$\lim\limits_{n\to\infty}\left|\frac{\sin\frac{1}{3n+3}}{\sin\frac{1}{3n}}\right|=1$,所以收敛半径$R=1$. 即当$\left|\frac{3+x}{3-2x}\right|=|y|<1$时原级数收敛. 可解得$x<0$或$x>6$.

当$x=0$时,原级数化为$\sum\limits_{n=1}^{\infty}\sin\frac{1}{3n}$. 它与调和级数$\sum\limits_{n=1}^{\infty}\frac{1}{n}$有相同的敛散性,因而发散. 当$x=6$时,原级数化为$\sum\limits_{n=1}^{\infty}(-1)^n\sin\frac{1}{3n}$,这是收敛的交错级数.

综上所述,原级数的收敛域是$(-\infty,0)\cup[6,+\infty)$.

(2) 用比值审敛法. 因

$$\lim_{n\to\infty}\left|\frac{u_{n+1}}{u_n}\right|=\lim_{n\to\infty}\left|\frac{2^{n+1}\sin^{n+1}x}{\sqrt{n+1}}\cdot\frac{\sqrt{n}}{2^n\sin^n x}\right|=2|\sin x|,$$

所以当$2|\sin x|<1$,即$|\sin x|<\frac{1}{2}$时级数收敛.

当$\sin x=\frac{1}{2}$时,级数化为$\sum\limits_{n=1}^{\infty}\frac{1}{\sqrt{n}}$,发散;当$\sin x=-\frac{1}{2}$时,级数化为$\sum\limits_{n=1}^{\infty}(-1)^n\frac{1}{\sqrt{n}}$,收敛.

由$-\frac{1}{2}\leqslant\sin x\leqslant\frac{1}{2}$可解得原级数的收敛域为$\left[k\pi-\frac{\pi}{6},k\pi+\frac{\pi}{6}\right)$.

五、求幂级数的和函数与数项级数的和

1. 求幂级数和函数的解题思路

(1) 将欲求和函数的幂级数化为等比级数.

这种思路的着眼点是所给幂级数的系数. 要通过提出或消去幂级数系数中的多余因子达到目的. 消去系数中多余因子的**方法**主要是**求导**或**积分**:

若系数有多余因子$\frac{1}{n}$,因$(x^n)'=nx^{n-1}$,则可逐项求导以消去$\frac{1}{n}$,例 3 解 1.

若系数有多余因子$(n+1)$,因$\int_0^x t^n\mathrm{d}t=\frac{x^{n+1}}{n+1}$,则可逐项求积分消去$(n+1)$,例 1 解 1,例 2,例 4 解 2.

当得到等比级数的和函数之后,再进行前述运算的逆运算,便得到原幂级数的和函数.

(2) 从等比级数(和函数已知)出发化为欲求和函数的幂级数.

这是上述思路的逆思维. 根据欲求和函数的幂级数恰当地选择等比级数，通过恒等变形、逐项求导、逐项求积分等方法将等比级数化为所给幂级数，从而得到原幂级数的和函数. 这种方法无须进行逆运算. 例 1 解 2.

在应用等比级数时，请正确运用下述各式：

$$\sum_{n=0}^{\infty} x^n = \frac{1}{1-x}\ (|x|<1);\qquad \sum_{n=1}^{\infty} x^n = \frac{x}{1-x}\ (|x|<1);$$

$$\sum_{n=0}^{\infty} (-1)^n x^n = \frac{1}{1+x}\ (|x|<1);\quad \sum_{n=1}^{\infty} (-1)^n x^n = -\frac{x}{1+x}\ (|x|<1).$$

(3) 将欲求和函数的幂级数化为常用函数的幂级数展开式.

这种思路是基于熟悉常用函数的幂级数展开式(因和函数已知)，将欲求和函数的幂级数与它们对照，以找出联系与差别，进而进行转化，然后利用已知的和函数求得所给幂级数的和函数. 例 3 解 2，例 4，例 5.

常用函数的幂级数展开式：

1° $e^x=1+\frac{x}{1!}+\frac{x^2}{2!}+\cdots+\frac{x^n}{n!}+\cdots=\sum_{n=0}^{\infty}\frac{x^n}{n!}\ (-\infty<x<+\infty).$

2° $\sin x=x-\frac{x^3}{3!}+\frac{x^5}{5!}-\cdots+(-1)^n\frac{x^{2n+1}}{(2n+1)!}+\cdots$

$$=\sum_{n=0}^{\infty}(-1)^n\frac{x^{2n+1}}{(2n+1)!}\ (-\infty<x<+\infty).$$

3° $\cos x=1-\frac{x^2}{2!}+\frac{x^4}{4!}-\cdots+(-1)^n\frac{x^{2n}}{(2n)!}+\cdots=\sum_{n=0}^{\infty}(-1)^n\frac{x^{2n}}{(2n)!}\ (-\infty<x<+\infty).$

4° $\ln(1+x)=x-\frac{x^2}{2}+\frac{x^3}{3}-\cdots+(-1)^n\frac{x^{n+1}}{n+1}+\cdots=\sum_{n=0}^{\infty}(-1)^n\frac{x^{n+1}}{n+1}\ (-1<x\leqslant 1).$

5° $(1+x)^\alpha=1+\alpha x+\frac{\alpha(\alpha-1)}{2!}x^2+\cdots+\frac{\alpha(\alpha-1)\cdots(\alpha-n+1)}{n!}x^n+\cdots$

$$=1+\sum_{n=1}^{\infty}\frac{\alpha(\alpha-1)\cdots(\alpha-n+1)}{n!}x^n\begin{cases}-1<x<1, & \text{当 } \alpha\leqslant -1,\\ -1<x\leqslant 1, & \text{当 } -1<\alpha<0,\\ -1\leqslant x\leqslant 1, & \text{当 } \alpha>0.\end{cases}$$

特别地，

$$\frac{1}{1-x}=1+x+x^2+\cdots+x^n+\cdots=\sum_{n=0}^{\infty}x^n\ (-1<x<1).$$

$$\frac{1}{1+x}=1-x+x^2-\cdots+(-1)^n x^n+\cdots=\sum_{n=0}^{\infty}(-1)^n x^n\ (-1<x<1).$$

(4) 从已知和函数的幂级数出发化为欲求和函数的幂级数.

这是上述思路的逆思维. 见例 6.

(5) 通过解微分方程求得幂级数的和函数.

对幂级数进行若干次逐项求导，构造出其和函数所满足的微分方程及定解条件，由解微分方程得到幂级数的和函数. 例题请见第十二章“八、用解微分方程求幂级数的和函数”.

2. 求幂级数和函数的一些具体方法和技巧

(1) 作必要的变量替换,以简化幂级数的形式. 见例 2.

(2) 将一个幂级数分解成两个幂级数之和,以简化计算. 见例 3,例 4 解 1.

(3) 从幂级数中提出 x 的整数次幂因子或用 x 的整数次幂因子乘以幂级数,以达到将幂级数转化为所需要的幂级数的目的. 见例 2,例 3 解 2,例 4,例 5,例 9.

(4) 根据需要,对幂级数进行恰当的标号变换. 例如,例 8 中的

$$\sum_{n=2}^{\infty}\frac{1}{n-1}\left(\frac{1}{2}\right)^{n-1}=\sum_{n=1}^{\infty}\frac{1}{n}\left(\frac{1}{2}\right)^{n}.$$

特别需要指出,求幂级数的和函数时,必须先**求出该级数的收敛域**.

3. 数项级数求和的方法

(1) 用数项级数收敛的定义.

具体计算方法在本章第一节已讲述. 见例 7 解 1.

(2) 引入相应的幂级数.

对幂级数 $\sum\limits_{n=0}^{\infty}a_nx^n$,$x$ 每取定一个值 x_0 就是一个数项级数,因此,为了求数项级数的和,可以引入与其相对应的幂级数. 若可以求得幂级数的和函数,数项级数的和也就求得.

假设要求数项级数 $\sum\limits_{n=0}^{\infty}u_n$ 的和,选取幂级数有**两条思路**:

其一,选取幂级数 $\sum\limits_{n=0}^{\infty}a_nx^n$,使其满足 $\sum\limits_{n=0}^{\infty}a_nx_0^n=\sum\limits_{n=0}^{\infty}u_n$,$x_0$ 是某一数值,且 $\sum\limits_{n=0}^{\infty}a_nx^n$ 易于求出和函数 $s(x)$.

若 $\sum\limits_{n=0}^{\infty}a_nx^n=s(x)$,且 x_0 是该幂级数收敛域内的点时,则 $\sum\limits_{n=0}^{\infty}u_n=s(x_0)$. 见例 7 解 2,例 9.

其二,选取等比级数 $\sum\limits_{n=0}^{\infty}a_nx^n$,且 $\sum\limits_{n=0}^{\infty}a_nx^n=s(x)$,使其满足下述两种情形之一:

1° 对 $\sum\limits_{n=1}^{\infty}na_nx^{n-1}=s'(x)$(收敛域是 D_1),有 $na_nx_0^{n-1}=u_n$.

若 $x_0\in D_1$,则数项级数的和 $\sum\limits_{n=0}^{\infty}u_n=s'(x_0)$. 见例 7 解 3.

2° 对 $\sum\limits_{n=0}^{\infty}\dfrac{a_n}{n+1}x^{n+1}=\int_0^x s(t)\mathrm{d}t$(收敛域是 D_2),有 $\dfrac{a_n}{n+1}x_0^{x+1}=u_n$. 见例 8.

例 1 求幂级数 $\sum\limits_{n=1}^{\infty}n2^{\frac{n}{2}}x^{3n-1}$ 的和函数.

分析 $\sum\limits_{n=1}^{\infty}n2^{\frac{n}{2}}x^{3n}=\sum\limits_{n=1}^{\infty}n(\sqrt{2}\,x^3)^n$ 与等比级数 $\sum\limits_{n=1}^{\infty}(\sqrt{2}\,x^3)^n$ 相比较多因子 n.

解 1　可以求得幂级数的收敛域为$\left(-\frac{1}{\sqrt[6]{2}},\frac{1}{\sqrt[6]{2}}\right)$. 将所给幂级数化为等比级数.

设 $s(x)=\sum\limits_{n=1}^{\infty}n2^{\frac{n}{2}}x^{3n-1}$,两端积分

$$\int_0^x s(t)\mathrm{d}t=\sum_{n=1}^{\infty}\int_0^x n2^{\frac{n}{2}}t^{3n-1}\mathrm{d}t=\sum_{n=1}^{\infty}\frac{n}{3n}2^{\frac{n}{2}}x^{3n}=\frac{1}{3}\frac{\sqrt{2}\,x^3}{1-\sqrt{2}\,x^3}.$$

于是
$$s(x)=\frac{\sqrt{2}}{3}\left(\frac{x^3}{1-\sqrt{2}\,x^3}\right)'=\frac{\sqrt{2}\,x^2}{(1-\sqrt{2}\,x^3)^2},\quad |x|<\frac{1}{\sqrt[6]{2}}.$$

解 2　从等比级数化为所给幂级数. 因

$$\sum_{n=1}^{\infty}2^{\frac{n}{2}}x^{3n}=\sum_{n=1}^{\infty}(\sqrt{2}\,x^3)^n=\frac{\sqrt{2}\,x^3}{1-\sqrt{2}\,x^3},$$

两端求导
$$\sum_{n=1}^{\infty}n(\sqrt{2}\,x^3)^{n-1}\cdot 3\sqrt{2}\,x^2=\sqrt{2}\,\frac{3x^2}{(1-\sqrt{2}\,x^3)^2},$$

即
$$\sum_{n=1}^{\infty}n2^{\frac{n}{2}}x^{3n-1}=\frac{\sqrt{2}\,x^2}{(1-\sqrt{2}\,x^3)^2}.$$

例 2　求幂级数$\sum\limits_{n=1}^{\infty}n(n+1)(2x+1)^n$的和函数.

分析　令 $y=2x+1$,则有$\sum\limits_{n=1}^{\infty}n(n+1)y^n$,两次求积分消去系数中的因子 $n(n+1)$,可将幂级数化为等比级数.

解　令 $y=2x+1$,可以求得级数$\sum\limits_{n=1}^{\infty}n(n+1)y^n$ 的收敛域为$(-1,1)$,从而原级数的收敛域为$(-1,0)$.

记 $s(y)=\sum\limits_{n=1}^{\infty}n(n+1)y^n$,两端积分

$$\begin{aligned}\int_0^y s(t)\mathrm{d}t&=\int_0^y\left(\sum_{n=1}^{\infty}n(n+1)t^n\right)\mathrm{d}t=\sum_{n=1}^{\infty}ny^{n+1}\\&=y^2\sum_{n=1}^{\infty}ny^{n-1}=y^2\left[\int_0^y\left(\sum_{n=1}^{\infty}nt^{n-1}\right)\mathrm{d}t\right]'\\&=y^2\left(\sum_{n=1}^{\infty}y^n\right)'=y^2\left(\frac{y}{1-y}\right)'=\frac{y^2}{(1-y)^2}.\end{aligned}$$

上式两端求导,得

$$s(y)=\left[\frac{y^2}{(1-y)^2}\right]'=\frac{2y}{(1-y)^3}.$$

于是
$$\sum_{n=1}^{\infty}n(n+1)(2x+1)^n=\frac{2(2x+1)}{(-2x)^3}=-\frac{2x+1}{4x^3},\quad -1<x<0.$$

例 3 求幂级数$\sum_{n=1}^{\infty}(-1)^{n-1}\left[1+\frac{1}{n(2n-1)}\right]x^{2n}$的收敛区间与和函数 $f(x)$.

分析 因$\sum_{n=1}^{\infty}(-1)^{n-1}\left[1+\frac{1}{n(2n-1)}\right]x^{2n}=\sum_{n=1}^{\infty}(-1)^{n-1}x^{2n}+\sum_{n=1}^{\infty}\frac{(-1)^{n-1}}{n(2n-1)}x^{2n}$,其中第一项是等比级数,且$\sum_{n=1}^{\infty}(-1)^{n-1}x^{2n}=\frac{x^2}{1+x^2}$;

第二项用两次求导消去系数中的因子$\frac{1}{n(2n-1)}$可将幂级数化为等比级数.

注意到$\frac{1}{n(2n-1)}=\frac{2}{2n-1}-\frac{1}{n}$,有

$$\sum_{n=1}^{\infty}\frac{(-1)^{n-1}}{n(2n-1)}x^{2n}=2\sum_{n=1}^{\infty}\frac{(-1)^{n-1}}{2n-1}x^{2n}-\sum_{n=1}^{\infty}\frac{(-1)^{n-1}}{n}x^{2n},$$

而

$$\sum_{n=1}^{\infty}\frac{(-1)^{n-1}}{2n-1}x^{2n-1}=\arctan x,\quad \sum_{n=1}^{\infty}\frac{(-1)^{n-1}}{n}x^{n}=\ln(1+x).$$

解 1 设 $a_n=(-1)^{n-1}\left(1+\frac{1}{n(2n-1)}\right)$,则 $1<\sqrt[n]{|a_n|}\leqslant\sqrt[n]{2}$,所以 $\lim\limits_{n\to+\infty}\sqrt[n]{|a_n|}=1$. 由此,幂级数的收敛区间为$(-1,1)$.

记 $s(x)=\sum_{n=1}^{\infty}\frac{(-1)^{n-1}}{n(2n-1)}x^{2n}$,则

$$s'(x)=2\sum_{n=1}^{\infty}(-1)^{n-1}\frac{x^{2n-1}}{2n-1},\quad s''(x)=2\sum_{n=1}^{\infty}(-1)^{n-1}x^{2(n-1)}=\frac{2}{1+x^2},\quad |x|<1.$$

由于 $s'(0)=0$,$s(0)=0$,于是

$$s'(x)=\int_0^x s''(t)\mathrm{d}t=\int_0^x\frac{2}{1+t^2}\mathrm{d}t=2\arctan x,$$

$$s(x)=\int_0^x s'(t)\mathrm{d}t=2\int_0^x\arctan t\mathrm{d}t=2x\arctan x-\ln(1+x^2),\quad |x|<1.$$

从而 $$f(x)=\sum_{n=1}^{\infty}(-1)^{n-1}x^{2n}+s(x)=\frac{x^2}{1+x^2}+2x\arctan x-\ln(1+x^2).$$

解 2 因$\sum_{n=1}^{\infty}\frac{(-1)^{n-1}}{n(2n-1)}x^{2n}=2x\sum_{n=1}^{\infty}\frac{(-1)^{n-1}}{2n-1}x^{2n-1}-\sum_{n=1}^{\infty}\frac{(-1)^{n-1}}{n}(x^2)^n$,所以

$$\sum_{n=1}^{\infty}(-1)^{n-1}\left[1+\frac{1}{n(2n-1)}\right]x^{2n}=\frac{x^2}{1+x^2}+2x\arctan x-\ln(1+x^2).$$

注 读者若能记住公式$\sum_{n=1}^{\infty}\frac{(-1)^{n-1}}{2n-1}x^{2n-1}=\arctan x$,则解 1 的解题过程将简化. 由

$$s'(x)=2\sum_{n=1}^{\infty}(-1)^{n-1}\frac{x^{2n-1}}{2n-1}=2\arctan x$$

可得 $$s(x)=\int_0^x s'(t)\mathrm{d}t=2\int_0^x\arctan t\mathrm{d}t=2x\arctan x-\ln(1+x^2).$$

例 4 求幂级数 $\sum_{n=0}^{\infty}\frac{n^2+1}{2^n n!}x^n$ 的和函数.

分析 由幂级数的系数 $a_n=\frac{n^2+1}{2^n n!}$ 看,无法将其化为等比级数.因

$$\sum_{n=0}^{\infty}\frac{n^2+1}{2^n n!}x^n=\sum_{n=1}^{\infty}\frac{n}{(n-1)!}\left(\frac{x}{2}\right)^n+\sum_{n=0}^{\infty}\frac{1}{n!}\left(\frac{x}{2}\right)^n,$$

而 $e^x=\sum_{n=0}^{\infty}\frac{x^n}{n!}$. 在上式中,第二项可用 e^x 的展开式;第一项,消去系数中的因子 n,也可用 e^x 的展开式.

解 1 可以求得幂级数的收敛域是$(-\infty,+\infty)$. 用 $n=n-1+1$ 消去系数中的因子 n.

$$\begin{aligned}\sum_{n=1}^{\infty}\frac{n}{(n-1)!}\left(\frac{x}{2}\right)^n&=\sum_{n=1}^{\infty}\frac{n-1+1}{(n-1)!}\left(\frac{x}{2}\right)^n\\&=\sum_{n=2}^{\infty}\frac{1}{(n-2)!}\left(\frac{x}{2}\right)^n+\sum_{n=1}^{\infty}\frac{1}{(n-1)!}\left(\frac{x}{2}\right)^n\\&=\frac{x^2}{4}\sum_{n=0}^{\infty}\frac{1}{n!}\left(\frac{x}{2}\right)^n+\frac{x}{2}\sum_{n=0}^{\infty}\frac{1}{n!}\left(\frac{x}{2}\right)^n.\end{aligned}$$

所以

$$\sum_{n=0}^{\infty}\frac{n^2+1}{2^n n!}x^n=\frac{x^2}{4}e^{\frac{x}{2}}+\frac{x}{2}e^{\frac{x}{2}}+e^{\frac{x}{2}},\quad -\infty<x<+\infty.$$

解 2 用求积分消去系数中的因子 n. 因

$$\begin{aligned}\sum_{n=1}^{\infty}\frac{n}{(n-1)!}\left(\frac{x}{2}\right)^n&=\frac{x}{2}\sum_{n=1}^{\infty}\frac{n}{(n-1)!}\left(\frac{x}{2}\right)^{n-1}=x\left[\int_0^x\sum_{n=1}^{\infty}\frac{n}{(n-1)!}\left(\frac{t}{2}\right)^{n-1}d\,\frac{t}{2}\right]'\\&=x\left[\sum_{n=1}^{\infty}\frac{1}{(n-1)!}\left(\frac{x}{2}\right)^n\right]'=x\left[\frac{x}{2}\sum_{n=1}^{\infty}\frac{1}{(n-1)!}\left(\frac{x}{2}\right)^{n-1}\right]'\\&=x\left[\frac{x}{2}e^{\frac{x}{2}}\right]'=x\left[\frac{1}{2}e^{\frac{x}{2}}+\frac{x}{4}e^{\frac{x}{2}}\right],\end{aligned}$$

所以

$$\sum_{n=0}^{\infty}\frac{n^2+1}{2^n n!}x^n=\frac{x^2}{4}e^{\frac{x}{2}}+\frac{x}{2}e^{\frac{x}{2}}+e^{\frac{x}{2}},\quad -\infty<x<+\infty.$$

例 5 求幂级数 $\sum_{n=0}^{\infty}(-1)^n\frac{4n^2-1}{(2n)!}x^{2n}$ 的和函数,并求级数 $\sum_{n=0}^{\infty}\frac{(-1)^n(4n^2-1)\pi^{2n}}{(2n)!}$ 的和.

分析 显然,当 $x=\pi$ 时,幂级数就是求和的数项级数. 注意到

$$\begin{aligned}\sum_{n=0}^{\infty}(-1)^n\frac{4n^2-1}{(2n)!}x^{2n}&=\sum_{n=0}^{\infty}(-1)^n\frac{2n}{(2n-1)!}x^{2n}-\sum_{n=0}^{\infty}(-1)^n\frac{x^{2n}}{(2n)!}\\&=\sum_{n=1}^{\infty}(-1)^n\frac{2n}{(2n-1)!}x^{2n}-\cos x.\end{aligned}$$

按上式右端幂级数的形式应考虑 $\sin x$ 的展开式.

解 可以求得所给幂级数的收敛域是$(-\infty,+\infty)$. 因

$$\sin x=\sum_{n=1}^{\infty}(-1)^{n-1}\frac{x^{2n-1}}{(2n-1)!},\quad \text{即}\quad x\sin x=-\sum_{n=1}^{\infty}(-1)^{n}\frac{x^{2n}}{(2n-1)!},$$

求导
$$\sum_{n=1}^{\infty}(-1)^{n}\frac{2n}{(2n-1)!}x^{2n-1}=-\sin x-x\cos x,$$

即
$$\sum_{n=1}^{\infty}(-1)^{n}\frac{2n}{(2n-1)!}x^{2n}=-x\sin x-x^{2}\cos x,$$

于是 $\sum_{n=1}^{\infty}(-1)^{n}\frac{4n^{2}-1}{(2n)!}x^{2n}=-x\sin x-x^{2}\cos x-\cos x,\quad -\infty<x<+\infty.$

在上式中,取 $x=\pi$,得

$$\sum_{n=0}^{\infty}\frac{(-1)^{n}(4n^{2}-1)\pi^{2n}}{(2n)!}=1+\pi^{2}.$$

例 6 (1) 求幂级数 $\sum_{n=0}^{\infty}\frac{x^{2n+1}}{(2n+1)!}$ 及 $\sum_{n=0}^{\infty}\frac{x^{2n}}{(2n)!}$ 的和函数;

(2) 设 $x_n=\pi^2+\frac{\pi^4}{3!}+\frac{\pi^6}{5!}+\cdots+\frac{\pi^{2n+2}}{(2n+1)!}$,求极限 $\lim\limits_{n\to\infty}x_n$.

分析 (1) 注意 $e^x=\sum_{n=0}^{\infty}\frac{x^n}{n!}$,而 $\sum_{n=0}^{\infty}\frac{x^{2n+1}}{(2n+1)!}$,$\sum_{n=0}^{\infty}\frac{x^{2n}}{(2n)!}$ 正分别是 e^x 的幂级数展开式的偶数项及奇数项;

(2) 求 $\lim\limits_{n\to\infty}x_n$,就是求级数 $\sum_{n=0}^{\infty}\frac{\pi^{2n+2}}{(2n+1)!}=\pi\sum_{n=0}^{\infty}\frac{\pi^{2n+1}}{(2n+1)!}$ 的和.

解 (1) 可以求得两个幂级数的收敛域均为 $(-\infty,+\infty)$.

由 $e^x=\sum_{n=0}^{\infty}\frac{x^n}{n!}$ 得 $e^{-x}=\sum_{n=0}^{\infty}(-1)^n\frac{x^n}{n!}$①,于是

$$e^x-e^{-x}=2\sum_{n=0}^{\infty}\frac{x^{2n+1}}{(2n+1)!},\quad e^x+e^{-x}=2\sum_{n=0}^{\infty}\frac{x^{2n}}{(2n)!},$$

从而
$$\sum_{n=0}^{\infty}\frac{x^{2n+1}}{(2n+1)!}=\frac{e^x-e^{-x}}{2}=\operatorname{sh}x,\quad \sum_{n=0}^{\infty}\frac{x^{2n}}{(2n)!}=\operatorname{ch}x.$$

(2) $\lim\limits_{n\to\infty}x_n=\sum_{n=0}^{\infty}\frac{\pi^{2n+2}}{(2n+1)!}=\pi\sum_{n=0}^{\infty}\frac{\pi^{2n+1}}{(2n+1)!}=\pi\operatorname{sh}\pi.$

例 7 求级数 $\sum_{n=1}^{\infty}\frac{3n-1}{3^n}$ 的和.

解 1 用级数收敛的定义.由本章一例 4(2)

$$\sum_{n=1}^{\infty}\frac{nb+c}{a^n}=\frac{a(b+c)-c}{(a-1)^2}\quad \text{知}\quad \sum_{n=1}^{\infty}\frac{3n-1}{3^n}=\frac{3(3-1)+1}{(3-1)^2}=\frac{7}{4}.$$

解 2 注意到 $\frac{3n-1}{3^n}=\frac{n}{3^{n-1}}-\frac{1}{3^n}$,因 $\sum_{n=1}^{\infty}\frac{1}{3^n}=\frac{1}{2}$,且级数 $\sum_{n=1}^{\infty}\frac{n}{3^{n-1}}$ 收敛.由此,只要求出

---

① 由 e^x 的幂级数展开式得到 e^{-x} 的幂级数展开式的方法见本章六.

$\sum\limits_{n=1}^{\infty}\frac{n}{3^{n-1}}$的和即可.

为此,取幂级数$\sum\limits_{n=1}^{\infty}nx^{n-1}$,当$x=\frac{1}{3}$时,就是数项级数$\sum\limits_{n=1}^{\infty}\frac{n}{3^{n-1}}$. 因

$$\sum_{n=1}^{\infty}nx^{n-1}=\left(\int_0^x\sum_{n=1}^{\infty}nx^{n-1}\mathrm{d}x\right)'=\left(\sum_{n=1}^{\infty}x^n\right)'=\frac{1}{(1-x)^2},\quad -1<x<1,$$

令$x=\frac{1}{3}$,得$\sum\limits_{n=1}^{\infty}n\left(\frac{1}{3}\right)^{n-1}=\frac{9}{4}$,于是$\sum\limits_{n=1}^{\infty}\frac{3n-1}{3^n}=\frac{9}{4}-\frac{1}{2}=\frac{7}{4}$.

解 3 选取等比级数$\sum\limits_{n=1}^{\infty}x^n$,且$\sum\limits_{n=1}^{\infty}x^n=\frac{x}{1-x}$,$-1<x<1$. 两端求导,得

$$\sum_{n=1}^{\infty}nx^{n-1}=\frac{1}{(1-x)^2},\quad 于是\quad \sum_{n=1}^{\infty}\frac{n}{3^{n-1}}=\frac{1}{\left(1-\frac{1}{3}\right)^2}=\frac{9}{4}.$$

从而
$$\sum_{n=1}^{\infty}\frac{3n-1}{3^n}=\sum_{n=1}^{\infty}\frac{n}{3^{n-1}}-\sum_{n=1}^{\infty}\frac{1}{3^n}=\frac{9}{4}-\frac{1}{2}=\frac{7}{4}.$$

例 8 求级数$\sum\limits_{n=2}^{\infty}\frac{1}{(n^2-1)2^n}$的和.

解 由比值审敛法易知级数收敛

$$\sum_{n=2}^{\infty}\frac{1}{(n^2-1)2^n}=\sum_{n=2}^{\infty}\left(\frac{1}{n-1}-\frac{1}{n+1}\right)\frac{1}{2^{n+1}}=\frac{1}{4}\sum_{n=2}^{\infty}\frac{1}{n-1}\left(\frac{1}{2}\right)^{n-1}-\sum_{n=2}^{\infty}\frac{1}{n+1}\left(\frac{1}{2}\right)^{n+1}$$

$$=\frac{1}{4}\sum_{n=1}^{\infty}\frac{1}{n}\left(\frac{1}{2}\right)^n-\sum_{n=3}^{\infty}\frac{1}{n}\left(\frac{1}{2}\right)^n=-\frac{3}{4}\sum_{n=1}^{\infty}\frac{1}{n}\left(\frac{1}{2}\right)^n+\frac{5}{8}.$$

取等比级数$\sum\limits_{n=1}^{\infty}x^{n-1}$,且$\sum\limits_{n=1}^{\infty}x^{n-1}=\frac{1}{1-x}$,$-1<x<1$. 两端积分,得

$$\sum_{n=1}^{\infty}\frac{1}{n}x^n=-\ln(1-x),\quad 于是\quad \sum_{n=1}^{\infty}\frac{1}{n}\left(\frac{1}{2}\right)^n=\ln 2.$$

从而
$$\sum_{n=2}^{\infty}\frac{1}{(n^2-1)2^n}=\frac{5}{8}-\frac{3}{4}\ln 2.$$

注 本例也可选取幂函数$\sum\limits_{n=1}^{\infty}\frac{1}{n}x^n$,当$x=\frac{1}{2}$时就是$\sum\limits_{n=1}^{\infty}\frac{1}{n}\left(\frac{1}{2}\right)^n$.

例 9 求级数$\sum\limits_{n=1}^{\infty}(-1)^n\frac{2n-1}{(2n)!}\left(\frac{\pi}{2}\right)^{2n}$的和.

分析 由所给幂级数看,应考虑用$\cos x$的幂级数展开式.

$$\cos x=1+\sum_{n=1}^{\infty}(-1)^n\frac{1}{(2n)!}x^{2n}=1+x\sum_{n=1}^{\infty}(-1)^n\frac{1}{(2n)!}x^{2n-1},$$
$$-\infty<x<+\infty.$$

解 记$s(x)=\sum\limits_{n=1}^{\infty}(-1)^n\frac{x^{2n-1}}{(2n)!}$,则

$$s'(x)=\sum_{n=1}^{\infty}(-1)^n\frac{2n-1}{(2n)!}x^{2n-2},\quad 或\quad x^2s'(x)=\sum_{n=1}^{\infty}(-1)^n\frac{2n-1}{(2n)!}x^{2n}.$$

显然,上式的左端,当 $x=\frac{\pi}{2}$ 时就是所求级数的和.

由 $\cos x$ 的幂级数展开式知

$$s(x)=\frac{\cos x-1}{x},\quad s'(x)=\frac{1-\cos x-x\sin x}{x^2}.$$

于是 $\sum_{n=1}^{\infty}(-1)^n\frac{2n-1}{(2n)!}\left(\frac{\pi}{2}\right)^{2n}=\left(\frac{\pi}{2}\right)^2 s'\left(\frac{\pi}{2}\right)=1-\cos\frac{\pi}{2}-\frac{\pi}{2}\sin\frac{\pi}{2}=1-\frac{\pi}{2}.$

例 10 试求 $\dfrac{1+\frac{\pi^4}{2^4 4!}+\frac{\pi^8}{2^8 8!}+\frac{\pi^{12}}{2^{12}12!}+\cdots}{\frac{1}{2^2 2!}+\frac{\pi^4}{2^6 6!}+\frac{\pi^8}{2^{10}10!}+\frac{\pi^{12}}{2^{14}14!}+\cdots}.$

解 由 $\cos x$ 的幂级数展开式,有

$$\cos\frac{\pi}{2}=1-\frac{\pi^2}{2!2^2}+\frac{\pi^4}{4!2^4}-\frac{\pi^6}{6!2^6}+\frac{\pi^8}{8!2^8}-\frac{\pi^{10}}{10!2^{10}}+\cdots.$$

设所给级数的分子 $=p$,分母 $=q$,由上式可知

$$p-\pi^2q=\cos\frac{\pi}{2}=0,\quad 即\quad \frac{p}{q}=\pi^2.$$

例 11 设 $a_0=1,a_1=-2,a_2=\frac{7}{2}$;对 $n\geqslant 2,a_{n+1}=-\left(1+\frac{1}{n+1}\right)a_n$,证明当 $|x|<1$ 时,幂级数 $\sum_{n=0}^{\infty}a_nx^n$ 收敛,并求其和函数 $s(x)$.

分析 为了求幂级数的和,其关键是由关系式 $a_{n+1}=-\left(1+\frac{1}{n+1}\right)a_n$ 推出系数 $a_n(n\geqslant 3)$ 的递推公式.

解 由 $\lim\limits_{n\to\infty}\left|\frac{a_{n+1}}{a_n}\right|=\lim\limits_{n\to\infty}\frac{n+2}{n+1}=1$ 知,幂级数的收敛半径 $R=1$,所以当 $|x|<1$ 时,所给幂级数收敛.

由已知 a_{n+1} 与 a_n 之间的关系式

当 $n=2$ 时,$a_3=-\frac{3+1}{3}a_2=-\frac{3+1}{3}\cdot\frac{7}{2}=-\frac{7}{6}(3+1)$;

当 $n=3$ 时,$a_4=-\frac{4+1}{4}a_3=-\frac{4+1}{4}\left[-\frac{7}{6}(3+1)\right]=\frac{7}{6}(4+1)$,

依次类推,可知 $a_n=(-1)^n\frac{7}{6}(n+1),n\geqslant 3$. 于是

$$\begin{aligned}S(x)&=1-2x+\frac{7}{2}x^2+\sum_{n=3}^{\infty}\frac{7}{6}(-1)^n(n+1)x^n\\&=1-2x+\frac{7}{2}x^2+\frac{7}{6}\left(\sum_{n=3}^{\infty}(-1)^n\int_0^x(n+1)x^n\mathrm{d}x\right)'\end{aligned}$$

$$=1-2x+\frac{7}{2}x^2+\frac{7}{6}\left(\frac{x^4}{1+x}\right)'=1-2x+\frac{7}{2}x^2+\frac{7}{6}\cdot\frac{4x^3+3x^4}{(1+x)^2}$$

$$=\frac{1}{(1+x)^2}\left(\frac{x^3}{3}+\frac{x^2}{2}+1\right).$$

例 12　设幂级数 $\sum_{n=0}^{\infty}a_nx^n$ 在 $(-\infty,+\infty)$ 内收敛，其和函数 $y(x)$ 满足

$$y''-2xy'-4y=0,\quad y(0)=0,\quad y'(0)=1.$$

(1) 证明 $a_{n+1}=\frac{2}{n+1}a_n, n=1,2,\cdots$；　　(2) 求 $y(x)$ 的表达式.

解　(1) 由题设 $y(x)=\sum_{n=0}^{\infty}a_nx^n$，则

$$y'=\sum_{n=1}^{\infty}na_nx^{n-1},\quad y''=\sum_{n=2}^{\infty}n(n-1)a_nx^{n-2}=\sum_{n=0}^{\infty}(n+2)(n+1)a_{n+2}x^n,$$

代入方程 $y''-2xy'-4y=0$ 中，得

$$\sum_{n=0}^{\infty}(n+2)(n+1)a_{n+2}x^n-\sum_{n=0}^{\infty}2na_nx^n-\sum_{n=0}^{\infty}4a_nx^n=0,$$

即有 $(n+2)(n+1)a_{n+2}-2na_n-4a_n=0$，可解得 $a_{n+2}=\frac{2}{n+1}a_n, n=1,2,\cdots$.

(2) 由 $y(x)=\sum_{n=0}^{\infty}a_nx^n$ 及 $y(0)=0$，得 $a_0=0$；由 $y'(x)=\sum_{n=1}^{\infty}na_nx^{n-1}$ 及 $y'(0)=1$ 得 $a_1=1$. 于是由 $a_{n+2}=\frac{2}{n+1}a_n$ 可推得

$$a_{2n}=0,\ n=0,1,2,\cdots;$$

$$a_3=a_1=1,\ a_5=\frac{2}{4}a_3=\frac{1}{2},\ a_7=\frac{2}{6}a_5=\frac{1}{2}\cdot\frac{1}{3},\ a_9=\frac{2}{8}a_7=\frac{1}{2}\cdot\frac{1}{3}\cdot\frac{1}{4}.$$

由此　$$y(x)=\sum_{n=0}^{\infty}a_nx^n=x+\frac{x^3}{1!}+\frac{1}{2!}x^5+\frac{1}{3!}x^7+\cdots=x\sum_{n=0}^{\infty}\frac{1}{n!}x^{2n}=xe^{x^2}.$$

六、用间接法将函数展开为幂级数

用间接展开法将函数 $f(x)$ 展开成幂级数，就是利用已知的函数的幂级数展开式求出 $f(x)$ 的展开式.

1. 将函数 $f(x)$ 展开成幂级数 $\sum_{n=0}^{\infty}\frac{f^{(n)}(0)}{n!}x^n$ 的方法

(1) 变量替换法：

若已知 $\varphi(x)=\sum_{n=0}^{\infty}a_nx^n, |x|<R$，以变量 $ax, x^m(m>0)$ 等替换 x，可得 $\varphi(ax), \varphi(x^m)$ 等的幂级数展开式(见例 1)：

$$\varphi(ax)=\sum_{n=0}^{\infty}a_n(ax)^n,\ |ax|<R;\quad \varphi(x^m)=\sum_{n=0}^{\infty}a_n(x^m)^n,\ |x^m|<R.$$

例如，由函数 $e^x,\cos x,\ln(1+x),\dfrac{1}{1+x}$ 的幂级数展开式可分别求得 $e^{x^2},\cos ax,\ln\left(1+\dfrac{x}{a}\right)$，$\dfrac{1}{1+\dfrac{x}{a}}$ 的幂级数展开式.

(2) 初等变换法：

将欲展开为幂级数的函数经代数恒等变形、三角恒等变形等化为已知其幂级数展开式的函数. 常常是先经初等变换再用变量替换(见例 2). 常用到下述恒等变形.

指数函数：$a^x=e^{(\ln a)x}$；

三角函数：$\sin^2x=\dfrac{1}{2}(1-\cos2x)$，$\cos^2x=\dfrac{1}{2}(1+\cos2x)$；

对数函数：$\ln(a+bx)=\ln a+\ln\left(1+\dfrac{bx}{a}\right)$，$\ln\dfrac{a+bx}{c+dx}=\ln(a+bx)-\ln(c+dx)$，

$\ln(ax^2+bx+c)=\ln(a_1+b_1x)+\ln(a_2+b_2x)$

(设 $ax^2+bx+c=(a_1+b_1x)(a_2+b_2x)$)；

有理函数：$\dfrac{1}{a+bx}=\dfrac{1}{a}\cdot\dfrac{1}{1+\dfrac{b}{a}x}$，$\dfrac{Ax+B}{ax^2+bx+c}$，$\dfrac{A}{ax^2+bx+c}$ 分解成部分分式之和.

(3) 逐项求导法和逐项求积分法：

若已知 $F(x)=\sum\limits_{n=0}^{\infty}a_nx^n,|x|<R$，且 $F'(x)=f(x)$，则通过对已知幂级数逐项求导可得函数 $f(x)$ 的幂级数展开式(见例 3(1)).

若已知 $f(x)=\sum\limits_{n=0}^{\infty}a_nx^n,|x|<R$，且 $F'(x)=f(x)$，则通过已知幂级数逐项求积分可得函数 $F(x)$ 的幂级数展开式(见例 3(2)解 1，例 5).

在逐项求积分时，要**特别注意**，从 0 到 x 逐项求积分时，应是(牛顿-莱布尼茨公式)

$$\int_0^x f(t)\mathrm{d}t=\int_0^x F'(t)\mathrm{d}t=F(x)-F(0),$$

而不是

$$\int_0^x F'(t)\mathrm{d}t=F(x)\quad (\text{因为 } F(0) \text{ 未必是 } 0).$$

逐项求导与逐项求积通常是同时运用(见例 3 解 2，例 4).

2. 将函数 $f(x)$ 在 $x_0(x_0\neq0)$ 展开成幂级数 $\sum\limits_{n=0}^{\infty}\dfrac{f^{(n)}(x_0)}{n!}(x-x_0)^n$ 的思路

一般先用恒等式 $f(x)=f(x_0+(x-x_0))$，然后再设法利用已知的幂级数展开式将 $f(x_0+(x-x_0))$ 展开成 $(x-x_0)$ 的幂级数. 这时应用 $x-x_0$ 替换已知的幂级数展开式中的 x，便得到形式为 $\sum\limits_{n=0}^{\infty}a_n(x-x_0)^n$ 的幂级数(见例 6，例 7).

例 1　将函数 $f(x)=\dfrac{1}{(1-x^2)\sqrt{1-x^2}}$ 展开成 x 的幂级数，并求其收敛域.

解　因 $f(x)=[1+(-x^2)]^{-\frac{3}{2}}$，在 $(1+x)^{\alpha}$ 的幂级数展开式中，取 $\alpha=-\dfrac{3}{2}$，并以 $-x^2$ 替换 x，得

$$\begin{aligned}f(x)&=[1+(-x)^2]^{-\frac{3}{2}}=1+\left(-\frac{3}{2}\right)(-x^2)+\frac{1}{2!}\left(-\frac{3}{2}\right)\left(-\frac{5}{2}\right)(-x^2)^2+\cdots\\&\quad+\frac{1}{n!}\left(-\frac{3}{2}\right)\left(-\frac{5}{2}\right)\cdots\left(-\frac{3}{2}-n+1\right)(-x^2)^n+\cdots\\&=1+\frac{3}{2}x^2+\frac{3\cdot5}{2\cdot4}x^4+\cdots+\frac{(2n+1)!!}{(2n)!!}x^{2n}+\cdots\\&=\sum_{n=0}^{\infty}\frac{(2n+1)!!}{(2n)!!}x^{2n}\quad(-1<x<1).\end{aligned}$$

由 $(1+x)^{-\frac{3}{2}}$ 展开式的收敛域是 $(-1,1)$ 知，有 $-1<-x^2<1$，即所求幂级数的收敛域是 $(-1,1)$.

例 2　将下列函数展开成 x 的幂级数，并求其收敛域：

(1) $f(x)=\ln(3-2x-x^2)$；　(2) $f(x)=\dfrac{3x}{x^2+x-2}$；　(3) $f(x)=\cos\left(2x+\dfrac{\pi}{4}\right)$.

解　$f(x)=\ln[(3+x)(1-x)]=\ln3+\ln\left(1+\dfrac{x}{3}\right)+\ln(1-x)$. 由 $\ln(1+x)$ 的幂级数展开式得

$$\ln\left(1+\frac{x}{3}\right)=\sum_{n=0}^{\infty}\frac{(-1)^n}{n+1}\left(\frac{x}{3}\right)^{n+1},\quad -3<x\leqslant3,$$

$$\ln(1-x)=\sum_{n=0}^{\infty}\frac{(-1)^n}{n+1}(-x)^{n+1},\quad -1\leqslant x<1.$$

于是
$$f(x)=\ln3+\sum_{n=0}^{\infty}\frac{1}{n+1}\left[\frac{(-1)^n}{3^{n+1}}-1\right]x^{n+1},\quad -1\leqslant x<1.$$

(2) $f(x)=\dfrac{x+2+2x-2}{(x+2)(x-1)}=\dfrac{1}{x-1}+\dfrac{2}{x+2}=\dfrac{1}{1+\dfrac{x}{2}}-\dfrac{1}{1-x}$. 由 $\dfrac{1}{1+x}$ 的幂级数展开式得

$$\frac{1}{1+\dfrac{x}{2}}=\sum_{n=0}^{\infty}(-1)^n\left(\frac{x}{2}\right)^n,\quad -2<x<2.$$

于是
$$f(x)=\sum_{n=0}^{\infty}(-1)^n\frac{x^n}{2^n}-\sum_{n=0}^{\infty}x^n=\sum_{n=0}^{\infty}\left[\frac{(-1)^n}{2^n}-1\right]x^n,\quad -1<x<1.$$

(3) $f(x)=\cos2x\cos\dfrac{\pi}{4}-\sin2x\sin\dfrac{\pi}{4}=\dfrac{1}{\sqrt{2}}(\cos2x-\sin2x)$. 由 $\cos x,\sin x$ 的幂级数展开式得

$$f(x)=\frac{1}{\sqrt{2}}\left[\sum_{n=0}^{\infty}\frac{(-1)^n}{(2n)!}(2x)^{2n}-\sum_{n=0}^{\infty}\frac{(-1)^n}{(2n+1)!}(2x)^{2n+1}\right]$$

$$=\frac{1}{\sqrt{2}}\sum_{n=0}^{\infty}(-1)^n 2^{2n}\left[\frac{x^{2n}}{(2n)!}-\frac{2x^{2n+1}}{(2n+1)!}\right],\quad -\infty<x<+\infty.$$

例 3 将下列函数展开成 x 的幂级数，并求其收敛域：

(1) $f(x)=\dfrac{1+x}{(1-x)^3}$； (2) $f(x)=x\arctan x-\ln\sqrt{1+x^2}$.

解 (1) $f(x)=\dfrac{2+(x-1)}{(1-x)^3}=\dfrac{2}{(1-x)^3}-\dfrac{1}{(1-x)^2}$，而

$$\frac{1}{1-x}=\sum_{n=0}^{\infty}x^n,\quad -1<x<1,$$

两端求导

$$\frac{1}{(1-x)^2}=\sum_{n=1}^{\infty}nx^{n-1},\quad -1<x<1,$$

再求导

$$\frac{2}{(1-x)^3}=\sum_{n=2}^{\infty}n(n-1)x^{n-2}=\sum_{n=1}^{\infty}(n+1)nx^{n-1},\quad -1<x<1,$$

于是

$$f(x)=\sum_{n=1}^{\infty}(n+1)nx^{n-1}-\sum_{n=1}^{\infty}nx^{n-1}=\sum_{n=1}^{\infty}n^2x^{n-1},\quad -1<x<1.$$

(2) 解 1 由于 $\arctan 0=0$，

$$\arctan x=\int_0^x\frac{1}{1+t^2}\mathrm{d}t=\int_0^x\left(\sum_{n=0}^{\infty}(-1)^n t^{2n}\right)\mathrm{d}t=\sum_{n=0}^{\infty}(-1)^n\frac{x^{2n+1}}{2n+1},\quad -1\leqslant x\leqslant 1,$$

$$\ln\sqrt{1+x^2}=\frac{1}{2}\ln(1+x^2)=\frac{1}{2}\sum_{n=0}^{\infty}(-1)^n\frac{x^{2n+2}}{n+1},\quad -1\leqslant x\leqslant 1,$$

可以验证，上二式右端级数的收敛域均是[−1,1]. 于是

$$f(x)=x\arctan x-\ln\sqrt{1+x^2}=\sum_{n=0}^{\infty}(-1)^n\frac{x^{2n+2}}{2n+1}-\frac{1}{2}\sum_{n=0}^{\infty}(-1)^n\frac{x^{2n+2}}{n+1}$$

$$=\sum_{n=0}^{\infty}(-1)^n\frac{x^{2n+2}}{(2n+1)(2n+2)},\quad -1\leqslant x\leqslant 1.$$

解 2 注意到 $f'(x)=\arctan x, f(0)=0$，则

$$f(x)=\int_0^x\arctan x\mathrm{d}x=\int_0^x\left(\int_0^x\frac{1}{1+t^2}\mathrm{d}t\right)\mathrm{d}x=\int_0^x\left[\int_0^x\left(\sum_{n=0}^{\infty}(-1)^n t^{2n}\right)\mathrm{d}t\right]\mathrm{d}x$$

$$=\sum_{n=0}^{\infty}(-1)^n\frac{x^{2n+2}}{(2n+1)(2n+2)},\quad -1\leqslant x\leqslant 1.$$

例 4 将函数 $f(x)=\arctan\dfrac{1-2x}{1+x}$ 展开成 x 的幂级数. 并求级数 $\sum\limits_{n=0}^{\infty}\dfrac{(-1)^n}{2n+1}$ 的和.

解 因 $f'(x)=-\dfrac{2}{1+4x^2}=-2\sum\limits_{n=0}^{\infty}(-1)^n4^nx^{2n}\left(-\dfrac{1}{2}<x<\dfrac{1}{2}\right)$. 又 $f(0)=\dfrac{\pi}{4}$，所以

$$f(x)=f(0)+\int_0^x f'(t)\mathrm{d}t=\frac{\pi}{4}-2\int_0^x\left[\sum_{n=0}^{\infty}(-1)^n4^nt^{2n}\right]\mathrm{d}t$$

$$= \frac{\pi}{4} - 2\sum_{n=0}^{\infty} \frac{(-1)^n 4^n}{2n+1} x^{2n+1}, \quad -\frac{1}{2} < x < \frac{1}{2}.$$

由于幂级数$\sum_{n=0}^{\infty} \frac{(-1)^n 4^n}{2n+1} x^{2n+1}$在$x=\frac{1}{2}$处收敛,且$f(x)=\arctan\frac{1-2x}{1+2x}$在$x=\frac{1}{2}$处连续,故

$$f(x) = \frac{\pi}{4} - 2\sum_{n=0}^{\infty} \frac{(-1)^n 4^n}{2n+1} x^{2n+1}, \quad -\frac{1}{2} < x \leqslant \frac{1}{2}.$$

因$f\left(\frac{1}{2}\right)=0$,得$\sum_{n=0}^{\infty} \frac{(-1)^n}{2n+1}=\frac{\pi}{4}$.

例 5 用x的幂级数表示函数$f(x)=\frac{1-\cos x}{x}$在$x=0$点取值为1的原函数.

分析 注意到$f(x)$的原函数不能用初等函数表示,须先将$f(x)$展开为幂级数,然后逐项积分得到其原函数.

解 当$x\neq 0$时,由$\cos x$的幂级数展开式,有

$$\frac{1-\cos x}{x} = \frac{1}{x}\left[1 - \sum_{n=0}^{\infty} \frac{(-1)^n}{(2n)!} x^{2n}\right] = -\sum_{n=1}^{\infty} \frac{(-1)^n}{(2n)!} x^{2n-1}.$$

由于$x=0$是$f(x)$的可去间断点,所以$f(x)$在任何闭区间上可积,于是

$$\int_0^x f(t)\mathrm{d}t = -\int_0^x \left[\sum_{n=1}^{\infty} \frac{(-1)^n}{(2n)!} t^{2n-1}\right]\mathrm{d}t = -\sum_{n=1}^{\infty} \frac{(-1)^n}{(2n)!} \cdot \frac{x^{2n}}{2n}.$$

注意到当$x=0$时,上式为0,故$f(x)$在$x=0$点取值为1的原函数为

$$F(x) = 1 - \sum_{n=1}^{\infty} \frac{(-1)^n}{(2n)!} \cdot \frac{x^{2n}}{2n}.$$

例 6 将下列函数在指定点处展开成幂级数,并求其收敛域:

(1) $f(x)=\mathrm{e}^{2x}$在$x_0=2$处; (2) $f(x)=\frac{1}{x^2+4x+9}$在$x_0=-2$处.

解 (1) $f(x)=\mathrm{e}^4 \cdot \mathrm{e}^{2(x-2)}$,由$\mathrm{e}^x$的幂级数展开式得

$$f(x) = \mathrm{e}^4 \sum_{n=0}^{\infty} \frac{1}{n!}[2(x-2)]^n = \mathrm{e}^4 \sum_{n=0}^{\infty} \frac{2^n}{n!}(x-2)^n, \quad -\infty < x < +\infty.$$

(2) $f(x)=\frac{1}{(x+2)^2+5}=\frac{1}{5}\frac{1}{1+\frac{(x+2)^2}{5}}$,由$\frac{1}{1+x}$的幂级数展开式得

$$f(x) = \frac{1}{5}\sum_{n=0}^{\infty}(-1)^n\left[\frac{(x+2)^2}{5}\right]^n = \frac{1}{5}\sum_{n=0}^{\infty} \frac{(-1)^n}{5^n}(x+2)^{2n},$$

$$-2-\sqrt{5} < x < -2+\sqrt{5},$$

由$\frac{(x+2)^2}{5}<1$得到展开式的收敛域是$(-2-\sqrt{5},-2+\sqrt{5})$.

例 7 将级数$\sum_{n=1}^{\infty} \frac{(-1)^{n-1}}{2^{n-1}} \cdot \frac{x^{2n-1}}{(2n-1)!}$的和函数展开成$(x-1)$的幂级数.

解 注意 $\sin x$ 的幂级数展开式,和函数为

$$\sum_{n=1}^{\infty}\frac{(-1)^{n-1}}{2^{n-1}}\cdot\frac{x^{2n-1}}{(2n-1)!}=\sqrt{2}\sum_{n=1}^{\infty}\frac{(-1)^n}{(2n-1)!}\left(\frac{x}{\sqrt{2}}\right)^{2n-1}=\sqrt{2}\sin\frac{x}{\sqrt{2}}.$$

而

$$\sin\frac{x}{\sqrt{2}}=\sin\frac{1+(x-1)}{\sqrt{2}}=\sin\frac{1}{\sqrt{2}}\cos\frac{x-1}{\sqrt{2}}+\cos\frac{1}{\sqrt{2}}\sin\frac{x-1}{\sqrt{2}}$$

$$=\sin\frac{1}{\sqrt{2}}\sum_{n=0}^{\infty}\frac{(-1)^n}{(2n)!}\left(\frac{x-1}{\sqrt{2}}\right)^{2n}$$

$$+\cos\frac{1}{\sqrt{2}}\sum_{n=0}^{\infty}\frac{(-1)^n}{(2n+1)!}\left(\frac{x-1}{\sqrt{2}}\right)^{2n+1},$$

于是

$$\sqrt{2}\sin\frac{x}{\sqrt{2}}=\sqrt{2}\sin\frac{1}{\sqrt{2}}\sum_{n=0}^{\infty}\frac{(-1)^n}{2^n(2n)!}(x-1)^{2n}$$

$$+\cos\frac{1}{\sqrt{2}}\sum_{n=0}^{\infty}\frac{(-1)^n}{2^n(2n+1)!}(x-1)^{2n+1},$$

$$-\infty<x<+\infty.$$

七、利用幂级数展开式求函数的 n 阶导数

用幂级数展开式求函数 $f(x)$ 在点 x_0 的 n 阶导数 $f^{(n)}(x_0)$ 的**思路及表达式**:

假设已得到 $f(x)$ 的幂级数展开式为

$$f(x)=\sum_{n=0}^{\infty}a_n(x-x_0)^n.$$

由函数 $f(x)$ 的幂级数展开式的唯一性,及其展开式为

$$f(x)=\sum_{n=0}^{\infty}\frac{f^{(n)}(x_0)}{n!}(x-x_0)^n,$$

比较上述两式同次幂的系数,可得 $\dfrac{f^{(n)}(x_0)}{n!}=a_n$,于是

$$f^{(n)}(x_0)=a_nn!,\quad n=0,1,2,\cdots.$$

特别地,当 $x_0=0$ 时,

$$f^{(n)}(0)=a_nn!,\quad n=0,1,2,\cdots.$$

例 1 设 $f(x)=\dfrac{1+x}{1-x}$,求 $f^{(5)}(0)$.

解 先求 $f(x)$ 的幂级数展开式

$$f(x)=1+\frac{2x}{1-x}=1+\sum_{n=1}^{\infty}2x^n,\quad -1<x<1,$$

$$a_n=2,\ n=1,2,\cdots,\quad f^{(5)}(0)=a_n\cdot 5!=240.$$

例 2　设 $f(x)=\begin{cases}\dfrac{1-\cos x}{x^2}, & x\neq 0,\\ \dfrac{1}{2}, & x=0,\end{cases}$ 求 $f^{(n)}(0),f^{(6)}(0),f^{(7)}(0)$.

解　由 $\cos x$ 的幂级数展开式得

$$f(x)=\sum_{n=1}^{\infty}\frac{(-1)^{n-1}}{(2n)!}x^{2n-2}=\sum_{n=0}^{\infty}\frac{(-1)^n}{[2(n+1)]!}x^{2n},\quad -\infty<x<+\infty,$$

由此
$$\begin{cases}a_{2n}=\dfrac{(-1)^n}{[2(n+1)]!},\\ a_{2n+1}=0,\end{cases}\quad n=0,1,2,\cdots.$$

于是
$$f^{(2n)}(0)=\frac{(-1)^n}{[2(n+1)]!}(2n)!,\quad f^{(2n+1)}(0)=0,\quad n=0,1,2,\cdots.$$

从而
$$f^{(6)}(0)=\frac{(-1)^3}{[2(3+1)]!}(2\cdot 3)!=-\frac{1}{56},\quad f^{(7)}(0)=0.$$

例 3　设 $f(x)=\mathrm{e}^{3x-3x^2+x^3}$,求 $f^{(n)}(1)$.

解　$f(x)=\mathrm{e}\mathrm{e}^{-1+3x-3x^2+x^3}=\mathrm{e}\mathrm{e}^{(x-1)^3}=\mathrm{e}\sum\limits_{n=0}^{\infty}\dfrac{1}{n!}(x-1)^{3n}$. 由此

$$a_0=\mathrm{e};\ a_{3n}=\frac{\mathrm{e}}{n!},\ a_{3n-1}=0,\ a_{3n-2}=0,\ n=1,2,\cdots,$$

于是
$$f^{(3n)}(1)=\frac{\mathrm{e}}{n!}(3n)!,\quad f^{(3n-1)}(1)=0,\quad f^{(3n-2)}(1)=0.$$

八、函数展开成傅里叶级数

1. 将函数 $f(x)$ 展开成傅里叶级数的解题程序

(1) 判定 $f(x)$ 是否以 2π 为周期及 $f(x)$ 在 $[-\pi,\pi]$ 上的奇偶性.

对非周期函数:$f(x)$ 仅在 $[-\pi,\pi]$ 上有定义,可作周期延拓;$f(x)$ 仅在 $[0,\pi]$ 上有定义,根据题意可作奇延拓、偶延拓或零延拓,然后再作周期延拓.

奇延拓　定义函数 $g(x)=\begin{cases}-f(-x), & -\pi\leqslant x<0,\\ f(x), & 0\leqslant x\leqslant\pi;\end{cases}$

偶延拓　定义函数 $g(x)=\begin{cases}f(-x), & -\pi\leqslant x<0,\\ f(x), & 0\leqslant x\leqslant\pi;\end{cases}$

零延拓　定义函数 $g(x)=\begin{cases}0, & -\pi\leqslant x<0,\\ f(x), & 0\leqslant x\leqslant\pi.\end{cases}$

(2) 计算 $f(x)$ 的傅里叶系数并写出傅里叶级数,计算系数的公式及级数表示式是

$$a_n=\frac{1}{\pi}\int_{-\pi}^{\pi}f(x)\cos nx\,\mathrm{d}x,\quad n=0,1,2,\cdots,$$

$$b_n=\frac{1}{\pi}\int_{-\pi}^{\pi}f(x)\sin nx\,\mathrm{d}x,\quad n=1,2,\cdots,$$

$$f(x) \sim \frac{a_0}{2} + \sum_{n=1}^{\infty}(a_n \cos nx + b_n \sin nx).$$

(3) 根据狄利克雷收敛定理写出傅里叶级数的和函数 $s(x)$,

$$s(x) = \begin{cases} f(x), & x \text{ 是 } f(x) \text{ 的连续点}, \\ \dfrac{1}{2}[f(x^-) + f(x^+)], & x \text{ 是 } f(x) \text{ 的第一类间断点}, \\ \dfrac{1}{2}[f(-\pi^+) + f(\pi^-)], & x = \pm\pi. \end{cases}$$

2. 两点说明

(1) 在$[-\pi,\pi]$上,$f(x)$为奇函数(包含奇延拓的函数)时,其傅里叶级数是正弦级数,即

$$f(x) \sim \sum_{n=1}^{\infty} b_n \sin nx, \quad \text{其中 } b_n = \frac{2}{\pi}\int_0^{\pi} f(x)\sin nx\,dx;$$

在$[-\pi,\pi]$上,$f(x)$为偶函数(包含偶延拓的函数)时,其傅里叶级数是余弦级数,即

$$f(x) \sim \frac{a_0}{2} + \sum_{n=1}^{\infty} a_n \cos nx, \quad \text{其中 } a_n = \frac{2}{\pi}\int_0^{\pi} f(x)\cos nx\,dx,\ n = 0,1,2,\cdots.$$

(2) 将定义在$[0,\pi]$上的函数 $f(x)$展开成以 π 为周期的傅里叶级数时,计算傅里叶系数的公式是

$$a_n = \frac{2}{\pi}\int_0^{\pi} f(x)\cos 2nx\,dx, \quad n = 0,1,2,\cdots;$$

$$b_n = \frac{2}{\pi}\int_0^{\pi} f(x)\sin 2nx\,dx, \quad n = 1,2,\cdots.$$

3. 以 $2l$ 为周期的周期函数 $f(x)$的傅里叶级数

(1) 以 $2l$ 为周期,或仅定义在$[-l,l]$上的函数 $f(x)$,将其展开成傅里叶级数的解题程序与前述"1"相同.这时,系数及 $f(x)$的傅里叶级数分别是

$$a_n = \frac{1}{l}\int_{-l}^{l} f(x)\cos\frac{n\pi x}{l}\,dx, \quad n = 0,1,2,\cdots,$$

$$b_n = \frac{1}{l}\int_{-l}^{l} f(x)\sin\frac{n\pi x}{l}\,dx, \quad n = 1,2,\cdots,$$

$$f(x) \sim \frac{a_0}{2} + \sum_{n=1}^{\infty}\left(a_n\cos\frac{n\pi x}{l} + b_n\sin\frac{n\pi x}{l}\right).$$

(2) 将 $f(x)$在$[0,l]$上展开成以 l 为周期的傅里叶级数,系数及 $f(x)$的傅里叶级数分别是

$$a_n = \frac{2}{l}\int_0^{l} f(x)\cos\frac{2n\pi}{l}x\,dx, \quad n = 0,1,2,\cdots,$$

$$b_n = \frac{2}{l}\int_0^{l} f(x)\sin\frac{2n\pi}{l}x\,dx, \quad n = 1,2,\cdots.$$

$$f(x) \sim \frac{a_0}{2} + \sum_{n=1}^{\infty}\left(a_n\cos\frac{2n\pi x}{l} + b_n\sin\frac{2n\pi x}{l}\right).$$

例 1　(1) 设函数 $f(x)=\pi x+x^2(-\pi\leqslant x\leqslant\pi)$ 的傅里叶级数为

$$\frac{a_0}{2}+\sum_{n=1}^{\infty}(a_n\cos nx+b_n\sin nx),$$

则其中的系数 b_3 的值为__________.

(2) 设 $f(x)$ 是周期为 2 的周期函数,它在区间 $(-1,1]$ 上定义为

$$f(x)=\begin{cases}2, & -1<x\leqslant 0,\\ x^3, & 0<x\leqslant 1,\end{cases}$$

则 $f(x)$ 的傅里叶级数在 $x=3$ 处收敛于__________.

(3) 设 $f(x)=2-x(0\leqslant x\leqslant 2)$,而 $s(x)=\sum\limits_{n=1}^{\infty}b_n\sin\dfrac{n\pi x}{2}(-\infty<x<+\infty)$,其中 $b_n=\int_0^2 f(x)\sin\dfrac{n\pi x}{2}\mathrm{d}x,n=1,2,\cdots$,则 $s(-1)=$__________,$s(0)=$__________.

(4) 设 $f(x)=\begin{cases}-1, & -\pi\leqslant x\leqslant 0,\\ 1, & 0<x\leqslant\pi.\end{cases}$ 以 2π 为周期的傅里叶级数展开式为

$$f(x)=\frac{4}{\pi}\sum_{n=1}^{\infty}\frac{\sin(2n-1)x}{2n-1},\quad -\infty<x<+\infty,\ x\neq 0,\pm\pi,\pm 2\pi,\cdots,$$

则 $g(x)=\begin{cases}a, & -\pi\leqslant x\leqslant 0,\\ b, & 0<x\leqslant\pi\end{cases}$ 的以 2π 为周期的傅里叶级数展开式为__________.

解　(1) 由已知傅里叶级数知,$f(x)$ 应按周期为 2π 展开,有

$$b_3=\frac{1}{\pi}\int_{-\pi}^{\pi}f(x)\sin 3x\mathrm{d}x=\frac{1}{\pi}\int_{-\pi}^{\pi}(\pi x+x^2)\sin 3x\mathrm{d}x=2\int_0^{\pi}x\sin 3x\mathrm{d}x=\frac{2\pi}{3}.$$

(2) 记 $s(x)$ 为 $f(x)$ 以 2 为周期延拓到整个数轴上的和函数,则

$$s(3)=s(1)=\frac{1}{2}[f(-1^+)+f(1^-)]=\frac{3}{2}.$$

(3) 按题设,以 2 为周期在整个数轴上作奇延拓,得

$$g(x)=\begin{cases}-(2+x), & -2\leqslant x<0,\\ 2-x, & 0\leqslant x\leqslant 2,\end{cases}$$

则 $s(-1)=g(-1)=-1,s(0)=\dfrac{1}{2}[g(0^-)+g(0^+)]=0$.

(4) 按题设和所求,应将 $g(x)$ 用 $f(x)$ 表示.由于

$$a=\frac{a+b}{2}+\frac{a-b}{2},\quad b=\frac{a+b}{2}-\frac{a-b}{2},$$

所以

$$g(x)=\frac{a+b}{2}-\frac{a-b}{2}f(x)=\frac{a+b}{2}-\frac{2(a-b)}{\pi}\sum_{n=1}^{\infty}\frac{\sin(2n-1)x}{2n-1},$$

$$-\infty<x<+\infty,\ 但\ x\neq 0,\pm\pi,\pm 2\pi,\cdots.$$

例 2　设 $f(x)=\begin{cases}0, & -\pi\leqslant x<0,\\ \sin x, & 0\leqslant x\leqslant\pi,\end{cases}$ 且 $f(x+2\pi)=f(x)$,求 $f(x)$ 的傅里叶级数.

解　$f(x)$是以2π为周期的周期函数，在$(-\infty,+\infty)$内连续. 计算傅里叶系数：

$$a_0=\frac{1}{\pi}\int_{-\pi}^{\pi}f(x)\mathrm{d}x=\frac{1}{\pi}\int_0^{\pi}\sin x\mathrm{d}x=\frac{2}{\pi},$$

$$a_n=\frac{1}{\pi}\int_{-\pi}^{\pi}f(x)\cos nx\mathrm{d}x=\frac{1}{\pi}\int_0^{\pi}\sin x\cos nx\mathrm{d}x$$

$$=\frac{1}{2\pi}\int_0^{\pi}[\sin(1+n)x+\sin(1-n)x]\mathrm{d}x,$$

由此　$$a_1=\frac{1}{2\pi}\int_0^{\pi}\sin 2x\mathrm{d}x=0,$$

$$a_n=\frac{1}{1-n^2}\cdot\frac{1+(-1)^n}{\pi}=\begin{cases}\dfrac{2}{\pi(1-4k^2)}, & n=2k,\\ 0, & n=2k+1,\end{cases}\quad n=2,3,\cdots,$$

$$b_n=\frac{1}{\pi}\int_{-\pi}^{\pi}f(x)\sin nx\mathrm{d}x=\frac{1}{\pi}\int_0^{\pi}\sin x\sin nx\mathrm{d}x$$

$$=\frac{1}{2\pi}\int_0^{\pi}[\cos(1-n)x-\cos(1+n)x]\mathrm{d}x,$$

由此　$$b_1=\frac{1}{2\pi}\int_0^{\pi}(1-\cos 2x)\mathrm{d}x=\frac{1}{2},\quad b_n=0,\ n=2,3,\cdots.$$

由狄利克雷定理

$$f(x)=\frac{1}{\pi}+\frac{1}{2}\sin x-\frac{2}{\pi}\sum_{n=1}^{\infty}\frac{1}{4n^2-1}\cos 2nx,\quad -\infty<x<+\infty.$$

例 3　将函数$f(x)=2+|x|(-1\leqslant x\leqslant 1)$展开成以 2 为周期的傅里叶级数；并由此求级数$\sum\limits_{n=1}^{\infty}\dfrac{1}{(2n-1)^2}$与$\sum\limits_{n=1}^{\infty}\dfrac{1}{n^2}$的和.

解　$f(x)$是连续的偶函数，经周期延拓后，可以展开成以 2 为周期的傅里叶级数. 其中

$$b_n=0,\quad n=1,2,\cdots;$$

$$a_0=\frac{2}{l}\int_0^{l}f(x)\mathrm{d}x=2\int_0^1(2+x)\mathrm{d}x=5,$$

$$a_n=\frac{2}{l}\int_0^{l}f(x)\cos\frac{n\pi x}{l}\mathrm{d}x=2\int_0^1(2+x)\cos n\pi x\mathrm{d}x$$

$$=\frac{1}{n^2\pi^2}[(-1)^n-1]$$

$$=\begin{cases}-\dfrac{4}{(2k-1)^2\pi^2}, & n=2k-1,\\ 0, & n=2k,\end{cases}\quad k=1,2,\cdots.$$

于是　$$2+|x|=\frac{5}{2}-\frac{4}{\pi^2}\sum_{n=1}^{\infty}\frac{\cos(2n-1)\pi x}{(2n-1)^2},\quad -1\leqslant x\leqslant 1.$$

将$x=0$代入上式，有

$$2=\frac{5}{2}-\frac{4}{\pi^2}\sum_{n=1}^{\infty}\frac{1}{(2n-1)^2},\quad 即\quad \sum_{n=1}^{\infty}\frac{1}{(2n-1)^2}=\frac{\pi^2}{8}.$$

而
$$\sum_{n=1}^{\infty}\frac{1}{n^2}=\sum_{n=1}^{\infty}\frac{1}{(2n-1)^2}+\sum_{n=1}^{\infty}\frac{1}{(2n)^2}=\frac{\pi^2}{8}+\frac{1}{4}\sum_{n=1}^{\infty}\frac{1}{n^2},$$

故
$$\sum_{n=1}^{\infty}\frac{1}{n^2}=\frac{\pi^2}{6}.$$

例 4 设函数 $f(x)=x^2, x\in[0,\pi]$.

(1) 将 $f(x)$ 展开成以 2π 为周期的傅里叶级数;

(2) 将 $f(x)$ 展开成以 π 为周期的傅里叶级数.

分析 (1) 由于 $f(x)$ 只定义在区间 $[0,\pi]$ 上,而要求展开成以 2π 为周期的傅里叶级数,这需将 $f(x)$ 延拓到 $[-\pi,0)$ 上.可以采用奇延拓,偶延拓,零延拓.

(2) 将 $f(x)$ 以 π 为周期作周期延拓.

解 (1) 解 1 先将 $f(x)$ 作奇延拓,再作周期延拓,展开成正弦级数.

令 $g_1(x)=\begin{cases}-x^2, & -\pi\leqslant x<0,\\ x^2, & 0\leqslant x\leqslant\pi,\end{cases}$ 则 $a_n=0, n=0,1,2,\cdots$,

$$b_n=\frac{2}{\pi}\int_0^{\pi}x^2\sin nx\,dx=(-1)^{n+1}\frac{2\pi}{n}+\frac{4}{n^3\pi}[(-1)^n-1].$$

由狄里克雷定理知

$$f(x)=2\pi\sum_{n=1}^{\infty}\frac{(-1)^n}{n}\sin nx-\frac{8}{\pi}\sum_{n=1}^{\infty}\frac{1}{(2n-1)^3}\sin(2n-1)x,\quad 0\leqslant x<\pi.$$

在 $x=\pi$ 处,级数收敛于 $\frac{1}{2}[f(-\pi^+)+f(\pi^-)]=0$.

解 2 选将 $f(x)$ 作偶延拓,再作周期延拓,展开成余弦级数.

令 $g_2(x)=x^2, -\pi\leqslant x\leqslant\pi$,则 $b_n=0, n=1,2,\cdots$,

$$a_0=\frac{2}{\pi}\int_0^{\pi}x^2\,dx=\frac{2}{3}\pi^2,$$

$$a_n=\frac{2}{\pi}\int_0^{\pi}x^2\cos nx\,dx=(-1)^n\frac{4}{n^2},\quad n=1,2,\cdots.$$

由狄里克雷定理知

$$f(x)=\frac{\pi^2}{3}+4\sum_{n=1}^{\infty}\frac{(-1)^n}{n^2}\cos nx,\quad 0\leqslant x<\pi.$$

在 $x=\pi$ 处,级数收敛于 $\frac{1}{2}[f(-\pi^+)+f(\pi^-)]=\pi^2=f(\pi)$,故

$$f(x)=\frac{\pi^2}{3}+4\sum_{n=1}^{\infty}\frac{(-1)^n}{n^2}\cos nx,\quad 0\leqslant x\leqslant\pi.$$

解 3 选将 $f(x)$ 作零延拓[①]，再作周期延拓.

令 $g_3(x)=\begin{cases}0, & -\pi\leqslant x<0,\\ x^2, & 0\leqslant x\leqslant\pi,\end{cases}$ 则

$$a_0=\frac{1}{\pi}\int_{-\pi}^{\pi}g_3(x)\mathrm{d}x=\frac{1}{\pi}\int_0^{\pi}x^2\mathrm{d}x=\frac{1}{3}\pi^2,$$

$$a_n=\frac{1}{\pi}\int_{-\pi}^{\pi}g_3(x)\cos nx\mathrm{d}x=\frac{1}{\pi}\int_0^{\pi}x^2\cos nx\mathrm{d}x=(-1)^n\frac{2}{n^2},\quad n=1,2,\cdots,$$

$$b_n=\frac{1}{\pi}\int_{-\pi}^{\pi}g_3(x)\sin nx\mathrm{d}x=(-1)^{n+1}\frac{\pi}{n}+\frac{2}{n^3\pi}[(-1)^n-1],\quad n=1,2,\cdots.$$

由狄里克雷定理知

$$f(x)=\frac{\pi^2}{6}+\sum_{n=1}^{\infty}\left[(-1)^n\frac{2}{n^2}\cos nx+(-1)^{n+1}\frac{\pi}{n}\sin nx-\frac{4}{\pi(2n-1)^3}\sin(2n-1)x\right],$$
$$0\leqslant x<\pi,$$

在 $x=\pi$ 处，级数收敛于 $\frac{1}{2}[f(-\pi^+)+f(\pi^-)]=\frac{\pi^2}{2}$.

(2) 将 $f(x)$ 以 π 为周期作周期延拓，则

$$a_0=\frac{2}{\pi}\int_0^{\pi}f(x)\mathrm{d}x=\frac{2}{\pi}\int_0^{\pi}x^2\mathrm{d}x=\frac{2}{3}\pi^2,$$

$$a_n=\frac{2}{\pi}\int_0^{\pi}f(x)\cos 2nx\mathrm{d}x=\frac{2}{\pi}\int_0^{\pi}x^2\cos 2nx\mathrm{d}x=\frac{1}{n^2},\quad n=1,2,\cdots,$$

$$b_n=\frac{2}{\pi}\int_0^{\pi}f(x)\sin 2nx\mathrm{d}x=\frac{2}{\pi}\int_0^{\pi}x^2\sin 2nx\mathrm{d}x=-\frac{\pi}{n},\quad n=1,2,\cdots.$$

由狄里克雷定理知

$$f(x)=\frac{\pi^2}{3}+\sum_{n=1}^{\infty}\left(\frac{1}{n^2}\cos 2nx-\frac{\pi}{n}\sin 2nx\right),\quad 0\leqslant x<\pi,$$

在 $x=\pi$ 处，级数收敛于 $\frac{\pi^2}{2}$.

注 (1) 一个函数可以采用不同的方法展开成形式不同的傅里叶级数，但它们都表示同一函数. 本例四个级数在区间 $(0,\pi)$ 上都表示函数 $f(x)=x^2$.

(2) 由零延拓与奇、偶延拓的关系知，本例(1)之解法(3)，有 $g_3(x)=\frac{1}{2}[g_1(x)+g_2(x)]$. 由此式，在解法 3 中，不用计算 a_n 和 b_n，可直接得到 $f(x)$ 的傅里叶展开式.

例 5 证明：当 $0\leqslant x\leqslant\pi$ 时，$\sum_{n=1}^{\infty}\frac{\cos nx}{n^2}=\frac{x^2}{4}-\frac{\pi x}{2}+\frac{\pi^2}{6}$.

分析 将欲证等式写成 $\frac{x^2}{4}-\frac{\pi x}{2}=-\frac{\pi^2}{6}+\sum_{n=1}^{\infty}\frac{\cos nx}{n^2}$. 显然，这正是将函数 $f(x)=\frac{x^2}{4}-\frac{\pi x}{2}$

---

① 题目没有具体要求，也可作其他延拓.

在$[0,\pi]$上展开成余弦级数.

解　将$f(x)=\frac{x^2}{4}-\frac{\pi x}{2}$，$x\in[0,\pi]$作偶延拓，则

$$b_n=0,\quad n=1,2,\cdots;$$

$$a_0=\frac{2}{\pi}\int_0^{\pi}f(x)\mathrm{d}x=\frac{2}{\pi}\int_0^{\pi}\left(\frac{x^2}{4}-\frac{\pi x}{2}\right)\mathrm{d}x=-\frac{\pi^2}{3},$$

$$a_n=\frac{2}{\pi}\int_0^{\pi}f(x)\cos nx\mathrm{d}x=\frac{2}{\pi}\int_0^{\pi}\left(\frac{x^2}{4}-\frac{\pi x}{2}\right)\cos nx\mathrm{d}x=\frac{1}{n^2},\quad n=1,2,\cdots.$$

由狄利克雷定理有

$$\frac{x^2}{4}-\frac{\pi x}{2}=-\frac{\pi^2}{6}+\sum_{n=1}^{\infty}\frac{\cos nx}{n^2},\quad 0\leqslant x\leqslant\pi,$$

即

$$\sum_{n=1}^{\infty}\frac{\cos nx}{n^2}=\frac{x^2}{4}-\frac{\pi x}{2}+\frac{\pi^2}{6},\quad 0\leqslant x\leqslant\pi.$$

例6　设$f(x)$是周期为2π的连续函数，且$f(x)=\frac{a_0}{2}+\sum\limits_{n=1}^{\infty}(a_n\cos nx+b_n\sin nx)$可逐项积分，其中$a_n,b_n$为$f(x)$的傅里叶系数.试证明

$$\frac{1}{\pi}\int_{-\pi}^{\pi}f^2(x)\mathrm{d}x=\frac{a_0^2}{2}+\sum_{n=1}^{\infty}(a_n^2+b_n^2),\quad 且\lim_{n\to\infty}a_n=0,\ \lim_{n\to\infty}b_n=0.$$

分析　从欲证等式看，应将已知等式两端同乘$f(x)$，再积分.

由级数$\sum\limits_{n=1}^{\infty}(a_n^2+b_n^2)$收敛可推得$\lim\limits_{n\to\infty}a_n=0,\lim\limits_{n\to\infty}b_n=0$.

证　由已知等式并依据计算傅里叶系数的公式，有

$$\begin{aligned}\int_{-\pi}^{\pi}f^2(x)\mathrm{d}x&=\frac{a_0}{2}\int_{-\pi}^{\pi}f(x)\mathrm{d}x+\sum_{n=1}^{\infty}\left[a_n\int_{-\pi}^{\pi}f(x)\cos nx\mathrm{d}x+b_n\int_{-\pi}^{\pi}f(x)\sin nx\mathrm{d}x\right]\\&=\frac{a_0}{2}\pi a_0+\sum_{n=1}^{\infty}(a_n\pi a_n+b_n\pi b_n),\end{aligned}$$

即

$$\frac{1}{\pi}\int_{-\pi}^{\pi}f^2(x)\mathrm{d}x=\frac{a_0^2}{2}+\sum_{n=1}^{\infty}(a_n^2+b_n^2).$$

由上式知，级数$\sum\limits_{n=1}^{\infty}(a_n^2+b_n^2)$收敛，又$a_n^2\leqslant a_n^2+b_n^2,b_n^2\leqslant a_n^2+b_n^2$，依正项级数的比较判别法，级数$\sum\limits_{n=1}^{\infty}a_n^2$与$\sum\limits_{n=1}^{\infty}b_n^2$均收敛.由级数收敛的必要条件，有$\lim\limits_{n\to\infty}a_n=0,\lim\limits_{n\to\infty}b_n=0$.

习题十一

1. 填空题：

(1) $\sum\limits_{n=1}^{\infty}\arctan\frac{1}{2n^2}=$__________.

(2) 已知级数 $\sum_{n=1}^{\infty}\left(\frac{1}{n}-\sin\frac{1}{n}\right)^{\alpha}$ 收敛,则常数 α 的取值范围为__________.

(3) 若幂级数 $\sum_{n=0}^{\infty}a_nx^n$ 的收敛半径为 $R(\neq 0,+\infty)$,则 $\sum_{n=0}^{\infty}\left(\frac{a_{n+1}}{a_n}+a_n^2\right)x^n$ 的收敛半径 $R_1=$__________.

(4) $\int_0^1\left[1-x+\frac{x^2}{2!}-\frac{x^3}{3!}+\cdots+(-1)^n\frac{x^n}{n!}+\cdots\right]e^{2x}dx=$__________.

(5) 设 $f(x)=\begin{cases}x, & -\pi/2<x<\pi/2,\\ \pi-x, & \pi/2\leqslant x\leqslant 3\pi/2,\end{cases}$ 且以 2π 为周期,则 $f(x)$ 的傅里叶级数在 $x=\frac{3\pi}{2}$ 处的和 $s\left(\frac{3\pi}{2}\right)=$__________.

2. 选择题:

(1) 设 $\alpha=\frac{1}{(2n)!}$, $\beta=\frac{1}{(n!)^2}$,当 $n\to\infty$ 时,(　　).

(A) α 与 β 是等价无穷小　　(B) α 与 β 是同阶,但非等价无穷小

(C) α 是比 β 较高阶无穷小　　(D) α 是比 β 较低阶无穷小

(2) 设级数 $\sum_{n=1}^{\infty}u_n$ 收敛,则必收敛的级数为(　　).

(A) $\sum_{n=1}^{\infty}(-1)^n\frac{u_n}{n}$　　(B) $\sum_{n=1}^{\infty}u_n^2$　　(C) $\sum_{n=1}^{\infty}(u_{2n-1}-u_{2n})$　　(D) $\sum_{n=1}^{\infty}(u_n+u_{n+1})$

(3) 设级数 $\sum_{n=1}^{\infty}(-1)^na_n2^n$ 收敛,则级数 $\sum_{n=1}^{\infty}a_n$(　　).

(A) 发散　　(B) 条件收敛　　(C) 绝对收敛　　(D) 敛散性不能确定

(4) 设 $a_n>0(n=1,2,\cdots)$ 且 $\sum_{n=1}^{\infty}a_n$ 收敛,常数 $\lambda\in\left(0,\frac{\pi}{2}\right)$,则级数 $\sum_{n=1}^{\infty}(-1)^n\left(n\tan\frac{\lambda}{n}a_{2n}\right)$(　　).

(A) 发散　　(B) 条件收敛　　(C) 绝对收敛　　(D) 敛散性与 λ 有关

(5) 若幂级数 $\sum_{n=0}^{\infty}a_nx^n$ 在 $x=2$ 处收敛,则 $\sum_{n=0}^{\infty}a_n\left(x-\frac{1}{2}\right)^n$ 在 $x=-2$ 处(　　).

(A) 发散　　(B) 条件收敛　　(C) 绝对收敛　　(D) 敛散性不确定

3. 判定下列级数的敛散性,若收敛,求其和:

(1) $\sum_{n=1}^{\infty}\frac{1}{\sqrt{n(n+1)}(\sqrt{n}+\sqrt{n+1})}$;　　(2) $\sum_{n=1}^{\infty}\frac{n^{n+\frac{1}{n}}}{\left(n+\frac{1}{n}\right)^n}$.

4. 判定下列级数的敛散性:

(1) $\sum_{n=1}^{\infty}\left(\sqrt{n^3+\sqrt{n}}-\sqrt{n^3-\sqrt{n}}\right)$;　　(2) $\sum_{n=1}^{\infty}\frac{n^{n-1}}{(n^2+\ln^2n+1)^{\frac{n+1}{2}}}$;

(3) $\sum_{n=1}^{\infty}\left(n^{\frac{\sqrt{n}}{n^2+1}}-1\right)$;　　(4) $\sum_{n=1}^{\infty}\left(1-\frac{\ln n}{n}\right)^n$;　　(5) $\sum_{n=3}^{\infty}\frac{\ln n}{n^p}\ (p>1)$.

5. 判定级数 $\sum_{n=1}^{\infty}\frac{n!x^n}{n^n}(x>0)$ 的敛散性.

6. 设正项级数 $\sum_{n=1}^{\infty}u_n$ 与 $\sum_{n=1}^{\infty}v_n$ 均收敛. 证明级数 $\sum_{n=1}^{\infty}u_nv_n$ 与 $\sum_{n=1}^{\infty}(u_n+v_n)^2$ 均收敛.

7. 设 $0\leqslant b_n\leqslant a_n$,且 $\sum_{n=1}^{\infty}a_n$ 收敛,证明 $\sum_{n=1}^{\infty}\sqrt{a_nb_n\arctan n}$ 收敛.

8. 设 $a_n\neq 0(n=1,2,\cdots)$，且 $\lim\limits_{n\to\infty}a_n=a(\neq 0)$，证明级数

$$\sum_{n=1}^{\infty}u_n=\sum_{n=1}^{\infty}|a_{n+1}-a_n|,\quad \sum_{n=1}^{\infty}v_n=\sum_{n=1}^{\infty}\left|\frac{1}{a_{n+1}}-\frac{1}{a_n}\right|$$

同时收敛或同时发散.

9. 判定级数 $\sum\limits_{n=1}^{\infty}\sin(\pi\sqrt{n^2+a^2})$ 的敛散性.

10. 判定下列级数是绝对收敛，条件收敛，还是发散：

(1) $\sum\limits_{n=1}^{\infty}(-1)^{n-1}\left(1-\cos\dfrac{1}{\sqrt{n}}\right)$；　　(2) $\sum\limits_{n=1}^{\infty}\dfrac{(-1)^n}{2^n}\left(1+\dfrac{1}{n}\right)^{n^2}$；

(3) $\sum\limits_{n=1}^{\infty}(-1)^{n+1}\displaystyle\int_n^{+\infty}\dfrac{1}{x^3+\sin^2x}\mathrm{d}x$；　　(4) $\sum\limits_{n=1}^{\infty}\dfrac{6^n}{7^n-5^n}\cos\dfrac{n\pi}{3}$.

11. 判定下列级数是绝对收敛，条件收敛，还是发散：

(1) $\sum\limits_{n=1}^{\infty}(-1)^n n\tan\dfrac{b}{2^{n+1}}a_{2n}$，其中 $b\in(0,\pi)$，级数 $\sum\limits_{n=1}^{\infty}a_n$ 绝对收敛；

(2) $\sum\limits_{n=1}^{\infty}(-1)^{n+1}\left(\dfrac{1}{u_n}+\dfrac{1}{u_{n+1}}\right)$，其中 $u_n\neq 0(n=1,2,\cdots)$，且 $\lim\limits_{n\to\infty}\dfrac{n}{u_n}=1$.

12. 求下列幂级数的收敛域：

(1) $\sum\limits_{n=1}^{\infty}\dfrac{2^{n-1}}{\sqrt{(4n-3)5^{n-1}}}x^{n-1}$；　　(2) $\sum\limits_{n=1}^{\infty}\dfrac{3^n+(-2)^n}{n}(2x+1)^n$；　　(3) $\sum\limits_{n=1}^{\infty}\dfrac{(-1)^n}{n4^n}(x-1)^{2n-1}$.

13. 求级数 $\sum\limits_{n=1}^{\infty}\dfrac{3^{2n}}{2n}x^n(1-x)^n$ 的收敛域.

14. 求下列幂级数的和函数：

(1) $\sum\limits_{n=0}^{\infty}(n+1)^2x^n$，　　(2) $\sum\limits_{n=1}^{\infty}\dfrac{x^n}{n(n+1)}$.

15. 求幂级数 $\sum\limits_{n=1}^{\infty}\dfrac{n+1}{n!}(x+1)^n$ 的和函数，并求级数 $\sum\limits_{n=1}^{\infty}\dfrac{n+1}{n!}\left(\dfrac{3}{2}\right)^n$ 的和.

16. 将函数 $f(x)=\dfrac{1}{4}\ln\dfrac{1+x}{1-x}+\dfrac{1}{2}\arctan x-x$ 展开成 x 的幂级数.

17. 将函数 $f(x)=\sin\dfrac{\pi}{2}x$ 展开成 $(x-1)$ 的幂级数.

18. 利用幂级数展开式求下列函数的 n 阶导数：

(1) $f(x)=\arcsin x$，求 $f^{(n)}(0)$；　　(2) $f(x)=\ln(2x-x^2)$，求 $f^{(n)}(1)$.

19. 将 $f(x)=\cosh x, x\in[-\pi,\pi]$ 展开成以 2π 为周期的傅里叶级数，并求级数 $\sum\limits_{n=1}^{\infty}\dfrac{(-1)^n}{n^2+1}$ 与 $\sum\limits_{n=1}^{\infty}\dfrac{(-1)^n}{4n^2+1}$ 的和.

20. 将 $f(x)=\begin{cases}x+1, & 0\leqslant x\leqslant 1,\\ 0, & 1<x\leqslant 2\end{cases}$ 在 $[0,2]$ 上展开成正弦级数.

第十二章　微 分 方 程

一、微分方程的解

微分方程的解　代入微分方程中,使其成为恒等式的函数.

微分方程的通解　含任意常数的个数等于微分方程阶数的解.

微分方程的特解　给通解中任意常数以确定值的解.

例 1　验证下列函数是微分方程 $y''-y'=e^{2x}\cos e^x$ 的解,并说明是通解还是特解(其中 C_1,C_2 是任意常数):

(1) $y=C_1e^x+C_2-\cos e^x$;　　(2) $y=1-\cos e^x$;　　(3) $y=C_1e^x-\cos e^x$.

解　(1) $y'=C_1e^x+e^x\sin e^x$, $y''=C_1e^x+e^x\sin e^x+e^{2x}\cos e^x$, 将 y,y' 和 y''的表达式代入方程中,有

$$C_1e^x+e^x\sin e^x+e^{2x}\cos e^x-(C_1e^x+e^x\sin x)=e^{2x}\cos e^{2x}.$$

显然,y 是方程的解.因微分方程是二阶的,又 y 的表达式中含两个任意的常数 C_1 和 C_2,故 y 是通解.

(2) 在通解 $y=C_1e^x+C_2-\cos e^x$ 中,当 $C_1=0,C_2=1$ 时,有 $y=1-\cos e^x$,故这是解,是特解.

(3) 在通解 $y=C_1e^x+C_2-\cos e^x$ 中,当 $C_2=0$ 时,有 $y=C_1e^x-\cos e^x$,故这是解.由于在该解中只含一个任意常数,这不是通解,也不是特解.

例 2　验证函数 $y=C_1\cos 2x+2C_2\sin^2 x-C_2$ 是否是微分方程 $y''+4y=0$ 的解?若是解,是否是通解?

解　因

$$\begin{aligned} y &= C_1\cos 2x+2C_2\sin^2 x-C_2=C_1\cos 2x+C_2(1-\cos 2x)-C_2 \\ &= (C_1-C_2)\cos 2x=C\cos 2x \quad (\text{记 } C_1-C_2=C), \end{aligned}$$

又

$$y'=-2C\sin 2x,\quad y''=-4C\cos 2x,$$

显然有 $y''+4y=0$,即所给函数是微分方程的解.

从形式看,所给函数含两个任意常数,但实质上只含一个独立的任意常数.因为微分方程是二阶的,故该解不是通解.

例 3　设 $y=y(x)$是方程 $y''+py'+qy=e^{3x}$满足条件 $y(0)=y'(0)=0$ 的特解,求 $\lim\limits_{x\to 0}\dfrac{\ln(1+x^2)}{y(x)}$.

分析　由于 $y(0)=y'(0)=0$，可以用洛必达法则；且 $y(x)$ 满足已知方程.

解　用无穷小代换与洛必达法则，有

$$I=\lim_{x\to 0}\frac{x^2}{y(x)}=\lim_{x\to 0}\frac{2x}{y'(x)}=\lim_{x\to 0}\frac{2}{y''(x)}=\lim_{x\to 0}\frac{2}{\mathrm{e}^{3x}-py'-qy}=2.$$

例 4　设 $y=u(x)\mathrm{e}^{ax}$ 是方程 $y''-2ay'+a^2y=(1+x+x^2+\cdots+x^{2008})\mathrm{e}^{ax}$ 的一个解，则 $u(x)=$__________.

解　由 $y=u(x)\mathrm{e}^{ax}$，得

$$y'=[u'(x)+au(x)]\mathrm{e}^{ax},\quad y''=[u''(x)+2au'(x)+a^2u(x)]\mathrm{e}^{ax},$$

将 y,y',y'' 的表达式代入已知方程，得

$$u''(x)=1+x+x^2+\cdots+x^{2008}.$$

两端求不定积分，可得

$$u(x)=\frac{x^2}{1\cdot 2}+\frac{x^3}{2\cdot 3}+\cdots+\frac{x^{2010}}{2009\cdot 2010}+C_1x+C_2.$$

二、一阶微分方程的解法

解题思路　先判别方程的类型(必要时需先化简整理)；再按方程的类型确定解题方法.

1. 可分离变量方程

(1) 可分离变量方程 $\frac{\mathrm{d}y}{\mathrm{d}x}=\varphi(x)g(y)$ 用分离变量法求解(例 2(1)).

(2) 形如 $\frac{\mathrm{d}y}{\mathrm{d}x}=f(ax+by+c)$ 的微分方程，通过变量替换 $u=ax+by+c$ 可化为可分离变量的方程 $\frac{\mathrm{d}u}{\mathrm{d}x}=a+bf(u)$ 求解(例 2(2)).

2. 齐次方程

(1) 齐次方程 $\frac{\mathrm{d}y}{\mathrm{d}x}=\varphi\left(\frac{y}{x}\right)$ 通过变量替换 $y=ux$ 化为关于 x 和 u 的可分离变量的方程(例 4).

(2) 形如 $\frac{\mathrm{d}y}{\mathrm{d}x}=f\left(\frac{a_1x+b_1y+c_1}{a_2x+b_2y+c_2}\right)$ (c_1,c_2 至少一个不为零)的微分方程可通过变量替换求解：

1° 当 $\Delta=\begin{vmatrix}a_1 & b_1\\ a_2 & b_2\end{vmatrix}\neq 0$ 时，解方程组 $\begin{cases}a_1x+b_1y+c_1=0,\\ a_2x+b_2y+c_2=0\end{cases}$ 得 $x=\alpha,y=\beta$；

作变量替换：$x=\xi+\alpha,y=\eta+\beta$，化为关于新变量 ξ 和 η 的齐次方程(例 5(1)).

2° 当 $\Delta=\begin{vmatrix}a_1 & b_1\\ a_2 & b_2\end{vmatrix}=0$，即 $\frac{a_1}{a_2}=\frac{b_1}{b_2}=\lambda$ 时，作变量替换 $u=a_1x+b_1y$ 化为可分离变量的方程(例 5(2)).

3. 一阶线性微分方程

(1) 一阶线性方程 $\dfrac{\mathrm{d}y}{\mathrm{d}x}+P(x)y=Q(x)$有**两种解法**：

1° 常数变易法(例 6 解 1)

先求线性齐次方程(可分离变量)$\dfrac{\mathrm{d}y}{\mathrm{d}x}+P(x)y=0$ 的通解 $y=C\mathrm{e}^{-\int P(x)\mathrm{d}x}$.

再设原方程有形如 $y=u(x)\mathrm{e}^{-\int P(x)\mathrm{d}x}$ 的解，代入原方程可求得

$$u(x)=\int Q(x)\mathrm{e}^{\int P(x)\mathrm{d}x}\mathrm{d}x+C,$$

于是原方程的通解是

$$y=\mathrm{e}^{-\int P(x)\mathrm{d}x}\int Q(x)\mathrm{e}^{\int P(x)\mathrm{d}x}\mathrm{d}x+C\mathrm{e}^{-\int P(x)\mathrm{d}x}=y^*+Y,$$

其中第一项 y^* 是原方程的一个特解($C=0$ 时)，第二项 Y 是线性齐次方程的通解.

2° 积分因子法(例 6 解 2)

先将方程两端同乘已知函数 $u(x)=\mathrm{e}^{\int P(x)\mathrm{d}x}$，得

$$\mathrm{e}^{\int P(x)\mathrm{d}x}\left(\frac{\mathrm{d}y}{\mathrm{d}x}+P(x)y\right)=Q(x)\mathrm{e}^{\int P(x)\mathrm{d}x},\quad \text{即}\quad \frac{\mathrm{d}}{\mathrm{d}x}(y\mathrm{e}^{\int P(x)\mathrm{d}x})=Q(x)\mathrm{e}^{\int P(x)\mathrm{d}x},$$

再将两端积分，得

$$y\mathrm{e}^{\int P(x)\mathrm{d}x}=\int Q(x)\mathrm{e}^{\int P(x)\mathrm{d}x}\mathrm{d}x+C,$$

通解为

$$y=\mathrm{e}^{-\int P(x)\mathrm{d}x}\left[\int Q(x)\mathrm{e}^{\int P(x)\mathrm{d}x}\mathrm{d}x+C\right].$$

(2) 关于一阶线性微分方程的**一些结论**：

1° 若 $y_1(x)$，$y_2(x)$分别是方程

$$y'+P(x)y=Q_1(x),\quad y'+P(x)y=Q_2(x)$$

的解，则 $y=y_1(x)+y_2(x)$是方程 $y'+P(x)y=Q_1(x)+Q_2(x)$的解.

2° 若 y_1，y_2 是方程 $y'+P(x)y=Q(x)$的两个不同的解，则

(i) $y=y_1+C(y_2-y_1)$是该方程的通解(C 是任意常数)，其中，y_2-y_1 是 $y'+P(x)y=0$ 的解，$y_C=C(y_2-y_1)$是 $y'+P(x)y=0$ 的通解；

(ii) 当 $\alpha+\beta=1$ 时，线性组合 $\alpha y_1+\beta y_2$ 是该方程的解；

(iii) 若 y_3 是异于 y_1 和 y_2 的第三个特解，则比式$\dfrac{y_2-y_1}{y_3-y_1}$是常数.

4. 可化为一阶线性微分方程的方程

(1) 关于 $f(y)$和$\dfrac{\mathrm{d}f(y)}{\mathrm{d}x}$的线性微分方程(见例 9).

由于$\dfrac{\mathrm{d}f(y)}{\mathrm{d}x}=f'(y)\dfrac{\mathrm{d}y}{\mathrm{d}x}$，因此形如 $f'(y)\dfrac{\mathrm{d}y}{\mathrm{d}x}+P(x)f(y)=Q(x)$的方程可化为

$$\frac{\mathrm{d}f(y)}{\mathrm{d}x}+P(x)f(y)=Q(x).$$

作变量替换 $u=f(y)$即可化为一阶线性方程.

(2) 关于 x 和 $\frac{\mathrm{d}x}{\mathrm{d}y}$ 的线性方程(见例 10).

在一阶微分方程中,若把 y 作为 x 的函数时是非一次幂的,而方程中仅含 x 的一次幂,且有 x 与 y'(或 x 与 $\mathrm{d}y$)相乘的项,将 x 作为 y 的函数,常可化为

$$\frac{\mathrm{d}x}{\mathrm{d}y}+P(y)x=Q(y).$$

(3) 关于 $f(x)$,$\frac{\mathrm{d}f(x)}{\mathrm{d}y}$ 的线性微分方程(见例 11).

由于 $\frac{\mathrm{d}f(x)}{\mathrm{d}y}=f'(x)\frac{\mathrm{d}x}{\mathrm{d}y}$,因此形如 $f'(x)\frac{\mathrm{d}x}{\mathrm{d}y}+P(y)f(x)=Q(y)$ 的方程可化为

$$\frac{\mathrm{d}f(x)}{\mathrm{d}y}+P(y)f(x)=Q(y).$$

作变量替换 $u=f(x)$ 即可.

(4) 伯努利方程.

伯努利方程 $\frac{\mathrm{d}y}{\mathrm{d}x}+P(x)y=Q(x)y^n\,(n\neq 0,1)$ 有**两种求解方法**(例 12).

1° **变量替换法**　用 y^n 除以方程的两端,再令 $z=y^{1-n}$,则可化为关于 z 和 x 的一阶线性微分方程

$$\frac{\mathrm{d}z}{\mathrm{d}x}+(1-n)P(x)z=(1-n)Q(x).$$

2° 用常数变易法直接求解.

5. 全微分方程与积分因子

给出微分方程的标准形式:

$$P(x,y)\mathrm{d}x+Q(x,y)\mathrm{d}y=0. \tag{1}$$

(1) 当 $\frac{\partial Q}{\partial x}=\frac{\partial P}{\partial y}$ 时,(1)式是全微分方程,可用**两种方法求解**.

1° 曲线积分法(例 18 解 1).

2° **观察法**　把(1)式用"分项组合"的方法,即把(1)式的所有项分成若干个组,使每个组都构成某个函数的全微分,用观察法积分,最后得到原方程的积分(例 18 解 2).

分项组合时常用的全微分式

$x\mathrm{d}y+y\mathrm{d}x=\mathrm{d}(xy)$;　　$x\mathrm{d}x+y\mathrm{d}y=\mathrm{d}\left[\frac{1}{2}(x^2+y^2)\right]$;

$\frac{x\mathrm{d}y-y\mathrm{d}x}{x^2}=\mathrm{d}\left(\frac{y}{x}\right)$;　　$\frac{y\mathrm{d}x-x\mathrm{d}y}{y^2}=\mathrm{d}\left(\frac{x}{y}\right)$;

$\frac{x\mathrm{d}y-y\mathrm{d}x}{x^2+y^2}=\mathrm{d}\left(\arctan\frac{y}{x}\right)$;　　$\frac{x\mathrm{d}x+y\mathrm{d}y}{\sqrt{x^2+y^2}}=\mathrm{d}(\sqrt{x^2+y^2})$;

$\mathrm{e}^{xy}(y\mathrm{d}x+x\mathrm{d}y)=\mathrm{d}\mathrm{e}^{xy}$;　　$\frac{y\mathrm{d}x-x\mathrm{d}y}{y^2\sqrt{1-\left(\frac{x}{y}\right)^2}}=\mathrm{d}\left(\arcsin\frac{y}{x}\right)$;

$\frac{x\mathrm{d}y-y\mathrm{d}x}{x^2-y^2}=\mathrm{d}\left(\frac{1}{2}\ln\frac{x+y}{x-y}\right)$；　$\frac{y\mathrm{d}x-x\mathrm{d}y}{xy}=\mathrm{d}\left(\ln\frac{x}{y}\right)$；

$xy^2\mathrm{d}x+x^2y\mathrm{d}y=\mathrm{d}\left(\frac{1}{2}x^2y^2\right)$；　$\frac{2xy\mathrm{d}y-y^2\mathrm{d}x}{x^2}=\mathrm{d}\left(\frac{y^2}{x}\right)$.

(2) 当$\frac{\partial Q}{\partial x}\neq\frac{\partial P}{\partial y}$时，(1)式不是全微分方程. 若存在函数 $\mu(x,y)$，使

$$\mu(x,y)P(x,y)\mathrm{d}x+\mu(x,y)Q(x,y)\mathrm{d}y=0$$

为全微分方程，则 $\mu(x,y)$称为方程(1)的**积分因子**.

求积分因子常用的两种方法

1° 经计算可得一些特殊的积分因子.

(i) 若$\frac{1}{Q}\left(\frac{\partial P}{\partial y}-\frac{\partial Q}{\partial x}\right)=\varphi(x)$（或常数 A），则方程(1)有积分因子 $\mu(x)=\mathrm{e}^{\int\varphi(x)\mathrm{d}x}$（例 19）.

(ii) 若$\frac{1}{P}\left(\frac{\partial Q}{\partial x}-\frac{\partial P}{\partial y}\right)=\psi(y)$（或常数 A），则方程(1)有积分因子 $\mu(y)=\mathrm{e}^{\int\psi(y)\mathrm{d}y}$（例 20）.

(iii) 若$\frac{1}{2(xQ-yP)}\left(\frac{\partial P}{\partial y}-\frac{\partial Q}{\partial x}\right)=g(x^2+y^2)\xlongequal{t=x^2+y^2}g(t)$，则方程(1)有积分因子 $\mu(t)=\mathrm{e}^{\frac{1}{2}\int g(t)\mathrm{d}t}$（例 21 解 1）.

2° **观察法**　先将方程(1)分项组合，经观察确定积分因子（例 21 解 2，例 22）.

例 1　判别下列一阶微分方程所属类型：

(1) $\frac{\mathrm{d}y}{\mathrm{d}x}-\frac{y}{x}+\frac{1}{x}=0$；　(2) $x\frac{\mathrm{d}y}{\mathrm{d}x}=y(1+\ln y-\ln x)$；

(3) $x\mathrm{d}y=(y-x)\mathrm{d}x$；　(4) $(2x^3+6xy^2)\mathrm{d}x+(6x^2y+4y^3)\mathrm{d}y=0$.

解　(1) 方程可写成

$$\frac{\mathrm{d}y}{\mathrm{d}x}=\frac{1}{x}(y-1)\quad\text{或}\quad\frac{\mathrm{d}y}{\mathrm{d}x}-\frac{1}{x}y=-\frac{1}{x}.$$

既是可分离变量方程，也是一阶线性非齐次方程.

(2) 方程可写成 $\frac{\mathrm{d}y}{\mathrm{d}x}=\frac{y}{x}\left(1+\ln\frac{y}{x}\right)$，这是齐次微分方程.

(3) 方程可写成

$$\frac{\mathrm{d}y}{\mathrm{d}x}=\frac{y}{x}-1\quad\text{或}\quad\frac{\mathrm{d}y}{\mathrm{d}x}-\frac{1}{x}y=-1.$$

它既是齐次微分方程，也是一阶线性非齐次方程.

(4) 令 $P(x,y)=2x^3+6xy^2$，$Q(x,y)=6x^2y+4y^3$. 因$\frac{\partial P}{\partial y}=12xy=\frac{\partial Q}{\partial x}$，故这是全微分方程.

例 2　求下列微分方程的特解或通解：

(1) $(x+1)y'=y-1$，当 $x\to+\infty$时，y 有界；　(2) $y'=\sqrt{4x+2y-1}$.

解　(1) 这是可分离变量的方程. 分离变量，并积分

$$\frac{1}{y-1}\mathrm{d}y=\frac{1}{x+1}\mathrm{d}x,\quad\int\frac{1}{y-1}\mathrm{d}y=\int\frac{1}{x+1}\mathrm{d}x,$$

得通解　　$\ln(y-1)=\ln(x+1)+\ln C$，　即　$y=C(x+1)+1$.

由当 $x\to+\infty$ 时，y 有界，知 $C=0$. 于是所求特解 $y=1$.

(2) 这是 $y'=f(ax+by+c)$ 型方程. 设 $u=4x+2y-1$，则 $\frac{du}{dx}=4+2\frac{dy}{dx}$，将其代入原方程，得

$$\frac{1}{2}\frac{du}{dx}=\sqrt{u}+2.$$

分离变量，并积分，得

$$\frac{1}{2}\frac{1}{\sqrt{u}+2}du=dx,\quad \sqrt{u}-2\ln(\sqrt{u}+2)=x+C.$$

变量还原，得原方程的通解 $\sqrt{4x+2y-1}-2\ln(\sqrt{4x+2y-1}+2)=x+C$.

例 3　(1) 验证形如 $yf(xy)dx+xg(xy)dy=0$ 的微分方程，可经变量替换化为可分离变量的方程，并求其通解；

(2) 用此法解微分方程 $xy'-y[\ln(xy)-1]=0$.

解　(1) 设 $u=xy$，则 $du=xdy+ydx$，原方程化为

$$\frac{u}{x}[f(u)-g(u)]dx+g(u)du=0.$$

这是可分离变量的方程. 分离变量，两端积分，得

$$-\frac{g(u)}{u[f(u)-g(u)]}du=\frac{1}{x}dx,\quad -\int\frac{g(u)}{u[f(u)-g(u)]}du=\ln x+\ln C.$$

将上式左端求出积分后，以 $u=xy$ 代回，即得原方程的通解.

(2) 设 $u=xy$，则 $u'=y+xy'$. 代入原方程得

$$\frac{du}{dx}-\frac{u}{x}-\frac{u}{x}[\ln u-1]=0.$$

分离变量并积分

$$\frac{du}{u\ln u}=\frac{dx}{x},\quad \ln\ln u=\ln x+\ln C.$$

变量还原得原方程的通解为 $\ln(xy)=Cx$.

注　当微分方程中出现 $f(xy)$，$f(x^2+y^2)$，$f(x\pm y)$ 等形式的项时，可试作相应的变量替换

$$u=xy,\quad u=x^2\pm y^2,\quad u=x\pm y\text{ 等},$$

将其化为可分离变量的方程.

例 4　求解微分方程 $(3x^2+2xy-y^2)dx+(x^2-2xy)dy=0$.

解　令 $P(x,y)=3x^2+2xy-y^2$，$Q(x,y)=x^2-2xy$，易看出，各项中 x 与 y 的方幂之和都等于 2，这是齐次方程.

设 $y=ux$，则 $\frac{dy}{dx}=x\frac{du}{dx}+u$，代入原方程得

$$x\frac{\mathrm{d}u}{\mathrm{d}x}+u=\frac{u^2-2u-3}{1-2u},\quad 即\quad \frac{(2u-1)\mathrm{d}u}{3(u^2-u-1)}=-\frac{\mathrm{d}x}{x}.$$

积分得 $\ln(u^2-u-1)=-3\ln x+\ln C$，即 $u^2-u-1=Cx^{-3}$. 将 $u=\frac{y}{x}$ 代入上式，即得所求通解

$$y^2-xy-x^2=Cx^{-1}.$$

例 5 求下列方程的通解：

(1) $(x-y+1)\mathrm{d}x-(x+y-3)\mathrm{d}y=0$；　　(2) $(x+y+1)\mathrm{d}x+(2x+2y-1)\mathrm{d}y=0$.

解 (1) 这不是齐次方程，但可化为齐次方程. 解线性方程组

$$\begin{cases}x-y+1=0,\\ x+y-3=0,\end{cases}\quad 得\quad x=1,\ y=2.$$

作变量替换 $x=\xi+1, y=\eta+2$，则原方程化为齐次方程

$$(\xi-\eta)\mathrm{d}\xi-(\xi+\eta)\mathrm{d}\eta=0,\quad 即\quad \frac{\mathrm{d}\eta}{\mathrm{d}\xi}=\frac{1-\frac{\eta}{\xi}}{1+\frac{\eta}{\xi}}.$$

再设 $\eta=u\xi$，得可分离变量的方程

$$(1-2u-u^2)\mathrm{d}\xi-(1+u)\xi\mathrm{d}u.$$

分离变量，并积分得 $\xi^2(u^2+2u-1)=C_1$.

由 $u=\frac{\eta}{\xi}, \xi=x-1, \eta=y-2$ 化回原变量 x,y，可得原方程的通解

$$y^2+2xy-x^2-6y-2x=C.$$

(2) 由于方程组 $\begin{cases}x+y+1=0,\\ 2x+2y-1=0\end{cases}$ 的系数行列式 $\Delta=0$，作变量替换 $u=x+y$，则 $\mathrm{d}u=\mathrm{d}x+\mathrm{d}y$. 原方程化为可分离变量的方程

$$(2-u)\mathrm{d}x+(2u-1)\mathrm{d}u=0.$$

分离变量、积分，并变量还原，得原方程的通解

$$x+2y+3\ln|x+y-2|=C.$$

例 6 求微分方程 $\mathrm{d}y-(y\cos x+\sin 2x)\mathrm{d}x=0$ 的通解.

解 1 这是一阶线性非齐次方程

$$\frac{\mathrm{d}y}{\mathrm{d}x}-\cos x\cdot y=\sin 2x, \tag{1}$$

其中 $P(x)=-\cos x, Q(x)=\sin 2x$. 用常数变易法求解.

先求齐次方程 $y'-\cos x\cdot y=0$ 的通解. 分离变量，并积分得通解 $y=C\mathrm{e}^{\sin x}$.

再求非齐次方程的通解. 设原方程有通解 $y=u(x)\mathrm{e}^{\sin x}$，则 $y'=u'\mathrm{e}^{\sin x}+u\mathrm{e}^{\sin x}\cdot\cos x$. 将 y,y' 的表示式代入原方程，得

$$\frac{\mathrm{d}u}{\mathrm{d}x}=\sin 2x\cdot\mathrm{e}^{-\sin x},$$

积分得 $$u(x)=\int \sin 2x\cdot \mathrm{e}^{-\sin x}\mathrm{d}x=-2(1+\sin x)\mathrm{e}^{-\sin x}+C.$$

所求通解为 $$y=u(x)\mathrm{e}^{\sin x}=C\mathrm{e}^{\sin x}-2(1+\sin x).$$

解 2 用积分因子法.

用 $u(x)=\mathrm{e}^{\int P(x)\mathrm{d}x}=\mathrm{e}^{-\int \cos x\mathrm{d}x}=\mathrm{e}^{-\sin x}$ 乘方程(1)的两端,得

$$y'\mathrm{e}^{-\sin x}-\cos x\cdot y\mathrm{e}^{-\sin x}=\sin 2x\cdot \mathrm{e}^{-\sin x},\quad 即\quad (y\mathrm{e}^{-\sin x})'=\sin 2x\cdot \mathrm{e}^{-\sin x}.$$

积分得 $$y\mathrm{e}^{-\sin x}=-2(1+\sin x)\mathrm{e}^{-\sin x}+C,$$

所求通解 $$y=C\mathrm{e}^{\sin x}-2(1+\sin x).$$

例 7 已知 $y_1=\tan x-1, y_2=\tan x-1+\mathrm{e}^{-\tan x}$ 是微分方程 $y'+P(x)y=f(x)$ 的两个特解,求 $P(x), f(x)$ 及方程的通解.

解 由于 $y_2-y_1=\mathrm{e}^{-\tan x}$ 是方程 $y'+P(x)y=0$ 的解,所以,它满足该方程. 又 $(\mathrm{e}^{-\tan x})'=-\sec^2 x\mathrm{e}^{-\tan x}$,故有

$$-\sec^2 x\mathrm{e}^{-\tan x}+P(x)\mathrm{e}^{-\tan x}=0,\quad 即\quad P(x)=\sec^2 x.$$

因 $y_1=\tan x-1$ 是方程 $y'+\sec^2 x\cdot y=f(x)$ 的解,又 $y_1'=\sec^2 x$,所以,有

$$f(x)=\sec^2 x+\sec^2 x(\tan x-1)=\sec^2 x\cdot \tan x.$$

原方程的通解是

$$y=y_1+C(y_2-y_1)=\tan x-1+C\mathrm{e}^{-\tan x}\quad (C 是任意常数).$$

例 8 求方程 $y'^2+2(1-\mathrm{e}^x y)y'=\mathrm{e}^x y(2-\mathrm{e}^x y)-1$ 的通解.

解 这是一阶二次微分方程. 由于

$$\mathrm{e}^x y(2-\mathrm{e}^x y)-1=-\mathrm{e}^{2x}y^2+2\mathrm{e}^x y-1=-(1-\mathrm{e}^x y)^2,$$

所以原方程可写成

$$[y'+(1-\mathrm{e}^x y)]^2=0,\quad 即\quad y'-\mathrm{e}^x y=-1.$$

这是一阶线性微分方程,其通解 $y=\mathrm{e}^{\mathrm{e}^x}\left(C-\int \mathrm{e}^{-\mathrm{e}^x}\mathrm{d}x\right)$.

例 9 求微分方程 $y'=\dfrac{y^2-x}{2y(x+1)}$ 的通解.

解 方程可写成 $2yy'-\dfrac{1}{x+1}y^2=-\dfrac{x}{x+1}$,注意到 $2yy'=\dfrac{\mathrm{d}y^2}{\mathrm{d}x}$,即有

$$\frac{\mathrm{d}y^2}{\mathrm{d}x}-\frac{1}{x+1}y^2=-\frac{x}{x+1}.$$

这是关于 $y^2, \dfrac{\mathrm{d}y^2}{\mathrm{d}x}$ 的线性方程,可以求得其通解是

$$y^2=C(x+1)-(x+1)\ln(x+1)-1.$$

下列方程可化为关于 $f(y), \dfrac{\mathrm{d}f(y)}{\mathrm{d}x}$ 的线性方程:

$$6xy^2y'+2y^3+x=0\quad 化为\quad \frac{\mathrm{d}y^3}{\mathrm{d}x}+\frac{1}{x}y^3=-\frac{1}{2};$$

$$(2x+1)y'-4\mathrm{e}^{-y}+2=0\quad 化为\quad \frac{\mathrm{d}\mathrm{e}^y}{\mathrm{d}x}+\frac{2}{2x+1}\mathrm{e}^y=\frac{4}{2x+1};$$

$$\frac{\mathrm{d}y}{\mathrm{d}x}+y\mathrm{e}^{-x}=y\ln y \quad 化为 \quad \frac{\mathrm{d}\ln y}{\mathrm{d}x}-\ln y=-\mathrm{e}^{-x};$$

$$\sqrt{1+x^2}y'\sin 2y=2x\sin^2 y+\mathrm{e}^{2\sqrt{1+x^2}} \quad 化为$$

$$\frac{\mathrm{d}\sin^2 y}{\mathrm{d}x}-\frac{2x}{\sqrt{1+x^2}}\sin^2 y=\frac{1}{\sqrt{1+x^2}}\mathrm{e}^{2\sqrt{1+x^2}}.$$

例 10 求方程 $\cos y\mathrm{d}x+(x-2\cos y)\sin y\mathrm{d}y=0$ 的解.

解 方程可化为关于 $x,\frac{\mathrm{d}x}{\mathrm{d}y}$的线性方程

$$\frac{\mathrm{d}x}{\mathrm{d}y}+\tan y\cdot x=2\sin y,$$

其中 $P(y)=\tan y,Q(y)=2\sin y$. 该方程的通解

$$x=\mathrm{e}^{-\int\tan y\mathrm{d}y}\left(\int 2\sin y\cdot\mathrm{e}^{\int\tan y\mathrm{d}y}\mathrm{d}y+C\right)=\cos y(C-2\ln\cos y).$$

下列方程可化为关于 x 和$\frac{\mathrm{d}x}{\mathrm{d}y}$的线性方程

$$y'=\frac{1}{xy+y^3} \quad 化为 \quad \frac{\mathrm{d}x}{\mathrm{d}y}-yx=y^3;$$

$$y'=\frac{y}{2y\ln y+y-x} \quad 化为 \quad \frac{\mathrm{d}x}{\mathrm{d}y}+\frac{1}{y}x=2\ln y+1;$$

$$(x-2xy-y^2)y'+y^2=0 \quad 化为 \quad \frac{\mathrm{d}x}{\mathrm{d}y}+\frac{1-2y}{y^2}x=1;$$

$$2x\mathrm{d}y-y\mathrm{d}x=2y^2\mathrm{d}y \quad 化为 \quad \frac{\mathrm{d}x}{\mathrm{d}y}-\frac{2}{y}x=-2y.$$

例 11 求微分方程 $\frac{\mathrm{d}y}{\mathrm{d}x}=\frac{2xy}{x^2-y^2}$的通解.

解 这不是线性方程. 方程可化为

$$2x\frac{\mathrm{d}x}{\mathrm{d}y}-\frac{1}{y}x^2=-y, \quad 即 \quad \frac{\mathrm{d}x^2}{\mathrm{d}y}-\frac{1}{y}x^2=-y.$$

这是关于 x^2 和$\frac{\mathrm{d}x^2}{\mathrm{d}y}$的一阶线性微分方程,其通解为

$$x^2=\mathrm{e}^{\int\frac{1}{y}\mathrm{d}y}\left(-\int y\mathrm{e}^{-\int\frac{1}{y}\mathrm{d}y}\mathrm{d}y+C\right)=y(C-y).$$

下列方程可化为关于 $f(x),\frac{\mathrm{d}f(x)}{\mathrm{d}y}$的线性方程:

$$\frac{\mathrm{d}y}{\mathrm{d}x}=-\frac{6x^2y}{2x^3+y} \quad 化为 \quad \frac{\mathrm{d}x^3}{\mathrm{d}y}+\frac{1}{y}x^3=-\frac{1}{2};$$

$$y'=\frac{4x^3y}{x^4+y^2} \quad 化为 \quad \frac{\mathrm{d}x^4}{\mathrm{d}y}-\frac{1}{y}x^4=y;$$

$$\frac{\mathrm{d}x}{\sqrt{xy}}+\left(\frac{2}{y}-\sqrt{\frac{x}{y^3}}\right)\mathrm{d}y=0 \quad 化为 \quad \frac{\mathrm{d}\sqrt{x}}{\mathrm{d}y}-\frac{1}{2y}\sqrt{x}=-\frac{1}{\sqrt{y}};$$

$$(x^3+e^y)y'=3x^2 \quad 化为 \quad \frac{dx^3}{dy}-x^3=e^y.$$

例 12　求方程 $\frac{dy}{dx}+\frac{1}{x}y=2y^2\ln x$ 的通解.

解 1　这是伯努利方程.其中 $P(x)=\frac{1}{x}$,$Q(x)=2\ln x$,$n=2$.化为线性方程求解.

方程两端除以 y^2,并令 $z=y^{1-2}=y^{-1}$,则 $\frac{dz}{dx}=-\frac{1}{y^2}\frac{dy}{dx}$,原方程化为

$$\frac{dz}{dx}-\frac{1}{x}z=-2\ln x.$$

可以求得

$$z=x(C-\ln^2 x).$$

于是由 $z=y^{-1}$ 得原方程的通解 $xy(C-\ln^2 x)=1$.

解 2　用常数变易法求解.

先求出线性齐次方程 $\frac{dy}{dx}+\frac{1}{x}y=0$ 的通解 $y=\frac{C}{x}$.

再设 $y=\frac{u(x)}{x}$ 是原方程的解,则 $\frac{dy}{dx}=\frac{xu'-u}{x^2}$.将 y,y' 的表示式代入原方程中,并整理得

$$\frac{du}{u^2}=2\frac{\ln x}{x}dx.$$

积分得 $\frac{1}{u}=-\ln^2 x+C$,即 $u=\frac{1}{C-\ln^2 x}$.于是原方程的通解

$$y=\frac{u(x)}{x}=\frac{1}{x(C-\ln^2 x)} \quad 或 \quad xy(C-\ln^2 x)=1.$$

例 13　求方程 $(x^2+y^2+1)dy+xydx=0$ 的通解.

解　方程可写成 $\frac{dy}{dx}=-\frac{xy}{x^2+y^2+1}$,若视 x 为 y 的函数,可化为伯努利方程

$$\frac{dx}{dy}+\frac{1}{y}x=-\frac{y^2+1}{y}x^{-1}.$$

该方程也可化为下述线性方程

$$\frac{dx^2}{dy}+\frac{2}{y}x^2=-\frac{2(y^2+1)}{y}.$$

可以求得方程的通解为 $2x^2y^2+y^2+y^4=C$.

例 14　证明:一阶线性微分方程经未知函数的任何线性变换 $y=\alpha(x)z+\beta(x)$ 后仍是线性的,其中 $\alpha(x),\beta(x)$ 是任意可微函数,且 $\alpha(x)\neq 0$.

证　已有线性微分方程 $y'+P(x)y=Q(x)$.

令 $y=\alpha(x)z+\beta(x)$,则 $y'=\alpha' z+\alpha z'+\beta'$,将 y,y' 的表达式代入上述方程,得

$$\alpha z'+[P\alpha+\alpha']z=Q-P\beta-\beta',$$

即

$$z'+\frac{P(x)\alpha(x)+\alpha'(x)}{\alpha(x)}z=\frac{Q(x)-P(x)\beta(x)-\beta'(x)}{\alpha(x)}.$$

显然,这是关于未知函数 z 和 z' 的线性微分方程.

例 15 设 $\varphi(x)=\begin{cases}2, & x<1,\\ 0, & x>1,\end{cases}$ 已知微分方程 $y'-2y=\varphi(x)$，试求在 $(-\infty,+\infty)$ 内的连续函数 $y=y(x)$，使之在 $(-\infty,1)$ 和 $(1,+\infty)$ 内都满足所给方程，且满足条件 $y(0)=0$.

分析 由于 $\varphi(x)$ 是分段函数，应在区间 $(-\infty,1)$ 和 $(1,+\infty)$ 内分别求方程的通解；然后利用条件：$y=y(x)$ 在 $x=1$ 处连续和 $y(0)=0$ 来确定通解中的两个任意常数.

解 这是一阶线性微分方程，由题设和通解公式有

$$y=\begin{cases}\mathrm{e}^{\int 2\mathrm{d}x}\left[\int 2\mathrm{e}^{-\int 2\mathrm{d}x}\mathrm{d}x+C_1\right]=C_1\mathrm{e}^{2x}-1, & x<1,\\ C_2\mathrm{e}^{\int 2\mathrm{d}x}=C_2\mathrm{e}^{2x}, & x>1.\end{cases}$$

由 $y(0)=0$ 得 $C_1=1$. 又 $y=y(x)$ 在 $x=1$ 处连续，有

$$\lim_{x\to 1^-}y=\lim_{x\to 1^-}(\mathrm{e}^{2x}-1)=\mathrm{e}^2-1,\quad \lim_{x\to 1^+}y=\lim_{x\to 1^+}C_2\mathrm{e}^{2x}=C_2\mathrm{e}^2.$$

由 $\mathrm{e}^2-1=C_2\mathrm{e}^2$ 得 $C_2=1-\mathrm{e}^{-2}$. 于是所求在 $(-\infty,+\infty)$ 上的连续函数

$$y=\begin{cases}\mathrm{e}^{2x}-1, & x\leqslant 1,\\ (1-\mathrm{e}^{-2})\mathrm{e}^{2x}, & x>1.\end{cases}$$

例 16 设函数 $f(x)=\sum\limits_{n=0}^{\infty}a_nx^n\,(-\infty<x<+\infty)$，且 $\sum\limits_{n=0}^{\infty}[(n+1)a_{n+1}-a_n]x^n=\mathrm{e}^x$，求 $f(x)$ 及 a_n.

分析 注意到

$$\sum_{n=0}^{\infty}[(n+1)a_{n+1}-a_n]x^n=\sum_{n=0}^{\infty}(n+1)a_{n+1}x^n-\sum_{n=0}^{\infty}a_nx^n,$$

而

$$\sum_{n=0}^{\infty}(n+1)a_{n+1}x^n=\sum_{n=1}^{\infty}na_nx^{n-1}=f'(x),$$

这是求解微分方程 $f'(x)-f(x)=\mathrm{e}^x$ 的问题. 题设中隐含初值条件 $f(0)=0$.

解 由题设知，所求 $f(x)$ 是微分方程 $f'(x)-f(x)=\mathrm{e}^x$ 满足初值条件 $f(0)=0$ 的特解.

易求得微分方程的通解是 $f(x)=\mathrm{e}^x(x+C)$；所求特解为 $f(x)=x\mathrm{e}^x$. 因 $\mathrm{e}^x=\sum\limits_{n=0}^{\infty}\dfrac{x^n}{n!}$，所以

$$f(x)=x\mathrm{e}^x=\sum_{n=0}^{\infty}\frac{x^{n+1}}{n!}=\sum_{n=1}^{\infty}\frac{x^n}{(n-1)!}.$$

由此可知，$a_0=0,\ a_n=\dfrac{1}{(n-1)!},\ n=1,2,\cdots$.

注 当所求函数是微分方程的特解时，若题设没给出初值条件，要在题设中寻求隐含着的初值条件.

例 17 已知 $f_n(x)$ 满足

$$f_n'(x)=f_n(x)+x^{n-1}\mathrm{e}^x\quad(n\ 为正整数),$$

且 $f_n(1)=\frac{e}{n}$，求函数项级数 $\sum_{n=1}^{\infty} f_n(x)$ 之和.

解　已知条件可写成

$$f'_n(x) - f_n(x) = x^{n-1}e^x.$$

这是一阶线性微分方程，其通解为

$$f_n(x) = e^{\int dx}\left(\int x^{n-1}e^x e^{-\int dx}dx + C\right) = e^x\left(\frac{x^n}{n} + C\right).$$

由条件 $f_n(1)=\frac{e}{n}$ 得 $C=0$. 故 $f_n(x)=\frac{x^n e^x}{n}$. 从而 $\sum_{n=1}^{\infty} f_n(x)=\sum_{n=1}^{\infty}\frac{x^n e^x}{n}=e^x\sum_{n=1}^{\infty}\frac{x^n}{n}$. 而 $\sum_{n=1}^{\infty}\frac{x^n}{n}=-\ln(1-x)$，$x\in[-1,1)$. 于是当 $x\in[-1,1)$ 时，

$$\sum_{n=1}^{\infty} f_n(x) = -e^x\ln(1-x).$$

例 18　求解微分方程 $(y^{-1}\sin 2x+x)dx+(y-y^{-2}\sin^2 x)dy=0$.

解 1　$P(x,y)=y^{-1}\sin 2x+x$，$Q(x,y)=y-y^{-2}\sin^2 x$. 因

$$\frac{\partial P}{\partial y} = -\frac{1}{y^2}\sin 2x = \frac{\partial Q}{\partial x},$$

所以这是全微分方程. 用曲线积分法求解.

$$\begin{aligned} u(x,y) &= \int_0^x x dx + \int_0^y (y - y^{-2}\sin^2 x)dy \\ &= \frac{x^2}{2} + \frac{y^2}{2} + \frac{1}{y}\sin^2 x + C. \end{aligned}$$

解 2　用观察法. 采用“分项组合”写出全微分式. 注意到 $dy^{-1}=-y^{-2}dy$，$d(\sin^2 x)=\sin 2x dx$，则原方程写成

$$(xdx + ydy) + (y^{-1}\sin 2x dx - y^{-2}\sin^2 x dy) = 0,$$

即

$$d\left(\frac{x^2+y^2}{2}\right) + d\left(\frac{1}{y}\sin^2 x\right) = 0,$$

通解为

$$\frac{x^2+y^2}{2} + \frac{1}{y}\sin^2 x = C.$$

例 19　求解微分方程 $(x^4\ln x-2xy^3)dx+3x^2y^2dy=0$.

解　$P(x,y)=x^4\ln x-2xy^3$，$Q(x,y)=3x^2y^2$，注意到 $\frac{\partial Q}{\partial x}\neq\frac{\partial P}{\partial y}$. 先求积分因子. 因

$$\frac{1}{Q}\left(\frac{\partial P}{\partial y} - \frac{\partial Q}{\partial x}\right) = \frac{-6xy^2 - 6xy^2}{3x^2y^2} = -\frac{4}{x},$$

故积分因子

$$\mu(x) = e^{-4\int\frac{1}{x}dx} = \frac{1}{x^4}.$$

从而有全微分方程

$$\left(\ln x - 2\frac{y^3}{x^3}\right)dx + 3\frac{y^2}{x^2}dy = 0.$$

于是通解 $$u(x,y)=\int_0^x \ln x\mathrm{d}x+3\int_0^y \frac{y^2}{x^2}\mathrm{d}y=x\ln x-x+\frac{y^3}{x^2}+C.$$

例 20　求解微分方程$(2xy^2-3y^3)\mathrm{d}x+(7-3xy^2)\mathrm{d}y=0$.

解　$P(x,y)=2xy^2-3y^3,Q(x,y)=7-3xy^2,\dfrac{\partial Q}{\partial x}\neq\dfrac{\partial P}{\partial y}$. 先求积分因子. 因

$$\frac{1}{P}\left(\frac{\partial Q}{\partial x}-\frac{\partial P}{\partial y}\right)=\frac{-3y^2-4xy+9y^2}{2xy^2-3y^3}=-\frac{2}{y},$$

故积分因子 $$\mu(y)=\mathrm{e}^{-2\int\frac{1}{y}\mathrm{d}y}=\frac{1}{y^2}.$$

从而有全微分方程 $$(2x-3y)\mathrm{d}x+\left(\frac{7}{y^2}-3x\right)\mathrm{d}y=0,$$

于是通解 $$u(x,y)=\int_0^x 2x\mathrm{d}x+\int_0^y\left(\frac{7}{y^2}-3x\right)\mathrm{d}y=x^2-\frac{7}{y}-3xy+C.$$

例 21　解方程$(x+y)\mathrm{d}x+(y-x)\mathrm{d}y=0$.

解 1　$P(x,y)=x+y,Q(x,y)=y-x,\dfrac{\partial P}{\partial y}\neq\dfrac{\partial Q}{\partial x}$. 先求积分因子. 因

$$\frac{1}{2(xQ-yP)}\left(\frac{\partial P}{\partial y}-\frac{\partial Q}{\partial x}\right)=-\frac{1}{x^2+y^2}\xlongequal{t=x^2+y^2}-\frac{1}{t},$$

故积分因子 $$\mu(t)=\mathrm{e}^{-\int\frac{1}{t}\mathrm{d}t}=-\frac{1}{t}=-\frac{1}{x^2+y^2}.$$

从而有全微分方程 $$\frac{x+y}{x^2+y^2}\mathrm{d}x+\frac{y-x}{x^2+y^2}\mathrm{d}y=0.$$

方程可写成

$$\frac{1}{2}\,\frac{2x\mathrm{d}x+2y\mathrm{d}y}{x^2+y^2}-\frac{y\mathrm{d}x-x\mathrm{d}y}{x^2+y^2}=0,\quad 或\quad \frac{1}{2}\,\frac{\mathrm{d}(x^2+y^2)}{x^2+y^2}-\mathrm{d}\left(\arctan\frac{y}{x}\right)=0,$$

通积分为 $$\ln\sqrt{x^2+y^2}-\arctan\frac{y}{x}=C.$$

解 2　用观察法求解. 方程写为

$$x\mathrm{d}x+y\mathrm{d}y-(x\mathrm{d}y-y\mathrm{d}x)=0,$$

两端乘因子$\dfrac{1}{x^2+y^2}$,得

$$\frac{1}{2}\,\frac{1}{x^2+y^2}\mathrm{d}(x^2+y^2)-\frac{x\mathrm{d}y-y\mathrm{d}x}{x^2+y^2}=0,\quad 即\quad \mathrm{d}\left[\ln\sqrt{x^2+y^2}-\arctan\frac{y}{x}\right]=0,$$

于是通解 $$\ln\sqrt{x^2+y^2}-\arctan\frac{y}{x}=C.$$

例 22　解方程$(1+xy)y\mathrm{d}x+(1-xy)x\mathrm{d}y=0$.

解　$P(x,y)=y+xy^2,Q(x,y)=x-x^2y$,可知$\dfrac{\partial Q}{\partial x}\neq\dfrac{\partial P}{\partial y}$,用观察法确定积分因子. 原方程可写成

$$y\mathrm{d}x+x\mathrm{d}y+xy^2\mathrm{d}x-x^2y\mathrm{d}y=0,\quad 即\quad \mathrm{d}(xy)+xy(y\mathrm{d}x-x\mathrm{d}y)=0.$$

若用因子$\frac{1}{x^2y^2}$乘上式两端，则有

$$\frac{1}{(xy)^2}\mathrm{d}(xy)+\frac{\mathrm{d}x}{x}-\frac{\mathrm{d}y}{y}=0,\quad 即\quad \mathrm{d}\left(-\frac{1}{xy}\right)+\mathrm{d}(\ln x)-\mathrm{d}(\ln y)=0,$$

于是
$$\ln\frac{x}{y}-\frac{1}{xy}=C_1,\quad 即\quad \frac{x}{y}=\mathrm{e}^{C_1}\cdot\mathrm{e}^{\frac{1}{xy}},\quad 或\quad \frac{x}{y}=C\mathrm{e}^{\frac{1}{xy}},$$

其中$C=\mathrm{e}^{C_1}\neq 0$. 注意到当$C=0$时，上式也是原方程的解，所以所求通解为$\frac{x}{y}=C\mathrm{e}^{\frac{1}{xy}}$($C$为任意常数).

三、可降阶的高阶微分方程

1. 形如$y^{(n)}=f(x)$的方程

解法　n次积分可得通解(例1).

2. 形如$y''=f(x,y')$的方程

解法　令$y'=P=P(x)$，则$y''=P'(x)$，可化为关于x和$P(x)$的一阶微分方程

$$\frac{\mathrm{d}P}{\mathrm{d}x}=f(x,P)(例\ 2).$$

3. 形如$y''=f(y,y')$的方程

解法　令$y'=P=P(y)$，则$y''=\frac{\mathrm{d}P}{\mathrm{d}x}=P\frac{\mathrm{d}P}{\mathrm{d}y}$，可化为关于$y$和$P(y)$的一阶微分方程

$$\frac{\mathrm{d}P}{\mathrm{d}y}=\frac{1}{P}f(y,P)(例\ 3).$$

4. 关于变量y,y',y''是齐次的微分方程，即对方程$F(x,y,y',y'')=0$，有

$$F(x,ty,ty',ty'')=t^kF(x,y,y',y'').$$

解法　令$y=\mathrm{e}^{\int z\mathrm{d}x}$，其中$z=z(x)$，将其化为一阶微分方程(例7).

例1　设$g(x),\varphi(x)$为已知函数，$f(x)$为连续函数，且

$$\int_0^x f(t)\mathrm{d}t=g(x),\quad \int_0^x tf(t)\mathrm{d}t=\varphi(x).$$

试解方程
$$\begin{cases}y''(x)=f(x),\\ y(0)=y'(0)=0.\end{cases}$$

解　这是形如$y''=f(x)$的方程，方程两边从0到x积分，并用条件$y'(0)=0$，得

$$y'(x)-0=\int_0^x f(t)\mathrm{d}t=g(x);$$

两边再从0到x积分，并用条件$y(0)=0$，得

$$y(x)-0=\int_0^x g(x)\mathrm{d}x=\int_0^x\mathrm{d}x\int_0^x f(t)\mathrm{d}t$$

$$\xlongequal{\text{交换积分次序}} \int_0^x \mathrm{d}t \int_t^x f(t)\mathrm{d}x = \int_0^x x f(t) \Big|_t^x \mathrm{d}t$$

$$= \int_0^x (x-t) f(t)\mathrm{d}t = x\int_0^x f(t)\mathrm{d}t - \int_0^x t f(t)\mathrm{d}t,$$

即所求的解为
$$y = xg(x) - \varphi(x).$$

例 2　求微分方程 $y''(x+y'^2)=y'$ 满足初始条件 $y(1)=y'(1)=1$ 的特解.

解　这是 $y''=f(x,y')$ 型方程,令 $y'=P=P(x)$,则已知方程化为 $\frac{\mathrm{d}x}{\mathrm{d}P}-\frac{1}{P}x=P$.

解此线性方程得 $P(P+C)=x$,由 $y'(1)=1$ 得 $C=0$,故 $P=\sqrt{x}$,即 $y'=\sqrt{x}$. 于是

$$y = \frac{2}{3}x^{\frac{3}{2}} + C_1.$$

又 $y(1)=1$ 得 $C_1=\frac{1}{3}$,故所求特解 $y=\frac{2}{3}x^{\frac{3}{2}}+\frac{1}{3}$.

例 3　解方程 $y''+y'^2=2\mathrm{e}^{-y}$.

解　这是 $y''=f(y,y')$ 型方程. 令 $y'=P=P(y)$,则 $y''=\frac{\mathrm{d}P}{\mathrm{d}x}=\frac{\mathrm{d}P}{\mathrm{d}y}\frac{\mathrm{d}y}{\mathrm{d}x}=P\frac{\mathrm{d}P}{\mathrm{d}y}$. 代入方程得伯努利方程

$$\frac{\mathrm{d}P}{\mathrm{d}y} + P = 2P^{-1}\mathrm{e}^{-y}.$$

可解得
$$P^2 = 4\mathrm{e}^{-y} + C_1\mathrm{e}^{-2y}, \quad 即 \quad y' = \pm\sqrt{4\mathrm{e}^{-y} + C_1\mathrm{e}^{-2y}}.$$

分离变量并积分,得原方程的通解

$$x + C_2 = \pm\frac{1}{2}\sqrt{4\mathrm{e}^y + C_1} \quad 或 \quad \mathrm{e}^y + C = (x + C_2)^2 \quad \left(C = \frac{1}{4}C_1\right).$$

例 4　求方程 $(y''')^2-y''y^{(4)}=0$ 的通解.

分析　注意到 $y''=f(y,y')$ 型方程,该方程可看做 $y^{(4)}=f(y'',y''')$ 型,只要将 y'' 按方程 $y''=f(y,y')$ 中的 y 来处理即可.

解　设 $y'''=P=P(x)$,则 $y^{(4)}=\frac{\mathrm{d}P}{\mathrm{d}x}=\frac{\mathrm{d}P}{\mathrm{d}y''}\cdot\frac{\mathrm{d}y''}{\mathrm{d}x}=P\cdot\frac{\mathrm{d}P}{\mathrm{d}y''}$,原方程化为

$$P^2 - y''P\cdot\frac{\mathrm{d}P}{\mathrm{d}y''} = 0, \quad 即 \quad P\left(P - y''\frac{\mathrm{d}P}{\mathrm{d}y''}\right) = 0.$$

由 $P=0$,即 $y'''=0$,直接积分得 $y=C_1x^2+C_2x+C_3$.

由 $P-y''\frac{\mathrm{d}P}{\mathrm{d}y''}=0$,分离变量并积分得 $P=a_1y''$, 即 $\frac{\mathrm{d}y''}{\mathrm{d}x}=a_1y''$. 再次分离变量并积分得 $y''=a_2\mathrm{e}^{a_1x}$. 经直接积分,可得

$$y = \frac{a_2}{a_1^2}\mathrm{e}^{a_1x} + a_3x + a_4 \quad (a_1,a_2,a_3,a_4 为任意常数).$$

故原方程的通解为 $y=C_1x^2+C_2x+C_3$ 或 $y=\frac{a_2}{a_1^2}\mathrm{e}^{a_1x}+a_3x+a_4$.

例 5　求方程 $y'''=\sqrt{1+y''^2}$ 的通解.

分析　该方程可看做是 $y'''=f(y',y'')$ 型，按例 4 求解；也可看做 $y'''=f(x,y'')$ 型，按 $y''=f(x,y')$ 求解.

解　按 $y''=f(x,y')$ 型求解. 令 $y''=P(x)$，则 $y'''=P'(x)$，原方程化为 $\dfrac{dP}{dx}=\sqrt{1+P^2}$. 分离变量，并积分，得

$$P=\sinh(x+C_1).$$

以 y'' 代上式中的 P，再积分两次得通解

$$y=\sinh(x+C_1)+C_2x+C_3.$$

例 6　求方程 $y^3\dfrac{d^2y}{dx^2}+1=0$ 满足 $y(1)=1, y'(1)=0$ 的特解.

解　该方程可看做是 $y''=f(y,y')$ 型. 令 $y'=P=P(y)$，则 $y''=P\dfrac{dP}{dy}$，于是方程化为

$$P\frac{dP}{dy}=-y^{-3},\quad PdP=-y^{-3}dy.$$

积分得
$$P^2=y^{-2}+C,\quad 即\quad \left(\frac{dy}{dx}\right)^2=\frac{1}{y^2}+C_1,$$

或
$$\frac{dy}{dx}=\pm\left(\frac{1}{y^2}+C_2\right)^{\frac{1}{2}}.$$

由 $y'(1)=0$ 得 $C_1=-1$，即 $\dfrac{dy}{dx}=\pm\left(\dfrac{1}{y^2}-1\right)^{\frac{1}{2}}$. 分离变量并积分得

$$-\sqrt{1-y^2}=\pm(x+C_2)\quad 或\quad y^2=1-(x+C_2)^2.$$

再由 $y(1)=1$ 得 $C_2=-1$. 于是所求特解为 $y^2=1-(x-1)^2$.

例 7　求方程 $2yy''-3y'^2=4y^2$ 的通解.

解　这是关于 y,y',y'' 的二次齐次方程. 设 $y=e^{\int zdx}$，其中 $z=z(x)$，则

$$y'=ze^{\int zdx},\quad y''=(z'+z^2)e^{\int zdx}.$$

将 y,y',y'' 的表达式代入方程并消去 $e^{\int zdx}$，得

$$2z'-z^2=4,\quad 即\quad 2\frac{dz}{4+z^2}=dx.$$

可解得
$$\arctan\frac{z}{2}=x+C_1,\quad z=2\tan(x+C_1).$$

于是原方程的通解

$$y=e^{\int zdx}=e^{2\int\tan(x+C_1)d(x+C_1)}=e^{2\ln\cos(x+C_1)}+C_2=\cos^2(x+C_1)+C_2.$$

四、二阶线性微分方程解的结构

二阶非齐次线性微分方程

$$y''+P(x)y'+Q(x)y=f(x) \quad (f(x)\neq 0). \tag{1}$$

二阶齐次线性微分方程

$$y''+P(x)y'+Q(x)y=0. \tag{2}$$

已知齐次方程(2)的一个解,求其通解.

解题思路 若已知的解为 $y=y(x)$,需求出方程(2)的与 $y(x)$ 线性无关的另一个解 $y_1(x)$. 因 $y_1(x)$ 与 $y(x)$ 线性无关,则必有 $\frac{y_1(x)}{y(x)}=u(x)\neq$ 常数,由此

令 $y_1(x)=y(x)u(x)$,其中 $u(x)$ 是待定函数,求出 y_1', y_1'',将 y_1, y_1', y_1'' 的表达式代入方程(2),可以得到以 $u(x)$ 为未知函数的二阶微分方程(例 3)

$$yu''+(2y'+Py)u'=0,$$

其中的 $y=y(x)$ 已知. 这是不显含 u 的方程. 可求得

$$u(x)=\int\frac{1}{y^2(x)}e^{-\int P(x)dx}dx. \tag{3}$$

于是方程(2)的通解 $\qquad y_C=C_1y(x)+C_2y(x)u(x).$

特别地,方程(2)有时可用观察法确定其一个特解,然后再用上述思路求其通解. 例如

1° 当 $1+P(x)+Q(x)=0$ 时,则有特解 $y=e^x$(见例 5).

2° 当 $1-P(x)+Q(x)=0$ 时,则有特解 $y=e^{-x}$(见例 4(2)).

3° 当 $P(x)+xQ(x)=0$ 时,则有特解 $y=x$(见例 4(1)).

例 1 设 $y_1(x)$ 和 $y_2(x)$ 为二阶齐次线性微分方程 $y''+P(x)y'+Q(x)y=0$ 的两个特解,则 $C_1y_1(x)+C_2y_2(x)$(其中 C_1, C_2 是任意常数)是该方程的通解的充分必要条件是(　　).

(A) $y_1(x)y_2'(x)-y_2(x)y_1'(x)=0$　　(B) $y_1(x)y_2'(x)-y_2(x)y_1'(x)\neq 0$

(C) $y_1(x)y_2'(x)+y_2(x)y_1'(x)=0$　　(D) $y_1(x)y_2'(x)+y_2(x)y_1'(x)\neq 0$

分析 充分必要条件是 $y_1(x)$ 与 $y_2(x)$ 线性无关.

解 选(B). 由 $y_1(x)$ 与 $y_2(x)$ 线性无关,即 $\frac{y_1(x)}{y_2(x)}\neq$ 常数知 $\left[\frac{y_1(x)}{y_2(x)}\right]'\neq 0$,从而

$$\frac{y_1'(x)y_2(x)-y_2'(x)y_1(x)}{y_2^2(x)}\neq 0, \quad 即 \quad y_1(x)y_2'(x)-y_2(x)y_1'(x)\neq 0.$$

例 2 设有微分方程 $\frac{d^2y}{dx^2}=xy$,又有在区间 $(-\infty,+\infty)$ 内收敛的级数

$$y_1=1+\frac{x^3}{2\cdot 3}+\frac{x^6}{2\cdot 3\cdot 5\cdot 6}+\frac{x^9}{2\cdot 3\cdot 5\cdot 6\cdot 8\cdot 9}+\cdots,$$

$$y_2=x+\frac{x^4}{3\cdot 4}+\frac{x^7}{3\cdot 4\cdot 6\cdot 7}+\frac{x^{10}}{3\cdot 4\cdot 6\cdot 7\cdot 9\cdot 10}+\cdots,$$

试证明 $y=C_1y_1+C_2y_2$(C_1, C_2 是任意常数)是已知方程的通解.

证 先证 y_1, y_2 是已知方程的解.

$$y_1'=\frac{x^2}{2}+\frac{x^5}{2\cdot3\cdot5}+\frac{x^8}{2\cdot3\cdot5\cdot6\cdot8}+\cdots,$$

$$y_1''=x+\frac{x^4}{2\cdot3}+\frac{x^7}{2\cdot3\cdot5\cdot6}+\cdots,$$

$$y_2'=1+\frac{x^3}{3}+\frac{x^6}{3\cdot4\cdot6}+\frac{x^9}{3\cdot4\cdot6\cdot7\cdot9}+\cdots,$$

$$y_2''=x^2+\frac{x^5}{3\cdot4}+\frac{x^8}{3\cdot4\cdot6\cdot7}+\cdots.$$

将 y_1,y_1'' 的表达式代入已知方程，y_2,y_2'' 的表达式代入已知方程，分别有

$$x+\frac{x^4}{2\cdot3}+\frac{x^7}{2\cdot3\cdot5\cdot6}+\cdots=x\left(1+\frac{x^3}{2\cdot3}+\frac{x^6}{2\cdot3\cdot5\cdot6}+\cdots\right),$$

$$x^2+\frac{x^5}{3\cdot4}+\frac{x^8}{3\cdot4\cdot5\cdot6}+\cdots=x\left(x+\frac{x^4}{3\cdot4}+\frac{x^7}{3\cdot4\cdot6\cdot7}+\cdots\right).$$

显然，上述二式均是恒等式，即 y_1,y_2 均是微分方程的解.

已知方程是二阶齐次方程，易证 y_1,y_2 线性无关，且 C_1,C_2 是任意常数. 依通解的结构定理知，$y=C_1y_1+C_2y_2$ 是所给方程的通解.

例 3　已知 $y=\dfrac{\sin x}{x}$ 是方程 $xy''+2y'+xy=0$ 的一个解，求其通解.

解　设 $y_1=u(x)y=u(x)\dfrac{\sin x}{x}$ 是所给方程的解，其中 $u(x)$ 是待定函数，则

$$y_1'=u'y+uy',\quad y_1''=u''y+2u'y'+uy'',$$

将 y_1,y_1',y_1'' 的表达式代入原方程得

$$xyu''+2(xy'+y)u'+(xy''+2y'+xy)u=0.$$

由于 $y=\dfrac{\sin x}{x}$ 是原方程的解，应有 $xy''+2y'+xy=0$；又 $xy'+y=x\dfrac{x\cos x-\sin x}{x^2}+\dfrac{\sin x}{x}$ $=\cos x$，所以上式为①

$$u''\sin x+2u'\cos x=0,\quad 即\quad \frac{u''}{u'}+\frac{2\cos x}{\sin x}=0.$$

由此得　$$\ln|u'|+2\ln|\sin x|=\ln C,\quad 或\quad u'\sin^2x=C.$$

由上式得　$$u(x)=-C\cot x+C_1.$$

可取 $u(x)=\cot x$，则 $y_1=\dfrac{\cos x}{x}$. 于是所求通解为 $y=C_1\dfrac{\sin x}{x}+C_2\dfrac{\cos x}{x}$.

注　本例也可直接由公式(3)求 $u(x)$.

例 4　求下列方程的通解：

(1) $x^2(\ln x-1)y''-xy'+y=0$；

(2) $(\cos x-\sin x)y''+2\cos x\cdot y'+(\cos x+\sin x)y=0$.

解　(1) 因 $P(x)+xQ(x)=\dfrac{-1}{x(\ln x-1)}+\dfrac{x}{x^2(\ln x-1)}=0$，所以方程有特解 $y=x$.

---

① 所得到的方程一定是不显含 u 的形如 $u''=f(x,u')$ 的二阶微分方程.

令 $y_1=u(x)\cdot x$ 是方程的解，由公式(3)

$$u(x)=\int\frac{1}{x^2}e^{\int\frac{1}{x(\ln x-1)}dx}dx=\int\frac{\ln x-1}{x^2}dx=-\frac{\ln x}{x},$$

由此，$y_1=-\frac{\ln x}{x}\cdot x=-\ln x$. 故所求通解 $y_C=C_1x+C_2\ln x$.

(2) 因 $1-P(x)+Q(x)=1-\frac{2\cos x}{\cos x-\sin x}+\frac{\cos x+\sin x}{\cos x-\sin x}=0$，所以方程有特解 $y=e^{-x}$.

令 $y_1=u(x)e^{-x}$ 是方程的解，由公式(3)可求得 $u(x)=\frac{\cos x}{e^{-x}}$. 于是所求通解

$$y_C=C_1e^{-x}+C_2\cos x.$$

例 5 已知方程 $(x-1)y''-xy'+y=-x^2+2x-2$ 有一个特解 $y^*=x^2$，求其通解.

解 对齐次方程 $(x-1)y''-xy'+y=0$，有

$$1+P(x)+Q(x)=1-\frac{x}{x-1}+\frac{1}{x-1}=0,$$

$$P(x)+xQ(x)=-\frac{x}{x-1}+\frac{x}{x-1}=0,$$

故有特解 $y_1=e^x$，$y_2=x$，且 y_1 与 y_2 线性无关. 由非齐次线性微分方程解的结构定理，原方程的通解是

$$y=C_1e^x+C_2x+x^2.$$

例 6 已知方程 $y''-y'+ye^{2x}=xe^{2x}-1$ 有两个特解 $y_1^*=x$，$y_2^*=x+\sin e^x$，求其通解.

解 因 $y_1=y_2^*-y_1^*=\sin e^x$ 是齐次方程 $y''-y'+ye^{2x}=0$ 的一个解，令 $y_2=u(x)\sin e^x$ 是齐次方程的解. 由公式(3)可得 $u(x)=-\cot e^x$，故

$$y_2=-\cot e^x\cdot\sin e^x=-\cos e^x.$$

于是原方程的通解是 $y=C_1\sin e^x+C_2\cos e^x+x$.

例 7 已知 $y_1^*=1$，$y_2^*=1+x$，$y_3^*=1+x^2$ 都是方程 $y''-\frac{2}{x}y'+\frac{2}{x^2}y=\frac{2}{x^2}$ 的特解，求其通解.

解 因 $y_1=y_2^*-y_1^*=x$，$y_2=y_3^*-y_1^*=x^2$ 都是原方程相对应的齐次方程的解，且 y_1 与 y_2 线性无关，故原方程的通解

$$y=C_1x+C_2x^2+1.$$

注 观察原方程，可知应有特解 $y^*=1$. 事实上，对二阶非齐次线性微分方程(1)，当 $Q(x)=af(x)$ 时，该方程有特解 $y=1/a$.

五、常系数线性微分方程的解法

1. 二阶常系数齐次线性微分方程的解法

二阶常系数非齐次线性微分方程

$$y'' + py' + qy = f(x) \quad (f(x) \neq 0, p, q \text{ 为常数}). \tag{1}$$

二阶常系数齐次线性微分方程

$$y'' + py' + qy = 0. \tag{2}$$

求齐次线性方程(2)通解 Y 的程序

(1) 写出其特征方程 $r^2+pr+q=0$,并求出两个特征根;

(2) 由特征根的情形,写出通解,如表 1 所示.

表　1

特征根	$y''+py'+qy=0$ 的通解
相异实根 r_1,r_2	$Y=C_1\mathrm{e}^{r_1x}+C_2\mathrm{e}^{r_2x}$
相等实根 $r_1=r_2$	$Y=(C_1+C_2x)\mathrm{e}^{r_1x}$
共轭复根 $r_{1,2}=\alpha\pm\mathrm{i}\beta$	$Y=\mathrm{e}^{\alpha x}(C_1\cos\beta x+C_2\sin\beta x)$

2. n 阶常系数齐次线性微分方程的解法

n 阶常系数非齐次线性微分方程

$$y^{(n)} + a_1y^{(n-1)} + a_2y^{(n-2)} + \cdots + a_{n-1}y' + a_ny = f(x) \quad (f(x) \neq 0). \tag{3}$$

n 阶常系数齐次线性微分方程

$$y^{(n)} + a_1y^{(n-1)} + a_2y^{(n-2)} + \cdots + a_{n-1}y' + a_ny = 0, \tag{4}$$

特征方程

$$r^n + a_1r^{n-1} + a_2r^{n-2} + \cdots + a_{n-1}r + a_n = 0. \tag{5}$$

特征方程(5)有 n 个根,n 个特征根对应方程(4)的 n 个线性无关的特解;**这 n 个特解的线性组合就是齐次方程(4)的通解**. 由特征根确定方程(4)的线性无关特解的情形如表 2 所示.

表　2

特征根	齐次线性微分方程(4)对应于 r 的线性无关的特解及个数
单实根 r	1 个:e^{rx}
$k(\geqslant 2)$重实根 r	k 个:$\mathrm{e}^{rx},x\mathrm{e}^{rx},\cdots,x^{k-1}\mathrm{e}^{rx}$
单复根 $\alpha\pm\mathrm{i}\beta$	2 个:$\mathrm{e}^{\alpha x}\cos\beta x,\mathrm{e}^{\alpha x}\sin\beta x$
$k(k\geqslant 2)$重复根 $\alpha\pm\mathrm{i}\beta$	$2k$ 个:$\mathrm{e}^{\alpha x}\cos\beta x,x\mathrm{e}^{\alpha x}\cos\beta x,\cdots,x^{k-1}\mathrm{e}^{\alpha x}\cos\beta x$ $\mathrm{e}^{\alpha x}\sin\beta x,x\mathrm{e}^{\alpha x}\sin\beta x,\cdots,x^{k-1}\mathrm{e}^{\alpha x}\sin\beta x$

3. 求常系数非齐次线性微分方程的特解

用待定系数法求二阶非齐次方程(1)特解 y^* 的程序

(1) 根据方程(1)的自由项 $f(x)$的形式设出待定特解 y^* 的形式,如表 3 所示;

(2) 求出 $y^{*\prime},y^{*\prime\prime}$,将 $y^*,y^{*\prime},y^{*\prime\prime}$的表达式代入方程(1),得到一个恒等式;

(3) 比较等式两端,可得到一个确定待定常数的方程或方程组,由此解出待定常数;

(4) 写出方程(1)的特解 y^*.

表 3

$f(x)$的形式	确定待定特解的条件	待定特解的形式	
$e^{\lambda x}P_m(x)$ $P_m(x)$是 m 次多项式	λ 不是特征根	$e^{\lambda x}Q_m(x)$	$Q_m(x)$是 m 次多项式
	λ 是单特征根	$xe^{\lambda x}Q_m(x)$	
	λ 是二重特征根	$x^2e^{\lambda x}Q_m(x)$	
	* λ 是 k $(k\geqslant 3)$重特征根	$x^k e^{\lambda x}Q_m(x)$	
$e^{\lambda x}[P_l(x)\cos\omega x+\widetilde{P}_n(x)\sin\omega x]$ $P_l(x)$是 l 次多项式 $\widetilde{P}_n(x)$是 n 次多项式	$\lambda\pm i\omega$ 不是特征根	$e^{\lambda x}[R_m(x)\cos\omega x+\widetilde{R}_m(x)\sin\omega x]$	$m=\max\{l,n\}$ $R_m(x),\widetilde{R}_m(x)$ 均是 m 次多项式
	$\lambda\pm i\omega$ 是特征根	$xe^{\lambda x}[R_m(x)\cos\omega x+\widetilde{R}_m(x)\sin\omega x]$	
	* $\lambda\pm i\omega$ 是 $k(k\geqslant 2)$重特征根	$x^k e^{\lambda x}[R_m(x)\cos\omega x+\widetilde{R}_m(x)\sin\omega x]$	

对二阶方程(1)，不需要表中有 * 的行. 上述求解程序可推广至 n 阶方程(3)，全表也适用于 $n(n\geqslant 3)$阶方程.

例 1 已知二阶常系数齐次线性微分方程的特征根，试写出对应的微分方程及其通解：

(1) $r_1=-1,r_2=4$； (2) $r_1=r_2=6$； (3) $r_1=0,r_2=1$；

(4) $r_1=-2,r_2=2$； (5) $r_1=-i,r_2=i$； (6) $r_1=-\dfrac{1}{2}-\dfrac{\sqrt{3}}{2}i,r_2=-\dfrac{1}{2}+\dfrac{\sqrt{3}}{2}i$.

分析 微分方程为 $y''+py'+qy=0$，只要求出 p 和 q 即可，而 $p=-(r_1+r_2),q=r_1\cdot r_2$，对共轭复根 $\alpha\pm i\beta$，即 $p=-2\alpha,q=\alpha^2+\beta^2$.

解 (1) 因 $r_1+r_2=3,r_1\cdot r_2=-4$，故微分方程为 $y''-3y'-4y=0$；通解为

$$y=C_1e^{-x}+C_2e^{4x}.$$

(2) 因 $r_1+r_2=12,r_1\cdot r_2=36$，故微分方程为 $y''-12y'+36y=0$；通解为

$$y=(C_1+C_2x)e^{6x}.$$

(3) 因 $r_1+r_2=1,r_1\cdot r_2=0$，故微分方程为 $y''-y'=0$；通解为 $y=C_1+C_2e^x$.

(4) 因 $r_1+r_2=0,r_1\cdot r_2=-4$，故微分方程为 $y''-4y=0$；通解为 $y=C_1e^{-2x}+C_2e^{2x}$.

(5) 因 $r_1+r_2=0,r_1\cdot r_2=1$，故微分方程为 $y''+y=0$；通解为 $y=C_1\cos x+C_2\sin x$.

(6) 因 $r_1+r_2=-1,r_1\cdot r_2=1$，故微分方程为 $y''+y'+y=0$；通解为

$$y=e^{-\frac{1}{2}x}\left(C_1\cos\frac{\sqrt{3}}{2}x+C_2\sin\frac{\sqrt{3}}{2}x\right).$$

例 2 求方程 $y''+4y'+qy=0$ 的通解，其中 q 为任意实数.

分析 微分方程的特征方程为 $r^2+4r+q=0$. 当 q 取不同的值时，特征根的情形不同，因此，须对 q 的取值进行讨论.

解 特征方程是 $r^2+4r+q=(r+2)^2-(4-q)=0$.

当 $q<4$ 时，特征根 $r_{1,2}=-2\pm\sqrt{4-q}$，所求通解为 $y=C_1e^{(-2+\sqrt{4-q})x}+C_2e^{(-2-\sqrt{4-q})x}$；

当 $q=4$ 时，特征根 $r_{1,2}=-2$，其通解为 $y=(C_1+C_2x)e^{-2x}$；

当 $q>4$ 时，特征根 $r_{1,2}=-2\pm i\sqrt{q-4}$，其通解为

$$y=e^{-2x}(C_1\cos\sqrt{q-4}x+C_2\sin\sqrt{q-4}x).$$

例 3　求下列方程的通解：

(1) $y'''-13y''+12y'=0$；　(2) $y^{(4)}+8y''+16y=0$；　(3) $y^{(5)}+3y'''=0$.

解　(1) 特征方程 $r^3-13r^2+12r=0$，特征根 $r_1=0, r_2=1, r_3=12$，故通解

$$y=C_1+C_2e^x+C_3e^{12x}.$$

(2) 特征方程 $r^4+8r^2+16=(r^2+4)^2=0$，特征根 $r_{1,2}=r_{3,4}=\pm 2i$. 因 $\pm 2i$ 是二重复根，按表 2，对应的特解是 $\cos 2x, \sin 2x, x\cos 2x, x\sin 2x$，故通解

$$y=(C_1+C_2x)\cos 2x+(C_3+C_4x)\sin 2x.$$

(3) 特征方程 $r^5+3r^3=0$，特征根 $r_{1,2,3}=0, r_{4,5}=\pm\sqrt{3}i$. 因 $r=0$ 是三重根，按表 2，对应的特解是 $1, x, x^2$；$\pm\sqrt{3}i$ 是单复根，对应的特解是 $\cos\sqrt{3}x, \sin\sqrt{3}x$. 故通解为

$$y=C_1+C_2x+C_3x^2+C_4\cos\sqrt{3}x+C_5\sin\sqrt{3}x.$$

例 4　设 $\begin{cases} y''(x)+2my'(x)+n^2y(x)=0, \\ y(0)=y_1, y'(0)=y_2, \end{cases}$ 其中 m, n 为实数，且 $m>n>0$，求 $\int_0^{+\infty} y(x)dx$.

分析　应先求方程的特解 $y(x)$，再求广义积分.

解　所给微分方程的特征方程 $r^2+2mr+n^2=0$，特征根 $r_1=-m-\sqrt{m^2-n^2}, r_2=-m+\sqrt{m^2-n^2}$. 显然 $r_1<0, r_2<0$. 方程的通解为

$$y(x)=C_1e^{r_1x}+C_2e^{r_2x},\quad 且\quad y'(x)=C_1r_1e^{r_1x}+C_2r_2e^{r_2x}.$$

把初值条件 $y(0)=y_1, y'(0)=y_2$ 代入上二式可解出

$$C_1=\frac{y_1r_2-y_2}{r_2-r_1},\quad C_2=\frac{y_2-y_1r_1}{r_2-r_1}.$$

于是
$$\int_0^{+\infty} y(x)dx=\int_0^{+\infty}(C_1e^{r_1x}+C_2e^{r_2x})dx=\left(\frac{C_1}{r_1}e^{r_1x}+\frac{C_2}{r_2}e^{r_2x}\right)\Big|_0^{+\infty}$$
$$=-\left(\frac{C_1}{r_1}+\frac{C_2}{r_2}\right)=-\frac{C_1r_2+C_2r_1}{r_1r_2}=-\frac{y_1(r_2^2-r_1^2)-y_2(r_2-r_1)}{r_1r_2(r_2-r_1)}$$
$$=\frac{y_2-y_1(r_1+r_2)}{r_1r_2}=\frac{y_2+2my_1}{n^2}.$$

例 5　已知二阶常系数非齐次线性方程的特征根和自由项 $f(x)$ 的形式，试写出待定特解的形式：

(1) $r_1=1, r_2=2, f(x)=Ax^2+Bx+C$；　(2) $r_{1,2}=-1, f(x)=e^{-x}(Ax+B)$；

(3) $r_1=2, r_2=3, f(x)=(x^2+1)e^x+xe^{2x}$；　(4) $r_{1,2}=\pm 3i, f(x)=\sin 2x$；

(5) $r_{1,2}=2\pm i, f(x)=e^{2x}(2\cos x+\sin x)$；

(6) $r_{1,2}=1\pm 2i, f(x)=xe^x\cos 2x-x^2e^x\sin 2x$.

分析　应根据表 3，由 $f(x)$ 的形式及特征根的情形，设出特解 y^* 的形式.

解　(1) $f(x)=e^{\lambda x}P_2(x)$，$\lambda=0$ 不是特征根，设 $y^*=ax^2+bx+c$.

(2) $f(x)=e^{\lambda x}P_1(x)$，$\lambda=-1$ 是二重特征根，设 $y^*=x^2e^{-x}(ax+b)$.

(3) $f(x)=f_1(x)+f_2(x)$，其中 $f_1(x)=(x^2+1)\mathrm{e}^x$，$f_2(x)=x\mathrm{e}^{2x}$.

$f_1(x)=\mathrm{e}^{\lambda x}P_2(x)$，$\lambda=1$ 不是特征根，设 $y_1^*=\mathrm{e}^x(ax^2+bx+c)$；$f_2(x)=\mathrm{e}^{\lambda x}P_1(x)$，$\lambda=2$ 是单特征根，设 $y_2^*=x\mathrm{e}^x(dx+e)$. 特解 $y^*=y_1^*+y_2^*=\mathrm{e}^x(ax^2+bx+c)+x\mathrm{e}^x(\mathrm{d}x+\mathrm{e})$.

(4) $f(x)=\mathrm{e}^{\lambda x}[P_l(x)\cos\omega x+\widetilde{P}_0(x)\sin\omega x]$，其中 $P_l(x)=0$，$\lambda=0$，$\omega=2$. $\lambda\pm\mathrm{i}\omega=\pm2\mathrm{i}$ 不是特征根，设 $y^*=a\cos2x+b\sin2x$.

(5) $f(x)=\mathrm{e}^{\lambda x}[P_0(x)\cos\omega x+\widetilde{P}_0(x)\sin\omega x]$，其中 $\lambda=2$，$\omega=1$. $\lambda\pm\mathrm{i}\omega=2\pm\mathrm{i}$ 是单特征根，设 $y^*=x\mathrm{e}^x(a\cos x+b\sin x)$.

(6) $f(x)=\mathrm{e}^{\lambda x}[P_1(x)\cos\omega x+\widetilde{P}_2(x)\sin\omega x]$，其中 $\lambda=1$，$\omega=2$. $\lambda\pm\mathrm{i}\omega=1\pm2\mathrm{i}$ 是单特征根，设 $y^*=x\mathrm{e}^x[(ax^2+bx+c)\cos2x+(dx^2+ex+f)\sin2x]$.

例 6 已知常系数非齐次线性方程的特征根和右端 $f(x)$ 的形式，试写出待定特解的形式：

(1) $r_1=r_2=0$，$r_3=1$，$f(x)=Ax^2+Bx+C$；

(2) $r_1=-\mathrm{i}$，$r_2=\mathrm{i}$，$r_3=1$，$f(x)=\cos x+\sin x$；

(3) $r_1=r_2=3-2\mathrm{i}$，$r_3=r_4=3+2\mathrm{i}$，$f(x)=\mathrm{e}^{3x}(\cos2x+\sin2x)$.

解 (1) $f(x)=\mathrm{e}^{\lambda x}P_2(x)$，$\lambda=0$ 是二重特征根，设 $y^*=x^2(ax^2+bx+c)$.

(2) $f(x)=\mathrm{e}^{\lambda x}[P_0(x)\cos\omega x+\widetilde{P}_0(x)\sin\omega x]$，其中 $\lambda=0$，$\omega=1$. $\lambda+\mathrm{i}\omega=\pm\mathrm{i}$ 是单特征根，设 $y^*=x(a\cos x+b\sin x)$.

(3) $f(x)=\mathrm{e}^{\lambda x}[P_0(x)\cos\omega x+\widetilde{P}_0(x)\sin\omega x]$，其中 $\lambda=3$，$\omega=2$. $\lambda\pm\mathrm{i}\omega=3\pm2\mathrm{i}$ 是二重特征根，设 $y^*=x^2\mathrm{e}^{3x}(a\cos2x+b\sin2x)$.

例 7 求方程 $y''-6y'+8y=(x^2+1)\mathrm{e}^{2x}$ 的通解.

解 特征方程 $r^2-6r+8=0$，特征根 $r_1=2$，$r_2=4$，齐次方程的通解是 $Y=C_1\mathrm{e}^{2x}+C_2\mathrm{e}^{4x}$.

因 $f(x)=\mathrm{e}^{2x}(x^2+1)=\mathrm{e}^{\lambda x}P_2(x)$，$\lambda=2$ 是方程的单特征根，故设特解 $y^*=x\mathrm{e}^{2x}(ax^2+bx+c)$，其中 a,b,c 是待定常数.

求出 $y^{*\prime}$，$y^{*\prime\prime}$，并将 y^*，$y^{*\prime}$，$y^{*\prime\prime}$ 的表达式代入已知方程有

$$\begin{array}{rr|l}
 & 1 & y^{*\prime\prime}=\mathrm{e}^{2x}[4ax^3+(12a+4b)x^2+(6a+8b+4c)x+2b+4c] \\
 & -6 & y^{*\prime}=\mathrm{e}^{2x}[2ax^3+(3a+2b)x^2+(2b+2c)x+c] \\
+) & 8 & y^{*}=\mathrm{e}^{2x}(ax^3+bx^2+cx) \\
\hline
\end{array}$$

$$\mathrm{e}^{2x}(x^2+1)=\mathrm{e}^{2x}[-6ax^2+(6a-4b)x+(2b-2c)]$$

比较上恒等式两端 x 同次幂的系数，得方程组

$$\begin{cases}-6a=1,\\ 6a-4b=0,\\ 2b-2c=1,\end{cases}\quad 即\quad a=-\frac{1}{6},\ b=-\frac{1}{4},\ c=-\frac{3}{4}.$$

特解 $y^*=-x\mathrm{e}^{2x}\left(\frac{1}{6}x^2+\frac{1}{4}x+\frac{3}{4}\right)$. 于是，所求通解

$$y = Y + y^* = C_1 e^{2x} + C_2 e^{4x} - x e^{2x}\left(\frac{1}{6}x^2 + \frac{1}{4}x + \frac{3}{4}\right).$$

例 8　求方程 $y'' - y' = 4x\sin x$ 的通解.

解　特征方程 $r^2 - r = 0$，特征根 $r_1 = 0, r_2 = 1$，齐次方程的通解 $Y = C_1 + C_2 e^x$. $f(x) = 4x\sin x = e^{\lambda x}P_1(x)\sin\omega x$，$\lambda \pm i\omega = \pm i$ 不是特征根，设

$$y^* = (ax + b)\cos x + (cx + d)\sin x,$$

其中 a, b, c, d 是待定系数. 则

$$y^{*\prime} = (a + d)\cos x + (c - b)\sin x + cx\cos x - ax\sin x,$$

$$y^{*\prime\prime} = (2c - b)\cos x - (2a + d)\sin x - ax\cos x - cx\sin x.$$

将 $y^{*\prime}, y^{*\prime\prime}$ 的表达式代入方程，得

$$2(c - b)\cos x - 2(a + d)\sin x - 2ax\cos x - 2cx\sin x = 4x\sin x.$$

比较等式两端的系数，得

$$\begin{cases} 2(c - b) = 0, \\ 2(a + d) = 0, \\ -2a = 0, \\ -2c = 4, \end{cases} \quad \text{即} \quad a = 0, b = -2, c = -2, d = 0.$$

特解 $y^* = -2\cos x - 2x\sin x$. 于是所求通解 $y = Y + y^* = C_1 + C_2 e^x - 2\cos x - 2x\sin x$.

例 9　求下列方程的通解：

(1) $y''' - 3y'' + 4y = 48\cos x + 14\sin x$；　　(2) $y^{(4)} - 2y''' + 2y'' - 2y' + y = e^x$.

解　(1) 特征根 $r_1 = -1, r_{2,3} = 2$，故齐次方程的通解 $Y = C_1 e^{-x} + C_2 e^{2x} + C_3 x e^{2x}$.

$f(x) = e^{\lambda x}(P_0(x)\cos\omega x + \widetilde{P}_0(x)\sin\omega x)$，其中 $\lambda = 0, \omega = 1$. 因 $0 \pm i$ 不是特征根，设非齐次方程特解 $y^* = a\cos x + b\sin x$. 将其代入原方程，可求得 $a = 7, b = 1$. 所求通解

$$y = Y + y^* = C_1 e^{-x} + C_2 e^{2x} + C_3 x e^{2x} + 7\cos x + \sin x.$$

(2) 特征根 $r_{1,2} = 1, r_{3,4} = \pm i$，故齐次方程的通解 $Y = (C_1 + C_2 x)e^x + C_3\cos x + C_4\sin x$.

$f(x) = e^{\lambda x}P_0(x)$，其中 $\lambda = 1$. 因 $\lambda = 1$ 是二重特征根，设非齐次方程的特解 $y^* = ax^2 e^x$. 将其代入原方程，可确定 $a = \frac{1}{4}$. 所求通解

$$y = Y + y^* = (C_1 + C_2 x)e^x + C_3\cos x + C_4\sin x + \frac{1}{4}x^2 e^x.$$

例 10　就参数 α 取不同的值，写出方程 $y'' - 2y' + \alpha y = e^x\sin 2x$ 的特解 y^*.

分析　需就 α 的不同取值进行讨论.

解　特征方程 $r^2 - 2r + \alpha = 0$，特征根 $r = 1 \pm \sqrt{1 - \alpha}$. 方程的自由项

$f(x) = e^x\sin 2x = e^{\lambda x}(A\cos\omega x + B\sin\omega x)$，　其中 $\lambda = 1, \omega = 2, A = 0, B = 1$.

(1) 当 $\alpha = 5$ 时，$r = 1 \pm 2i$. 这时，$\lambda \pm i\omega = 1 \pm 2i$ 是单特征根，设特解

$$y^* = xe^x(a\cos 2x + b\sin 2x).$$

可以求得 $a=-\frac{1}{4}, b=0$，所求特解 $y^*=-\frac{1}{4}xe^x\cos 2x$.

（2）当 $\alpha\neq 5$ 时，$\lambda\pm i\omega=1\pm 2i$ 不是特征根，设特解 $y^*=e^x(a\cos 2x+b\sin 2x)$. 可以求得 $a=0, b=\frac{1}{\alpha-5}$. 于是 $y^*=\frac{1}{\alpha-5}e^x\sin 2x$.

例 11　写出微分方程 $y''-2y'+\alpha y=xe^{\lambda x}$ 的通解形式，其中 λ,α 是任意实数.

分析　不仅应讨论 α 的取值，还应讨论 λ 的取值，因 λ 将决定该方程特解 y^* 的形式.

解　特征根 $r_{1,2}=1\pm\sqrt{1-\alpha}$，$f(x)=xe^{\lambda x}=e^{\lambda x}P_1(x)$.

（1）当 $\alpha=1$ 时，特征根 $r_{1,2}=1$ 是二重根.

若 $\lambda=1$，则 λ 是二重特征根，方程的通解形式为 $y=(C_1+C_2x)e^x+x^2(ax+b)e^x$.

若 $\lambda\neq 1$，则 λ 不是特征根，方程的通解形式为 $y=(C_1+C_2x)e^x+(ax+b)e^{\lambda x}$.

（2）当 $\alpha<1$ 时，则有相异实根 $r_{1,2}=1\pm\sqrt{1-\alpha}$.

若 $\lambda=1+\sqrt{1-\alpha}$ 或 $\lambda=1-\sqrt{1-\alpha}$，则 λ 是单特征根，方程的通解形式为

$$y=C_1e^{(1+\sqrt{1-\alpha})x}+C_2e^{(1-\sqrt{1-\alpha})x}+x(ax+b)e^{\lambda x}.$$

若 $\lambda\neq 1+\sqrt{1-\alpha}$，$\lambda\neq 1-\sqrt{1-\alpha}$，则 λ 不是特征根，方程的通解形式为

$$y=C_1e^{(1+\sqrt{1-\alpha})x}+C_2e^{(1-\sqrt{1-\alpha})x}+(ax+b)e^{\lambda x}.$$

（3）当 $\alpha>1$ 时，特征根为共轭复数 $r_{1,2}=1\pm i\sqrt{\alpha-1}$. 因 λ 是实数，则通解形式是

$$y=e^x(C_1\cos\sqrt{\alpha-1}x+C_2\sin\sqrt{\alpha-1}x)+(ax+b)e^{\lambda x}.$$

例 12　求解方程 $y''-(\alpha+\beta)y'+\alpha\beta y=\alpha e^{\alpha x}+\beta e^{\beta x}$，$\alpha,\beta$ 为非零实数.

分析　注意到 α,β 是方程的特征根，须就 $\alpha\neq\beta,\alpha=\beta$ 进行讨论.

解　当 $\alpha\neq\beta$ 时，$r_1=\alpha, r_2=\beta$ 是特征根，齐次方程的通解 $Y=C_1e^{\alpha x}+C_2e^{\beta x}$. 分别求下述方程的特解：

$$y''-(\alpha+\beta)y'+\alpha\beta y=\alpha e^{\alpha x};\tag{1}$$

$$y''-(\alpha+\beta)y'+\alpha\beta y=\beta e^{\alpha x}.\tag{2}$$

$r_1=\alpha$ 是单特征根. 设方程(1)的特解 $y_1^*=axe^{\alpha x}$，将 $y_1^*, y_1^{*\prime}, y_1^{*\prime\prime}$ 代入方程(1)，可以求得 $a=\frac{\alpha}{\alpha-\beta}$，故 $y_1^*=\frac{\alpha}{\alpha-\beta}xe^{\alpha x}$；

$r_2=\beta$ 是单特征根. 设方程(2)的特解 $y_2^*=bxe^{\beta x}$，可以求得 $b=\frac{\beta}{\beta-\alpha}$，故 $y_2^*=\frac{\beta}{\beta-\alpha}xe^{\beta x}$.

于是原方程的通解

$$y=Y+y_1^*+y_2^*=C_1e^{\alpha x}+C_2e^{\beta x}+\frac{x}{\alpha-\beta}(\alpha e^{\alpha x}-\beta e^{\beta x}).$$

当 $\alpha=\beta$ 时，原方程为 $y''-2\alpha y''+\alpha^2y=2\alpha e^{\alpha x}$. 这时，$r_{1,2}=\alpha$ 是二重特征根，可以求得其通解

$$y=Y+y^*=(C_1+C_2x)e^{\alpha x}+\alpha x^2e^{\alpha x}.$$

例 13　设函数 $y=y(x)$ 在 $(-\infty,+\infty)$ 内具有二阶导数，且 $y'\neq 0$，$x=x(y)$ 是 $y=y(x)$

的反函数：

(1) 试将 $x=x(y)$ 所满足的微分方程 $\frac{d^2x}{dy^2}+(y+\sin x)\left(\frac{dx}{dy}\right)^3=0$ 变换为 $y=y(x)$ 满足的微分方程.

(2) 求变换后的微分方程满足初始条件 $y|_{x=0}=0, y'|_{x=0}=\frac{3}{2}$ 的解.

分析　先由反函数的导数公式求出 $\frac{dx}{dy}$ 用 $\frac{dy}{dx}$ 的表示式,并求出 $\frac{d^2x}{dy^2}$ 用 $\frac{dy}{dx}$ 的表示式.

解　(1) 由反函数的导数公式 $\frac{dx}{dy}=\frac{1}{y'}$,即 $y'\frac{dx}{dy}=1$.

上式两端对 x 求导,得

$$y''\frac{dx}{dy}+\frac{d^2x}{dy^2}y'^2=0, \quad 即 \quad \frac{d^2x}{dy^2}=-\frac{\frac{dx}{dy}y''}{y'^2}=-\frac{y''}{y'^3}.$$

将 $\frac{dx}{dy}, \frac{d^2x}{dy^2}$ 的表达式代入原方程,得

$$y''-y=\sin x. \tag{1}$$

(2) 易求得方程(1)的通解是 $y(x)=C_1e^{-x}+C_2e^x-\frac{1}{2}\sin x$.

由 $y|_{x=0}=0, y'|_{x=0}=\frac{3}{2}$ 可求得 $C_1=-1, C_2=1$. 故所求特解为

$$y(x)=e^x-e^{-x}-\frac{1}{2}\sin x.$$

例 14　确定 $(-\infty,+\infty)$ 上的可导函数 $y=\begin{cases} y_1(x), & x\leqslant \pi/2, \\ y_2(x), & x>\pi/2, \end{cases}$ 使得 $y_1(x)$ 是方程 $y''+4y=x^2\left(x\leqslant\frac{\pi}{2}\right)$ 满足条件 $y|_{x=0}=\frac{7}{8}, y'|_{x=0}=2$ 的特解,而 $y_2(x)$ 满足方程

$$y''+9y=0 \quad \left(x>\frac{\pi}{2}\right).$$

分析　按题设 $y_1(x)$ 和 $y_2(x)$ 均可求得. 由于在 $y_2(x)$ 中含两个任意常数,问题就成为用 $y=\begin{cases} y_1(x), & x\leqslant \pi/2, \\ y_2(x), & x>\pi/2 \end{cases}$ 在 $x=\frac{\pi}{2}$ 处可导来确定 $y_2(x)$ 中的任意常数.

解　可以求得方程 $y''+4y=x^2$ 的通解和满足初始条件的特解分别为

$$y_1(x)=Y+y^*=C_1\cos 2x+C_2\sin 2x+\frac{x^2}{4}-\frac{1}{8} \quad \left(x\leqslant\frac{\pi}{2}\right),$$

$$y_1(x)=\cos 2x+\sin 2x+\frac{x^2}{4}-\frac{1}{8} \quad \left(x\leqslant\frac{\pi}{2}\right).$$

也可求得方程 $y''+9y=0$ 的通解为

$$y_2(x)=C_3\cos 3x+C_4\sin 3x \quad \left(x>\frac{\pi}{2}\right).$$

于是
$$y=\begin{cases}\cos 2x+\sin 2x+\dfrac{x^2}{4}-\dfrac{1}{8}, & x\leqslant\dfrac{\pi}{2},\\ C_3\cos 3x+C_4\sin 3x, & x>\dfrac{\pi}{2}.\end{cases}$$

为使上述函数在 $x=\frac{\pi}{2}$ 处可微，该函数在 $x=\frac{\pi}{2}$ 处应连续且 $y'_-\left(\frac{\pi}{2}\right)=y'_+\left(\frac{\pi}{2}\right)$. 由 y 的表示式知

$$y\left(\frac{\pi}{2}\right)=\frac{\pi^2}{16}-\frac{9}{8}. \tag{1}$$

当 $x<\frac{\pi}{2}$ 时，

$$y'=-2\sin 2x+2\cos 2x+\frac{\pi}{2},\quad y'_-\left(\frac{\pi}{2}\right)=\frac{\pi}{4}-2; \tag{2}$$

当 $x>\frac{\pi}{2}$ 时，

$$y'=-3C_3\sin 3x+3C_4\cos 3x.$$

由条件(1)和(2)可解得 $C_3=\frac{\pi}{12}-\frac{2}{3}, C_4=\frac{9}{8}-\frac{\pi^2}{16}$. 从而所求在 $(-\infty,+\infty)$ 上的可导函数

$$y=\begin{cases}\cos 2x+\sin 2x+\dfrac{x^2}{4}-\dfrac{1}{8}, & x\leqslant\dfrac{\pi}{2},\\ \left(\dfrac{\pi}{12}-\dfrac{2}{3}\right)\cos 3x+\left(\dfrac{9}{8}-\dfrac{\pi^2}{16}\right)\sin 3x, & x>\dfrac{\pi}{2}.\end{cases}$$

例 15　设 $f(x)$ 具有二阶导数，$f(0)=0, f'(0)=1$，且

$$[xy(x+y)-f(x)y]dx+[f'(x)+x^2y]dy=0$$

是全微分方程，求 $f(x)$ 及全微分方程的解.

解　依题意，可设

$$P(x,y)=xy(x+y)-f(x)y,\quad Q(x,y)=f'(x)+x^2y.$$

由 $\frac{\partial P}{\partial y}=\frac{\partial Q}{\partial x}$ 可得

$$x^2+2xy-f(x)=f''(x)+2xy,\quad 即\quad f''(x)+f(x)=x^2.$$

这是二阶常系数非齐次线性微分方程. 可求得其通解为

$$f(x)=C_1\cos x+C_2\sin x+x^2-2,\quad 且\quad f'(x)=-C_1\sin x+C_2\cos x+2x.$$

由初值条件 $f(0)=0, f'(0)=1$ 可解得 $C_1=2, C_2=1$，所以

$$f(x)=2\cos x+\sin x+x^2-2.$$

又 $f'(x)=-2\sin x+\cos x+2x$，于是原方程为

$$[xy^2-(2\cos x+\sin x)y+2y]dx+(-2\sin x+\cos x+2x+x^2y)dy=0.$$

上述方程可分解为

$$(xy^2dx+x^2ydy)+2(ydx+xdy)$$

$$+[-(2\cos x+\sin x)y\mathrm{d}x+(-2\sin x+\cos x)\mathrm{d}y]=0,$$

可得全微分方程的通解$\frac{1}{2}x^2y^2+2xy-2y\sin x+y\cos x=C$.

例 16　求函数$z=f(x)$,使其满足$\frac{\mathrm{d}z}{\mathrm{d}x}=y+x^3$,$\frac{\mathrm{d}y}{\mathrm{d}x}=-z+\cos x$,且$f(0)=0,f'(0)=\frac{1}{2}$.

分析　为求$z=f(x)$,应从$\frac{\mathrm{d}z}{\mathrm{d}x}=y+x^3$出发,但需先消去式中的$y$,这要用到$\frac{\mathrm{d}y}{\mathrm{d}x}=-z+\cos x$,因此,前式应对$x$求导数.

解　将方程$\frac{\mathrm{d}z}{\mathrm{d}x}=y+x^3$两边对$x$求导数,并用$\frac{\mathrm{d}y}{\mathrm{d}x}=-z+\cos x$,得

$$\frac{\mathrm{d}^2z}{\mathrm{d}x^2}=\frac{\mathrm{d}y}{\mathrm{d}x}+3x^2,\quad 即\quad \frac{\mathrm{d}^2z}{\mathrm{d}x^2}+z=\cos x+3x^2.$$

这是二阶常系数非齐次微分方程.

用解叠加原理,可以求得上述方程的通解为

$$z=C_1\cos x+C_2\sin x-\frac{x}{2}\sin x-3x^2-6.$$

由$f(0)=0,f'(0)=\frac{1}{2}$可以求得$C_1=6,C_2=\frac{1}{2}$.于是所求函数

$$z=6\cos x+\frac{1}{2}(1+x)\sin x+3x^2-6.$$

六、微分方程的反问题

微分方程的反问题,在这里是指:已知微分方程的解或解的性质,求出该解所满足的微分方程或确定微分方程中的未知参数.

1. 用消去任意常数法求微分方程

若已知微分方程(变系数的,常系数的,非线性的,线性的均可)的通解,通过求一阶导数(通解中含一个任意常数),求一阶和二阶导数(通解中含两个任意常数),消去任意常数便可得到微分方程(见例 1).

2. 求线性微分方程的方法

以二阶线性微分方程为例(更高阶的微分方程其方法相同)**解题程序是**(例 2,例 3).

(1) 由齐次方程的解构成的三阶行列式得到齐次方程①.

设y_1,y_2是齐次微分方程两个线性无关的特解,求出y_1',y_1'',y_2',y_2'',写出下述三阶行列式并令其等于 0,即

$$\begin{vmatrix} y_1 & y_2 & y \\ y_1' & y_2' & y' \\ y_1'' & y_2'' & y'' \end{vmatrix}=0,$$

① 这里只给出方法,而不证明.

将左端行列式按第三列展开便得二阶齐次方程 $y''+P(x)y'+Q(x)y=0$.

(2) 以特解代入法确定自由项.

设所求非齐次方程为

$$y''+P(x)y'+Q(x)y=f(x),$$

其中 $f(x)$是待定函数.将已知的非齐次方程的特解 y^*,及 $y^{*\prime}$,$y^{*\prime\prime}$的表达式代入上式,便可求得 $f(x)$.这样便得到二阶非齐次线性微分方程.

3. 求常系数线性微分方程的方法

以二阶方程为例,**解题程序**(例 4)

(1) 由齐次方程两个线性无关的特解可得到特征根,由此可写出二阶齐次线性方程.

(2) 以特解代入法确定自由项.

例 1 确定通解为下列函数的微分方程

(1) $(x-C)^2+y^2=1$; (2) $y=\dfrac{x+C_1}{x+C_2}$.

解 (1) 将所给解的等式两端对 x 求导,得

$$2(x-C)+2yy'=0,\quad 即\quad C=x+yy'.$$

将 C 的表达式代入已知等式中,得一阶微分方程

$$[x-(x+yy')]^2+y^2=1,\quad 即\quad (yy')^2+y^2=1.$$

(2) 将等式$(x+C_2)y=x+C_1$ 两端对 x 求一阶、二阶导数

$$y+(x+C_2)y'=1, \tag{1}$$

$$y'+y'+(x+C_2)y''=0,\quad 即\quad C_2=-x-\frac{2y'}{y''}.$$

将 C_2 的表达式代入(1)式中,得二阶微分方程

$$y+\left(x-x-\frac{2y'}{y''}\right)y'=1,\quad 即\quad (y-1)y''-2y'^2=0.$$

例 2 已知 $y_1=\mathrm{e}^x$,$y_2=x^2-1$ 是二阶齐次线性微分方程的解,求微分方程.

解 易知 $y_1=\mathrm{e}^x$ 与 $y_2=x^2-1$ 线性无关,又

$$y_1'=\mathrm{e}^x,\quad y_1''=\mathrm{e}^x,\quad y_2'=2x,\quad y_2''=2.$$

于是有

$$\begin{vmatrix} y_1 & y_2 & y \\ y_1' & y_2' & y' \\ y_1'' & y_2'' & y'' \end{vmatrix}=\begin{vmatrix} \mathrm{e}^x & x^2-1 & y \\ \mathrm{e}^x & 2x & y' \\ \mathrm{e}^x & 2 & y'' \end{vmatrix}=0,\quad 或\quad \begin{vmatrix} 1 & x^2-1 & y \\ 1 & 2x & y' \\ 1 & 2 & y'' \end{vmatrix}=0,$$

按第三列展开左端的行列式,即得二阶齐次线性微分方程

$$(1+2x-x^2)y''+(x^2-3)y'+2(1-x)y=0.$$

例 3 确定通解为 $y=C_1x+C_2x\ln x+\dfrac{1}{2}x\ln^2x$ 的二阶非齐次线性微分方程.

解　按线性微分方程解的结构,$Y=C_1x+C_2x\ln x$ 是二阶齐次方程的通解,$y^*=\frac{1}{2}x\ln^2x$ 是二阶非齐次方程的一个特解.

因 $y_1=x,y_2=x\ln x$ 是齐次线性方程线性无关的特解,且

$$y_1'=1,\quad y_1''=0,\quad y_2'=\ln x+1,\quad y_2'=\frac{1}{x}.$$

于是有
$$\begin{vmatrix} y_1 & y_2 & y \\ y_1' & y_2' & y' \\ y_1'' & y_2'' & y'' \end{vmatrix}=\begin{vmatrix} x & x\ln x & y \\ 1 & \ln x+1 & y' \\ 0 & \frac{1}{x} & y'' \end{vmatrix}=0.$$

按第三列展开左端的行列式得二阶齐次线性方程

$$(x\ln x+x-x\ln x)y''-y'+\frac{1}{x}y=0,\quad 即\quad x^2y''-xy'+y=0.$$

设二阶非齐次线性方程为

$$x^2y''-xy'+y=f(x)\quad (f(x)\text{ 是待定函数}),\tag{2}$$

因
$$y^{*\prime}=\frac{1}{2}\ln^2x+\ln x,\quad y^{*\prime\prime}=\frac{\ln x}{x}+\frac{1}{x},$$

将 $y^*,y^{*\prime},y^{*\prime\prime}$的表达式代入(2)式,有

$$x^2\left(\frac{\ln x}{x}+\frac{1}{x}\right)-x\left(\frac{1}{2}\ln^2x+\ln x\right)+\frac{1}{2}x\ln^2x=f(x),\quad 即\quad x=f(x).$$

所以所求微分方程为 $x^2y''-xy'+y=x$.

例 4　设 $y_1=xe^x+e^{2x},y_2=xe^x+e^{-x},y_3=xe^x+e^{2x}-e^{-x}$是二阶常系数非齐次线性微分方程的特解,求该微分方程.

解　因 $y_3-y_1=-e^{-x},y_3-y_2=e^{2x}$是二阶齐次线性方程的解,且二者线性无关,故该方程的特征根 $r_1=-1,r_2=2$. 由此,齐次方程是 $y''-y'-2y=0$.

设非齐次方程为

$$y''-y'-2y=f(x)\quad (f(x)\text{ 是待定函数}).\tag{3}$$

由 y_3 的表示式及上述齐次方程的两个特解知,$y^*=xe^x$ 是方程(3)的特解. 又

$$y^{*\prime}=e^x+xe^x,\quad y^{*\prime\prime}=2e^x+xe^x.$$

将 $y^*,y^{*\prime},y^{*\prime\prime}$的表达式代入(3)式,可算得 $f(x)=e^x(1-2x)$. 于是所求微分方程为

$$y''-y'-2y=e^x(1-2x).$$

例 5　设二阶常系数线性微分方程 $y''+\alpha y'+\beta y=\gamma e^x$ 的一个特解为 $y^*=e^{2x}+(1+x)e^x$. 试确定 α,β,γ,并求该方程的通解.

解　将 $y^*=e^{2x}+(1+x)e^x$ 代入原方程,得

$$(4+2\alpha+\beta)e^{2x}+(3+2\alpha+\beta)e^x+(1+\alpha+\beta)=xe^x=\gamma e^x,$$

比较等式两端同类项的系数,有方程组

$$\begin{cases}4+2\alpha+\beta=0,\\3+2\alpha+\beta=\gamma,\\1+\alpha+\beta=0,\end{cases}\quad \text{即}\quad \alpha=-3,\ \beta=2,\ \gamma=-1.$$

所以,原方程为 $y''-3y'+2y=-e^x$.

易求得该方程的通解 $y=Y+y^*=C_1e^x+C_2e^{2x}+xe^x$.

七、用微分方程求解函数方程

1. 求解不含积分号也不含未知函数的导数的函数方程

未知函数所满足的函数方程,既不含积分符号,也不含未知函数的导数,**解题思路**:

首先导出未知函数所满足的微分方程,然后求解微分方程得未知函数.求解这类函数方程的**关键**是,依题设**应判定从求导数入手**(例 1~例 3):

若题设有未知函数 $f(x)$可导,可对已知等式求导数,也可用导数定义求导数 $f'(x)$;若题设没有未知函数可导,只能用导数定义求导数 $f'(x)$.

解这类函数方程,应特别注意从题设中确定未知函数 $f(x)$的初始条件.

2. 求解含偏导数条件的函数方程

未知函数满足一个含有偏导数条件的方程.**解题思路**:

首先按题设条件求偏导数,将偏导数代入已知方程可导出一个未知函数所满足的微分方程.

然后求解微分方程得未知函数(例 4~例 6).

3. 求解含定积分号(或二重积分)的函数方程

这是第五章"七、求解含定积分号的函数方程"的继续.这类方程的类型及解题思路请读者再复习相关内容.这里要补充说明的是,在解微分方程时要特别注意的问题:

(1) 是求微分方程的通解,还是求特解;

(2) 若是求特解(多数情况如此),初值条件是隐含在所给函数方程中,往往是通过确定变限积分的积分限而得到.若微分方程是二阶的,第二个初值条件往往是由原函数方程求导后所得到的方程来确定(例 7~例 11).

4. 求解含曲线积分的函数方程

未知函数含在曲线积分中,一般是假设曲线积分与路径无关或隐含这样的条件.**解题思路**:

由曲线积分与路径无关的条件:$\dfrac{\partial P}{\partial y}=\dfrac{\partial Q}{\partial x}$,可得到含未知函数的导数的方程,或者说是未知函数所满足的微分方程.解微分方程可得未知函数(例 2,例 16).

例 1 求可微函数 $f(x)$,使其满足关系式

$$f(x+a)=\frac{f(x)+f(a)}{1+f(x)f(a)},\quad f'(0)=1.$$

分析　由所求 $f(x)$可微知,应从求导数入手;由 $f'(0)=1$ 应想到须确定函数 $f(x)$所满足的初始条件 $f(0)$的取值.

解 1　先确定 $f(0)$的值.将 $x=0$ 代入已知等式,可得 $f(0)[1-f^2(a)]=0$.即 $f(0)=0$ 或 $f(a)=\pm 1$.

而当 $f(a)=\pm 1$ 时,由已知等式得 $f(x+a)=\pm 1$,于是 $f(x)=\pm 1$,从而 $f'(0)=0$,这不合题意.故只能 $f(0)=0$.

已知等式两端对 x 求导,得

$$f'(x+a)=\frac{f'(x)-f'(x)f^2(a)}{[1+f(x)f(a)]^2},$$

由条件 $f(0)=0$,$f'(0)=1$,上式为 $f'(a)=1-f^2(a)$.

记 $y=f(a)$,问题就是求微分方程 $y'=1-y^2$ 满足初始条件 $f(0)=0$ 的解.这是可分离变量的方程,其通解为

$$\frac{1+y}{1-y}=Ce^{2x}\quad \text{或}\quad y=\frac{Ce^{2x}-1}{Ce^{2x}+1}.$$

解 2　如解 1 已得到 $f(0)=0$.由导数定义,已知式可写做

$$\begin{aligned}\frac{f(a+x)-f(a)}{x}&=\frac{f(x)}{x}\,\frac{1-f^2(a)}{1+f(x)f(a)}\\&=\frac{f(x)-f(0)}{x}\,\frac{1-f^2(a)}{1+f(x)f(a)},\end{aligned}$$

令 $x\to 0$,等式两端取极限,得

$$f'(a)=f'(0)[1-f^2(a)]=1-f^2(a).$$

这也得到微分方程 $y'=1-y^2$.

例 2　求函数 $f(x)$,设函数对 x,y 的一切正实数值满足方程

$$f(xy)=f(x)f(y),\quad \text{且}\quad f'(1)=\alpha\quad (\alpha\text{是实数}).$$

分析　题设没给出 $f(x)$可导,但从 $f'(1)=\alpha$ 知应先求 $f(1)$的取值,并从导数定义入手求 $f'(x)$.

解　在已知等式中,令 $x=y=1$ 得 $f(1)=f^2(1)$,由此 $f(1)=1$,$f(1)=0$,可以判定 $f(1)=0$ 不合题意.事实上,若 $f(1)=0$,由导数定义和题设

$$f'(1)=\lim_{\Delta x\to 0}\frac{f(1+\Delta x)-f(1)}{\Delta x}=\lim_{\Delta x\to 0}\frac{f(1)\cdot f(1+\Delta x)-f(1)}{\Delta x}=0,$$

这与题设 $f'(1)=\alpha$ 相矛盾.

由导数定义求 $f'(x)$,因

$$\frac{f(x+\Delta x)-f(x)}{\Delta x}=\frac{f\left(x\left(1+\dfrac{\Delta x}{x}\right)\right)-f(x)}{\Delta x}=\frac{f\left(1+\dfrac{\Delta x}{x}\right)-f(1)}{\dfrac{\Delta x}{x}}\cdot\frac{f(x)}{x},$$

令 $\Delta x \to 0$,等式两端取极限,得

$$f'(x) = f'(1) \cdot \frac{f(x)}{x}, \quad 即 \quad f'(x) - \frac{\alpha}{x} f(x) = 0.$$

这是一阶微分方程,并用初始条件 $f(1)=1$ 得所求函数 $f(x)=x^{\alpha}$.

例 3 设 $f(x+y)=e^{y}f(x)+e^{x}f(y)$,$f(x)$可微,且 $f'(0)=2$,求 $f(x)$.

分析 由题设 $f(x)$可微且 $f'(0)=2$ 知,应先求 $f(0)$并从求导入手.

解 1 在已知式中,令 $x=y=0$ 得 $f(0)=0$. 已知式对 y 求导,得 $f'(x+y)=e^{y}f(x)+e^{x}f'(y)$. 令 $y=0$,并注意 $f'(0)=2$,有微分方程

$$f'(x) - f(x) = 2e^{x},$$

其通解 $f(x)=e^{x}(2x+C)$. 由 $f(0)=0$ 得 $C=0$. 所求 $f(x)=2xe^{x}$.

解 2 已得 $f(0)=0$. 从导数定义入手.

$$\begin{aligned}\frac{f(x+y)-f(x)}{y} &= \frac{1}{y}\left[e^{y}f(x) + e^{x}f(y) - f(x)\right] \\ &= f(x)\frac{e^{y}-e^{0}}{y} + e^{x}\frac{f(y)-f(0)}{y}.\end{aligned}$$

令 $y \to 0$,等式两端取极限,得

$$f'(x) = f(x) \cdot 1 + e^{x}f'(0), \quad 即 \quad f'(x) - f(x) = 2e^{x}.$$

以下同解 1.

例 4 设 $u=f(r)$,$r=\ln\sqrt{x^2+y^2+z^2}$满足方程$\frac{\partial^2 u}{\partial x^2}+\frac{\partial^2 u}{\partial y^2}+\frac{\partial^2 u}{\partial z^2}=(x^2+y^2+z^2)^{-\frac{3}{2}}$,求 $f(r)$的表达式.

分析 应先求出$\frac{\partial^2 u}{\partial x^2}$,$\frac{\partial^2 u}{\partial y^2}$,$\frac{\partial^2 u}{\partial z^2}$,并将其代入已知等式,进而求出 $f(r)$的表达式.

解 由题设有

$$\frac{\partial u}{\partial x} = f'(r)\frac{\partial r}{\partial x} = f'(r)\frac{x}{x^2+y^2+z^2},$$

$$\frac{\partial^2 u}{\partial x^2} = f''(r)\frac{x^2}{(x^2+y^2+z^2)^2} + f'(r)\frac{y^2+z^2-x^2}{(x^2+y^2+z^2)^2}.$$

由对称性得

$$\frac{\partial^2 u}{\partial y^2} = f''(r)\frac{y^2}{(x^2+y^2+z^2)^2} + f'(r)\frac{z^2+x^2-y^2}{(x^2+y^2+z^2)^2},$$

$$\frac{\partial^2 u}{\partial z^2} = f''(r)\frac{z^2}{(x^2+y^2+z^2)^2} + f'(r)\frac{x^2+y^2-z^2}{(x^2+y^2+z^2)^2}.$$

因此 $$\frac{\partial^2 u}{\partial x^2}+\frac{\partial^2 u}{\partial y^2}+\frac{\partial^2 u}{\partial z^2} = \frac{f''(r)+f'(r)}{x^2+y^2+z^2} = (x^2+y^2+z^2)^{-\frac{3}{2}},$$

即 $$f''(r)+f'(r) = (x^2+y^2+z^2)^{-\frac{1}{2}}, \quad 或 \quad f''(r)+f'(r)=e^{-r}.$$

这是二阶常系数非齐次线性微分方程. 可以求得该方程的通解

$$f(r)=C_1+C_2\mathrm{e}^{-r}-r\mathrm{e}^{-r},$$

这就是 $f(r)$的表达式.

例 5 函数 $f(x,y)$具有二阶连续偏导数,满足$\dfrac{\partial^2 z}{\partial x\partial y}=0$,且在极坐标下可表成 $f(x,y)=h(r)$,其中 $r=\sqrt{x^2+y^2}$,求 $f(x,y)$.

分析 $f(x,y)=h(\sqrt{x^2+y^2})$,从求偏导数入手.

解 由 $f(x,y)=h(r)=h(\sqrt{x^2+y^2})$,求偏导数,得

$$\frac{\partial f}{\partial x}=h'(r)\frac{x}{\sqrt{x^2+y^2}},$$

$$\begin{aligned}\frac{\partial^2 f}{\partial x\partial y}&=h''(r)\frac{xy}{x^2+y^2}-h'(r)\frac{xy}{(x^2+y^2)^{\frac{3}{2}}}\\&=h''(r)\frac{r^2\cos\theta\sin\theta}{r^2}-h'(r)\frac{r^2\cos\theta\sin\theta}{r^3},\end{aligned}$$

由已知条件$\dfrac{\partial^2 f}{\partial x\partial y}=0$,并化简得

$$h''(r)-\frac{1}{r}h'(r)=0.$$

这是形如 $h''=\varphi(r,h')$(不显含 h)的方程. 设 $h'=P(r)$,则 $h''=P'(r)$,原方程化为

$$P'(r)-\frac{1}{r}P(r)=0.$$

可解得 $P(r)=Cr$,即 $h'(r)=Cr$. 再积分,得

$$h(r)=C_1r^2+C_2,\quad 从而\quad f(x,y)=C_1(x^2+y^2)+C_2\quad\left(C_1=\frac{C}{2}\right).$$

例 6 设 $z=xf\left(\dfrac{y}{x}\right)+2yf\left(\dfrac{x}{y}\right)$,其中 $f(u)$二阶可导,且

$$\left.\frac{\partial^2 z}{\partial x\partial y}\right|_{x=a}=-by^2\quad(a>0,b>0),$$

求 $f(x)$.

分析 按题设条件$\left.\dfrac{\partial^2 z}{\partial x\partial y}\right|_{x=a}=-by^2$知,应先求$\dfrac{\partial^2 z}{\partial x\partial y}$.

解 $\dfrac{\partial z}{\partial x}=f\left(\dfrac{y}{x}\right)-\dfrac{y}{x}f'\left(\dfrac{y}{x}\right)+2f'\left(\dfrac{x}{y}\right)$, $\dfrac{\partial^2 z}{\partial x\partial y}=-\dfrac{y}{x^2}f''\left(\dfrac{y}{x}\right)-\dfrac{2x}{y^2}f''\left(\dfrac{x}{y}\right)$.

由$\left.\dfrac{\partial^2 z}{\partial x\partial y}\right|_{x=a}=-by^2$,得

$$-\frac{y}{a^2}f''\left(\frac{y}{a}\right)-\frac{2a}{y^2}f''\left(\frac{a}{y}\right)=-by^2.$$

令$\dfrac{y}{a}=u$,则

$$\frac{u}{a}f''(u)+\frac{2}{au^2}f''\left(\frac{1}{u}\right)=a^2bu^2,\quad 即\quad u^3f''(u)+2f''\left(\frac{1}{u}\right)=a^3bu^4. \tag{1}$$

再令 $u=\frac{1}{t}$，则

$$\frac{1}{t^3}f''\left(\frac{1}{t}\right)+2f''(t)=a^3b\frac{1}{t^4},\quad 即\quad 2u^3f''(u)+f''\left(\frac{1}{u}\right)=\frac{a^3b}{u}. \tag{2}$$

(1)式与(2)式联立，可解得

$$f''(u)=-\frac{1}{3}a^2bu+\frac{2}{3}a^3b\frac{1}{u^4},$$

于是

$$f'(u)=-\frac{1}{6}a^3bu^2-\frac{2}{9}a^3bu^{-3}+C_1,$$

$$f(u)=-\frac{1}{18}a^3bu^3+\frac{1}{9}a^3bu^{-2}+C_1u+C_2,$$

即所求

$$f(x)=-\frac{1}{18}a^3bx^3+\frac{1}{9}a^3bx^{-2}+C_1x+C_2.$$

例 7 求 $f(1)$ 和 $f(x)$，可微函数 $f(x)$ 满足

$$\int_1^x\frac{f(t)}{f^2(t)+t}\mathrm{d}t=f(x)-1.$$

解 在已知等式中，令 $x=1$，得 $0=f(1)-1$，即 $f(1)=1$.

为求 $f(x)$，对已知等式两端对 x 求导，并记 $y=f(x)$，有

$$\frac{f(x)}{f^2(x)+x}=f'(x),\quad 即\quad \frac{y}{y^2+x}=\frac{\mathrm{d}y}{\mathrm{d}x}.$$

将 x 看成 y 的函数，得一阶线性微分方程

$$\frac{\mathrm{d}x}{\mathrm{d}y}-\frac{1}{y}x=y,$$

可解得 $x=y(y+C)$. 由初始条件 $f(1)=1$ 得 $C=0$. 所求函数为 $x=y^2=f^2(x)$.

例 8 函数 $f(x)$ 在 $(0,+\infty)$ 内可导，$f(0)=1$，且满足

$$f'(x)+f(x)=\frac{1}{x+1}\int_0^x f(t)\mathrm{d}t.$$

(1) 求导数 $f'(x)$； (2) 证明：当 $x\geqslant 0$ 时，$\mathrm{e}^{-x}\leqslant f(x)\leqslant 1$.

解 已知方程可写做 $(x+1)[f'(x)+f(x)]=\int_0^x f(t)\mathrm{d}t$，对 x 求导，得

$$(x+1)f''(x)+(x+2)f'(x)=0.$$

这是 $y''=f(x,y')$ 型方程，令 $f'(x)=P=P(x)$，方程化为

$$(x+1)P'+(x+2)P=0,$$

分离变量并积分，得 $P=C\mathrm{e}^{-x-\ln(x+1)}$.

由 $f(0)=1$ 及已知等式知 $f'(0)=-1$，即 $f'(0)=P|_{x=0}=-1$，由此得 $C=-1$. 于是

$$f'(x)=P=-\frac{\mathrm{e}^{-x}}{x+1}.$$

(2) 因 $f(0)=1$，又当 $x\geqslant 0$ 时，$-\mathrm{e}^{-x}\leqslant f'(x)=-\dfrac{\mathrm{e}^{-x}}{x+1}\leqslant 0$，两端积分得

$$-\int_0^x \mathrm{e}^{-t}\mathrm{d}t \leqslant f(x)-f(0)\leqslant 0,\quad 即\quad \mathrm{e}^{-x}\leqslant f(x)\leqslant 1.$$

例 9　求函数 $f(x)$，设曲线 $y=f(x)$ 在原点与曲线 $y=x^3-3x^2$ 相切，且满足

$$f'(x)+2\int_0^x f(t)\mathrm{d}t=-3f(x)-3x\mathrm{e}^{-x}.$$

解　因曲线 $y=f(x)$ 与曲线 $y=x^3-3x^2$ 在原点相切，且 $y'=(x^3-3x^2)'=3x^2-6x$，可知 $f(0)=0$，$f'(0)=0$.

已知等式两端对 x 求导，得

$$f''(x)+3f'(x)+2f(x)=3\mathrm{e}^{-x}(x-1).$$

这是常系数二阶线性微分方程，其通解为

$$f(x)=C_1\mathrm{e}^{-x}+C_2\mathrm{e}^{-2x}+\left(\frac{3}{2}x-6\right)x\mathrm{e}^{-x}.$$

由初始条件 $f(0)=0$，$f'(0)=0$ 可得 $C_1=6$，$C_2=-6$. 所求

$$f(x)=6\mathrm{e}^{-x}-6\mathrm{e}^{-2x}+\left(\frac{3}{2}x-6\right)x\mathrm{e}^{-x}.$$

例 10　求函数 $f(x)$，已知 $f(0)=1$，$f(x)$ 具有二阶连续的导数，且满足

$$f'(x)+3\int_0^x f'(t)\mathrm{d}t+2x\int_0^1 f(tx)\mathrm{d}t+\mathrm{e}^{-x}=0.$$

解　令 $u=tx$，则 $\int_0^1 f(tx)\mathrm{d}t=\dfrac{1}{x}\int_0^x f(u)\mathrm{d}u$. 于是原方程为

$$f'(x)+3\int_0^x f'(t)\mathrm{d}t+2\int_0^x f(t)\mathrm{d}t+\mathrm{e}^{-x}=0,\quad 且\quad f'(0)=-1.$$

求导，得微分方程 $f''(x)+3f'(x)+2f(x)=\mathrm{e}^{-x}$，通解为

$$f(x)=y_C+y^*=C_1\mathrm{e}^{-x}+C_2\mathrm{e}^{-2x}+x\mathrm{e}^{-x}.$$

由 $f(0)=1$，$f'(0)=-1$ 得 $C_1=0$，$C_2=1$. 所求函数 $f(x)=\mathrm{e}^{-2x}+x\mathrm{e}^{-x}$.

例 11　求函数 $f(x)$，已知 $f(x)$ 在 $[0,+\infty)$ 上连续，且当 $t\geqslant 0$ 时，有

$$1+\frac{1}{\pi}\iint\limits_{x^2+y^2\leqslant t^2} f(\sqrt{x^2+y^2})\mathrm{d}x\mathrm{d}y=f(t)(1+t^2)-\frac{2}{3}t^3-2t.$$

分析　函数 $f(t)$ 是由二重积分确定，且是积分区域 D 所含参数 t 的函数. 已知方程可理解为含变限积分的函数方程.

解　按区域 D 及被积函数，选极坐标系，则

$$\iint\limits_{x^2+y^2\leqslant t^2} f(\sqrt{x^2+y^2})\mathrm{d}x\mathrm{d}y=\int_0^{2\pi}\mathrm{d}\theta\int_0^t f(r)r\mathrm{d}r=2\pi\int_0^t f(r)r\mathrm{d}r.$$

于是，已知等式化为

$$1+2\int_0^t rf(r)\mathrm{d}r=f(t)(1+t^2)-\frac{2}{3}t^3-2t. \tag{1}$$

两端对 t 求导,并注意 $1+t^2>0$,可得

$$2tf(t)=f'(t)(1+t^2)+2tf(t)-2t^2-2,\quad 即\quad f'(t)=2.$$

积分得 $f(x)=2x+C$. 由(1)式知 $f(0)=1$,由此所求函数为 $f(x)=2x+1$.

例 12　已知 $f(0)=0$,试确定 $f(x)$,使曲线积分

$$\int_{\widehat{AB}}[x\mathrm{e}^x+f(x)]y\mathrm{d}x+f(x)\mathrm{d}y$$

与路径无关.

解　注意到 $P=[x\mathrm{e}^x+f(x)]y, Q=f(x)$,因曲线积分与路径无关,由 $\dfrac{\partial Q}{\partial x}=\dfrac{\partial P}{\partial y}$,有

$$f'(x)=x\mathrm{e}^x+f(x).$$

这是一阶线性微分方程,其通解 $f(x)=\mathrm{e}^x\left[\dfrac{1}{2}x^2+C\right]$.

由初始条件 $f(0)=0$ 得 $C=0$,所以 $f(x)=\dfrac{1}{2}x^2\mathrm{e}^x$.

例 13　设曲线积分 $\oint_L F(x,y)(y\mathrm{d}x+x\mathrm{d}y)$ 在 Oxy 平面内与路径无关,其中 $F(x,y)$ 有一阶连续偏导数,且 $\dfrac{\partial F}{\partial y}\neq 0$, $F(1,2)=0$,求方程 $F(x,y)=0$.

分析　方程 $F(x,y)=0$ 可确定可导隐函数 $y=y(x)$.

解　依题设,$P=F(x,y)y, Q=F(x,y)x$,因 $\dfrac{\partial Q}{\partial x}=\dfrac{\partial P}{\partial y}$,有

$$x\frac{\partial F}{\partial x}=y\frac{\partial F}{\partial y},\quad 即\quad \frac{\mathrm{d}y}{\mathrm{d}x}=-\frac{\dfrac{\partial F}{\partial x}}{\dfrac{\partial F}{\partial y}}=-\frac{y}{x}.$$

解此方程得通解 $xy=C$,所以 $F(x,y)=xy-C$. 由 $F(1,2)=0$ 得 $C=2$. 所求 $F(x,y)=0$,即为 $xy-2=0$.

例 14　求函数 $Q(x,y)$,设 $Q(x,y)$ 在 Oxy 平面上有一阶连续偏导数,曲线积分 $\int_L 2xy\mathrm{d}x+Q(x,y)\mathrm{d}y$ 与路径无关,且对任意 t 恒有

$$\int_{(0,0)}^{(t,1)}2xy\mathrm{d}x+Q(x,y)\mathrm{d}y=\int_{(0,0)}^{(1,t)}2xy\mathrm{d}x+Q(x,y)\mathrm{d}y.$$

解　依题设,由 $\dfrac{\partial Q}{\partial x}=\dfrac{\partial P}{\partial y}$,有 $\dfrac{\partial Q}{\partial x}=2x$,从而 $Q(x,y)=x^2+C(y)$,其中 $C(y)$ 待定. 又

$$\begin{aligned}\int_{(0,0)}^{(t,1)}2xy\mathrm{d}x+Q(x,y)\mathrm{d}y&=\int_{(0,0)}^{(t,1)}2xy\mathrm{d}x+[x^2+C(y)]\mathrm{d}y\\&=\int_0^t 2x\cdot 0\mathrm{d}x+\int_0^1[t^2+C(y)]\mathrm{d}y=t^2+\int_0^1 C(y)\mathrm{d}y,\end{aligned}$$

$$\int_{(0,0)}^{(1,t)} 2xy\mathrm{d}x + Q(x,y)\mathrm{d}y = \int_0^t [1^2 + C(y)]\mathrm{d}y = t + \int_0^t C(y)\mathrm{d}y,$$

由题设有
$$t^2 + \int_0^1 C(y)\mathrm{d}y = t + \int_0^t C(y)\mathrm{d}y.$$

两端对 t 求导,得

$$2t = 1 + C(t), \quad 即 \quad C(y) = 2y - 1.$$

所求 $Q(x,y)=x^2+2y-1$.

例 15 设函数 $f(t)$ 有连续的二阶导数,且 $f(1)=f'(1)=1$,确定 $f\left(\dfrac{y}{x}\right)$,使

$$\oint_L \left[\frac{y^2}{x} + xf\left(\frac{y}{x}\right)\right]\mathrm{d}x + \left[y - xf'\left(\frac{y}{x}\right)\right]\mathrm{d}y$$

与路径 L 无关,其中 L 是不与 y 轴相交的任意简单闭路径.

解 由 $\dfrac{\partial Q}{\partial x}=\dfrac{\partial P}{\partial y}$ 得 $\dfrac{2y}{x}+f'\left(\dfrac{y}{x}\right)=\dfrac{y}{x}f''\left(\dfrac{y}{x}\right)-f'\left(\dfrac{y}{x}\right)$. 令 $t=\dfrac{y}{x}$ 得

$$f''(t) - \frac{2}{t}f'(t) = 2,$$

于是
$$f'(t) = \mathrm{e}^{\int \frac{2}{t}\mathrm{d}t}\left[\int 2\mathrm{e}^{-\int \frac{2}{t}\mathrm{d}t}\mathrm{d}t + C\right] = Ct^2 - 2t,$$

由 $f'(1)=1$ 得 $C=3$. 由此

$$f(t) = \int [3t^2 - 2t]\mathrm{d}t = t^3 - t^2 + C_1,$$

由 $f(1)=1$ 得 $C_1=1$. 故 $f\left(\dfrac{y}{x}\right)=\dfrac{y^3}{x^3}-\dfrac{y^2}{x^2}+1$.

例 16 设曲线积分 $I = \int_L 2[x\varphi(y) + \psi(y)]\mathrm{d}x + [x^2\psi(y) + 2xy^2 - 2x\varphi(y)]\mathrm{d}y$ 与路径无关,其中 φ,ψ 有连续的导数.

(1) 当 $\varphi(0)=-2,\psi(0)=1$ 时,求 $\varphi(x),\psi(y)$;

(2) 设 L 是从 $O(0,0)$ 到 $N\left(\pi,\dfrac{\pi}{2}\right)$ 的分段光滑曲线,计算 I.

解 (1) 由 $\dfrac{\partial Q}{\partial x}=\dfrac{\partial P}{\partial y}$,得 $2x\psi(y)+2y^2-2\varphi(y)=2x\varphi'(y)+2\psi'(y)$.

令 $x=0$,有 $y^2=\varphi(y)+\psi'(y)$,代入上式得

$$x\psi(y) + \varphi(y) + \psi'(y) - \varphi(y) = x\varphi'(y) + \psi'(y), \quad 即 \quad \psi(y) = \varphi'(y).$$

由 $\psi'(y)=\varphi''(y)$ 得微分方程

$$\varphi''(y) + \varphi(y) = y^2.$$

其通解 $\varphi(y)=C_1\cos y+C_2\sin y+y^2-2$. 由 $\varphi(0)=-2$ 及 $\psi(0)=\varphi'(0)=1$ 解得 $C_1=0,C_2=1$. 于是

$$\varphi(x) = \sin x + x^2 - 2, \quad \psi(x) = \varphi'(x) = \cos x + 2x.$$

(2) 取点 $M\left(0,\frac{\pi}{2}\right)$,以折线 OMN 为积分路线,则

$$I=\int_0^{\pi}2\left[x\varphi\left(\frac{\pi}{2}\right)+\psi\left(\frac{\pi}{2}\right)\right]\mathrm{d}x=\pi^2\left(1+\frac{\pi^2}{4}\right).$$

八、用解微分方程求幂级数的和函数

这里要讲述的是通过求解微分方程可以得到幂级数的和函数.之所以可以这样做,是因为幂级数在收敛区间内可以逐项求导和逐项求积分.

解这类题的**思路**和**一般程序**:

(1) 设幂级数 $\sum\limits_{n=0}^{\infty}a_nx^n$ 的和函数为 $y(x)$,即 $y(x)=\sum\limits_{n=0}^{\infty}a_nx^n$;

(2) 对上式两端求一阶导数或二阶导数,可以得到以 $y(x)$ 为未知函数的一阶或二阶微分方程;

(3) 解微分方程得通解;

(4) 注意用和函数的初值条件:$y(0)=a$ 或 $y(0)=a, y'(0)=b$,确定通解中的任意常数.

例 1 求幂级数 $\sum\limits_{n=0}^{\infty}\frac{1}{(2n+1)!!}x^{2n+1}$ 的收敛域及和函数.

解 因 $\lim\limits_{n\to\infty}\frac{a_{n+1}}{a_n}=\lim\limits_{n\to\infty}\frac{(2n+1)!!}{(2n+3)!!}=0$,故收敛域为 $(-\infty,+\infty)$. 设 $y(x)=\sum\limits_{n=0}^{\infty}\frac{x^{2n+1}}{(2n+1)!!}$,则

$$y'(x)=\sum_{n=0}^{\infty}\left[\frac{x^{2n+1}}{(2n+1)!!}\right]'=1+\sum_{n=1}^{\infty}\frac{x^{2n}}{(2n-1)!!}$$
$$=1+x\sum_{n=0}^{\infty}\frac{x^{2n+1}}{(2n+1)!!}=1+xy(x).$$

于是 $y(x)$ 满足一阶线性微分方程 $y'(x)-xy(x)=1$. 方程的通解是 $y=\mathrm{e}^{\frac{x^2}{2}}\left(\int_0^x\mathrm{e}^{-\frac{t^2}{2}}\mathrm{d}t+C\right)$.

由所给级数知 $y(0)=0$,由此确定 $C=0$. 于是 $y(x)=\mathrm{e}^{\frac{x^2}{2}}\int_0^x\mathrm{e}^{-\frac{t^2}{2}}\mathrm{d}t$.

例 2 求幂级数 $\sum\limits_{n=0}^{\infty}\frac{x^{3n}}{(3n)!}(-\infty<x<+\infty)$ 的和函数.

分析 由于 $\sum\limits_{n=0}^{\infty}\frac{x^n}{n!}=\mathrm{e}^x$,所给级数正是该级数的 1,4,7,… 项.

解 设 $y(x)=\sum\limits_{n=0}^{\infty}\frac{x^{3n}}{(3n)!}(-\infty<x<+\infty)$,则

$$y'(x)=\sum_{n=1}^{\infty}\frac{x^{3n-1}}{(3n-1)!},\quad y''(x)=\sum_{n=1}^{\infty}\frac{x^{3n-2}}{(3n-2)!},$$

于是
$$y''(x)+y'(x)+y(x)=\mathrm{e}^x.$$

这是二阶常系数线性非齐次微分方程.又由题设和 $y'(x)$的表达式知,$y(0)=1,y'(0)=0$.

可以求上述二阶方程的通解为

$$y=Y+y^*=\mathrm{e}^{-\frac{x}{2}}\left(C_1\cos\frac{\sqrt{3}}{2}x+C_2\sin\frac{\sqrt{3}}{2}x\right)+\frac{1}{3}\mathrm{e}^x.$$

由 $y(0)=1,y'(0)=0$ 可求得 $C_1=\dfrac{2}{3},C_2=0$.故所求和函数

$$y(x)=\frac{2}{3}\mathrm{e}^{-\frac{x}{2}}\cos\frac{\sqrt{3}}{2}x+\frac{1}{3}\mathrm{e}^x\quad(-\infty<x<+\infty).$$

例 3 已知函数 $y(x)$在区间$(-1,1)$上的幂级数展开式为

$$y(x)=\sum_{n=1}^{\infty}\frac{x^{2n}}{n(2n-1)}\quad(-1<x<1),$$

求 $y(x)$的表达式.

解 这是求级数$\displaystyle\sum_{n=1}^{\infty}\frac{x^{2n}}{n(2n-1)}$在收敛区间$(-1,1)$上的和函数.

注意到级数的系数有因子$\dfrac{1}{2n-1}$,将级数改写为

$$y(x)=x\sum_{n=1}^{\infty}\frac{x^{2n-1}}{n(2n-1)},$$

则
$$\begin{aligned}y'(x)&=\sum_{n=1}^{\infty}\frac{x^{2n-1}}{n(2n-1)}+x\sum_{n=1}^{\infty}\frac{x^{2n-2}}{n}\\&=\frac{1}{x}\sum_{n=1}^{\infty}\frac{x^{2n}}{n(2n-1)}+\frac{1}{x}\sum_{n=1}^{\infty}\frac{x^{2n}}{n}\\&=\frac{1}{x}y(x)+\frac{1}{x}\int_0^x\left(\sum_{n=1}^{\infty}\frac{x^{2n}}{n}\right)'\mathrm{d}x.\end{aligned}$$

而
$$\frac{1}{x}\int_0^x\left(\sum_{n=1}^{\infty}\frac{x^{2n}}{n}\right)'\mathrm{d}x=\frac{1}{x}\int_0^x2\left(\sum_{n=1}^{\infty}x^{2n-1}\right)\mathrm{d}x=\frac{1}{x}\int_0^x\frac{2x}{1-x^2}\mathrm{d}x=-\frac{1}{x}\ln(1-x^2),$$

即得一阶线性微分方程

$$y'(x)-\frac{1}{x}y(x)=-\frac{1}{x}\ln(1-x^2).$$

可以求得其通解为

$$y(x)=x\left[-x\ln(1-x^2)+2x+\ln\frac{1-x}{1+x}+C\right].$$

由题设知 $y(0)=0$,由此 $C=0$.于是 $y(x)$的表达式

$$y(x)=x\left[-x\ln(1-x^2)+2x+\ln\frac{1-x}{1+x}\right].$$

九、微分方程的应用

微分方程应用题的**解题思路**与**解题程序**：

1. 依据实际问题的意义，建立微分方程

函数 $y=f(x)$的导数 $f'(x)$是函数 $f(x)$的变化率. 一般而言，涉及函数变化率的应用题，多半通过微分方程求解. 这里要特别注意由一阶、二阶导数的几何意义和物理意义建立微分方程.

用微分方程求解几何应用题多是求曲线方程 $y=f(x)$. 一般情况，可根据题设条件画一草图，这有益于建立微分方程. 用微分方程求解物理应用问题可以用物理学定律、用微元法等建立微分方程.

这里须指出，函数 $f(x)$的(瞬时)增长率$\dfrac{f'(x)}{f(x)}$是函数的变化率与函数之比. 若是负增长，则称为衰减率或贬值率.

将已给出的假设条件用数学符号表示出来，列出等式. 有的等式就是微分方程，有的等式，特别对含变限积分的等式，要对变限求导数，方可得到微分方程.

与此同时，需注意是求通解还是求特解(多半是求特解)，若是求特解，需从实际问题中确定初值条件.

2. 求解微分方程

按微分方程的类型求解. 必要时，可对所得到的解答作出几何解释和经济解释.

例 1 设对任意的 $x>0$，曲线 $y=f(x)$上的点$(x,f(x))$处的切线在 y 轴上的截距等于$\dfrac{1}{x}\displaystyle\int_0^x f(t)\mathrm{d}t$，求 $f(x)$的一般表达式.

分析 为利用已知条件：切线在 y 轴上的截距，需先写出曲线的切线方程.

解 若以(X,Y)表示切线的动点坐标，则曲线 $y=f(x)$在点$(x,f(x))$处的切线方程为

$$Y-f(x)=f'(x)(X-x).$$

令 $X=0$ 得在 y 轴上的截距 $Y=f(x)-xf'(x)$. 由已知条件得

$$\frac{1}{x}\int_0^x f(t)\mathrm{d}t=f(x)-xf'(x),\quad 即\quad \int_0^x f(t)\mathrm{d}t=xf(x)-x^2f'(x).$$

两端求导并化简得二阶方程 $xf''(x)+f'(x)=0$ 或$(xf'(x))'=0$. 积分两次，得

$$xf'(x)=C,\quad f(x)=C_1\ln x+C_2.$$

例 2 由曲线、坐标轴和过曲线上任一点的纵坐标围成图形的面积，等于曲线用于围成该图形的那一段的弧长. 若已知这条曲线过点 $M(0,1)$，求曲线方程.

解 如图 12-1 所示，设所求曲线方程为 $y=y(x)$. 依题意，曲边梯形 $OMNA$ 的面积＝弧长 $\overset{\frown}{MN}$，即

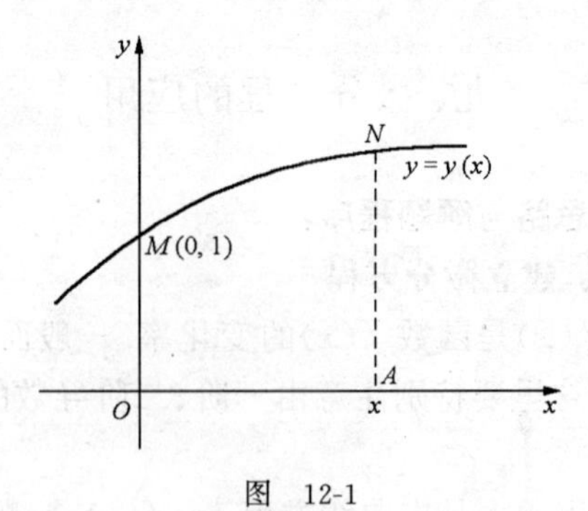

图　12-1

$$\int_0^x y(t)\mathrm{d}t = \int_0^x \sqrt{1+[y'(t)]^2}\mathrm{d}t,$$

求导得 $y=\sqrt{1+y'^2}$ 或 $y'=\pm\sqrt{y^2-1}$.

显然，$y=\pm 1$ 是上述方程的解，且通解为 $y=\cosh(\pm x+C)$.

因 $y|_{x=0}=1$，故所求曲线为 $y=1$ 及 $y=\cosh x$.

例 3　一平面曲线的曲率半径与法线的长(从曲线上的点到 x 轴的法线段长)成正比，求曲线方程.

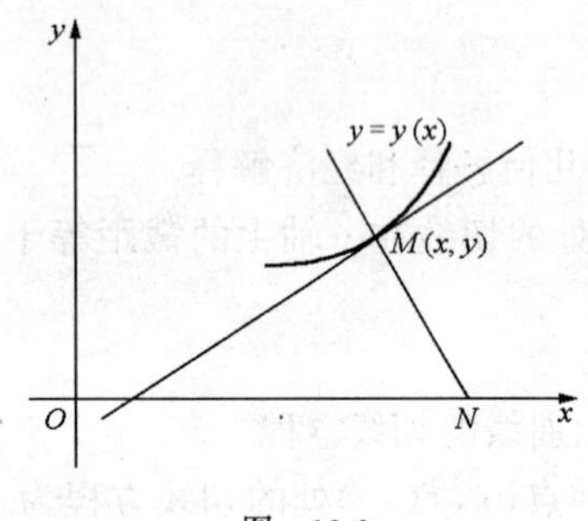

图　12-2

解　设所求曲线方程为 $y=y(x)$，则曲率半径和法线长分别为(图 12-2)

$$R=\frac{(1+y'^2)^{\frac{3}{2}}}{|y''|},\quad MN=|y|\sqrt{1+y'^2}.$$

依题意，可得

$$\frac{1+y'^2}{y''}=ky,\quad 或\quad \frac{2y'y''}{1+y'^2}=\frac{2y'}{ky},$$

其中 k 是比例系数，k 可取正值，也可取负值. 积分得

$$\ln(1+y'^2)=\frac{2}{k}(\ln|y|-\ln C_1),$$

或

$$\frac{\mathrm{d}y}{\mathrm{d}x}=\sqrt{\left(\frac{y}{C_1}\right)^{\frac{2}{k}}-1}.$$

分离变量，再积分即得通解

$$x+C_2=\int\frac{1}{\sqrt{\left(\frac{y}{C_1}\right)^{\frac{2}{k}}-1}}\mathrm{d}y.$$

考查几种特殊情况：

(1) 当 $k=-1$ 时，则

$$x+C_2=\int\frac{y}{\sqrt{C_1^2-y^2}}\mathrm{d}y=-\sqrt{C_1^2-y^2},\quad \text{即}\quad (x+C_2)^2+y^2=C_1^2.$$

所求曲线是圆心在 x 轴上,半径为任意长的圆.

(2) 当 $k=-2$ 时,则

$$x+C_2=\int\sqrt{\frac{y}{C_1-y}}\mathrm{d}y\xlongequal{\text{令 } y=\frac{1}{2}(1-\cos t)}\frac{1}{2}C_1(t-\sin t),$$

所求曲线为参数方程

$$x+C_2=\frac{1}{2}C_1(t-\sin t),\quad y=\frac{1}{2}C_1(1-\cos t).$$

这是半径为任意长的圆沿 x 轴滚动时形成的旋轮线.

(3) 当 $k=1$ 时,则

$$x+C_2=C_1\int_{C_1}^{y}\frac{1}{\sqrt{y^2-C_1^2}}\mathrm{d}y=C_1\ln\frac{y+\sqrt{y^2-C_1^2}}{C_1}.$$

由此得　$$y+\sqrt{y^2-C_1^2}=C_1\mathrm{e}^{\frac{x+C_2}{C_1}},\quad y-\sqrt{y^2-C_1^2}=C_1\mathrm{e}^{-\frac{x+C_2}{C_1}}.$$

上二式相加得 $y=C_1\cosh\dfrac{x+C_2}{C_1}$. 这是悬链线.

(4) 当 $k=2$ 时,得

$$x+C_2=2C_1\sqrt{\frac{y}{C_1}-1},\quad \text{即}\quad (x+C_2)^2=4C_1(y-C_1).$$

这是对称轴平行于 y 轴的抛物线.

例 4 当 $x\geqslant1$ 时,函数 $f(x)>0$,将曲线 $y=f(x)$,三直线 $x=1,x=a\ (a>1),y=0$ 所围成的图形绕 x 轴旋转一周所产生的立体的体积 $V(a)=\dfrac{\pi}{3}[a^2f(a)-f(1)]$,又曲线过点 $M\left(2,\dfrac{2}{9}\right)$,求曲线 $y=f(x)$.

分析 由题设知,该旋转体的体积由直线 $x=a$ 的位置确定.

解 依题意,由旋转体的体积公式,有

$$\pi\int_1^a[f(x)]^2\mathrm{d}x=\frac{\pi}{3}[a^2f(a)-f(1)].$$

两端对 a 求导,有 $3[f(a)]^2=2af(a)+a^2f'(a)$. 用 x 代替 a,$y=f(x)$所满足的方程是

$$\frac{\mathrm{d}y}{\mathrm{d}x}=3\left(\frac{y}{x}\right)^2-2\,\frac{y}{x}\quad (x>1).$$

这是一阶齐次方程,可解得$\dfrac{y-x}{y}=Cx^3$. 用 $y\Big|_{x=2}=\dfrac{2}{9}$确定 $C=-1$,于是所求曲线为

$$y=\frac{x}{1+x^3}.$$

例 5　设曲线 L 的极坐标方程为 $\rho=\rho(\theta)$，$M(\rho,\theta)$ 为 L 上任意一点，$M_0(2,0)$ 为 L 上一定点. 若极径 OM_0，OM 与曲线 L 所围成的面积等于 L 上点 M_0，M 两点间弧长的值之一半，求曲线 L 的方程.

解　由曲线 $\rho=\rho(\theta)$ 及射线 $\theta=\alpha$，$\theta=\beta$ 围成曲边扇形的面积为 $\frac{1}{2}\int_{\alpha}^{\beta}\rho^2(\theta)\mathrm{d}\theta$；曲线弧 $\rho=\rho(\theta)(\alpha\leqslant\theta\leqslant\beta)$ 的弧长为 $\int_{\alpha}^{\beta}\sqrt{\rho^2(\theta)+\rho'^2(\theta)}\mathrm{d}\theta$. 依题设得

$$\frac{1}{2}\int_0^{\theta}\rho^2\mathrm{d}\theta=\frac{1}{2}\int_0^{\theta}\sqrt{\rho^2+\rho'^2}\mathrm{d}\theta.$$

两端对 θ 求导得

$$\rho^2=\sqrt{\rho^2+\rho'^2},\quad 即\quad \rho'=\pm\rho\sqrt{\rho^2-1}.$$

分离变量并积分得

$$\int\frac{1}{\rho^2\sqrt{1-\frac{1}{\rho^2}}}\mathrm{d}\rho=\pm\int\mathrm{d}\theta,\quad 即\quad -\arcsin\frac{1}{\rho}=\pm\theta+C.$$

由初始条件 $\theta=0$，$\rho=2$，得 $C=-\frac{\pi}{6}$，从而 L 的方程为 $\rho=\frac{1}{\sin\left(\frac{\pi}{6}\pm\theta\right)}$.

由 $\rho\sin\left(\frac{\pi}{6}\pm\theta\right)=1$，即 $\rho\left(\frac{1}{2}\cos\theta\pm\frac{\sqrt{3}}{2}\sin\theta\right)=1$，得 L 的直角坐标方程为 $x\pm\sqrt{3}y=2$.

例 6　设物体 A 从点 $(0,1)$ 出发，以速度 v 沿 y 轴正向运动，物体 B 从点 $(-1,0)$ 出发，其速度大小为 $2v$，方向始终指向 A. 试建立物体 B 的运动轨迹所满足的微分方程，并写出初始条件.

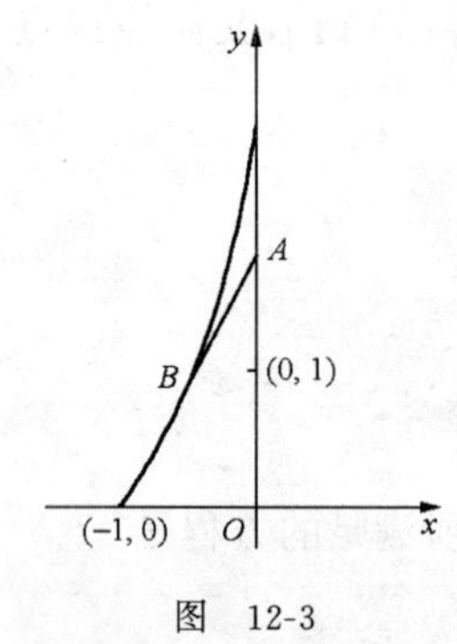

图　12-3

解　作示意图如图 12-3 所示. 设物体 B 的运动轨迹方程为 $y=y(x)$，且在时刻 t 位于点 (x,y)，则在时刻 t 物体 A 位于点 $(0,1+vt)$. 由于 B 的速度方向与位移的切线方向一致，有

$$\frac{\mathrm{d}y}{\mathrm{d}x}=\frac{(1+vt)-y}{0-x},\quad xy'=y-(1+vt). \tag{1}$$

又物体 B 从点 $(-1,0)$ 运动至点 (x,y) 的路程为

$$\int_{-1}^{x}\sqrt{1+y'^2}\mathrm{d}x=2vt, \tag{2}$$

由(1)式与(2)式消去 vt，得

$$y-xy'-1=\frac{1}{2}\int_{-1}^{x}\sqrt{1+y'^2}\mathrm{d}x.$$

上式两端求导，得运动轨迹方程为

$$2xy''+\sqrt{1+y'^2}=0.$$

其初始条件为 $y|_{x=-1}=0, y'|_{x=-1}=1$.

例 7 设一机器在任意时刻以常数比率贬值. 若机器全新时价值 10000 元,5 年末价值 6000 元,求其在出厂 20 年末的价值.

解 设机器在时刻 t(单位：年)的价值为 P,则 $P=P(t)$. 若记 $k>0$,则 $-k$ 为贬值率. 依题意有

$$\frac{1}{P}\cdot\frac{\mathrm{d}P}{\mathrm{d}t}=-k \quad 或 \quad \frac{\mathrm{d}P}{\mathrm{d}t}=-kP.$$

初始条件是 $P|_{t=0}=10000$. 可解得价值 P 与时间 t 的函数关系为

$$P=10000\mathrm{e}^{-kt}.$$

确定贬值率 $-k$：由 $t=5, P=6000$ 得 $\mathrm{e}^{-5k}=\frac{3}{5}$. 于是 $t=20$ 时,P 的值

$$P=10000\mathrm{e}^{-20k}=10000(\mathrm{e}^{-5k})^4=1296(元).$$

例 8 某湖泊的水量为 V,每年排入湖泊内含污染物 A 的污水量为 $\frac{V}{6}$,流入湖泊内不含 A 的水量为 $\frac{V}{6}$,流出湖泊的水量为 $\frac{V}{3}$. 已知 1999 年底湖中 A 的含量为 $5m_0$,超过国家规定指标. 为了治理污染,从 2000 年初起,限定排入湖泊中含 A 污水的浓度不超过 $\frac{m_0}{V}$. 问至多需经过多少年,湖泊中污染物 A 的含量降至 m_0 以内？(注：设湖水中 A 的浓度是均匀的.)

解 设从 2000 年初(令此时 $t=0$)开始,第 t 年湖中污染物 A 的总量为 m,浓度 $\frac{m}{V}$,则在时间间隔 $[t,t+\mathrm{d}t]$ 内,排入湖中的 A 的量为 $\frac{m_0}{V}\cdot\frac{V}{6}\mathrm{d}t=\frac{m_0}{6}\mathrm{d}t$,而流出湖的水中 A 的量为 $\frac{m}{V}\cdot\frac{V}{3}\mathrm{d}t=\frac{m}{3}\mathrm{d}t$,所以此时间间隔内湖中污染物 A 的改变量为

$$\mathrm{d}m=\left(\frac{1}{6}m_0-\frac{1}{3}m\right)\mathrm{d}t,$$

依题设 $t=0$ 时,$m=5m_0$,用分离变量法解上述初值问题,得

$$m=\frac{m_0}{2}(1+9\mathrm{e}^{-\frac{t}{3}}),$$

在上式中令 $m=m_0$,得 $t=6\ln 3$,即至多经 $6\ln 3$ 年,湖中污染物 A 的含量降至 m_0 以内.

例 9 从船上向海中沉放某种探测仪器,按探测要求,需确定仪器的下沉深度 y(从海平面算起)与下沉速度 v 之间的函数关系. 设仪器在重力作用下,从海平面由静止开始铅直下沉,在下沉过程中还受到阻力和浮力的作用. 设仪器的质量为 m,体积为 B,海水重力为 ρg(其中 ρ 为海水密度,g 为重力加速度),仪器所受的阻力与下沉速度成正比,比例系数为 k $(k>0)$. 试建立 y 与 v 所满足的微分方程,并求出函数关系式 $y=y(v)$.

解 取沉放点为原点 O,Oy 轴正方向竖直向下. 由于仪器重力为 mg,浮力为 $-\rho gB$,阻力为 $-kv=-k\frac{\mathrm{d}y}{\mathrm{d}t}$,根据牛顿第二定律,有

$$m\frac{\mathrm{d}v}{\mathrm{d}t}=mg-\rho gB-kv.$$

因$\frac{\mathrm{d}v}{\mathrm{d}t}=\frac{\mathrm{d}v}{\mathrm{d}y}\frac{\mathrm{d}y}{\mathrm{d}t}=v\frac{\mathrm{d}v}{\mathrm{d}y}$,代入上式,得

$$mv\frac{\mathrm{d}v}{\mathrm{d}y}=mg-\rho gB-kv.$$

分离变量,并积分得

$$y=-\frac{m}{k}v-\frac{m(mg-\rho gB)}{k^2}\ln(mg-\rho gB-kv)+C.$$

由初始条件$v|_{y=0}=0$,可求出$C=\frac{m(mg-\rho gB)}{k^2}\ln(mg-\rho gB)$,故$y$与$v$的函数关系为

$$y=-\frac{m}{k}v-\frac{m(mg-\rho gB)}{k^2}\ln\frac{mg-\rho gB-kv}{mg-\rho gB}.$$

例 10　某种飞机在机场降落时,为了减少滑行距离,在触地的瞬间,飞机尾部张开减速伞,以增大阻力,使飞机迅速减速并停下.

现有一质量为 9000 kg 的飞机,着陆时的水平速度为 700 km/h. 经测试,减速伞打开后,飞机所受的总阻力与飞机的速度成正比(比例系数为$k=6.0\times10^6$). 问从着陆点算起,飞机滑行的最长距离是多少?

解 1　设飞机着陆后滑行的速度为$v=v(t)$,滑行的距离为$s=s(t)$. 根据牛顿第二定律,得

$$m\frac{\mathrm{d}v}{\mathrm{d}t}=-kv.$$

这是可分离变量的方程,可解得$v=C\mathrm{e}^{-\frac{k}{m}t}$.

当$t=0$时,$v=v_0$(700 km/h),有$C=v_0$. 故$v=v_0\mathrm{e}^{-\frac{k}{m}t}$.

由于$\frac{\mathrm{d}s}{\mathrm{d}t}=v$,所以滑行的最长距离为

$$s=\int_0^{+\infty}v_0\mathrm{e}^{-\frac{k}{m}t}\mathrm{d}t=-\frac{mv_0}{k}\mathrm{e}^{-\frac{k}{m}t}\Big|_0^{+\infty}=\frac{mv_0}{k}=1.05(\mathrm{km}).$$

解 2　根据牛顿第二定律得$m\frac{\mathrm{d}v}{\mathrm{d}t}=-kv$. 因

$$\frac{\mathrm{d}v}{\mathrm{d}t}=\frac{\mathrm{d}v}{\mathrm{d}s}\cdot\frac{\mathrm{d}s}{\mathrm{d}t}=v\frac{\mathrm{d}v}{\mathrm{d}s},$$

代入上式,有

$$\mathrm{d}s=-\frac{m}{k}\mathrm{d}v,\quad 即\quad s=-\frac{m}{k}v+C.$$

当$t=0$时,$s=0$,$v=v_0$,得$C=\frac{m}{k}v_0$,有$s=-\frac{m}{k}(v-v_0)$.

当$v\to0$时(这有$t\to+\infty$),飞机滑行的距离最长,故

$$s\to\frac{m}{k}v_0=1.05(\mathrm{km}).$$

习题十二

1. 填空题：

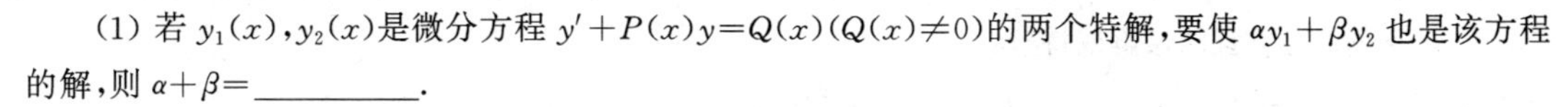

(1) 若 $y_1(x),y_2(x)$是微分方程 $y'+P(x)y=Q(x)(Q(x)\neq 0)$的两个特解，要使 $\alpha y_1+\beta y_2$ 也是该方程的解，则 $\alpha+\beta=$________.

(2) 微分方程 $y'=y^2+2(\sin x-1)y+\sin^2 x-2\sin x-\cos x+1$ 的通解 $y=$________.

(3) 微分方程 $y\mathrm{d}x-x\mathrm{d}y$ 的积分因子为________或________或________或________或________.

(4) 微分方程 $yy''-y'^2=y^2\ln y$ 的通解是________.

(5) 设 $f(x)$连续可微，且满足 $f(x)=\int_0^x \mathrm{e}^{-f(t)}\mathrm{d}t$，则 $f(x)=$________.

2. 单项选择题：

(1) 设 $y=f(x)$是微分方程 $y''+y'=\mathrm{e}^{\sin x}$的解，且 $f'(x_0)=0$，则(　　).

(A) $f(x)$在 x_0 的某邻域内单调增加　　(B) $f(x)$在 x_0 的某邻域内单调减少

(C) $f(x)$在 x_0 取得极小值　　(D) $f(x)$在 x_0 取得极大值

(2) 一曲线经过点$(\pi,1)$且在点(x,y)处的切线斜率为$\frac{\sin x-y}{x}$，则曲线方程为(　　).

(A) $y=\frac{1}{x}(\pi-1-\cos x)$　　(B) $y=\frac{1}{x}(\pi+1-\cos x)$

(C) $y=\frac{1}{x}(\pi-1+\cos x)$　　(D) $y=\frac{1}{x}(\pi+1+\cos x)$

(3) 微分方程 $y^2\mathrm{d}x=(x+y^2\mathrm{e}^{y-\frac{1}{y}})\mathrm{d}y$ 满足条件 $y(0)=1$ 的解是(　　).

(A) $x=\mathrm{e}^{-\frac{1}{y}}(\mathrm{e}^y+\mathrm{e})$　　(B) $x=\mathrm{e}^{-\frac{1}{y}}(\mathrm{e}^y-\mathrm{e})$

(C) $x=\mathrm{e}^{\frac{1}{y}}(\mathrm{e}^{-y}+\mathrm{e})$　　(D) $x=\mathrm{e}^{\frac{1}{y}}(\mathrm{e}^{-y}-\mathrm{e})$

(4) 微分方程$\frac{\mathrm{d}^5 y}{\mathrm{d}x^5}-\frac{1}{x}\frac{\mathrm{d}^4 y}{\mathrm{d}x^4}=0$ 的通解是(　　).

(A) $C_1x^5+C_2x^4+C_3x^3+C_4x^2+C_5$　　(B) $C_1x^5+C_2x^4+C_3x^2+C_4x+C_5$

(C) $C_1x^5+C_2x^4+C_3x^3+C_4x+C_5$　　(D) $C_1x^5+C_2x^3+C_3x^2+C_4x+C_5$

(5) 以 $y=(C_1+C_2x+x^2)\mathrm{e}^{-2x}$(其中 C_1,C_2 是任意常数)为通解的微分方程是(　　).

(A) $y''+4y'+4y=2\mathrm{e}^{-2x}$　　(B) $y''+4y'+4y=\mathrm{e}^{-2x}$

(C) $y''-4y'+4y=2\mathrm{e}^{-2x}$　　(D) $y''-4y'+4y=\mathrm{e}^{-2x}$

3. 设 C_1,C_2 是任意常数，并有微分方程

(1) $y'+y\tan x=-2-2x\tan x$；　　(2) $y''+y=-2x$.

验证下列函数：$y_1=-2x$，$y_2=-2x+C_1\cos x$，$y_3=-2x+C_2\sin x$，$y_4=-2x+C_1\cos x+C_2\sin x$ 是否是上述微分方程的解？若是解，是特解还是通解？

4. 求下列微分方程的通解或特解：

(1) $\mathrm{e}^{y'}=x$；　　(2) $x^2y'\cos y+1=0$，当 $x\to\infty$时，$y\to\frac{\pi}{3}$.

5. 求下列微分方程的通解：

(1) $2yy'+2x-\frac{x^2+y^2}{x}=e^{\frac{x^2+y^2}{x}}$；　(2) $y'=\frac{x+y}{x-1}+\tan\frac{x+y}{x-1}-1$.

6. 求下列微分方程的通解或特解：

(1) $xy\mathrm{d}x-(2x^2+y^2)\mathrm{d}y=0, y|_{x=2}=1$；　(2) $(x+y)\mathrm{d}x+(x-y-2)\mathrm{d}y$；

(3) $(3x^2y+2y^3-8y)\mathrm{d}y=(2x^3+3xy^2-7x)\mathrm{d}x$.

7. 求下列微分方程的通解或特解：

(1) $y'+xe^x y=e^{(1-x)e^x}$；　(2) $x^2y'\cos\frac{1}{x}-y\sin\frac{1}{x}=-1$，当 $x\to\infty$ 时 $y=1$；

(3) $(2x+1)y'-4e^{-y}+2=0$；　(4) $\frac{\mathrm{d}y}{\mathrm{d}x}=\frac{\cos y}{\cos y\sin 2y-x\sin y}$；

(5) $\frac{\mathrm{d}y}{\mathrm{d}x}=\frac{2x^3y}{x^4+y^2}, y|_{x=1}=1$；　(6) $y'+y=x\sqrt{y}$.

8. 已知 $y=\tan x-1$ 是方程 $y'+P(x)y=\tan x\sec^2 x$ 的一个解，求此方程满足 $y|_{x=0}=2$ 的特解.

9. 求下列微分方程的通解：

(1) $(1+y^2\sin 2x)\mathrm{d}x-2y\cos^2 x\mathrm{d}y=0$；　(2) $x\mathrm{d}x+\frac{(x+y)\mathrm{d}x-(x-y)\mathrm{d}y}{x^2+y^2}=0$；

(3) $(x\sin y+y\cos y)\mathrm{d}x+(x\cos y-y\sin y)\mathrm{d}y=0$；　(4) $x\mathrm{d}y-y\mathrm{d}x=x\sqrt{x^2-y^2}\mathrm{d}y$.

10. 求下列微分方程的通解或特解：

(1) $xy''=y'+x^2e^x\sin x$；　(2) $yy''-y'^2=y^2y'$；

(3) $x^2yy''=(y-xy')^2$；　(4) $y''+y'+2=0, y(0)=0, y'(0)=-2$.

11. 设 $y=\sin x$ 是方程 $y''\cos x-2y'\sin x+3y\cos x=0$ 的一个解，试求该方程的通解.

12. 求下列方程的通解：

(1) $xy''+(2x-1)y'+(x-1)y=0$；　(2) $(x^2+4)y''-2xy'+2y=0$.

13. 写出下列非齐次线性微分方程待定特解的形式：

(1) $y''-8y'+16y=(1-x)e^{4x}$；　(2) $y''+6y'+13y=e^{-3x}\cos 2x$；

(3) $y''+2y'+y=x^2e^{-x}\cos x$；　(4) $y^{(4)}+4y''+4y=x\sin 2x$.

14. 求方程 $y''+\omega^2y=a\sin\beta x$ 的通解（ω, a, β 均为常数）.

15. 求方程 $y'''+6y''+(9+a^2)y'=1$ 的通解，其中常数 $a>0$.

16. 求方程 $y''+y=|\sin x|$ 在 $(-\pi,\pi)$ 上满足 $y|_{x=\frac{\pi}{2}}=1, y'|_{x=\frac{\pi}{2}}=0$ 的可微解.

17. 已知微分方程 $y''+(x+e^y)y'^3=0$，求以 y 为自变量，x 为因变量的微分方程的通解.

18. 求以 $(x-a)^2+(y-b)^2=1$ 为通解的微分方程.

19. 求以 $y=(C_1+C_2\ln x)\frac{1}{x^2}+\frac{3}{4}\ln x-\frac{5}{4}$ 为通解的线性微分方程.

20. 已知 $y_1=x, y_2=x+e^{2x}, y_3=x(1+e^{2x})$ 是二阶常系数非齐次线性方程的特解，求该方程的通解及该方程.

21. 设 $f(x+y)=\frac{f(x)+f(y)}{1-f(x)f(y)}$，函数 $f(x)$ 可导，且 $f'(0)=2$，求 $f(x)$.

22. 求函数 $u(x,y)$，设 $u=u(r)$ 有二阶连续导数，其中 $r=\sqrt{x^2+y^2}$，且满足

$$\frac{\partial^2 u}{\partial x^2}+\frac{\partial^2 u}{\partial y^2}-\frac{1}{x}\frac{\partial u}{\partial x}+u=x^2+y^2.$$

23. 求满足方程 $f(x)=x\sin x-\int_0^x(x-t)f(t)\mathrm{d}t$ 的连续函数 $f(x)$.

24. 设函数 $f(x)$ 可导，且 $f(0)=1$，若曲线积分 $\int_L yf(x)\mathrm{d}x + [f(x)-x^2]\mathrm{d}y$ 与路径无关，求 $\int_0^1 xf(x)\mathrm{d}x$.

25. 已知级数 $2+\sum_{n=1}^{\infty}\frac{x^{2n}}{(2n)!}$. (1) 求级数的收敛域；(2) 证明级数满足微分方程 $y''-y=-1$；(3) 求级数的和函数.

26. 设 $y=y(x)$ 是一条向上凸的连续曲线，其上任一点 (x,y) 处的曲率为 $\frac{1}{\sqrt{1+y'^2}}$，且此曲线上点 $(0,1)$ 处的切线方程为 $y=x+1$，求该曲线的方程，并求函数 $y=y(x)$ 的极值.

习题答案与提示

习　题　八

1. (1) 0. $\left(\text{当 } x>0, y>0 \text{ 时}, 0<\dfrac{xy}{x^2+y^2}\leqslant\dfrac{1}{2}, 0<\left(\dfrac{xy}{x^2+y^2}\right)^{x^2y^2}\leqslant\left(\dfrac{1}{2}\right)^{x^2y^2}\to 0\left(\begin{matrix}x\to+\infty\\ y\to+\infty\end{matrix}\right).\right)$

(2) 0. $\left(\dfrac{\partial z}{\partial x}=f'(u)\dfrac{\partial u}{\partial x}, \dfrac{\partial z}{\partial y}=f'(u)\dfrac{\partial u}{\partial y}\text{; 由}\dfrac{\partial u}{\partial x}=\varphi'(u)\dfrac{\partial u}{\partial x}+p(x), \dfrac{\partial u}{\partial y}=\varphi'(u)\dfrac{\partial u}{\partial y}-p(y)\text{ 可解得 }\dfrac{\partial u}{\partial x}=\right.$ $\left.\dfrac{p(x)}{1-\varphi'(u)}, \dfrac{\partial u}{\partial y}=\dfrac{p(y)}{\varphi'(u)-1}\text{; 于是}, p(y)\dfrac{\partial z}{\partial x}+p(x)\dfrac{\partial z}{\partial y}=0.\right)$

(3) $z-z_0=-\dfrac{a^3}{x_0^2y_0}(x-x_0)-\dfrac{a^3}{x_0y_0^2}(y-y_0)$.

(4) $10\mathrm{d}x+15\mathrm{d}y$. $\left(\text{因}\left.\dfrac{\partial f}{\partial u}\right|_P=\dfrac{3}{5}\dfrac{\partial f}{\partial x}-\dfrac{4}{5}\dfrac{\partial f}{\partial y}=-6, \left.\dfrac{\partial f}{\partial v}\right|_P=\dfrac{4}{5}\dfrac{\partial f}{\partial x}+\dfrac{3}{5}\dfrac{\partial f}{\partial y}=17\text{, 可解得}\right.$

$$\left.\left.\frac{\partial f}{\partial x}\right|_P=10,\quad \left.\frac{\partial f}{\partial y}\right|_P=15.\right)$$

(5) $\dfrac{7\sqrt{2}}{8}$. $\left(d=\dfrac{|x+y+2|}{\sqrt{2}}\text{ 在约束条件 } y-x^2=0 \text{ 下的极值}.\right)$

2. (1) (B).（由 $f_{xy}=f_{yx}$，即 $3axy^2-2y\cos x=by\cos x+6xy^2$ 可解得.）

(2) (A).

(3) (C).（法线的方向向量 $\boldsymbol{n}=\{z'_x,z'_y,-1\}=\{y,x,-1\}$，又 $\boldsymbol{n}=\lambda\{1,3,1\}$，由 $\{y,x,-1\}=\lambda\{1,3,1\}$ 知 $\lambda=-1, x=-3, y=-1, z=3$，点 $M_0(-3,-1,3)$.）

(4) (C).（$x^2+1-2x\sin y-\cos^2y=(x-\sin y)^2$，$f(0,0)=0$，且在点 $(0,0)$ 某去心邻域内 $f(x,y)-f(0,0)>0$.）

(5) (C). $\left(\text{曲线}\begin{cases}z=f(x,y),\\ y=0\end{cases}\text{在点}(0,0,f(0,0))\text{的切向量为}\{3,1,-1\}\times\{0,1,0\}=\{1,0,3\}.\text{(A) 偏导}\right.$ $\left.\text{数存在不一定可微. (B) 假设 } z=f(x,y) \text{ 在点}(0,0,f(0,0))\text{的法向量存在, 法向量应为}\{3,1,-1\}.\right)$

3. 令 $x=r\cos\theta, y=r\sin\theta$，则 $I=\lim\limits_{r\to 0}r^{\alpha-2}(|\cos\theta|+|\sin\theta|)^\alpha$，因 $(|\cos\theta|+|\sin\theta|)^\alpha$ 是常量，当 $\alpha>2$ 时，$r^{\alpha-2}\to 0$ ($r\to 0$ 时)，故 $I=0$.

4. (2) $f_x(0,0)=0, f_y(0,0)=0$.　　**5.** $f_x(2,1)=0, f_y(0,1)=8$.

6. $\dfrac{\partial z}{\partial x}=(x^2+y^2)^{\tan(xy)}\left[y\sec^2(xy)\ln(x^2+y^2)+\dfrac{2x\tan(xy)}{x^2+y^2}\right]$,

$\dfrac{\partial z}{\partial y}=(x^2+y^2)^{\tan(xy)}\left[x\sec^2(xy)\ln(x^2+y^2)+\dfrac{2y\tan(xy)}{x^2+y^2}\right]$.（$\ln z=\tan(xy)\ln(x^2+y^2)$，两边求偏导数.）

7. $\left[y^x\ln y\cdot\ln(x+\sqrt{x^2+y^2})+\dfrac{y^x}{\sqrt{x^2+y^2}}\right]\mathrm{d}x+\left[xy^{x-1}\ln(x+\sqrt{x^2+y^2})+\dfrac{y^{x+1}}{x^2+y^2+x\sqrt{x^2+y^2}}\right]\mathrm{d}y$.

8. $\dfrac{\partial^2 z}{\partial x^2}=\dfrac{1}{y}f''\left(\dfrac{x}{y}\right)+\dfrac{y^2}{x^3}g''\left(\dfrac{y}{x}\right)$, $\dfrac{\partial^2 z}{\partial y^2}=\dfrac{x^2}{y^3}f''\left(\dfrac{x}{y}\right)+\dfrac{1}{x}g''\left(\dfrac{y}{x}\right)$,

$\dfrac{\partial^2 z}{\partial x\partial y}=\dfrac{\partial^2 z}{\partial y\partial x}=-\dfrac{x}{y^2}f''\left(\dfrac{x}{y}\right)-\dfrac{y}{x^2}g''\left(\dfrac{y}{x}\right)$.

9. $\dfrac{5}{2}ze^{2x}$.

10. $f_{11}+(x+y)f_{12}+\left(\dfrac{1}{y}-\dfrac{x}{y^2}\right)f_{13}+f_2+xyf_{22}-\dfrac{1}{y^2}f_3-\dfrac{x}{y^3}f_{33}$,

$f_{11}+2xf_{12}-\dfrac{2x}{y^2}f_{13}+x^2f_{22}-\dfrac{2x^2}{y^2}f_{23}+\dfrac{x^2}{y}f_{33}+\dfrac{2x}{y^3}f_3$.

11. $\dfrac{\partial u}{\partial x}=\dfrac{\varphi(u)}{1-x\varphi'(u)}$, $\dfrac{\partial^2 u}{\partial x^2}=\dfrac{1}{1-x\varphi'(u)}\left[2\varphi'(u)\dfrac{\varphi(u)}{1-x\varphi'(u)}+x\varphi''(u)\left(\dfrac{\varphi(u)}{1-x\varphi'(u)}\right)^2\right]$,

$\dfrac{\partial u}{\partial y}=\dfrac{1}{1-x\varphi'(u)}$, $\dfrac{\partial^2 u}{\partial y^2}=\dfrac{x\varphi''(u)\left(\dfrac{\partial u}{\partial x}\right)^2}{1-x\varphi'(u)}=\dfrac{x\varphi''(u)}{[1-x\varphi'(u)]^3}$.

12. $a\dfrac{\partial^2 u}{\partial\xi^2}+2b\dfrac{\partial^2 u}{\partial\xi\partial\eta}+c\dfrac{\partial^2 u}{\partial\eta^2}-a\dfrac{\partial u}{\partial\xi}-b\dfrac{\partial u}{\partial\eta}=0$.

13. $a=3$.（视 u,v 为中间变量，x,y 为自变量，则 $\dfrac{\partial^2 z}{\partial x^2}=\dfrac{\partial^2 z}{\partial u^2}+2\dfrac{\partial^2 z}{\partial u\partial v}+\dfrac{\partial^2 z}{\partial v^2}$，$\dfrac{\partial^2 z}{\partial y^2}=4\dfrac{\partial^2 z}{\partial u^2}-4a\dfrac{\partial^2 z}{\partial u\partial v}+a^2\dfrac{\partial^2 z}{\partial v^2}$，$\dfrac{\partial^2 z}{\partial x\partial y}=-2\dfrac{\partial^2 z}{\partial u^2}+(a-2)\dfrac{\partial^2 z}{\partial u\partial v}+a\dfrac{\partial^2 z}{\partial v^2}$. 将它们代入已知方程中，令 $6+a-a^2=0$ 且 $10+5a\neq 0$，解得 $a=3$.）

14. $\dfrac{yzf_1}{1-xyf_1-f_2}$，$\dfrac{xzf_1-f_2}{1-xyf_1-f_2}$.（令 $F(x,y,z)=z-f(xyz,z-y)$，则 $F_x=-yzf_1$，$F_y=-xzf_1+f_2$，$F_z=1-xyf_1-f_2$.）

15. $\dfrac{1}{1+e^z}\left(\dfrac{\sec^2 t}{e^x(1+x)}-\sin t\right)$.（将 $x+y-z=e^z$ 两端对 t 求导，得 $\dfrac{dz}{dt}=\dfrac{1}{1+e^z}\left(\dfrac{dx}{dt}+\dfrac{dy}{dt}\right)$，由 $xe^x=\tan t$ 得 $\dfrac{dx}{dt}=\dfrac{\sec^2 t}{e^x(1+x)}$，由 $y=\cos t$ 得 $\dfrac{dy}{dt}=-\sin t$.）

16. $\dfrac{u^2}{(u-v)(u-w)}$，$\dfrac{v^2}{(v-u)(v-w)}$，$\dfrac{w^2}{(w-u)(w-v)}$.（仿“五、隐函数的微分法例 7”.）

17. 曲线 Γ 在点 M_0 的切向量 $\boldsymbol{T}=\{1,y'_x,z'_x\}|_{M_0}=\left\{1,-\dfrac{3}{2},2\right\}$，这也是法平面的法向量. 直线 L 的方向向量 $\boldsymbol{s}=\{-14,-12,-2\}$，由 $\boldsymbol{T}\cdot\boldsymbol{s}=0$ 知法平面与 L 平行.

18. $\dfrac{\sqrt{3}}{9}abc$.（设切点为 $M_0(x_0,y_0,z_0)$，则曲面 $F(x,y,z)=xyz-\lambda$ 的法向量为 $\boldsymbol{n}_1=\{y_0z_0,z_0x_0,x_0y_0\}$，曲面 $G(x,y,z)=\dfrac{x^2}{a^2}+\dfrac{y^2}{b^2}+\dfrac{z^2}{c^2}-1$ 的法向量 $\boldsymbol{n}_2=2\left\{\dfrac{x_0}{a^2},\dfrac{y_0}{b^2},\dfrac{z_0}{c^2}\right\}$. 由 $\boldsymbol{n}_1/\!/\boldsymbol{n}_2$，即 $\dfrac{x_0}{a^2y_0z_0}=\dfrac{y_0}{b^2x_0z_0}=\dfrac{z_0}{c^2x_0y_0}$ 及 $\dfrac{x_0^2}{a^2}+\dfrac{y_0^2}{b^2}+\dfrac{z_0^2}{c^2}=1$ 得 $x_0=\dfrac{a}{\sqrt{3}}$，$y_0=\dfrac{b}{\sqrt{3}}$，$z_0=\dfrac{c}{\sqrt{3}}$，于是 $\lambda=x_0y_0z_0=\dfrac{\sqrt{3}}{9}abc$.）

19. (1) $-\dfrac{9}{\sqrt{14}}$；　(2) $\sqrt{21}$.

20. (1) $\dfrac{2u}{\sqrt{x^2+y^2+z^2}}$；

（2）当 $a=b=c$，即 $u=\dfrac{x^2+y^2+z^2}{a}$ 时，$\left.\dfrac{\partial u}{\partial r}\right|_P=\dfrac{2\sqrt{x^2+y^2+z^2}}{a^2}$，$|\mathbf{grad}u(P)|=\dfrac{2\sqrt{x^2+y^2+z^2}}{a^2}$.（点 P 处向径 $\boldsymbol{r}=x\boldsymbol{i}+y\boldsymbol{j}+z\boldsymbol{k}$，$r=|\boldsymbol{r}|=\sqrt{x^2+y^2+z^2}$. $\cos\alpha=\dfrac{x}{r}$，$\cos\beta=\dfrac{y}{r}$，$\cos\gamma=\dfrac{z}{r}$. 方向导数等于梯度的模的充分必要条件是方向导数所沿 $\boldsymbol{r}$ 方向与梯度方向一致，即

$$|\mathbf{grad}u(P)|=\left\{\frac{2x}{a^2},\frac{2y}{b^2},\frac{2z}{c^2}\right\}=\lambda\{x,y,z\},$$

由此得 $a=b=c$.）

21. （1）由 $\begin{cases}f_x=0,\\ f_y=0\end{cases}$ 可得 $x_1=\dfrac{BE-DC}{AC-B^2}$，$y_1=\dfrac{BD-AE}{AC-B^2}$，并可判定 (x_1,y_1) 是极小值点；

（3）$\begin{vmatrix}A&B&D\\B&C&E\\D&E&F\end{vmatrix}\xlongequal{\text{按第 3 列展开}}D(BE-CD)-E(AE-BD)+F(AC-B^2)$，由 x_1,y_1 的表示式，可得所要证的结果.

22. 当 $x_1=\dfrac{16}{7}$，$y_1=0$ 时，$z=-\dfrac{8}{7}$ 是极大值；当 $x_2=2$，$y_2=0$ 时，$z=1$ 是极小值（仿本章八例 9）.

23. 最大值在区域内部 $f(2,1)=4$，最小值在边界上 $f(4,2)=-64$（仿本章八例 11）.

24. （1）$x=8$ 万元，$y=7$ 万元；　（2）$x=y=5$ 万元（（1）无条件极值；（2）条件极值问题，约束条件 $x+y=10$ 万元）.

习　题　九

1. （1）1.（$I\xlongequal{\text{积分中值定理}}\lim\limits_{R\to0}\dfrac{1}{\pi R^2}[\mathrm{e}^{\xi^2-\eta^2}\cos(\xi+\eta)\cdot\pi R^2]=1$，当 $R\to0$ 时，$(\xi,\eta)\to(0,0)$.）

（2）$xy+\dfrac{1}{8}$.（设 $A=\iint\limits_D f(u,v)\mathrm{d}u\mathrm{d}v$，已知式在 D 上求二重积分，有 $A=\iint\limits_D xy\mathrm{d}x\mathrm{d}y+A\iint\limits_D\mathrm{d}x\mathrm{d}y=\dfrac{1}{12}+\dfrac{1}{3}A$，故 $A=\dfrac{1}{8}$.）

（3）0.（参照本章四例 11，用 $y=-x^3$ 将 D 分为 D_1 与 D_2. 被积函数 $f(x,y)=2yx[f(x)+f(-x)]+2y[f(x)-f(-x)]$，关于 x,y 均为奇函数.）

（4）1° $I=\displaystyle\int_{-a}^{a}\mathrm{d}x\int_{-\sqrt{a^2-x^2}}^{\sqrt{a^2-x^2}}\mathrm{d}y\int_{\sqrt{x^2+y^2}}^{\sqrt{2a^2-x^2-y^2}}f(x,y,z)\mathrm{d}z$；

$$I=\int_0^{2\pi}\mathrm{d}\theta\int_0^a\rho\mathrm{d}\rho\int_\rho^{\sqrt{2a^2-\rho^2}}f(\rho\cos\theta,\rho\sin\theta,z)\mathrm{d}z;$$

$$I=\int_0^{2\pi}\mathrm{d}\theta\int_0^{\frac{\pi}{4}}\mathrm{d}\varphi\int_0^{\sqrt{2}a}f(r\sin\varphi\cos\theta,r\sin\varphi\sin\theta,r\cos\varphi)r^2\sin\varphi\mathrm{d}r.$$

（Ω 在 Oxy 平面上的投影区域 D：$x^2+y^2\leqslant a^2$.）

2° $I=\displaystyle\int_{-\frac{\sqrt{3}}{2}R}^{\frac{\sqrt{3}}{2}R}\mathrm{d}x\int_{-\sqrt{\frac{3}{4}R^2-x^2}}^{\sqrt{\frac{3}{4}R^2-x^2}}\mathrm{d}y\int_{R-\sqrt{R^2-x^2-y^2}}^{\sqrt{R^2-x^2-y^2}}f(x,y,z)\mathrm{d}z$；

$$I=\int_0^{2\pi}\mathrm{d}\theta\int_0^{\frac{\sqrt{3}}{2}R}\rho\mathrm{d}\rho\int_{R-\sqrt{R^2-\rho^2}}^{\sqrt{R^2-\rho^2}}f(\rho\cos\theta,\rho\sin\theta,z)\mathrm{d}z;$$

$$I=\int_0^{2\pi}d\theta\int_0^{\frac{\pi}{3}}d\varphi\int_0^R f(r\sin\varphi\cos\theta,r\sin\varphi\sin\theta,r\cos\varphi)r^2\sin\varphi dr$$
$$+\int_0^{2\pi}d\theta\int_{\frac{\pi}{3}}^{\frac{\pi}{2}}d\varphi\int_0^{2R\cos\varphi}f(r\sin\varphi\cos\theta,r\sin\varphi\sin\theta,r\cos\varphi)r^2\sin\varphi dr.$$

$\left(\Omega\text{ 在 } Oxy \text{ 平面上的投影区域 } D:\ x^2+y^2\leqslant\frac{3}{4}R^2.\right)$

3° $I=\int_{-R}^{R}dx\int_{-\sqrt{R^2-x^2}}^{\sqrt{R^2-x^2}}dy\int_{R-\sqrt{R^2-x^2-y^2}}^{R+\sqrt{R^2-x^2-y^2}}f(x,y,z)dz$;

$$I=\int_0^{2\pi}d\theta\int_0^R\rho d\rho\int_{R-\sqrt{R^2-\rho^2}}^{R+\sqrt{R^2-\rho^2}}f(\rho\cos\theta,\rho\sin\theta,z)dz;$$

$$I=\int_0^{2\pi}d\theta\int_0^{\frac{\pi}{2}}d\varphi\int_0^{2R\cos\varphi}f(r\sin\varphi\cos\theta,r\sin\varphi\sin\theta,r\cos\varphi)r^2\sin\varphi dr.$$

(Ω 在 Oxy 平面上的投影区域 D：$x^2+y^2\leqslant R^2$.)

2. (1) (C).（在 $D=\{(x,y)\mid |x|\leqslant1,|y|\leqslant1\}$ 上，$f(x,y)=x-1>0$，$f(x,y)=y-1>0$ 并不总成立，而 $f(x,y)=x+1\geqslant0$（只有 $x=-1$ 时，等号成立）总成立；在 $D_1=\{(x,y)\mid x^2+y^2\leqslant1\}$ 上，

$$f(x,y)=-x^2-y^2\leqslant0.)$$

(2) (C).

(3) (A). $\Bigg($ 如图所示，x^3y^3 关于 x,y 都是奇函数，

$$I_1=\iint_D x^3y^3dxdy=\iint_{D_1+D_2}x^3y^3dxdy+\iint_{D_3+D_4}x^3y^3dxdy=0+0,$$

$f(x,y)=\cos x\sin y$ 关于 x 是偶函数，关于 y 是奇函数，

$$I_2=\iint_D f(x,y)dxdy=\iint_{D_1+D_2}f(x,y)dxdy+\iint_{D_3+D_4}f(x,y)dxdy$$
$$=2\iint_{D_1}f(x,y)dxdy+0.\Bigg)$$

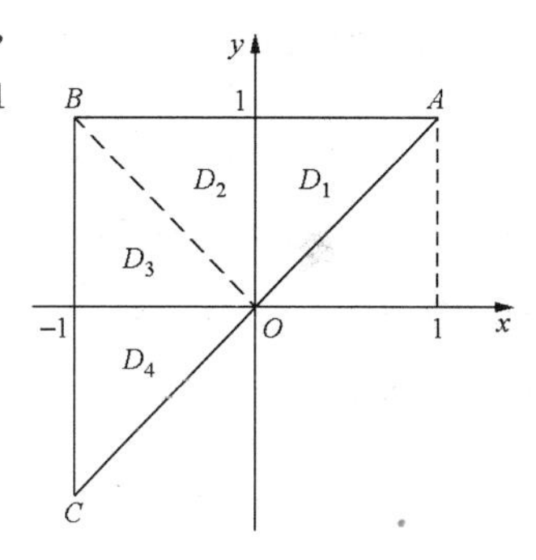

第 2(3)题图

(4) (B). $\Big($ Ω_1 关于 Oyz 平面对称，被积函数关于 x 是奇函数，故 $\iiint_{\Omega_1}xdv=0$，但 $\iiint_{\Omega_2}xdv>0$，(A)：二个积分值均为零. (C)：Ω_1,Ω_2 关于 Oyz 平面，Oxz 平面对称，被积函数关于 x，关于 y 为偶函数. (D)：三个积分值均为零.$\Big)$

3. (1) $\int_0^1dy\int_{\arcsin y}^{\pi-\arcsin y}f(x,y)dx-\int_{-1}^0dy\int_{\pi-\arcsin y}^{2\pi+\arcsin y}f(x,y)dx$.

(2) $\int_0^1dx\int_{\sqrt{2+x^2}}^{\sqrt{4-x^2}}f(x,y)dy$.

4. $\frac{1}{4}\left(\frac{1}{e}-1\right)$. $\left(I=\int_0^1xdx\int_1^{x^2}e^{-y^2}dy=-\int_0^1xdx\int_{x^2}^1e^{-y^2}dy=\int_0^1dy\int_0^{\sqrt{y}}xe^{-y^2}dx.\right)$

5. (1) $\frac{1}{3}(\sqrt{2}-1)$. $\left(I=\int_0^1\frac{y}{\sqrt{1+y^3}}dy\int_0^{\sqrt{y}}xdx.\right)$

（2）$2\ln 2-1$. $\left(I=\int_1^2 \frac{\ln x}{e^x}dx\int_0^{e^x}dy.\right)$

6. （1）$\frac{2}{9}$. $\left(I=-\int_0^1\sqrt{y}\,dy\int_0^y\sqrt{y-x}\,d(y-x).\right)$

（2）$\frac{\pi}{2}-1$. $\left(\text{用直线 } x+y=\frac{\pi}{2} \text{ 将 } D \text{ 分成两块}, I=\int_0^{\frac{\pi}{4}}dy\int_y^{\frac{\pi}{2}-y}\cos(x+y)dx-\int_{\frac{\pi}{4}}^{\frac{\pi}{2}}dx\int_{\frac{\pi}{2}-x}^{x}\cos(x+y)dy.\right)$

（3）$\frac{a+b}{2}\pi R^2$. $\left(I=\frac{1}{2}\iint\limits_D\left[\frac{af(x)+bf(y)}{f(x)+f(y)}+\frac{af(y)+bf(x)}{f(y)+f(x)}\right]d\sigma=\frac{a+b}{2}\iint\limits_D d\sigma.\right)$

（4）$e^{-a}(a+1)-e^{-b}(b+1)$. （用直线 $x=0, x=a$ 将 D 分成三块，则

$$I=\int_0^a dx\int_{a-x}^{b-x}e^{-(x+y)}dy+\int_a^b dx\int_0^{b-x}e^{-(x+y)}dy.）$$

7. $\int_0^{\frac{\pi}{3}}d\theta\int_1^{2\cos\theta}f(\rho\cos\theta,\rho\sin\theta)\rho d\rho$. $\left(D=\left\{(\rho,\theta)\,|\,1\leqslant\rho\leqslant 2\cos\theta, 0\leqslant\theta\leqslant\frac{\pi}{3}\right\}.\right)$

8. $\frac{\pi^2}{32}$. $\left(I=\int_{-\frac{\pi}{4}}^{0}d\theta\int_0^{-2a\sin\theta}\frac{\rho}{\rho\sqrt{4a^2-\rho^2}}d\rho.\right)$

9. $\frac{2a^3}{3}\left(\pi-\frac{2}{3}\right)$. $\left(I=\int_{-\frac{\pi}{2}}^{\frac{\pi}{2}}d\theta\int_{a\cos\theta}^{a}\rho^2 d\rho+\int_{\frac{\pi}{2}}^{\frac{3\pi}{2}}d\theta\int_0^a\rho^2 d\rho \text{ 或 } I=\int_0^{2\pi}d\theta\int_0^a\rho^2 d\rho-\int_{-\frac{\pi}{2}}^{\frac{\pi}{2}}d\theta\int_0^{a\cos\theta}\rho^2 d\rho.\right)$

10. 先交换二次积分的积分次序.

11. 左$=\int_a^b\int_a^b\frac{f(x)}{f(y)}dxdy=\frac{1}{2}\int_a^b\int_a^b\left[\frac{f(x)}{f(y)}+\frac{f(y)}{f(x)}\right]dxdy=\frac{1}{2}\int_a^b\int_a^b\frac{f^2(x)+f^2(y)}{f(x)f(y)}dxdy\geqslant\int_a^b\int_a^b dxdy$.

12. （1）Ω 在 Oxy 面上的投影区域 D：$x^2+y^2\leqslant a^2$.

$$I=\int_{-a}^{a}dx\int_{-\sqrt{a^2-x^2}}^{\sqrt{a^2-x^2}}dy\int_{\sqrt{x^2+y^2}}^{\sqrt{2a^2-x^2-y^2}}f(x,y,z)dz;$$

$$I=\int_0^{2\pi}d\theta\int_0^a\rho d\rho\int_\rho^{\sqrt{2a^2-\rho^2}}f(\rho\cos\theta,\rho\sin\theta,z)dz;$$

$$I=\int_0^{2\pi}d\theta\int_0^{\frac{\pi}{4}}d\varphi\int_0^{\sqrt{2}a}f(r\sin\varphi\cos\theta,r\sin\varphi\sin\theta,r\cos\varphi)r^2\sin\varphi dr.$$

（2）Ω 在 Oxy 面上的投影区域 D：$x^2+y^2\leqslant\frac{3}{4}R^2$.

$$I=\int_{-\frac{\sqrt{3}}{2}R}^{\frac{\sqrt{3}}{2}R}dx\int_{-\sqrt{\frac{3}{4}R^2-x^2}}^{\sqrt{\frac{3}{4}R^2-x^2}}dy\int_{R-\sqrt{R^2-x^2-y^2}}^{\sqrt{R^2-x^2-y^2}}f(x,y,z)dz;$$

$$I=\int_0^{2\pi}d\theta\int_0^{\frac{\sqrt{3}}{2}R}\rho d\rho\int_{R-\sqrt{R^2-\rho^2}}^{\sqrt{R^2-\rho^2}}f(\rho\cos\theta,\rho\sin\theta,z)dz;$$

$$I=\int_0^{2\pi}d\theta\int_0^{\frac{\pi}{3}}d\varphi\int_0^R f(r\sin\varphi\cos\theta,r\sin\varphi\sin\theta,r\cos\varphi)r^2\sin\varphi dr$$

$$+\int_0^{2\pi}d\theta\int_{\frac{\pi}{3}}^{\frac{\pi}{2}}d\varphi\int_0^{2R\cos\varphi}f(r\sin\varphi\cos\theta,r\sin\varphi\sin\theta,r\cos\varphi)r^2\sin\varphi dr.$$

（3）Ω 在 Oxy 面上的投影区域 D：$x^2+y^2\leqslant R^2$.

$$I=\int_{-R}^{R}dx\int_{-\sqrt{R^2-x^2}}^{\sqrt{R^2-x^2}}dy\int_{R-\sqrt{R^2-x^2-y^2}}^{R+\sqrt{R^2-x^2-y^2}}f(x,y,z)dz;$$

$$I=\int_0^{2\pi}\mathrm{d}\theta\int_0^R\rho\mathrm{d}\rho\int_{R-\sqrt{R^2-\rho^2}}^{R+\sqrt{R^2-\rho^2}}f(\rho\cos\theta,\rho\sin\theta,z)\mathrm{d}z;$$

$$I=\int_0^{2\pi}\mathrm{d}\theta\int_0^{\frac{\pi}{2}}\mathrm{d}\varphi\int_0^{2R\cos\varphi}f(r\sin\varphi\cos\theta,r\sin\varphi\sin\theta,r\cos\varphi)r^2\sin\varphi\mathrm{d}r.$$

13. $\frac{44}{3}\pi$.（用柱面坐标计算. 将 Ω 分成 Ω_1：$0\leqslant\theta\leqslant2\pi,0\leqslant\rho\leqslant1,1\leqslant z\leqslant3$ 与 Ω_2：$0\leqslant\theta\leqslant2\pi,1\leqslant\rho\leqslant3,1\leqslant z\leqslant4-\rho$ 两部分，则 $\Omega=\Omega_1+\Omega_2$.

$$I=\iiint\limits_{\Omega_1}z\mathrm{d}x\mathrm{d}y\mathrm{d}z+\iiint\limits_{\Omega_2}z\mathrm{d}x\mathrm{d}y\mathrm{d}z=\int_0^{2\pi}\mathrm{d}\theta\int_0^1\rho\mathrm{d}\rho\int_1^3z\mathrm{d}z+\int_0^{2\pi}\mathrm{d}\theta\int_1^3\rho\mathrm{d}\rho\int_1^{4-\rho}z\mathrm{d}z=\frac{44}{3}\pi.）$$

14. $\frac{2}{3}f(0)$.（用"先二后一"的方法计算 $F(t)$. $\Omega=\{(x,y,z)\mid(x,y)\in D_z,0\leqslant z\leqslant t\}$，其中 D_z：$x^2+y^2\leqslant t^2-z^2$. 于是

$$F(t)=\int_0^tf(z)\mathrm{d}z\iint\limits_{D_z}\mathrm{d}x\mathrm{d}y=\int_0^tf(z)\pi(t^2-z^2)\mathrm{d}z=\pi\left(t^2\int_0^tf(z)\mathrm{d}z-\int_0^tf(z)z^2\mathrm{d}z\right),$$

故

$$F'(t)=\pi\left(2t\int_0^tf(z)\mathrm{d}z+t^2f(t)-t^2f(t)\right)=2\pi t\int_0^tf(z)\mathrm{d}z,$$

$$\lim_{t\to0^+}\frac{F(t)}{\pi t^3}=\lim_{t\to0^+}\frac{F'(t)}{3\pi t^2}=\lim_{t\to0^+}\frac{2\pi t\int_0^tf(z)\mathrm{d}z}{3\pi t^2}=\lim_{t\to0^+}\frac{2f(t)}{3}=\frac{2}{3}f(0).）$$

15. $\frac{512}{3}\pi$.（用柱面坐标计算. Ω 在 Oxy 平面上的投影区域 D：$0\leqslant\theta\leqslant2\pi,0\leqslant\rho\leqslant4$.

$$I=\int_0^{2\pi}\mathrm{d}\theta\int_0^4\rho\mathrm{d}\rho\int_0^{4-\rho\sin\theta}\rho\mathrm{d}z=\frac{512}{3}\pi.）$$

16. $\frac{21}{16}\pi$.（用球面坐标计算，$I=\int_0^{2\pi}\mathrm{d}\theta\int_0^{\frac{\pi}{4}}\mathrm{d}\varphi\int_1^2r\cos\varphi r^2\sin^2\varphi\cdot r^2\sin\varphi\mathrm{d}r=\frac{21}{16}\pi$.）

17. $\frac{1}{4\mathrm{e}}$.（Ω 是由平面 $x+y+z=1,x=0,y=0$ 和 $z=0$ 所围成，交换积分次序

$$\begin{aligned}I&=\int_0^1(1-y)\mathrm{d}y\int_0^{1-y}\mathrm{d}z\int_0^{1-y-z}\mathrm{e}^{-(1-y-z)^2}\mathrm{d}x\\&=\int_0^1(1-y)\mathrm{d}y\int_0^{1-y}(1-y-z)\mathrm{e}^{-(1-y-z)^2}\mathrm{d}z\\&=\frac{1}{2}\int_0^1(1-y)[1-\mathrm{e}^{-(1-y)^2}]\mathrm{d}y\\&=\frac{1}{2}\int_0^1(1-y)\mathrm{d}y-\frac{1}{2}\int_0^1(1-y)\mathrm{e}^{-(1-y)^2}\mathrm{d}y=\frac{1}{4\mathrm{e}}.）\end{aligned}$$

18. (1) $I=\int_0^1\mathrm{d}x\int_0^x\mathrm{d}z\int_0^{1-x}f(x,y,z)\mathrm{d}y+\int_0^1\mathrm{d}x\int_x^1\mathrm{d}z\int_{z-x}^{1-x}f(x,y,z)\mathrm{d}y$（见平面图形(a)，交换 y,z 积分次序）.

(2) 1° $I=\int_0^1\mathrm{d}y\int_0^{1-y}\mathrm{d}x\int_0^{x+y}f(x,y,z)\mathrm{d}z$（见平面图形(b)，先交换 x,y 积分次序）.

2° $I=\int_0^1\mathrm{d}y\int_0^y\mathrm{d}z\int_0^{1-y}f(x,y,z)\mathrm{d}x+\int_0^1\mathrm{d}y\int_y^1\mathrm{d}z\int_{z-y}^{1-y}f(x,y,z)\mathrm{d}x$（见平面图形(c)，先交换 x,z 积分次序）.

3° $I=\int_0^1\mathrm{d}z\int_z^1\mathrm{d}y\int_0^{1-y}f(x,y,z)\mathrm{d}x+\int_0^1\mathrm{d}z\int_0^z\mathrm{d}y\int_{z-y}^{1-y}f(x,y,z)\mathrm{d}x$（见平面图形(d)，(e)，先交换 y,z 积分次序）.

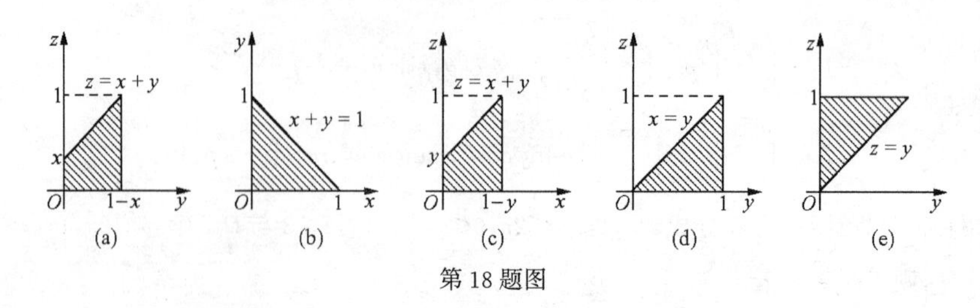

第 18 题图

19. $f(x,y,z)=(x+y+z)^2+\dfrac{12\pi}{15-20\pi}$.

$\Bigg($因重积分是数值. 设 $\iiint\limits_{\Omega}f(x,y,z)\mathrm{d}x\mathrm{d}y\mathrm{d}z=k$，已知等式两端取积分，有

$$\iiint\limits_{\Omega}f(x,y,z)\mathrm{d}x\mathrm{d}y\mathrm{d}z=\iiint\limits_{\Omega}(x+y+z)^2\mathrm{d}x\mathrm{d}y\mathrm{d}z+\iiint\limits_{\Omega}k\mathrm{d}x\mathrm{d}y\mathrm{d}z,$$

即
$$k=\iiint\limits_{\Omega}(x^2+y^2+z^2+2xy+2xz+2yz)\mathrm{d}x\mathrm{d}y\mathrm{d}z+k\iiint\limits_{\Omega}\mathrm{d}x\mathrm{d}y\mathrm{d}z.$$

利用积分区域关于坐标面的对称性、被积函数的奇偶性、以及三重积分的几何意义可得

$$k=\int_0^{2\pi}\mathrm{d}\theta\int_0^{\pi}\mathrm{d}\varphi\int_0^1\rho^2\cdot\rho^2\sin\varphi\mathrm{d}r+k\cdot\frac{4}{3}\pi,$$

解得 $k=\dfrac{12\pi}{15-20\pi}$.$\Bigg)$

20. $\dfrac{10}{3}\pi R^3$.$\Big($用柱面坐标计算. Ω 在 Oxy 平面上的投影区域 D：$0\leqslant\theta\leqslant 2\pi,0\leqslant\rho\leqslant\sqrt{3}R$，所求体积

$$V=\iiint\limits_{D}\mathrm{d}v=\int_0^{2\pi}\mathrm{d}\theta\int_0^{\sqrt{3}R}\mathrm{d}\rho\int_{2R-\sqrt{4R^2-\rho^2}}^{\sqrt{4R^2-\rho^2}}\rho\mathrm{d}z=\frac{10}{3}\pi R^3.\Big)$$

21. $8a^2$.$\Bigg($用图形的对称性，所求面积是第一卦限部分 Σ_1 面积的 8 倍.

将曲面 Σ_1 方程写成 $y=\sqrt{a^2-x^2}$，则 $\dfrac{\partial y}{\partial x}=-\dfrac{x}{\sqrt{a^2-x^2}}$，$\dfrac{\partial y}{\partial z}=0$. Σ_1 在 Oxz 平面上的投影区域为 D_{xz}：$x^2+z^2\leqslant a^2,x\geqslant 0,z\geqslant 0$，所求面积

$$A=8\iint\limits_{D_{xz}}\sqrt{1+\left(\frac{\partial y}{\partial x}\right)^2+\left(\frac{\partial y}{\partial z}\right)^2}\mathrm{d}x\mathrm{d}z=8\int_0^a\mathrm{d}x\int_0^{\sqrt{a^2-x^2}}\frac{a}{\sqrt{a^2-x^2}}\mathrm{d}z=8a^2.$$

将曲面 Σ_1 方程写成 $x=\sqrt{a^2-y^2}$，则$\dfrac{\partial x}{\partial y}=-\dfrac{y}{\sqrt{a^2-y^2}}$，$\dfrac{\partial x}{\partial z}=0$. Σ_1 在 Oyz 面上的投影区域为 D_{yz}：$0\leqslant y\leqslant a,0\leqslant z\leqslant y$，所求面积

$$A=8\iint\limits_{D_{yz}}\sqrt{1+\left(\frac{\partial x}{\partial y}\right)^2+\left(\frac{\partial x}{\partial z}\right)^2}\mathrm{d}y\mathrm{d}z=8\int_0^a\mathrm{d}y\int_0^y\frac{a}{\sqrt{a^2-y^2}}\mathrm{d}z=8a^2.\Bigg)$$

22. $\dfrac{4}{3}k\pi R^3,\left(0,0,\dfrac{4}{5}R\right)$.$\Bigg($由已知，球体内点 $M(x,y,z)$ 处的密度为 $\rho(x,y,z)=\dfrac{k}{\sqrt{x^2+y^2+z^2}}$（$k$ 为常数），于是球体质量

$$M = \iiint_{\Omega} \frac{k}{\sqrt{x^2 + y^2 + z^2}} \mathrm{d}x\mathrm{d}y\mathrm{d}z = k\int_0^{2\pi} \mathrm{d}\theta \int_0^{\frac{\pi}{2}} \mathrm{d}\varphi \int_0^{2R\cos\varphi} \frac{1}{r} r^2 \sin\varphi \mathrm{d}r = \frac{4}{3}k\pi R^2.$$

利用图形的对称性,球体的重心在 z 轴上,而

$$\bar{z} = \frac{1}{M}\iiint_{\Omega} \frac{kz}{\sqrt{x^2 + y^2 + z^2}} \mathrm{d}x\mathrm{d}yz = \frac{k}{\frac{4}{3}k\pi R^2}\int_0^{2\pi} \mathrm{d}\theta \int_0^{\frac{\pi}{2}} \mathrm{d}\varphi \int_0^{2R\cos\varphi} \frac{r\cos\varphi}{r} r^2 \sin\varphi \mathrm{d}r = \frac{4}{5}R. \Big)$$

习　题　十

1. (1) 2π. $\left(\text{当}(x,y)\in L\text{ 时}, 2-x^2-y^2\equiv 1, \text{故 } I = \oint_L \mathrm{d}s = 2\pi. \right)$

(2) 0. $\left(AB\text{ 的方程是 } x+y=\pi, \text{在该直线上有 } \sin x=\sin y, \text{故 } I = \int_L \sin x\mathrm{d}(x+y) = 0. \right)$

(3) 24π. $\left(\text{用格林公式}, I = \iint_D (7-3)\mathrm{d}x\mathrm{d}y. \right)$

(4) $2\pi R^3 h$. $\left(I = R^2 \iint_{\Sigma} \mathrm{d}S = R^2 2\pi Rh. \right)$

(5) $\frac{\pi}{2}$. $\left(I \xlongequal{\text{高斯公式}} \iiint_{\Omega} z\mathrm{d}v = \int_0^{2\pi}\mathrm{d}\theta\int_0^{\frac{\pi}{4}}\mathrm{d}\varphi\int_0^{\sqrt{2}} r\cos\varphi r^2\sin\varphi\mathrm{d}r. \right)$

2. (1) (B). (设点 $M(x_1,y_1)$,点 $N(x_2,y_2)$,则 $x_1<x_2, y_1>y_2$. 于是(B)为 $\int_T \mathrm{d}y = y_2-y_1<0$,(A)为 $\int_T \mathrm{d}x = x_2-x_1>0$;(C)为 $\int_T \mathrm{d}s = s$(弧长)>0;(D)为 $\int \mathrm{d}f(x,y)=0$.)

(2) (D). $\left(\text{由} \frac{\partial}{\partial x}\left[\frac{y}{(x+y)^2}\right] = \frac{\partial}{\partial y}\left[\frac{x+ay}{(x+y)^2}\right], \text{即有}(a-2)x=(a-2)y, \text{仅当 } a=2, \text{上式成立}. \right)$

(3) (C). $\left(I = \oiint_{\Sigma} |y|\mathrm{d}S = 8\int_0^1 \mathrm{d}x\int_0^{1-x}\sqrt{3}\,y\mathrm{d}y = \frac{4\sqrt{3}}{3}. \right)$

(4) (A). $\left(I = -\iint_{x^2+y^2\leqslant 3} (-\sqrt{3-x^2-y^2})\mathrm{d}x\mathrm{d}y = 2\sqrt{3}\pi. \right)$

(5) (D). $\left(\oiint_{\Sigma} \frac{\mathrm{d}x\mathrm{d}y}{z} = \frac{2}{c} \iint_{\frac{x^2}{a^2}+\frac{y^2}{b^2}\leqslant 1} \frac{\mathrm{d}x\mathrm{d}y}{\sqrt{1-\frac{x^2}{a^2}-\frac{y^2}{b^2}}} = \frac{2ab}{c}\int_0^{2\pi}\mathrm{d}\theta\int_0^1 \frac{\rho\mathrm{d}\rho}{\sqrt{1-\rho^2}} = \frac{4\pi abc}{c^2}, \text{由对称性得答案}. \right)$

3. $\frac{4ab}{3}\cdot\frac{a^2+ab+b^2}{a+b}$. (L 关于 x 轴,y 轴均对称,$|xy|$ 关于 x,y 都是偶函数,若 L_1 是 L 在第一象限部分,则 L_1 的参数方程是 $x=a\cos t,\ y=a\sin t\left(0\leqslant t\leqslant\frac{\pi}{2}\right)$,

$$I = 4\int_L xy\mathrm{d}s = 4\int_0^{\frac{\pi}{2}} a\cos t\cdot a\sin t\sqrt{a^2\sin^2 t+b^2\cos^2 t}\mathrm{d}t = 2ab\int_0^{\frac{\pi}{2}}\sqrt{b^2+(a^2-b^2)\sin^2 t}\mathrm{d}(\sin^2 t). \Big)$$

4. $\frac{2}{3}(2\sqrt{2}-1)$. (由 $x^2+y^2=2ax$ 得 $(x-a)^2+y^2=a^2$,令 $x=a+a\cos t, y=a\sin t$,易求得 $z=2a\sin\frac{t}{2}$ $(0\leqslant t\leqslant 2\pi)$,

$$\mathrm{d}s=\sqrt{\left(\frac{\mathrm{d}x}{\mathrm{d}t}\right)^2+\left(\frac{\mathrm{d}y}{\mathrm{d}t}\right)^2+\left(\frac{\mathrm{d}z}{\mathrm{d}t}\right)^2}\mathrm{d}t=a\sqrt{1+\cos^2\frac{t}{2}}\mathrm{d}t,$$

$$I=\frac{1}{4}\int_0^{2\pi}|\sin t|\sqrt{1+\cos^2\frac{t}{2}}\mathrm{d}t=\int_0^{\pi}\sqrt{1+\cos^2\frac{t}{2}}\mathrm{d}\left(\cos^2\frac{t}{2}\right)=\frac{2}{3}(2\sqrt{2}-1).\Bigg)$$

5. $\frac{13}{2}-\frac{4}{\pi}$. $\Bigg($ L 的方程 $y=\begin{cases}1-2x, & 0\leqslant x\leqslant\frac{1}{2},\\ 2x-1, & \frac{1}{2}<x\leqslant 2.\end{cases}$ 以 x 为参数

$$I=\int_0^{\frac{1}{2}}[x+(1-2x)+(1+\sin\pi x)(-2)]\mathrm{d}x+\int_{\frac{1}{2}}^{2}[x+(2x-1)+(1+\sin\pi x)\cdot 2]\mathrm{d}x.\Bigg)$$

6. $-\pi$. $\Big($ L 的方程可化为 $x^2+y^2=2, z=3$，取参数 $x=\sqrt{2}\cos t, y=\sqrt{2}\sin t, z=3$，$t$ 从 0 到 2π，

$$I=\int_0^{2\pi}(-4\cos^2t\sin^2t+2\sqrt{2}\cos t)\mathrm{d}t=-\int_0^{2\pi}\sin^2 2t\mathrm{d}t=-\pi.\Big)$$

7. $\frac{3}{2}\sqrt{\pi}$. $\Big($ 补直线段 OA，以 A,B,E,O 为顶点的矩形区域为 D，D 的逆时针方向的边界线为 C，则

$$\int_L=\left(\int_L+\int_{OA}\right)-\int_{OA}=\oint_C-\int_{OA}\overset{\text{格林公式}}{=\!=\!=}\iint_D 2\mathrm{d}x\mathrm{d}y-\int_0^a \mathrm{e}^{-x^2}\mathrm{d}x$$

$$=2\sqrt{\pi}-\int_0^a \mathrm{e}^{-x^2}\mathrm{d}x,$$

因 $\int_0^{+\infty}\mathrm{e}^{-x^2}\mathrm{d}x=\frac{\sqrt{\pi}}{2}$，故 $I=2\sqrt{\pi}-\frac{\sqrt{\pi}}{2}=\frac{3}{2}\sqrt{\pi}$. $\Big)$

8. (1) 2π. $\Big($ 虽有 $\frac{\partial Q}{\partial x}=\frac{\partial P}{\partial y}$，但因 P,Q 在点 $(0,0)$ 处没有定义，不能用格林公式. 令 $x=\sqrt{2}\cos\theta, y=\sqrt{2}\sin\theta$ 可算得 $\Big)$；

(2) 2π. $\Big($ 记 L_1 为 $x^2+y^2=1$ 的反向，在 L 与 L_1 围成的区域 D_1 内. 用格林公式

$$\int_{L+L_1}=\iint_{D_1}=0,\quad \int_L=-\int_{L_1}\overset{\text{由(1)}}{=\!=\!=}-(-2\pi)=2\pi.\Big)$$

9. $\frac{\pi}{2}$. $\Big($ $I=\int_L 2y(1+x)\mathrm{d}x+(x^2+2x+y^2)\mathrm{d}y-\int_L y\mathrm{d}x$，其中前一积分与积分路径无关，以直线段 AO 代替曲线段 $\overset{\frown}{AO}$，则 $\int_{AO}2y(1+x)\mathrm{d}x+(x^2+2x+y^2)\mathrm{d}y=0$. L 的参数方程为 $x=1+\cos t, y=\sin t$，t 从 0 变到 π，故 $I=-\int_L y\mathrm{d}x=\frac{\pi}{2}$. $\Big)$

10. $\frac{9}{64}\pi a^2$. $\Big($ 柱面的准线 L 的参数方程为 $x=a\cos^3t, y=a\sin^3t\,(0\leqslant t\leqslant 2\pi)$，$\mathrm{d}s=3a|\sin t+\cos t|\mathrm{d}t$，

$$A=\oint_L\left|\frac{xy}{a}\right|\mathrm{d}s=3a^2\int_0^{2\pi}\sin^4t\cos^4t\mathrm{d}t=\frac{9}{64}\pi a^2.\Big)$$

11. $\frac{\pi^2}{4}$. $\Big($ $W=\int_L \boldsymbol{F}\cdot\mathbf{ds}=\int_L(2xy^3-y^2\cos x)\mathrm{d}x+(1-2y\sin x+3x^2y^2)\mathrm{d}y$. 因 $\frac{\partial Q}{\partial x}=\frac{\partial P}{\partial y}$，可选取折线路径计算. $\Big)$

12. $\frac{3-\sqrt{3}}{2}+(\sqrt{3}-1)\ln 2$. $\Big($ $\Sigma=\Sigma_1+\Sigma_2+\Sigma_3+\Sigma_4$，$\Sigma_1,\Sigma_2,\Sigma_3$ 分别是 Oxy,Oyz,Ozx 平面，Σ_4 是位于平面 $x+y+z=1$ 上的表面，

$$\iint\limits_{\Sigma_1}=-\frac{1}{2}+\ln 2,\quad \iint\limits_{\Sigma_2}=\iint\limits_{\Sigma_3}=1-\ln 2,\quad \iint\limits_{\Sigma_4}=\sqrt{3}\left(-\frac{1}{2}+\ln 2\right).\Big)$$

13. $\frac{1}{2}\pi a^4\cos^2\alpha\sin\alpha$. $\Big($ $E=1,G=\rho^2\sin^2\alpha,F=0,\mathrm{d}S=\sqrt{EG-F^2}\mathrm{d}\theta\mathrm{d}\rho,I=\cos^2\alpha\sin\alpha\int_0^{2\pi}\mathrm{d}\theta\int_0^a\rho^3\mathrm{d}\rho.$ $\Big)$

14. -8π. $\Big($ Σ 垂直于 Oxy 平面，Σ 分为 Σ_1 和 Σ_2，Σ_1：$y=\sqrt{4-x^2}$，取右侧，Σ_2：$y=-\sqrt{4-x^2}$，取左侧，Σ_1，Σ_2 在 Oxz 平面的投影区域 D_{xz}：$-2\leqslant x\leqslant 2,0\leqslant z\leqslant 2-x$，

$$I=\iint\limits_{\Sigma}-y\mathrm{d}z\mathrm{d}x+0=\iint\limits_{D_{xz}}-(\sqrt{4-x^2})\mathrm{d}z\mathrm{d}x-\iint\limits_{D_{xz}}-(-\sqrt{4-x^2})\mathrm{d}z\mathrm{d}x$$

$$=-2\iint\limits_{D_{xy}}\sqrt{4-x^2}\mathrm{d}z\mathrm{d}x.\Big)$$

15. $\frac{11-10\mathrm{e}}{6}$. $\Big($ Σ 在 Oxy 平面的投影区域 D_{xy}：$0\leqslant x\leqslant 1,0\leqslant y\leqslant 1$，

$$I=\iint\limits_{D_{xy}}\left[\mathrm{e}^y\left(-\frac{\partial z}{\partial x}\right)+y\mathrm{e}^x\left(-\frac{\partial z}{\partial y}\right)+x^2y\right]\mathrm{d}x\mathrm{d}y.\Big)$$

16. $\frac{19}{20}\pi a^5$. $\Big($ Σ_1 为 $z=0$ 与 $x^2+y^2+z^2=a^2$ 的交面下侧，

$$\iint\limits_{\Sigma+\Sigma_1}(x^3+az^2)\mathrm{d}y\mathrm{d}z+(y^3+ax^2)\mathrm{d}z\mathrm{d}x+(z^3+ay^2)\mathrm{d}x\mathrm{d}y=\iiint\limits_{\Omega}3(x^2+y^2+z^2)\mathrm{d}v$$

$$=3\int_0^{2\pi}\mathrm{d}\theta\int_0^{\frac{\pi}{2}}\mathrm{d}\varphi\int_0^a r^2\cdot r^2\sin\varphi\mathrm{d}r=\frac{6}{5}\pi a^5.$$

Σ_1 垂直于 Oyz,Ozx 平面，Σ_1 上 $z=0$，

$$\iint\limits_{\Sigma_1}(x^3+az^2)\mathrm{d}y\mathrm{d}z+(y^3+ax^2)\mathrm{d}z\mathrm{d}x+(z^3+ay^2)\mathrm{d}y=\iint\limits_{\Sigma_1}(z^3+ay^2)\mathrm{d}x\mathrm{d}y$$

$$=-\iint\limits_{x^2+y^2\leqslant a^2}ay^2\mathrm{d}x\mathrm{d}y=-\frac{1}{4}\pi a^5.\Big)$$

17. π. $\Big($ Σ_1 为 Oxy 平面上的椭圆 $x^2+\frac{y^2}{4}\leqslant 1$，取下侧. Ω 为 $\Sigma+\Sigma_1$ 所围空间区域，由高斯公式

$$I_1=\oiint\limits_{\Sigma+\Sigma_1}xz\mathrm{d}y\mathrm{d}z+2zy\mathrm{d}z\mathrm{d}x+3xy\mathrm{d}x\mathrm{d}y=\iiint\limits_{\Omega}3z\mathrm{d}x\mathrm{d}y\mathrm{d}z=\pi,$$

$$I_2=\oiint\limits_{\Sigma_1}xz\mathrm{d}y\mathrm{d}z+2zy\mathrm{d}z\mathrm{d}x+3xy\mathrm{d}x\mathrm{d}y=-\iiint\limits_{x^2+\frac{y^2}{4}\leqslant 1}3xy\mathrm{d}x\mathrm{d}y=0,$$

$$I=I_1-I_2=\pi.\Big)$$

18. $-2\pi a(a+h)$. $\Big($ 用斯托克斯公式，Σ 是 Γ 所围平面区域的上侧，

$$I=-2\iint_{\Sigma}\mathrm{d}y\mathrm{d}z+\mathrm{d}z\mathrm{d}x+\mathrm{d}x\mathrm{d}y=-2(\pi ah+0+\pi a^2).$$

因Σ在Oyz平面上的投影为椭圆域：$\dfrac{y^2}{a^2}+\dfrac{(z-h)^2}{h^2}\leqslant 1$，$\Sigma$垂直于$Ozx$平面，$\Sigma$在$Oxy$平面上的投影为圆域：$x^2+y^2\leqslant a^2$.)

19. 右端$\xlongequal{\text{斯托克斯公式}}\displaystyle\iint_{\Sigma}\cos\alpha\mathrm{d}y\mathrm{d}z+\cos\beta\mathrm{d}z\mathrm{d}x+\cos\gamma\mathrm{d}x\mathrm{d}y$

$$=\iint_{\Sigma}(\cos^2\alpha+\cos^2\beta+\cos^2\gamma)\mathrm{d}S=\iint_{\Sigma}\mathrm{d}S=A.$$

20. $\Phi=\displaystyle\iint_{\Sigma}x^2yz^2\mathrm{d}y\mathrm{d}z-xy^2z^2\mathrm{d}z\mathrm{d}x+z(1+xyz)\mathrm{d}x\mathrm{d}y$

$$\xlongequal{\text{高斯公式}}\iiint_{\Omega}\mathrm{d}x\mathrm{d}y\mathrm{d}z+\iiint_{\Omega}2xyz\mathrm{d}x\mathrm{d}y\mathrm{d}z=V+0=V.$$

习题十一

1. (1) $\dfrac{\pi}{4}$. $\left(u_n=\arctan\dfrac{1}{2n-1}-\arctan\dfrac{1}{2n+1}.\right)$

(2) $\alpha>\dfrac{1}{3}$. $\left(\text{当 }n\to\infty\text{ 时},\dfrac{1}{n}-\sin\dfrac{1}{n}\sim\dfrac{1}{6n^3},\text{而}\sum\limits_{n=1}^{\infty}\left(\dfrac{1}{6n^3}\right)^{\alpha}\text{ 当 }\alpha>\dfrac{1}{3}\text{ 时收敛.}\right)$

(3) $\min\{1,R^2\}$. $\left(\sum\limits_{n=0}^{\infty}\dfrac{a_{n+1}}{a_n}x^n\text{ 和 }\sum\limits_{n=0}^{\infty}a_n^2x^n\text{ 的收敛半径分别为 1 和 }R^2.\right)$

(4) $\mathrm{e}-1$. $\left(I=\displaystyle\int_0^1\mathrm{e}^{-x}\mathrm{e}^{2x}\mathrm{d}x.\right)$

(5) $-\dfrac{\pi}{2}$. $\left(s\left(\dfrac{3\pi}{2}\right)=\dfrac{1}{2}\left[f\left(\dfrac{3\pi}{2}^-\right)+f\left(\dfrac{3\pi}{2}^+\right)\right]=\dfrac{1}{2}\left[f\left(\dfrac{3\pi}{2}^-\right)+f\left(-\dfrac{\pi}{2}^+\right)\right]\right.$

$\left.\qquad=\dfrac{1}{2}\left[\left(\pi-\dfrac{3\pi}{2}\right)+\left(-\dfrac{\pi}{2}\right)\right].\right)$

2. (1) (C). $\left(\dfrac{\alpha}{\beta}=\dfrac{(n!)^2}{(2n)!},\text{级数}\sum\limits_{n=1}^{\infty}\dfrac{(n!)^2}{(2n)!}\text{收敛.}\right)$

(2) (D). $\Big($其他各项的反例：$\sum\limits_{n=2}^{\infty}u_n=\sum\limits_{n=2}^{\infty}(-1)^n\dfrac{1}{\ln n}$收敛，而$\sum\limits_{n=2}^{\infty}(-1)^n\dfrac{u_n}{n}=\sum\limits_{n=2}^{\infty}\dfrac{1}{n\ln n}$发散；

$\sum\limits_{n=1}^{\infty}u_n=\sum\limits_{n=1}^{\infty}(-1)^{n+1}\dfrac{1}{\sqrt{n}}$收敛，而$\sum\limits_{n=1}^{\infty}u_n^2=\sum\limits_{n=1}^{\infty}\dfrac{1}{n}$，$\sum\limits_{n=1}^{\infty}(u_{2n-1}-u_{2n})=\sum\limits_{n=1}^{\infty}\dfrac{\sqrt{2n}+\sqrt{2n-1}}{\sqrt{2n(2n-1)}}$发散.$\Big)$

(3) (C). $\left(\text{由题设},\lim\limits_{n\to\infty}a_n2^n=0,\text{也有}\lim\limits_{n\to\infty}\dfrac{|a_n|}{\frac{1}{2^n}}=0,\text{而}\sum\limits_{n=1}^{\infty}\dfrac{1}{2^n}\text{收敛.}\right)$

(4) (C). $\left(\text{由}\sum\limits_{n=1}^{\infty}a_n(a_n>0)\text{收敛知}\sum\limits_{n=1}^{\infty}a_{2n}\text{收敛,因}\lim\limits_{n\to\infty}\dfrac{n\tan\frac{\lambda}{n}a_{2n}}{a_{2n}}=\lambda,\text{由极限形式的比较审敛法可知.}\right)$

(5) (D). $\Big(\sum\limits_{n=1}^{\infty}a_n\left(x-\dfrac{1}{2}\right)^n$在$\left|x-\dfrac{1}{2}\right|<2$时绝对收敛，在$\left|x-\dfrac{1}{2}\right|>2$时，敛散性不确定. 而$x=-2$满足$\left|x-\dfrac{1}{2}\right|>2$.$\Big)$

3. (1) 收敛,1. $\left(u_n=\dfrac{\sqrt{n+1}-\sqrt{n}}{\sqrt{n(n+1)}}=\dfrac{1}{\sqrt{n}}-\dfrac{1}{\sqrt{n+1}}\right)$

(2) 发散. $\left(\text{当 } n\to\infty \text{ 时}, u_n=\dfrac{n^n\cdot\sqrt[n]{n}}{n^n\left(1+\dfrac{1}{n^2}\right)^n}\to 1.\right)$

4. (1) 发散. $\left(\text{当 } n\to\infty \text{ 时}, u_n=\dfrac{2\sqrt{n}}{\sqrt{n^3+\sqrt{n}}+\sqrt{n^3-\sqrt{n}}}\sim\dfrac{1}{n}.\right)$

(2) 收敛. $\left(\text{取 } v_n=\dfrac{1}{n^2}, \text{则 } \lim\limits_{n\to\infty}\dfrac{u_n}{v_n}=1.\right)$

(3) 收敛. $\left(n^{\frac{\sqrt{n}}{n^2+1}}-1=\mathrm{e}^{\frac{\sqrt{n}\ln n}{n^2+1}}-1\sim\dfrac{\sqrt{n}\ln n}{n^2+1}, \text{当 } n\to\infty \text{ 时, 而 } \dfrac{\sqrt{n}\ln n}{n^2+1}<\dfrac{\sqrt{n}\ln n}{n^2}=\dfrac{\ln n}{n^{\frac{3}{2}}}, \text{且 } \sum\limits_{n=1}^{\infty}\dfrac{\ln n}{n^{\frac{3}{2}}} \text{收敛.}\right)$

(4) 发散.(根值审敛法失效. $0<u_n=\mathrm{e}^{n\ln\left(1-\frac{\ln n}{n}\right)}$ 与 $v_n=\mathrm{e}^{n\left(-\frac{\ln n}{n}\right)}$ 比较.)

(5) 收敛. $\left(f(x)=\dfrac{\ln x}{x^p}\text{在}[3,+\infty)\text{上是正的单调减且连续}, \int_3^{+\infty}f(x)\mathrm{d}x=\dfrac{3^{1-p}}{(p-1)^2}+\dfrac{1}{p-1}\dfrac{\ln 3}{3^{p-1}}\text{收敛.}\right)$

5. 当 $0<x<\mathrm{e}$ 时,收敛;当 $x\geqslant\mathrm{e}$ 时发散. $\left(\lim\limits_{n\to\infty}\dfrac{u_{n+1}}{u_n}=\dfrac{x}{\left(1+\dfrac{1}{n}\right)^n}=\dfrac{x}{\mathrm{e}}; \text{当 } x=\mathrm{e} \text{ 时}, u_{n+1}>u_n \text{ 且 } u_1=\mathrm{e}, \text{从而 } \lim\limits_{n\to\infty}u_n\neq 0.\right)$

6. 由题设,当 $n\to\infty$ 时,$u_n\to 0$,$v_n\to 0$,故当 n 充分大时,$u_nv_n\leqslant u_n$,$u_n^2\leqslant u_n$,$v_n^2\leqslant v_n$,又 $(u_n+v_n)^2=u_n^2+2u_nv_n+v_n^2$.

7. 因 $n\geqslant 1$ 时,有 $0\leqslant\sqrt{a_nb_n\arctan n}\leqslant\sqrt{a_n^2\dfrac{\pi}{2}}=\sqrt{\dfrac{\pi}{2}}a_n$,而 $\sum\limits_{n=1}^{\infty}\sqrt{\dfrac{\pi}{2}}a_n$ 收敛.

8. $\lim\limits_{n\to\infty}\dfrac{u_n}{v_n}=\lim\limits_{n\to\infty}|a_{n+1}\cdot a_n|=a^2\neq 0.$

9. 收敛. $\left(u_n=\sin(\pi\sqrt{n^2+a^2})=\sin(n\pi+\pi\sqrt{n^2+a^2}-n\pi)=(-1)^n\sin\pi(\sqrt{n^2+a^2}-n)=(-1)^n\sin\dfrac{\pi a^2}{\sqrt{n^2+a^2}+n}\right.$,又当 n 充分大时,$0<\dfrac{\pi a^2}{\sqrt{n^2+a^2}+n}<\dfrac{\pi}{2}$,故 $\sin\dfrac{\pi a^2}{\sqrt{n^2+a^2}+n}>0$,原级数 $=\sum\limits_{n=1}^{\infty}(-1)^n\sin\dfrac{\pi a^2}{\sqrt{n^2+a^2}+n}$ 是交错级数.满足莱布尼茨定理的条件.)

10. (1) 条件收敛. $\left(u_n=1-\cos\dfrac{1}{\sqrt{n}}, \text{当 } n\to\infty \text{ 时}, u_n\sim\dfrac{1}{2n}, \text{而} \sum\limits_{n=1}^{\infty}\dfrac{1}{2n}\text{发散,故非绝对收敛,又 } \lim\limits_{n\to\infty}u_n=0 \text{ 且 } u_n>u_{n+1}, \text{由莱布尼茨定理知.}\right)$

(2) 发散. $\left(\lim\limits_{n\to\infty}\sqrt[n]{|u_n|}=\lim\limits_{n\to\infty}\dfrac{1}{2}\left(1+\dfrac{1}{n}\right)^n=\dfrac{\mathrm{e}}{2}>1, \text{即 } \lim\limits_{n\to\infty}|u_n|\neq 0.\right)$

(3) 绝对收敛. $\left(0\leqslant\int_n^{+\infty}\dfrac{\mathrm{d}x}{x^3+\sin^2x}\leqslant\int_n^{+\infty}\dfrac{\mathrm{d}x}{x^3}=\dfrac{1}{2n^2}, \text{而} \sum\limits_{n=1}^{\infty}\dfrac{1}{2n^2}\text{ 收敛.}\right)$

(4) 绝对收敛. $\left(\left|\frac{6^n}{7^n-5^n}\cos\frac{n\pi}{3}\right|\leqslant\frac{6^n}{7^n-5^n}\right.$,由根值审敛法知$\left.\sum_{n=1}^{\infty}\frac{6^n}{7^n-5^n}\text{收敛.}\right)$

11. (1) 绝对收敛. $\left(\text{由}\sum_{n=1}^{\infty}|a_n|\text{收敛知}\sum_{n=1}^{\infty}|a_{2n}|\text{收敛,又当 } n\to\infty\text{时,}\tan\frac{b}{2^{n+1}}\sim\frac{b}{2^{n+1}}.\right.$

$$\left.\lim_{n\to\infty}\frac{\left|(-1)^n n\tan\frac{b}{2^{n+1}}a_{2n}\right|}{|a_{2n}|}=0.\right)$$

(2) 条件收敛. $\left(\text{由}\lim\limits_{n\to\infty}\frac{n}{u_n}=1\text{ 知 }u_n>0,u_n<u_{n+1}\text{,且}\lim\limits_{n\to\infty}u_n=+\infty.\text{由此,}\lim\limits_{n\to\infty}\frac{1}{u_n}=0\text{,且}\frac{1}{u_n}>\frac{1}{u_{n+1}}.\right.$由莱布尼茨定理,级数$\sum_{n=1}^{\infty}(-1)^{n+1}\frac{1}{u_n}$,$\sum_{n=1}^{\infty}(-1)^{n+1}\frac{1}{u_{n+1}}$均收敛. 由 $\lim\limits_{n\to\infty}\frac{\frac{1}{u_n}}{\frac{1}{n}}=\lim\limits_{n\to\infty}\frac{n}{u_n}=1$,且$\sum_{n=1}^{\infty}\frac{1}{n}$发散,故级数$\sum_{n=1}^{\infty}\frac{1}{u_n}$,$\sum_{n=1}^{\infty}\frac{1}{u_{n+1}}$均发散,从而$\sum_{n=1}^{\infty}\left(\frac{1}{u_n}+\frac{1}{u_{n+1}}\right)$发散,即所给级数非绝对收敛.$\Big)$

12. (1) $\left[-\frac{\sqrt{5}}{2},\frac{\sqrt{5}}{2}\right)$. $\left(\lim\limits_{n\to\infty}\left|\frac{a_{n+1}}{a_n}\right|=\frac{2}{\sqrt{5}};x=-\frac{\sqrt{5}}{2}\right.$时,级数为$\sum_{n=1}^{\infty}\frac{(-1)^{n-1}}{\sqrt{4n-3}}$,$x=\frac{\sqrt{5}}{2}$时,级数为$\left.\sum_{n=1}^{\infty}\frac{1}{\sqrt{4n-3}}.\right)$

(2) $\left[-\frac{2}{3},-\frac{1}{3}\right)$. $\left(\lim\limits_{n\to\infty}\left|\frac{a_{n+1}}{a_n}\right|=3\right.$,由$|2x+1|<\frac{1}{3}$知收敛区间是$\left(-\frac{2}{3},-\frac{1}{3}\right)$. $x=-\frac{2}{3}$时,级数为$\sum_{n=1}^{\infty}\frac{3^n+(-2)^n}{n}\cdot\frac{(-1)^n}{3^n}$收敛;$x=-\frac{1}{3}$时,级数为$\sum_{n=1}^{\infty}\frac{3^n+(-2)^n}{n}\cdot\frac{1}{3^n}$,发散.$\Big)$

(3) $[-1,3]$. $\left(\lim\limits_{n\to\infty}\left|\frac{u_{n+1}}{u_n}\right|=\lim\limits_{n\to\infty}\left|\frac{(-1)^{n+1}(x-1)^{2n+1}}{(n+1)4^{n+1}}\frac{n4^n}{(-1)^n(x-1)^{2n-1}}\right|=\frac{1}{4}(x-1)^2\right.$,由$\frac{1}{4}(x-1)^2<1$得$-1<x<3$. $x=-1$ 时,级数为$\sum_{n=1}^{\infty}\frac{(-1)^{n-1}}{2n}$,$x=3$ 时,级数为$\left.\sum_{n=1}^{\infty}\frac{(-1)^n}{2n}.\right)$

13. $\left(\frac{1}{2}-\frac{\sqrt{13}}{6},\frac{1}{2}-\frac{\sqrt{5}}{6}\right)\cup\left(\frac{1}{2}+\frac{\sqrt{5}}{6},\frac{1}{2}+\frac{\sqrt{13}}{6}\right)$. $\left(\lim\limits_{n\to\infty}\left|\frac{3^{2(n+1)}x^{n+1}(1-x)^{n+1}}{2(n+1)}\frac{2n}{3^{2n}x^n(1-x)^n}\right|=\right.$ $|9x(1-x)|$,当$|9x(1-x)|<1$时,收敛,当 $9x(1-x)=1$ 和 $9x(1-x)=-1$ 时,级数分别为$\sum_{n=1}^{\infty}\frac{3^{2n-2}}{2n}$和$\sum_{n=1}^{\infty}(-1)^n\frac{3^{2n-2}}{2n}$,均因$\lim\limits_{n\to\infty}\frac{3^{2n-2}}{2n}=\infty$,发散.$\Big)$

14. (1) $\frac{1+x}{(1-x)^3}$,$-1<x<1$. $\left(\text{记 }s(x)=\sum_{n=0}^{\infty}(n+1)^2x^n\text{,则}\right.$

$$\left.\int_0^x s(t)\mathrm{d}t=x\sum_{n=0}^{\infty}(n+1)x^n=x\left[\int_0^x\left(\sum_{n=0}^{\infty}(n+1)t^n\right)\mathrm{d}t\right]'=\frac{x}{(1-x)^2},s(x)=\left[\frac{x}{(1-x)^2}\right]'.\right)$$

(2) $s(x)=1+\frac{(1-x)\ln(1-x)}{x}$,$-1\leqslant x<1,x\neq0$,$s(x)=0,x=0$,$s(x)=1,x=1$. $\Big($记 $s(x)=\sum_{n=1}^{\infty}\frac{x^n}{n(n+1)}$,则$[xs(x)]'=\sum_{n=1}^{\infty}\frac{x^n}{n}=-\ln(1-x)$,$xs(x)=-\int_0^x\ln(1-t)\mathrm{d}t=x+(1-x)\ln(1-x)$. 因$s(x)$在 $x=0$ 连续,有 $s(0)=0$. 又幂级数在收敛区间右端点 $x=1$ 处收敛,其和函数 $s(x)$在 $x=1$ 处必左连续,即 $s(1)=\lim\limits_{x\to1^-}S(x)=\lim\limits_{x\to1^-}\left[1+\frac{(1-x)\ln(1-x)}{x}\right]=1.\Big)$

15. $(x+1)\mathrm{e}^{x+1}-1,-\infty<x<+\infty$；$\frac{5}{2}\mathrm{e}^{\frac{3}{2}}-1$. $\left(\text{记 } s(x)=\sum\limits_{n=1}^{\infty}\frac{n+1}{n!}(x+1)^n\text{，则}\int_{-1}^{x}s(t)\mathrm{d}t=\sum\limits_{n=1}^{\infty}\frac{(x+1)^{n+1}}{n!}\right.$ $\left.=(x+1)\sum\limits_{n=1}^{\infty}\frac{(x+1)^n}{n!}=(x+1)(\mathrm{e}^{x+1}-1),s(x)=[(x+1)(\mathrm{e}^{x+1}-1)]'.\right)$

16. $\sum\limits_{n=1}^{\infty}\frac{x^{4n+1}}{4n+1},-1<x<1$. $\left(f'(x)=\frac{1}{1-x^4}-1=\sum\limits_{n=1}^{\infty}x^{4n}\text{，又 } f(0)=0\text{，故 } f(x)=\int_0^x\left(\sum\limits_{n=1}^{\infty}t^{4n}\right)\mathrm{d}t.\right)$

17. $\sum\limits_{n=0}^{\infty}\frac{(-1)^n}{(2n)!}\left(\frac{\pi}{2}\right)^{2n}(x-1)^{2n},-\infty<x<+\infty$. $\left(f(x)=\sin\left[\frac{\pi}{2}+\frac{\pi}{2}(x-1)\right]=\cos(x-1)=\right.$ $\left.\sum\limits_{n=0}^{\infty}\frac{(-1)^n}{(2n)!}\left[\frac{\pi}{2}(x-1)\right]^{2n}.\right)$

18. （1）$f'(0)=1,f^{(2n)}(0)=0,f^{(2n+1)}(0)=[(2n-1)!!]^2,n=1,2,\cdots$. $\left(f(x)=\int_0^x\frac{1}{\sqrt{1-t^2}}\mathrm{d}t=\right.$ $\left.\int_0^x\left[1+\sum\limits_{n=1}^{\infty}\frac{(2n-1)!!}{(2n)!!}t^{2n}\right]\mathrm{d}t=x+\sum\limits_{n=1}^{\infty}\frac{(2n-1)!!}{(2n)!!}\cdot\frac{x^{2n+1}}{2n+1},-1<x<1.\right)$

（2）$f^{(2n)}(1)=-\frac{(2n)!}{n},f^{(2n-1)}(1)=0,n=1,2,\cdots$. $\left(f(x)\xlongequal{x=t+1}\ln(1-x^2)=-\sum\limits_{n=1}^{\infty}\frac{t^{2n}}{n}=\right.$ $\left.-\sum\limits_{n=1}^{\infty}\frac{(x-1)^{2n}}{n},0<x<2.\right)$

习 题 十 二

1. （1）1.（将 $y=\alpha y_1+\beta y_2$ 代入原方程，由 $y_1'+Py=Q,y_2'+Py=Q$ 可得 $\alpha+\beta=1$.）

（2）$1-\sin x-\frac{1}{x+C}$. $\left(y'=(y+\sin x-1)^2-\cos x\text{. 令 } u=y+\sin x\text{，则}\frac{\mathrm{d}u}{\mathrm{d}x}=\frac{\mathrm{d}y}{\mathrm{d}x}+\cos x\text{，于是}\frac{\mathrm{d}u}{\mathrm{d}x}=(u-1)^2\text{，}\right.$ $\left.\text{解得 } u=1-\frac{1}{x+C}.\right)$

（3）$\frac{1}{x^2},\frac{1}{y^2},\frac{1}{xy},\frac{1}{x^2+y^2},\frac{1}{y^2-x^2}$.

（4）$\ln y=C_1\mathrm{e}^x+C_2\mathrm{e}^{-x}$. $\left(\text{因}\frac{yy''-y'^2}{y^2}=\left(\frac{y'}{y}\right)'=(\ln y)''\text{，原方程化为}(\ln y)''=\ln y\text{. 记 } z=\ln y\text{，得 } z''-z=0\text{，}\right.$ $\left.\text{故 } z=C_1\mathrm{e}^x+C_2\mathrm{e}^{-x}.\right)$

（5）$\ln(x+1)$.（$f'(x)=\mathrm{e}^{-f(x)}$，可得 $f(x)=\ln(x+C)$，由 $f(0)=0$ 得 $C=1$.）

2. （1）(C).（由 $f''(x_0)+f'(x_0)=\mathrm{e}^{\sin x_0}$，且 $f'(x_0)=0$，有 $f''(x_0)=\mathrm{e}^{\sin x_0}>0$.）

（2）(A). $\left(y'=\frac{\sin x-y}{x}\text{，即 } y'-\frac{1}{x}y=\frac{\sin x}{x}\text{，通解 } y=\frac{1}{x}(-\cos x+C)\text{，由 } y|_{x=\pi}=1\text{ 得 } C=\pi-1.\right)$

（3）(B). $\left(\text{方程为}\frac{\mathrm{d}x}{\mathrm{d}y}-\frac{1}{y^2}x=\mathrm{e}^{y-\frac{1}{y}}\text{，通解为 } x=\mathrm{e}^{-\frac{1}{y}}(\mathrm{e}^y+C)\text{，由 } y(0)=1\text{ 得 } C=-\mathrm{e}.\right)$

（4）(D). $\left(\text{令 } p=\frac{\mathrm{d}^4y}{\mathrm{d}x^4}\text{，则}\frac{\mathrm{d}p}{\mathrm{d}x}=\frac{\mathrm{d}^5y}{\mathrm{d}x^5}\text{，由已知方程得}\frac{\mathrm{d}p}{\mathrm{d}x}=\frac{1}{x}p\text{，即}\frac{\mathrm{d}p}{p}=\frac{\mathrm{d}x}{x}\text{. 可得 } p=Cx\text{，即}\frac{\mathrm{d}^4y}{\mathrm{d}x^4}=Cx\text{. 经 4 次}\right.$ $\left.\text{积分得通解.}\right)$

（5）(A).（由线性齐次方程的通解为$(C_1+C_2x)\mathrm{e}^{-2x}$知二阶齐次方程为 $y''+4y'+4y=0$. 令 $y''+4y'+4y=f(x)$，将特解 $y^*=x^2\mathrm{e}^{-2x}$代入得 $f(x)=2\mathrm{e}^{-2x}$.）

3. (1) y_2 是通解, y_1 是 $C_1=0$ 时的特解;

(2) y_4 是通解, y_1 是 $C_1=0, C_2=0$ 时的特解, y_2, y_3 均是解.

4. (1) $y=x(\ln x-1)+C$. (方程化为 $y'=\ln x$.)

(2) $y=\arcsin\left(\frac{1}{x}+\frac{\sqrt{3}}{2}\right)$. $\left(方程的通解为\ y=\arcsin\left(\frac{1}{x}+C\right).\right)$

5. (1) $\ln|x|+e^{-\frac{x^2+y^2}{x}}=C$. $\left(设\ u=\frac{x^2+y^2}{x}, 原方程化为可分离变量方程\frac{du}{dx}=\frac{1}{x}e^u.\right)$

(2) $\sin\frac{x+y}{x-1}=C(x-1)$. $\left(设\ u=\frac{x+y}{x-1}, 原方程化为可分离变量的方程\frac{du}{dx}=\frac{\tan u}{x-1}.\right)$

6. (1) $x^2=5y^4-y^2$; (2) $y^2-2xy-x^2+4y=C$;

(3) $x^2+y^2-3=C(x^2-y^2-1)^5$. $\left(方程可化为\frac{y}{x}\frac{dy}{dx}=\frac{2x^2+3y^2-7}{3x^2+2y^2-8}, 即\frac{d(y^2)}{d(x^2)}=\frac{2x^2+3y^2-7}{3x^2+2y^2-8}. 可视为\frac{du}{dv}=f\left(\frac{a_1v+b_1u+c_1}{a_2v+b_2u+c_2}\right)型求解.\right)$

7. (1) $y=(C+x)e^{(1-x)e^x}$; (2) $y=\left(1+\frac{1}{x}\right)\cos\frac{1}{x}$;

(3) $y=\ln\frac{4x+C}{2x+1}$ $\left(方程化为\frac{de^y}{dx}+\frac{2}{2x+1}e^y=\frac{4}{2x+1}\right)$;

(4) $y=\cos y(C-2\cos y)$ $\left(方程化为\frac{dx}{dy}+\tan y\cdot x=\sin 2y\right)$;

(5) $x^4=y^2(2\ln y+1)$ $\left(方程化为\frac{dx^4}{dy}-\frac{2x^4}{y}=2y\right)$;

(6) $y=(x-2+Ce^{-\frac{x}{2}})^2$(伯努利方程).

8. $y=\tan x-1+3e^{-\tan x}$(先求 $P(x)=\sec^2 x$, 通解 $y=\tan x-1+Ce^{-\tan x}$).

9. (1) $x-y^2\cos^2 x=C$.

(2) $\frac{x^2}{2}+\frac{1}{2}\ln(x^2+y^2)+\arctan\frac{x}{y}=C$. $\left(考虑\ x\,dx+\frac{x\,dx+y\,dy}{x^2+y^2}+\frac{y\,dx-x\,dy}{x^2+y^2}=0.\right)$

(3) $e^x(x\sin y+y\cos y-\sin y)=C$(积分因子 e^x).

(4) $\arcsin\frac{y}{x}=y+C$. $\left(考虑\frac{x\,dy-y\,dx}{x^2\sqrt{1-\left(\frac{y}{x}\right)^2}}=dy.\right)$

10. (1) $y=\frac{1}{2}\left[-xe^x\cos x+\frac{1}{2}e^x(\cos x+\sin x)\right]+\frac{1}{2}C_1x^2+C_2$(原方程属 $y''=f(x,y')$ 型);

(2) $C_1x+C_2=\ln\left|\frac{y}{y+C_1}\right|$(方程属 $y''=f(y,y'')$ 型);

(3) $y=C_2xe^{-\frac{C_1}{x}}$(方程关于 y, y', y'' 是二次齐次的);

(4) $y=-2x$(方程看成 $y''=f(x,y')$ 型).

11. $y=C_1\sin x+C_2\frac{\cos 2x}{\cos x}$.

12. (1) $y=C_1e^{-x}+C_2x^2e^{-x}$(有特解 $y=e^{-x}$);

(2) $y=C_1x+C_2(x^2-4)$(有特解 $y=x$).

13. (1) $y^*=(C_1x^2+C_2x^3)e^{4x}$; (2) $y^*=x(C_1\cos 2x+C_2\sin 2x)e^{-3x}$;

(3) $y^*=[(ax^2+bx+c)\sin x+(dx^2+ex+f)\sin x]e^{-x}$; (4) $y^*=(ax+b)\sin 2x+(cx+d)\cos 2x$.

14. $\beta=\omega$ 时，$y=C_1\cos\omega x+C_2\sin\omega x-\frac{a}{2\omega}x\cos\beta x$；

$\beta\neq\omega$ 时，$y=C_1\cos\omega x+C_2\sin\omega x+\frac{a}{\omega^2-\beta^2}\sin\beta x$.

15. $y=C_1+\mathrm{e}^{-3x}(C_2\cos ax+C_3\sin ax)+\frac{x}{9+a^2}$.

16. $y=\begin{cases}\frac{\pi}{4}\cos x+\sin x-\frac{x}{2}\cos x, & 0\leqslant x<\pi,\\ \frac{\pi}{4}\cos x+\frac{x}{2}\cos x, & -\pi<x<0\end{cases}$（仿本章五例 14）.

17. $x=C_1\mathrm{e}^{-y}+C_2\mathrm{e}^{y}+\frac{1}{2}y\mathrm{e}^{y}$. $\left(\text{微分方程为}\frac{\mathrm{d}^2x}{\mathrm{d}y^2}-x=\mathrm{e}^{y}\text{，仿本章五例 13.}\right)$

18. $y''^2=(y'^2+1)^3$.

19. $x^2y''+5xy'+4y=\ln x^3$.

20. $y=(C_1+C_2x)\mathrm{e}^{2x}+x$，$y''-4y'+4y=4(x-1)$.

21. $f(x)=\tan 2x$.（仿本章七例 1. 方程是 $f'(x)=2[1+f^2(x)]$，初始条件 $f(0)=0$.）

22. $u=C_1\cos\sqrt{x^2+y^2}+C_2\sin\sqrt{x^2+y^2}+x^2+y^2-2$. $\left(\text{仿本章七例 4. 原方程化为}\frac{\mathrm{d}^2u}{\mathrm{d}r^2}+u=r^2.\right)$

23. $f(x)=\frac{1}{4}x^2\cos x+\frac{3}{4}x\sin x$.（方程是 $f''(x)+f(x)=2\cos x-x\sin x$，初始条件 $f(0)=0$，$f'(0)=0$.）

24. $\frac{4}{3}$.（由方程 $f'(x)-f(x)=2x$ 及 $f(0)=1$ 得 $f(x)=3\mathrm{e}^{x}-2(x+1)$.）

25. (1) $(-\infty,+\infty)$；　(2) 考虑 $y'(x)=\sum\limits_{n=1}^{\infty}\frac{x^{2n-1}}{(2n-1)!}$，$y''(x)=1+\sum\limits_{n=1}^{\infty}\frac{x^{2n}}{(2n)!}$；

(3) $y(x)=\frac{1}{2}(\mathrm{e}^{-x}+\mathrm{e}^{x})+1$.（由 $y(x)$ 和 $y'(x)$ 的表达式知初始条件 $y(0)=2$，$y'(0)=0$.）

26. 曲线方程 $y=\ln\cos\left(\frac{\pi}{4}-x\right)+1+\frac{\ln 2}{2}$；极大值 $y=1+\frac{\ln 2}{2}$. $\left(\text{由题设得}\frac{-y''}{\sqrt{(1+y'^2)^3}}=\frac{1}{\sqrt{1+y'^2}}\text{，即 } y''=-(1+y'^2)\text{，初始条件 } y|_{x=0}=1,\ y'|_{x=0}=1\text{. 极大值点 } x=\frac{\pi}{4}.\right)$